教育部高等学校电子信息类专业教学指导委员会规划教材

高等学校电子信息类专业系列教材·新形态教材

高频电子线路

第2版·微课视频版

金伟正 代永红 王晓艳 罗义军 编著

清华大学出版社

北京

内 容 简 介

高频电子线路所涉及的电路都是从信息传输与处理这一基本点出发来进行研究的,讲述通信系统中的基本电路。本书采用工程近似方法研究高频电子线路中的基本功能电路,从分立到集成、从单元到系统、从基本原理到功能电路的实现,强调各电路之间的联系及应用。

本书共9章,除基础知识以外,按实现功能归纳起来包含信号产生、信号放大、信号变换及系统控制四大部分,构成了模块化、多层次的体系结构。在各部分,先讲理论原理,再讲电路原理,最后讲实际应用电路,阅读性、操作性极强。第1章为绪论,第2章为通信电子电路基础,第3章为高频小信号放大器,第4章为高频功率放大器,第5章为正弦波振荡器,第6章为频谱线性搬移电路的分析方法,第7章为频谱线性变换电路,第8章为频谱非线性变换电路,第9章为通信系统中的反馈控制电路。本书将微课视频融入各章节中,每章开头都配有本章主要内容,各章结尾附有本章小结及习题。

本书可作为高等院校通信工程、电子信息工程、电波传播及电子科学与技术类等专业的模拟通信电子线路基础教材,也可供相关研究人员、工程技术人员阅读参考。

图书在版编目(CIP)数据

高频电子线路:微课视频版/金伟正等编著.—2版.—北京:清华大学出版社,2024.6
高等学校电子信息类专业系列教材.新形态教材
ISBN 978-7-302-66052-1

Ⅰ.①高…　Ⅱ.①金…　Ⅲ.①高频-电子电路-高等学校-教材　Ⅳ.①TN710.6

中国国家版本馆 CIP 数据核字(2024)第 070817 号

责任编辑:曾　珊
封面设计:李召霞
责任校对:王勤勤
责任印制:沈　露

出版发行:清华大学出版社
　　　　　网　　　址:https://www.tup.com.cn,https://www.wqxuetang.com
　　　　　地　　　址:北京清华大学学研大厦 A 座　　　　邮　　编:100084
　　　　　社 总 机:010-83470000　　　　　　　　　　　邮　　购:010-62786544
　　　　　投稿与读者服务:010-62776969,c-service@tup.tsinghua.edu.cn
　　　　　质量反馈:010-62772015,zhiliang@tup.tsinghua.edu.cn
　　　　　课件下载:https://www.tup.com.cn,010-83470236
印　装　者:三河市龙大印装有限公司
经　　　销:全国新华书店
开　　　本:185mm×260mm　　印　张:23.25　　　　　　字　　数:566千字
版　　　次:2020年8月第1版　2024年7月第2版　　印　　次:2024年7月第1次印刷
印　　　数:1～1500
定　　　价:69.00元

产品编号:104654-01

再版说明

REPRINT

本书第 1 版自 2020 年 8 月出版以来,作为教育部高等学校电子信息类专业教学指导委员会规划教材,经国内数十所大学 3 年的使用,受到广大读者欢迎,出版社为满足读者需要数次重印。为了更好地发挥国家级规划教材的作用,并适应实际的需要,也为了全面提高本书的质量,我们对全书内容进行了一次修订和补充,特作以下几点说明。

(1)基本保持原书的体系、结构不变。为避免篇幅过大,本书简明扼要的编写风格依然没有改变。

(2)这次再版修改了一些错误和不够准确和严谨的地方。如式(3-3-4)中的 $\dot{V}_。$ 应为 $\dot{V}_c$;图 3-3-2 中的电路节点连接处需要加"·"表示要进行连通(教材中其他电路图同样更改);修改了一些不规范的图,如图 6-3-2 中横坐标遗漏的单位 V;删除一些教材内容没有涉及和没有要求的习题,如原习题 9-17 等。

(3)为了更好地配合线上线下教学、翻转课堂教学需求,本书在各章节适当的位置嵌入了相应的微视频。

其他补充这里不再一一列举说明。

本书再版坚持原书的指导思想,满足高等院校学生掌握高频电子线路的教学需要。希望广大读者对本书不足给予指正,支持我们把本书修改得更加适用。

第2版前言
PREFACE

微视频

　　本书是为高等院校电子信息科学与电气信息类专业编写的模拟高频通信电子线路基础教材。"高频通信电子线路"是通信工程、电子信息工程、电波传播及电子科学与技术等专业的主干基础课程,该课程的目的是通过对常用电子元器件、模拟电路与系统的学习,掌握高频通信电子线路中各单元电路的基本概念、工作原理和电路组成,掌握各种非线性电子线路分析和设计方法,为"电子系统的工程实现"等后续课程打下必备的基础。该课程强调理论联系实际,要求学生注重培养理论与实际相结合的能力。在实验技能方面,要求学生能比较熟练地掌握高频通信电子线路常用测试仪器的使用方法与基本测试技术,对高频通信电子线路的基本单元电路具有初步设计、安装和调试的能力。

　　本书采用工程近似法作为基本分析的方法,重点讲授功能电路的基本单元,从单元到系统,从分立到集成,从基本原理到功能电路的实现,强调各电路之间的联系及应用。

　　全书共分为9章。第1章为绪论,介绍电子通信系统的基本组成及无线电信号传输的基本原理。第2章为通信电子线路基础,讲述通信电子线路中常用的元件、器件及谐振回路、耦合回路的基本特性。第3章为高频小信号放大器,讨论晶体管采用 y 参数的电路模型,以线性电路的观点对共发射极放大器的性能进行分析;同时讲述宽带集成电路、多级高频小信号放大器以及放大器中的噪声问题。第4章为高频功率放大器,以丙类谐振功率放大器为重点,讨论高频功率放大器的基本原理、性能分析及馈电线路等。第5章为正弦波振荡器,主要介绍变压器耦合 LC 正弦波振荡器和三端式振荡器;对 RC 振荡器、晶体振荡器和集成电路振荡器也进行了讨论。第6章为频谱线性搬移电路的分析方法,内容包括幂级数分析法、线性时变电路分析法、开关函数分析法,分析频谱搬移电路的原理,包括单二极管电路、双二极管平衡电路、单差分对调制电路、双差分对平衡调制器等。第7章为频谱线性变换电路,运用第6章的分析方法及相应的频谱搬移电路实现振幅调制、解调和混频。混频电路包括三极管叠加型混频、二极管平衡混频以及集成电路乘积型混频。振幅调制信号的解调以二极管峰包络检波为重点,同时讲述同步检波的原理和电路。第8章为频谱非线性变换电路(角度调制与解调),调制以直接调频为重点,调相电路作为间接调频的手段;调频波的解调电路有斜率鉴频器、相位鉴频器和脉冲计数鉴频器,主要以叠加型相位鉴频器和乘积型相位鉴频器为重点。第9章为通信系统中的反馈控制电路,主要介绍自动增益控制、自动频率控制和锁相环路的基本原理以及集成锁相环的应用。同时,每章开头附有本章主要内容,结尾附有本章小结及习题。

　　本书特色如下。

　　(1)本书在内容的编排上力求把厚书变薄、思路清晰、叙述详尽、便于自学。

　　(2)本书注重整体内容框架的讲解,培养学生的大局观,图文并茂。例如,第1章用几张图表描述电子通信系统的整体框架、无线电波的频（波）划分及主要传输方式，便于读者快速入门、理解与记忆。

（3）本书通俗易懂，注重理解，注重实例及习题练习。大部分章节既配有原理图，又附有工程实例电路图，引导读者一步步熟悉元件、器件、单元电路、系统电路及工程样机电路，可操作性极强。

（4）本书在注重基础和实践的同时，也注重知识的扩充，如较多地介绍了现代集成通信电子器件的应用。

（5）每章都给出了本章主要内容、本章小结及习题，有利于提升读者的自学效果。

（6）本书配有专用的实验指导材料、实验教学设备，以及配套的习题解答。

（7）本书在中国大学MOOC上有相应的"高频通信电子线路"慕课课程，供大家学习。

学 习 建 议

本书可作为高等院校通信工程、电子信息工程、电波传播及电子科学与技术等专业的模拟高频通信电子线路基础教材，也可供相关研究人员、工程技术人员阅读参考。

如果将本书作为教材使用，建议将课程的教学分为课堂讲授和学生实验两个层次。课堂讲授建议安排48～72学时，学生实验建议安排24～36学时。教师可以根据不同的教学对象或教学大纲要求安排学时数和教学内容。

教学内容、重点和难点提示、课时分配如下。

序 号	教学内容	教学重点	教学难点	课时分配/学时
第1章	绪论	无线电通信的基本概念、无线电发射和接收设备的组成	频谱理解及划分；调制解调的理解	2
第2章	通信电子电路基础	串并联谐振回路的特点、性质；阻抗变换原理；耦合回路特点、性质	串并联谐振回路的特性	6
第3章	高频小信号放大器	高频小信号放大器的等效电路及分析方法	高频小信号放大器分析过程	8
第4章	高频功率放大器	折线分析法和谐振功率放大器的性能分析	谐振功率放大器折线分析法	8
第5章	正弦波振荡器	反馈的概念、三点式振荡电路的振荡条件和改进电路的分析	各类振荡器的特点	6
第6章	频谱线性搬移电路的分析方法	频谱搬移的原理、线性时变电路分析法的原理	线性时变电路的分析过程	2
第7章	频谱线性变换电路	振幅调制电路、检波电路、混频电路原理分析	峰值包络检波器的失真与消除；混频失真类型的区分	8
第8章	频谱非线性变换电路	直接调频及间接调频的原理、相位鉴频器与比例鉴频器	相位鉴频器与比例鉴频器原理及方法	8
第9章	通信系统中的反馈控制电路	自动增益控制电路、自动频率控制电路及锁相环	锁相环电路的分析	6

本书由武汉大学电子信息学院"高频通信电子线路"课程教研组教师共同完成编著。金伟正负责全书体系的确定、统稿、组织及外协工作，同时完成第1～3章的编写工作。第4章

和第 5 章由王晓艳编写,第 6～8 章由代永红编写,第 9 章由罗义军编写。

本书参考了国内外教材和技术资料,详见参考文献,有兴趣的读者可以进一步查阅。本书所选参考材料有的无法事先与原作者协商而加以采用,在此,谨向多位原作者表达诚挚的敬意和真诚的感谢。本书的部分资料来自互联网,无法一一列举,在此一并感谢。

由于编写时间仓促,编著者的水平有限,书中难免存在不妥或错误之处,如果您对本书有任何意见或建议,或对本书中的内容或章节有兴趣,可通过出版社联系我们,您提出的问题和建议是我们前进的动力。

作 者

2024 年 5 月

第1版前言
PREFACE

　　本书是为高等院校电子信息科学与电气信息类专业编写的模拟高频通信电子线路基础教材。"高频通信电子线路"是通信工程、电子信息工程、电波传播及电子科学与技术等专业的主干基础课程,该课程的目的是通过对常用电子元器件、模拟电路与系统的学习,掌握高频通信电子线路中各单元电路的基本概念、工作原理和电路组成,掌握各种非线性电子线路分析和设计方法,为"电子系统的工程实现"等后续课程打下必备的基础。该课程强调理论联系实际,要求学生注重培养理论与实际相结合的能力。在实验技能方面,要求学生能比较熟练地掌握高频通信电子线路常用测试仪器的使用方法与基本测试技术,对高频通信电子线路的基本单元电路具有初步设计、安装和调试的能力。

　　本书采用工程近似法作为高频通信电子线路的基本分析方法,重点讲授功能电路的基本单元,从单元到系统,从分立到集成,从基本原理到功能电路的实现,强调各电路之间的联系及应用。本书中的大部分内容为武汉大学电子信息学院"高频电子线路"课程的讲义,已连续使用多届,取得了良好的教学效果。结合武汉大学"高频电子线路"课程教研组几十年的教学实践,本书在内容的编排上更合理。

　　全书共分为9章。第1章为绪论,介绍电子通信系统的基本组成及无线电信号传输的基本原理。第2章为通信电子电路基础,讲述通信电子线路中常用的元件、器件及谐振回路、耦合回路的基本特性。第3章为高频小信号放大器,讨论晶体管采用 y 参数的电路模型,以线性电路的观点对共发射极放大器的性能进行分析;同时讲述宽带集成电路、多级高频小信号放大器以及放大器中的噪声等问题。第4章为高频功率放大器,以丙类谐振功率放大器为重点,讨论高频功率放大器的基本原理、性能分析及馈电线路等。第5章为正弦波振荡器,主要介绍变压器耦合 LC 正弦波振荡器和三端式振荡器;对 RC 振荡器、晶体振荡器和集成电路振荡器也进行了讨论。第6章为频谱线性搬移电路的分析方法,内容包括幂级数分析法、线性时变电路分析法、开关函数分析法,分析频谱搬移电路的原理,包括单二极管电路、双二极管平衡电路、单差分对调制电路、双差分对平衡调制器等。第7章为频谱线性变换电路,运用第6章的分析方法及相应的频谱搬移电路实现振幅调制、解调和混频。混频电路包括三极管叠加型混频、二极管平衡混频以及集成电路构成的乘积型混频。振幅调制信号的解调以二极管峰包络检波为重点,同时讲述同步检波的原理和电路。第8章为频谱非线性变换电路(角度调制与解调),调制以直接调频为重点,调相电路作为间接调频的手段;调频波的解调电路有斜率鉴频器、相位鉴频器和脉冲计数鉴频器,主要以叠加型相位鉴频器和乘积型相位鉴频器为重点。第9章为通信系统中的反馈控制电路,主要介绍自动增益控制、自动频率控制和锁相环路的基本原理以及集成锁相环的应用。同时,每章开头附有本章主要内容,结尾附有本章小结及习题。

本书特色如下。

（1）本书在内容的编排上力求把厚书变薄、思路清晰、叙述详尽、便于自学。

（2）本书注重整体内容框架的讲解，培养学生的大局观，图文并茂。例如，第1章用几张图表描述电子通信系统的整体框架、无线电波的频（波）划分及主要传输方式，便于读者快速入门、理解与记忆。

（3）本书通俗易懂，注重理解，注重实例及习题练习。大部分章节既配有原理图，又附有工程实例电路图，引导读者一步步熟悉元件、器件、单元电路、系统电路及工程样机电路，可操作性极强。

（4）本书在注重基础和实践的同时，也注重知识的扩充，如较多地介绍了现代集成通信电子器件的应用。

（5）每章都给出了本章主要内容、本章小结及习题，有利于提升读者的自学效果。

（6）本书配有专用的实验指导材料、实验教学设备，以及配套的习题解答。

（7）本书在中国大学MOOC上有相应的"高频通信电子线路"慕课课程，供大家学习。

教 学 建 议

本书可作为高等院校通信工程、电子信息工程、电波传播及电子科学与技术等专业的模拟高频通信电子线路基础教材，也可供相关研究人员、工程技术人员阅读参考。

如果将本书作为教材使用，建议将课程的教学分为课堂讲授和学生实验两个层次。课堂讲授建议安排48～72学时，学生实验建议安排24～36学时。教师可以根据不同的教学对象或教学大纲要求安排学时数和教学内容。

教学内容、重点和难点提示、课时分配如下。

序 号	教学内容	教学重点	教学难点	课时分配/学时
第1章	绪论	无线电通信的基本概念、无线电发射和接收设备的组成	频谱理解及划分；调制解调的理解	2
第2章	通信电子电路基础	串联谐振回路与并联谐振回路的特点、性质；阻抗变换原理；耦合回路特点、性质	串联谐振回路与并联谐振回路的特性	6
第3章	高频小信号放大器	高频小信号放大器的等效电路及分析方法	高频小信号放大器分析过程	8
第4章	高频功率放大器	折线分析法和谐振功率放大器的性能分析	谐振功率放大器折线分析法	8
第5章	正弦波振荡器	反馈的概念、三点式振荡电路的振荡条件和改进电路的分析	各类振荡器的特点	6
第6章	频谱线性搬移电路的分析方法	频谱搬移的原理、线性时变电路分析法的原理	线性时变电路的分析过程	2
第7章	频谱线性变换电路	振幅调制电路、检波电路、混频电路原理分析	峰值包络检波器的失真与消除；混频失真类型的区分	8
第8章	频谱非线性变换电路	直接调频及间接调频的原理、相位鉴频器与比例鉴频器	相位鉴频器与比例鉴频器原理及方法	8
第9章	通信系统中的反馈控制电路	自动增益控制电路、自动频率控制电路及锁相环	锁相环电路的分析	6

本书的教学资源可从"武汉大学课程中心网站—高频电子线路课程"中获取。如果课时宽裕,教师可选取一些专家讲座或公开课视频在课堂上播放,以扩大学生的知识面。同时,在中国大学 MOOC 中有相应的"高频通信电子线路"慕课课程供大家学习。

本书由武汉大学电子信息学院"高频通信电子线路"课程教研组教师共同完成编著。金伟正负责全书体系的确定、统稿、组织及外协工作,同时完成第 1～3 章的编写工作。第 4 章和第 5 章由王晓艳编写,第 6～8 章由代永红编写,第 9 章由罗义军编写。杨光义参与了书稿的部分校对工作,蒋一天、付谋、朱梦宇及王锐等参与了部分原理图的整理工作,他们的工作对本书的定稿起了很大的作用。

本书参考了国内外教材和技术资料,详见参考文献,有兴趣的读者可以进一步查阅。本书所选参考材料有的无法事先与原作者协商而加以采用,在此,谨向多位原作者表达诚挚的敬意和真诚的感谢。本书的部分资料来自互联网,无法一一列举,在此一并感谢。

本教材为武汉大学"十三五"规划核心教材,特别感谢武汉大学本科生院对教材的支持。

特别感谢武汉大学电子信息学院核心课程教学团队建设项目对本书编写给予的大力资助。同时,特别感谢武汉大学国家级电工电子实验教学示范中心主任陈小桥在本书的编写过程中给予的很多指导和有力支持。

由于编写时间仓促,编著者的水平有限,书中难免存在不妥或错误之处,如果您对本书有任何意见或建议,或对本书中的内容或章节有兴趣,可通过出版社联系我们,您提出的问题和建议是我们前进的动力。

作　者

2020 年 1 月

微课视频清单

序号	视 频 名 称	时长/min	书 中 位 置
1	视频 1-课程内容简介	6	前言节首
2	视频 2-历史回顾	13	第 1 章 1.1 节首
3	视频 3-电子通信系统的基本组成	15	第 1 章 1.2 节首
4	视频 4-通信信道特征及课程特点	15	第 1 章 1.3 节首
5	视频 5-通信电路中元器件的特性	12	第 2 章 2.1 节首
6	视频 6-串联谐振回路	15	第 2 章 2.2.1 节节首
7	视频 7-并联谐振回路	15	第 2 章 2.2.2 节节首
8	视频 8-谐振回路的耦合方式	15	第 2 章 2.2.3 节节首
9	视频 9-耦合振荡回路	15	第 2 章 2.4 节节首
10	视频 10-高频小信号放大器的性能指标	15	第 3 章 3.1 节节首
11	视频 11-晶体管高频小信号等效电路	15	第 3 章 3.2 节节首
12	视频 12-单调谐回路谐振放大器①	10	第 3 章 3.3 节节首
13	视频 13-单调谐回路谐振放大器②	10	第 3 章 3.3 节节首
14	视频 14-双调谐回路谐振放大器	15	第 3 章 3.4 节节首
15	视频 15-谐振放大器的稳定性	15	第 3 章 3.5 节节首
16	视频 16-放大器中的噪声①	10	第 3 章 3.7 节节首
17	视频 17-放大器中的噪声②	10	第 3 章 3.7 节节首
18	视频 18-谐振功率放大器的工作原理①	10	第 4 章 4.2 节节首
19	视频 19-谐振功率放大器的工作原理②	5	第 4 章 4.2 节节首
20	视频 20-丙类谐振功率放大器的性能特点	15	第 4 章 4.3.5 节节首
21	视频 21-谐振功率放大器电路馈电与滤波网络	15	第 4 章 4.3.6 节节首
22	视频 22-谐振功率放大器电路举例	15	第 4 章 4.3.6 节节首
23	视频 23-反馈振荡器的工作原理①	6	第 5 章 5.1 节节首
24	视频 24-反馈振荡器的工作原理②	15	第 5 章 5.1 节节首
25	视频 25-LC 正弦波振荡器——互感耦合振荡器	10	第 5 章 5.2.1 节节首
26	视频 26-LC 正弦波振荡器——三端式振荡器①	12	第 5 章 5.2.2 节节首
27	视频 27-LC 正弦波振荡器——三端式振荡器②	10	第 5 章 5.2.2 节节首
28	视频 28-LC 正弦波振荡器——三端式振荡器③	5	第 5 章 5.2.2 节节首
29	视频 29-振荡器的频率稳定度①	10	第 5 章 5.3 节节首
30	视频 30-振荡器的频率稳定度②	10	第 5 章 5.3 节节首
31	视频 31-晶体振荡器①	15	第 5 章 5.4 节节首
32	视频 32-晶体振荡器②	15	第 5 章 5.4 节节首
33	视频 33-RC 正弦波振荡器及振荡器电路实例①	10	第 5 章 5.5 节节首
34	视频 34-RC 正弦波振荡器及振荡器电路实例②	10	第 5 章 5.6 节节首
35	视频 35-非线性电路的分析方法①	12	第 6 章 6.1 节节首
36	视频 36-非线性电路的分析方法②	12	第 6 章 6.2 节节首
37	视频 37-二极管开关频谱变换电路①	15	第 6 章 6.3 节节首

目 录
CONTENTS

第1章

CHAPTER 1

绪　论

本章主要内容：

- 历史回顾。
- 电子通信系统的基本组成。
- 通信信道及其特征。
- 本课程的特点及学习方法。

1.1　历史回顾

微视频

信息传播是人类社会生活的重要内容，从古至今，人们都在寻求快速远距离通信的手段。1864 年，英国物理学家麦克斯韦(James Clerk Maxwell)发表了"电磁场的动力理论"，推出了著名的麦克斯韦方程组，为无线电的发展奠定了坚实的理论基础。1873 年，莫尔斯(F. B. Morse)发明了电报，创造了莫尔斯码。1876 年，贝尔(Alexander G. Bell)发明了电话，能够直接将语音信号变换成电信号在导线上传送。此后，人们开始寻找不用导线而在空间传送信号的无线通信方式。1887 年，德国物理学家赫兹(H. Hertz)通过实验证明：电磁波在自由空间的传播速度与光速相同，并能产生反射、折射、散射等与光波性质相同的现象。这完全证明了麦克斯韦的理论。此后，许多科学家都投身于无线电通信的研究，著名的有意大利的马可尼(Guglielmo Marconi)、俄国的波波夫(А. С. Попов)和法国的勃兰利(Branly)。1895 年，马可尼首次在几百米的距离用电磁波进行通信并获得成功，1901 年又首次完成了横渡大西洋的通信。但当时的无线电通信设备是：发送设备用火花发射机、电弧发生器或高频发电机；接收设备则用粉末(金属屑)检波器。1904 年，弗莱明(Fleming)发明了电子二极管，1907 年福雷斯特(Lee de Forest)发明了电子三极管之后，才开始了无线电电子学时代。用电子二极管和三极管可组成具有放大、振荡、变频、调制、检波、波形变换等重要功能的电子电路。电子管的出现是电子技术发展史上的第一个重要里程碑。

1948 年，肖克莱(W. Shockley)等发明了晶体三极管，成为电子技术发展史上的第二个重要里程碑。

20 世纪 60 年代开始出现了集成电路，几十年来已取得了巨大的成就。中大规模乃至超大规模集成电路不断涌现，并成为电子线路、数字电路发展的主流，对人类进入信息社会起到了不可估量的推动作用。这是电子技术发展史上的第三个重要里程碑。

从发明无线电开始，传输信息就是无线电技术的首要任务。虽然无线电子学领域在迅速扩大，但信息的传输与处理仍然是它的主要内容。高频通信电子线路所涉及的单元电路都是从传输与处理信息这一基本点出发进行研究的。因此，有必要在本书的开头概述无线电信号的传输原理，介绍电子通信系统的基本组成，以便对后续各章单元电路之间的相互联系获得初步的概念，这将有助于今后的学习。

微视频

1.2 电子通信系统的基本组成

高频电子线路广泛用于通信系统和各种电子设备中，现对它们在通信系统中的应用进行概要的介绍。

从广义上说，一切将信息从发送者传送到接收者的过程都可看作是通信(Communication)，实现这种信息传送过程的系统称为通信系统。以无线通信系统为例，它由发射装置、接收装置和传输媒质组成，如图 1-2-1 所示。发射装置包括换能器、发射机(Transmitter)和发射天线(Antenna)。其中，换能器将发送者提供

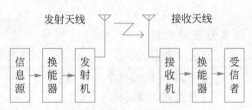

图 1-2-1　无线通信系统组成

的信息转换为电信号，如果发送者提供的信息表现为语音，那么换能器就是将声音转换为电信号的拾音器。发射机将电信号转换为足够强度的高频电振荡，发射天线则将高频电振荡转换为电磁波，向传输媒质辐射。接收是发射的逆过程，接收装置由接收天线、接收机(Receiver)和换能器组成。其中，接收天线将空间传播到其上的电磁波转换为高频电振荡，接收机将高频电振荡还原为电信号，换能器则将电信号还原为所传送的信息，如果信息表现为语音，那么换能器就是将电信号转换为声音的耳机或扬声器。

发射天线辐射的电磁波能量通过长距离传输到接收天线的仅是其中很小的一部分。因此，尽管发射天线辐射很强的电磁波，但是接收天线收到的电磁波能量十分微弱（如 10^{-12} W）。其次，许多其他电台的发射天线和各种工业、医学装置等也向空间辐射电磁波，再加上大气层和宇宙空间中存在着固有的电磁干扰，接收装置必须从众多的电磁波中选择出有用的微弱信号。因此，通信系统中的发射机和接收机都必须借助电子线路对携有信息的电信号进行变换和处理。在这些变换和处理中，除放大以外，最主要的是调制(Modulation)和解调(Demodulation)。

所谓调制是指用携有信息的电信号去控制高频振荡信号的某一参数，使该参数按照电信号的规律而变化的一种处理方式。通常将携有信息的电信号称为调制信号，未调制的高频振荡信号称为载波信号，经过调制后的高频振荡信号称为已调波信号。例如，如果受控的参数是高频振荡的振幅，则这种调制为振幅调制，简称调幅，相应的已调波信号称为调幅波信号；如果受控的参数是高频振荡的频率或相位，则这种调制称为频率调制或相位调制，简称调频或调相，并统称为调角，相应的已调波信号分别称为调频波信号或调相波信号，并统称为调角波信号。

解调是调制的逆过程，它的作用是将已调波信号转换为携有信息的电信号。

调制在无线通信系统中的作用至关重要。首先，只有馈送到天线上的信号波长与天线的尺寸可以相比拟时，天线才能有效地辐射和接收电磁波。如果将频谱分布在低频区的调

制信号直接馈送到天线上,则要将它有效地转换为电磁波向传输媒质辐射,天线的长度就要达到几百千米,显然,这是无法实现的。而通过调制,将调制信号频谱搬移到频率较高的载波信号频率附近,构成已调波信号,再将这种频率足够高的已调波信号加到天线上,发射天线的尺寸就可显著减小。其次,接收机必须具有任意选择某电台发送的信息而抑制其他电台发送的信息和各种干扰的能力,而调制可使各电台发送的信号装载到不同频率的载波信号上,这样,接收机就能根据载波信号的频率选择出所需要电台发送的信息,而抑制其他电台发送的信息和各种干扰。

下面进一步讨论发射机和接收机的组成。

发射机和接收机是现代通信系统的核心部件,是为了使基带信号在信道中有效和可靠地传输而设计的。图 1-2-2 是采用调幅方式的中波广播发射机的一种组成框图。高频放大器由多级带有谐振系统的放大器(包括倍频器)组成,用来放大振荡器产生的振荡信号,并使其频率倍增到载波发射频率 f_c 上,提供足够大的载波功率。

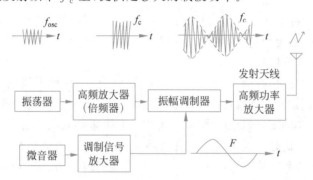

图 1-2-2　调幅方式的中波广播发射机组成框图

调制信号放大器(又称低频放大器)由多级放大器组成。其中,前面几级为小信号放大器,用来放大微音器变换来的电信号;后面几级为功率放大器,用来提供功率足够的调制信号。振幅调制器被用来实现调幅功能,它将输入的载波信号和调制信号转换为所需的调幅波信号,然后输出给高频功率放大器,最后得到功率足够大的调幅波信号加到发射天线上。

图 1-2-3 是采用调幅方式的无线广播接收机组成框图。其中,高频放大器由一级或多级小信号谐振放大器组成,用来放大天线上感生的有用信号;同时,利用放大器中的谐振系统抑制天线上感生的其他频率的干扰信号。由于谐振放大器的中心频率要随所接收信号频率 f_c 不同而不同,因此,高频放大器必须是可调谐的。混频器有两个输入信号,一是由高频放大器送来的载波频率为 f_c 的高频已调信号;二是由本机振荡器(本振)产生的频率为 f_L 的本振信号。它们的共同作用可将载波频率为 f_c 的高频已调信号不失真地变为载波频率为 f_I 的中频已调信号。其中,f_I 为接收机的中间频率(简称中频),$f_I = f_L - f_c$(或 $f_I = f_c - f_L$)采用一固定数值。我国调幅广播接收机中的中频为 465kHz。本机振荡器用来产生频率为 $f_L = f_I + f_c$(或 $f_L = f_c - f_I$)的高频振荡信号。由于 f_I 是固定值,而 f_c 随所需接收信号不同而不同,所以,本振的振荡频率 f_L 也应是可调的,而且必须使它正确跟踪 f_c。

中频放大器由多级固定调谐的放大器组成,用来放大中频调幅信号。振幅检波器用来实现解调功能,将中频调幅信号变换为反映原始信息的调制信号。低频放大器由信号放大

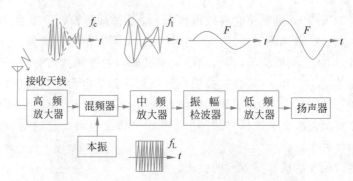

图 1-2-3   调幅方式的无线广播接收机组成框图

器和功率放大器组成，用来放大解调后的调制信息，向扬声器提供所需的推动功率。

以上介绍的接收机通常称为超外差式（Superheterodyne）接收机。在这种接收机中，有用信号均可变成固定中频信号进行放大，从而有效地提高了接收机接收弱信号的能力。

除了采用上述调幅方式的广播通信系统外，目前越来越多的是采用调频方式的通信系统。在采用调频方式的无线通信系统中，实现调制的电路称为频率调制器，实现解调的电路称为频率检波器，简称鉴频器。

随着电子技术的发展，数字无线通信的应用日益广泛。在模拟通信终端与调制解调器之间分别增加模拟/数字转换器（Analog to Digital Converter，ADC）和数字/模拟转换器（Digital to Analog Converter，DAC）即可组成数字无线通信系统。数字无线通信系统容易实现小型化，性能更加优越。在数字无线通信系统中，接收机的结构有多种类型，除了传统的超外差结构外，还有数字中频（Digital IF）结构、直接变换结构（Direct Conversion）等。对于超外差结构，中频比信号载频低得多，因此在中频上实现对有用信号的放大要比在载频上对滤波器 Q 值的要求低得多，容易实现稳定的高增益放大，同时也便于解调或 A/D 转换。超外差结构的最大缺点就是组合干扰频率点较多，特别是对于镜像频率干扰的抑制颇为麻烦，因此出现了多种镜像频率抑制接收方案。数字中频结构就是将混频后的中频信号正交数字化，然后进行数字解调。数字中频接收的最大优点就是可以共享 RF/IF 模块，由于解调和同步均采用数字化处理，这种结构灵活方便，也便于产品的集成和小型化。但是，在宽带通信中，需要选用高速的 A/D 转换器、宽带取样保持电路以及速度足够快的数字处理芯片。直接变换结构如图 1-2-4 所示，就是让本地振荡频率等于载频，使中频为零，因此也称为零中频（Zero IF）结构，也就不存在镜像频率，从而减少了产生镜像频率部分的混频器。由于下变频后为低频基带信号，因此只需用低通滤波器选择信道即可，省去了价格昂贵的中频滤波器，也便于电路的集成。但是，直接变换结构也存在着本振泄漏、直流偏移及两支路平衡与匹配问题等缺点。随着 ADC 位置向天线端的前移，数字无线通信系统逐渐向软件无线电（Software Radio）系统发展。

无论无线通信系统的组成结构如何变化，其中必定要包含高频电路，而且包含的高频电路的基本内容几乎不变，主要包括以下部分：

（1）高频振荡器（信号源、载波信号或本地振荡信号）；

（2）放大器（高频小信号放大器及高频功率放大器）；

（3）混频或变频（高频信号变换或处理）；

（4）调制与解调（高频信号变换或处理）。

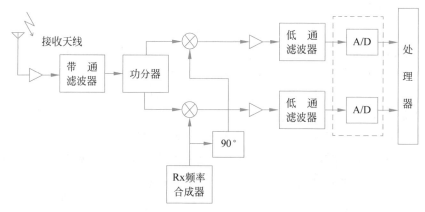

图 1-2-4 直接变换接收机组成框图

在无线通信系统中通常需要某些反馈控制电路,包括自动增益控制(Automatic Gain Control,AGC)电路、自动电平控制(Automatic Level Control,ALC)电路、自动频率控制(Automatic Frequency Control,AFC)电路和自动相位控制(Automatic Phase Control,APC)电路[也称锁相环(Phase Locked Loop,PLL)]。此外,还要考虑高频电路中所用元件、器件和组件以及信道或接收机中的干扰与噪声问题。虽然许多通信设备可用集成电路来实现,但是上述单元电路通常都是由有源的和无源的元器件构成的,既有线性电路,也有非线性电路。这些基本单元电路的组成、原理及有关技术问题,都是本书的研究对象。应当指出,实际的通信设备比上面所介绍的例子要复杂得多,如发射机的振荡器和接收机的本地振荡器就可以用更复杂的组件——频率合成器来代替,它可以产生大量所需频率的信号。

可以根据不同的方法来划分无线通信系统的类型。按照无线通信系统中关键部分的不同特性,有以下类型。

(1) 按照工作频段或传输手段分类,有中波通信、短波通信、超短波通信、微波通信和卫星通信等。这里所说的工作频率,主要指发射与接收的射频(载波)频率。无线通信的一个发展方向就是开辟更高的频段。

(2) 按照通信方式分类,主要有全(双)工、半(双)工和单工方式。

(3) 按照调制方式分类,有调幅、调频、调相以及混合调制等。

(4) 按照传送的消息类型分类,有模拟通信和数字通信,也可以分为话音通信、图像通信、数据通信和多媒体通信等。

虽然各种类型的通信系统组成和设备复杂程度都有很大的不同,但是组成的基本电路及基本原理都是相同的,遵从同样的规律。本书以模拟高频通信系统为重点来研究这些基本电路,认识其规律。这些电路和规律完全可以推广应用到其他类型的通信系统。

1.3 通信信道及其特征

微视频

信道是通信系统中必不可少的组成部分,而信道中的噪声又是不可避免的。因此,对信道和噪声的研究是研究通信问题的基础。

信道是信号的传输媒质,它可分为有线信道和无线信道两类。按照信号在传输媒质中所受乘性干扰不同,又可分为两大类:一类称为恒(定)参(量)信道,即它们所受的乘性干扰不随时间变化或基本不变化；另一类则称为随（机）参（量）信道，它是非恒参信道的总称，它们的乘性干扰是随机变化的。恒参信道包括架空明线、电缆、中长波地波传播、超短波及微波视距传播、人造卫星中继、光导纤维以及光波视距传播等传输媒质构成的信道。一般用幅度-频率特性及相位-频率特性来表示恒参信道。随参信道包括短波电离层反射、超短波流星迹散射、超短波及微波对流层散射、超短波电离层散射以及超短波视距绕射等传输媒质分别构成的调制信道。下面重点讨论以自由空间为传播媒质的无线通信信道及其特征，它们都是以电磁波为载体。自然界中存在的电磁波的频谱很宽，图 1-3-1 为电磁波的频（波）谱图。无线通信中所用的无线电波只是一种波长比较长的电磁波，占据频率范围很广。在自由空间中，波长与频率的关系为

$$c = \lambda f \tag{1-3-1}$$

式中，c 为光速，f 和 λ 分别为无线电波的频率和波长。因此，无线电波也可以认为是一种频率相对较低的电磁波，无线电波频率是一种不可再生的重要资源。对频率或波长进行分段，分别称为频段或波段。不同频段信号的产生、放大和接收的方法不同，传播的能力和方式也不同，因而它们的分析方法和应用范围也不同。

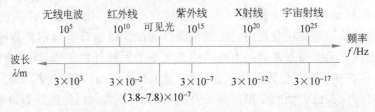

图 1-3-1　电磁波的频（波）谱图

表 1-3-1 列出了无线电波的频（波）段划分、主要传播方式和用途等，表中关于频段、传播方式及用途的划分是相对的，相邻频段间无绝对的分界线。

表 1-3-1　无线电波的频（波）段划分

波段名称	波长范围	频率范围	频段名称	主要传播方式	用　　途
长波（LW）	$10^3 \sim 10^4$ m	30～300kHz	低频（LF）	地波	远距离通信
中波（MW）	$10^2 \sim 10^3$ m	300kHz～3MHz	中频（MF）	地波、天波	广播、通信、导航
短波（SW）	10～100m	3～30MHz	高频（HF）	地波、天波	广播、通信
超短波（VSW）	1～10m	30～300MHz	甚高频（VHF）	直线传播、对流层的散射通信	电视广播、调频广播、雷达
分米波（USW）	10～100cm	300MHz～3GHz	特高频（UHF）	直线传播、散射传播	通信、中继与卫星通信、雷达、电视广播
厘米波（SSW）	1～10cm	3～30GHz	超高频（SHF）	直线传播	中继与卫星通信、雷达
毫米波（SESW）	1～10mm	30～300GHz	极高频（EHF）	直线传播	微波通信、雷达

"高频"也是一个相对的概念，表 1-3-1 中的"高频"指的是短波频段，其频率范围为 3～30MHz，这只是"高频"的狭义解释。而广义的"高频"指的是射频，其频率范围非常宽。只要电路尺寸比工作波长小得多，仍可用集中参数来分析实现，就可以认为属于"高频"范围。就技术而言，"高频"的上限可达微波频段（如 3GHz）。"高频"信号可用电路来处理，称为"高频电路"，而频率很高的微波信号要用"场"来研究与实现。

在高频电路中，要处理的无线电信号主要有 3 种：基带信号、载波信号和已调信号。所

谓基带信号,就是没有进行调制之前的原始信号,也称调制信号。载波信号主要指用于调制的高频振荡(载波)信号和用于解调的本地振荡信号(或称恢复载波),一般为单频的正弦(或余弦)信号或脉冲信号。而已调信号就是调制信号对载波进行调制以后的信号。前者通常为低频信号,后两者通常属于高频的范畴。

无线电信号有多方面的特性,主要有时域特性、频域特性、传播特性和调制特性等。

1. 时域特性

可以将无线电信号表示为电压或电流的时间函数,通常用时域波形或数学表达式来描述,多对于正弦波、周期性方波等,用这种方法表示很方便。无线电信号的时域特性就是信号随时间变化快慢的特殊性。信号的时域特性要求传输该信号电路的时域特性(如时间常数)与之相适应。

2. 频域特性

对于话音信号、图像信号等,用频谱分析法表示较为方便,这是因为任何信号都可以分解为不同频率、不同幅度的正弦信号之和。图 1-3-2 所示为重复频率为 F 的方波脉冲信号的时域分解,它由基波分量及各次奇次谐波组成,谐波次数越高,幅度越小。对于周期性信号,可以表示为许多离散的频率分量,图 1-3-3 即为图 1-3-2 所示信号的频谱图,对于非周期性信号,可以用傅里叶变换的方法分解为连续谱,信号为连续谱的积分。频域特性包括幅频特性和相频特性两部分。它们分别反映信号中各个频率分量的振幅和相位的分布情况。

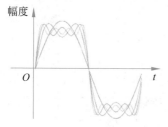

图 1-3-2 方波信号时域分解

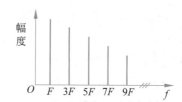

图 1-3-3 方波信号频谱示意图

任何信号都会占据一定的带宽。从频谱特性上讲,带宽就是信号能量主要部分(一般为90%以上)所占据的频率范围或频带宽度。不同的信号,其带宽不同。例如,话音的频率范围为 $100\mathrm{Hz}\sim6\mathrm{kHz}$,其主要能量集中在 $300\mathrm{Hz}\sim3.41\mathrm{kHz}$。射频频率越高,可利用的频带宽度就越宽,不仅可以容纳许多互相不干扰的信道,从而实现频分复用或频分多址,还可以传播某些宽频带的信号(如图像信号),这是无线通信采用高频的原因之一。

3. 传播特性

无线通信信道主要是自由空间。由于地球表面及空间层的环境条件不同,发射的无线电波因其频率或波长不同,传播特性也不同。传播特性是指无线电信号的传播方式、传播距离及传播特点等。传播特性主要根据无线电信号所处的频段或波段来区分。电磁波从发射天线辐射出去后,不仅电波的能量会扩散衰减,接收机只能收到其中极小的一部分,而且在传播过程中,电波的能量会被地面、建筑物或高空的电离层吸收或反射,或者在大气层中产生折射或散射等现象,从而造成到达接收机时的强度大大衰减。在移动无线环境中,还会因多径产生快衰落,因季节变化产生慢衰落。根据无线电波在传播过程中所发生的现象,电波的传播方式主要有直射(视距)传播、绕射(地波)传播、折射和反射(天波)传播及散射传播等,图 1-3-4 为无线电波的主要传输方式示意图。决定传播方式和传播特点的关键因素是无线电信号的频率。无线电信号的辐射是多方向的。由于地球是一个巨大的导体,电波沿地面传播(绕射)时能量会被吸收(趋肤效应引起),通常是波长越长(或频率越低),被吸收的能量就越小,因此,中、低频(或中、长波)信号能以地波的方式绕射传播很远,并且比较稳定,多用作远距离通信和导航。绕射依赖于电波波长和物体体积与形状、绕射点入射的振幅、相位和极化的情况等,当电波的波长大于物体的体积时容易发生绕射。

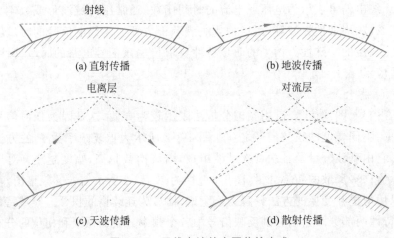

图 1-3-4　无线电波的主要传输方式

离地面 10～12km 的大气层称为对流层(Troposphere),该层的空气密度较高,所有的大气现象都发生在这一层。散射现象主要发生在对流层,在这个层中由于大气湍流运动等原因形成不均匀性和随机性。接收到的能量与入射线和散射线的夹角有关。散射信号随时间的变化分为慢衰落和快衰落两种,前者取决于气象条件,后者由多径传播引起。散射还存在一定的散射损耗。散射传播的距离为 100～500km,适合的频率为 400～6000MHz。需要指出,散射是在电波通过的介质中存在尺寸小于波长的物体并且单位体积内阻挡体的个数非常多时产生的,因此,散射发生于粗糙表面、小物体或不规则的物体等许多地方。

频率较高的超短波及更高频率的无线电波主要沿空间直(视)线(Line of Sight,LOS)传播。由于地球曲率的原因,直射传播的距离有限,通常只能为视距,因此也称为视距传播。当然,也可以通过加高天线、中继或卫星等方式扩大直线传输距离。

综上所述,长波信号传播以电波绕射为主;中波和短波信号可以以地波和天波两种方式传播,不过前者以地波为主,后者以天波(反射与折射)为主;超短波以上频段信号多以直射方式传播,也可以采用对流层散射方式传播。

4. 调制特性

前面已讨论过调制在无线通信中的重要作用。通过调制,除了可以使收发天线的尺寸缩小,还可以实现信道的复用,提高信道的利用率。

根据载波受调参数的不同,调制分为 3 种基本方式,即振幅调制(调幅)、频率调制(调频)、相位调制(调相),分别用 AM、FM、PM 表示。还可以有组合调制方式。调制信号为数字信号时,通常称为键控。3 种基本的键控方式为振幅键控(Amplitude Shift Keying,ASK)、频率键控(Frequency Shift Keying,FSK)和相位键控(Phase Shift Keying,PSK)。

高频载波为单一频率的正弦波,对应的调制为正弦调制。若载波为脉冲信号,则称为脉冲调制。模拟调制信号和正弦载波的模拟调制的基本原理和电路可以推广到数字调制中去。

不同的调制信号和不同的调制方式,其调制特性不同,调制的逆过程称为解调或检波,其作用是将已调信号中的原调制信号恢复出来。

实现调制和解调的部件分别称为调制器和解调器,有时将它们组合在一起称为调制解调器(Modem)。衡量调制器和解调器性能优劣的指标主要有调制方式、频率利用率或频谱有效性、功率有效性及抗干扰噪声的能力。

1.4　本课程的特点

应用于电子系统和电子设备中的高频电子线路几乎都是由线性的元件和非线性的器件组成的。严格来讲,所有包含非线性器件的电子线路都是非线性电路,只是在不同的使用条件下,非线性器件所表现的非线性程度不同而已。例如,对于高频小信号放大器,由于输入信号足够小,而又要求不失真放大,因此,其中的非线性器件可以用线性等效电路来表示,分析方法可以用线性电路的分析方法。但是,本书的绝大部分电路都属于非线性电路,一般都用非线性电路的分析方法来分析。

与线性元件不同,对非线性器件的描述通常用多个参数,如直流跨导、时变跨导和平均跨导,而且大都与控制变量有关。在分析非线性器件对输入信号的响应时,不能采用线性电路中的叠加原理,而必须求解非线性方程(包括代数方程和微分方程)。实际上,要想精确求解十分困难,一般采用计算机辅助设计(Computer Aided Design,CAD)的方法进行近似分析。在工程上也往往根据实际情况对器件的数学模型和电路的工作条件进行合理的近似,以便用简单分析方法获得具有实际意义的结果,而不必过分追求其严格性。精确求解非常困难,也不必要。因此,在学习本课程时,要抓住各种电路之间的共性,洞察各种功能电路之间的内在联系,而不要局限于掌握一个个具体的电路及其工作原理。当然,熟悉典型的单元电路对识图能力的提高和电路设计都是非常有意义的。近年来,集成电路的数字信号处理(Digital Signal Processing,DSP)技术迅速发展,各种通信电路甚至系统都可以做在一个芯片内,称为片上系统(System on a Chip,SoC)。但要注意,所有这些电路都是以分立器件为基础的。因此,在学习时要遵循"分立为基础,集成为重点,分立为集成服务"的原则,在学习具体电路时,要掌握"管为路用,以路为主"的方法,做到以点带面,举一反三,触类旁通。

高频电子线路是在科学技术和生产实践中发展起来的,也只有通过实践才能得到深入的了解。因此,在学习本课程时必须要重视实验环节,坚持理论联系实际,在实践中积累丰富的经验。随着计算机技术和电子设计自动化(Electronics Design Automation,EDA)技术的发展,越来越多的高频电子线路可以采用 EDA 软件进行设计、仿真分析和电路制作,甚至可以做电磁兼容(Electromagnetic Compatibility,EMC)的分析和实际环境下的仿真。因此,掌握先进的高频电路 EDA 技术也是高频电子线路的一个重要内容。

1.5 本章小结

本章主要讲述的内容为：无线电通信的基本概念，无线电波波段的划分、传播及特性，无线电信号发射与接收系统的原理框图，通信电子线路的特点及本课程的学习方法。

习题 1

1-1 画出无线通信收发信机的原理框图、各部分的信号波形和频谱，并说明各部分的作用。

1-2 无线通信为什么要用高频信号？

1-3 无线通信为什么要进行调制？如何进行调制？如何解调？

1-4 无线电信号的频段或波段是如何划分的？各具体频段的传播特性和应用情况如何？

1-5 超外差式接收机中的"混频器"的作用是什么？如果接收信号的频率是2100MHz，希望把它变成70MHz的中频，画出实现框图，并标明各部分的时域信号波形及频率。

第2章

CHAPTER 2

通信电子电路基础

本章主要内容：

- 通信电路中元器件的特性。
- 谐振回路及其相频特性。
- 耦合振荡回路。

通过第1章的介绍可知，各种无线电设备都是由处理高频信号的功能电路（如高频放大器、振荡器、调制解调器等）组成的。这些电路无论是工作原理，还是实际电路都有各自的特点，这些将在后续各章中详细研究。但是它们之间也有一些共同点，例如，所使用的有源器件和无源网络有许多是相同的。这些器件和电路可以说是各种高频电路的基础。本章首先讨论这些电路。

2.1　通信电路中元器件的特性

微视频

各种通信电子电路基本上是由有源器件、无源元件和无源网络组成的。高频电路中使用的元器件与低频电路中使用的元器件基本相同，但是要注意它们在高频使用时的高频特性。高频电路中的无源元件主要有电阻（器）、电容（器）和电感（器），它们都属于无源的线性元件。高频电缆、高频接插件和高频开关等由于比较简单，本书不讨论。高频电路中完成信号的放大、非线性变换等功能的有源器件主要有二极管、晶体管、场效应管和集成电路等。

2.1.1　无源元件的特性

1. 电阻器的高频特性

一个实际的电阻器，在低频时主要表现为电阻特性，但在高频使用时不仅表现有电阻特性，还表现有电抗特性。电阻器的电抗特性反映的就是其高频特性。一个电阻 R 的高频等效电路如图 2-1-1 所示，其中 C_r 为分布电容，L_r 为引线电感，R 为电阻。分布电容和引线电感越小，表明电阻的高频特性越好。电阻器的高频特性与制作电阻的材料、电阻的封装形状和大小有密切的关系。一般来说，金属膜电阻比线绕电阻的高频特性好；贴片（Surface Mounted Devices，SMD）电阻比普通的双列直插（Dual In-line Package，DIP）电阻的高频特性好；小尺寸电阻比大尺寸电阻的高频特性好。频率越高，电阻器的高频特性就越明显。在实际使用时，要尽量减少电阻器高频特性的影响，使之表现为纯电阻。

2. 电感线圈的高频特性

电感线圈在高频频段除了表现出电感 L 的特性外，还具有一定的损耗电阻 r 和分布电容。在分析一般的长、中、短波频段电路时，通常可以忽略分布电容的影响，因而电感线圈的等效电路可以表示为电感 L 和电阻 r 串联，如图 2-1-2 所示。

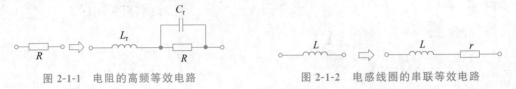

图 2-1-1　电阻的高频等效电路　　　　　图 2-1-2　电感线圈的串联等效电路

电阻 r 随频率增高而增加，这主要是由于趋肤效应的影响。所谓趋肤效应是指随着工作频率的增高，交流电流集中流向导线表面这一现象，可参见图 2-1-3。当频率很高时，导线中心部位几乎没有电流流通，这相当于把导线的横截面积减小为导线的圆环面积，导线的有效面积较直流时大为减少，电阻 r 增大。工作频率越高，圆环的面积越小，导线电阻就越大。

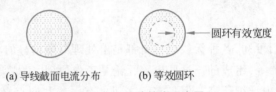

(a) 导线截面电流分布　　　　(b) 等效圆环

图 2-1-3　趋肤效应示意图

在无线电技术中通常不是直接用等效电阻 r，而是引入线圈的品质因数 Q 这一参数来表示线圈的损耗性能。品质因素定义为无功功率与有功功率之比，即

$$Q = \frac{无功功率}{有功功率} \tag{2-1-1}$$

设流过电感线圈的电流为 I，则电感 L 上的无功功率为 $I^2 \omega L/2$，而线圈的损耗功率，即电阻 r 的消耗功率为 $I^2 r/2$，故由式（2-1-1）可得到电感的品质因数为

$$Q_0 = \frac{I^2 \omega L/2}{I^2 r/2} = \frac{\omega L}{r} \tag{2-1-2}$$

Q_0 值是一个比值，它是感抗 ωL 与损耗电阻 r 之比，Q_0 值越高，损耗越小。一般情况下，线圈的 Q_0 值通常为几十到一二百。

在电路分析中，为了计算方便，有时需要把如图 2-1-4(a) 所示的电感与电阻的串联形式转换为电感与电阻的并联形式。如图 2-1-4(b) 所示，L_p 和 R 是并联形式的参数。根据等效电路的原理，在图 2-1-4(a) 中 1-2 两端的导纳应等于图 2-1-4(b) 中 $1'$-$2'$ 两端的导纳，即

$$\frac{1}{r + j\omega L} = \frac{1}{R} + \frac{1}{j\omega L_p} \tag{2-1-3}$$

由式（2-1-2）和式（2-1-3）可得

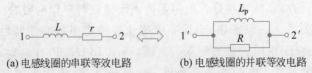

(a) 电感线圈的串联等效电路　　　　(b) 电感线圈的并联等效电路

图 2-1-4　电感线圈的串、并联等效电路

$$R = r(1 + Q_0^2) \tag{2-1-4}$$

$$L_p = L(1 + 1/Q_0^2) \tag{2-1-5}$$

一般 $Q_0 \gg 1$，可得式(2-1-4)、式(2-1-5)的近似式分别为

$$R \approx Q_0^2 r = \frac{\omega^2 L^2}{r} \tag{2-1-6}$$

$$L_p \approx L \tag{2-1-7}$$

故

$$Rr \approx \omega^2 L^2 \tag{2-1-8}$$

上述结果表明，一个高 Q 电感线圈，其等效电路可以表示为串联形式，也可以表示为并联形式。在这两种形式中，电感值近似不变，串联电阻与并联电阻的乘积等于感抗的平方。

由式(2-1-6)可以看出，r 越小，R 就越大，即损耗小；反之，则损耗大。一般地，r 为几欧的量级，变换成 R 则为几十千欧到几百千欧。

Q_0 也可以用并联形式的参数表示。由式(2-1-6)可得

$$r \approx \frac{\omega^2 L^2}{R} \tag{2-1-9}$$

将式(2-1-9)代入式(2-1-2)得

$$Q_0 = \frac{R}{\omega L} \approx \frac{R}{\omega L_p} \tag{2-1-10}$$

式(2-1-10)表明，若以并联形式表示，则 Q_0 为并联电阻与感抗之比。

3. 电容器的高频特性

一个实际的电容器除表现电容特性外，也具有损耗电阻和分布电感。在分析一般米波以下频段的谐振回路时，通常只考虑电容和损耗电阻。电容器的等效电路也有串、并联两种形式，如图 2-1-5 所示，C_p 和 R 是并联形式的参数。

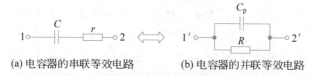

(a) 电容器的串联等效电路   (b) 电容器的并联等效电路

图 2-1-5 电容器的串、并联等效电路

为了说明电容器损耗的大小，引入电容器的品质因素 Q_0'，它等于容抗与串联电阻之比，即

$$Q_0' = \frac{1/\omega C}{r} = \frac{1}{\omega C r} \tag{2-1-11}$$

若以并联等效电路表示，则 Q_0' 为并联电阻与容抗之比，即

$$Q_0' = \frac{R}{1/\omega C_p} = \omega C_p R \tag{2-1-12}$$

电容器损耗电阻的大小主要由介质材料决定。Q_0' 值可达几千到几万的数量级，与电感线圈相比，电容器的损耗常常忽略不计。

同理，可以推导出图 2-1-5 中串、并联等效电路的变换公式为

$$R = r(1 + Q_0'^2) \tag{2-1-13}$$

$$C_p^{'} = C \frac{1}{1 + 1/Q_0^{'2}} \tag{2-1-14}$$

一般 $Q_0^{'} \gg 1$，可得式（2-1-13）、式（2-1-14）的近似式分别为

$$R \approx rQ_0^{'2} = \frac{1}{\omega^2 C^2 r} \tag{2-1-15}$$

$$C_p \approx C \tag{2-1-16}$$

故

$$Rr \approx \frac{1}{\omega^2 C^2} \tag{2-1-17}$$

上面的分析表明，一个实际的电容器，其等效电路可以表示为并联形式，也可以表示为串联形式。两种形式中电容值近似不变，串联电阻与并联电阻的乘积等于容抗的平方。

2.1.2 有源器件的特性

高频电路中的有源器件主要有二极管、晶体管和集成电路，完成信号的放大、非线性变换等功能。从原理上看，用于高频电路的各种有源器件，与用于低频或其他电子线路的器件没有什么根本不同。这些器件的物理机制和工作原理，在有关低频电路的课程中已详细讨论过，只是由于工作在高频范围，因此对器件的某些性能要求更高。随着半导体和集成电路技术的高速发展，能满足高频应用要求的器件越来越多，也出现了一些专门用途的高频半导体器件。

1. 晶体二极管

晶体二极管在高频电路中主要用于检波、调制、解调及混频等非线性变换电路中，工作在低电平，主要采用点接触式二极管和表面势垒二极管（又称肖特基二极管）。两者都是利用多数载流子导电机理，它们的极间电容小，工作频率高。常用的点接触二极管（如 2AP 系列）的工作频率可达 100～200MHz，而表面势垒二极管的工作频率可高至微波范围。

另一种在高频中应用很广泛的二极管是变容二极管，其特点是电容随偏置电压变化。半导体二极管具有 PN 结，PN 结具有电容效应，它包括扩散电容和势垒电容。当 PN 结正偏时，扩散电容起主要作用；而当 PN 结反偏时，势垒电容起主要作用。利用 PN 结反偏时势垒电容随外加反偏电压变化的机理，在制作时用专门工艺和技术经过特殊处理而制成的具有较大电容变化范围的二极管，就是变容二极管。变容二极管的结电容 C_j 与外加反偏电压 v 之间呈非线性关系，其主要指标有零偏置电压时的结电容值 C_0、反向击穿电压时的结电容值 C_B 以及前两者的比值 C_0/C_B（常称为变容比）。变容二极管在工作时处于反偏截止状态，基本上不消耗能量，噪声小，效率高。变容二极管若用于振荡器中，可以通过改变电压来改变振荡信号的频率。这种振荡器称为压控振荡器（Voltage Controlled Oscillator，VCO）。压控振荡器是锁相环法的一个重要部件。通常情况下，变容比越大，振荡器的频率变化范围越大。电调谐器和压控振荡器也广泛用于电视接收机的高频头中。具有变容效应的某些微波二极管（微波变容器）还可以进行非线性电容混频、倍频。

还有一种以 P 型、N 型和本征（I）型 3 种半导体构成的 PIN 二极管，它具有较强的正向电荷储存能力。它的高频等效电阻受正向直流电流的控制，是一个电可调电阻。它在高频及微波电路中可用作电可控开关、限幅器、电调衰减器和电调相器。

2. 晶体三极管与场效应管

在高频中应用的晶体管仍然是双极晶体管和各种场效应管（Field Effect Transistor，

FET),只是由于高频应用的需求更高,它们比用于低频的产品性能更好,有的外形结构也有所不同。

高频晶体管有两大类型:一类是用于小信号放大的高频小功率管,对它们的主要要求是高增益和低噪声;另一类为高频功率放大管,主要要求除了增益外,在高频要有较大的输出功率。目前的双极型晶体管小信号放大管,工作频率可达几千兆赫兹,噪声系数为几分贝。小信号的场效应管也能工作在同样高的频率,且噪声更低。一种称为砷化镓的场效应管,其工作频率可达十几千兆赫兹以上。在高频大功率晶体管方面,在几百兆赫兹以下频率,双极型晶体管的输出功率可达 10~100W。而金属氧化物场效应管(Metal Oxide Semiconductor Field Effect Transistor,MOSFET),甚至在几千兆赫兹的频率上还能输出几瓦功率。

有关晶体管和场效应管的高频小信号分析方法将在第 3 章中详细介绍。

3. 集成电路

用于高频的集成电路(Intergrated Circuit,IC)的类型和品种要比用于低频的集成电路少得多,主要分为通用型和专用型两种。目前通用型的宽带集成放大器,工作频率可达一二百兆赫兹,增益可达五六十分贝甚至更高。用于高频的晶体管模拟乘法器,工作频率也可达 100MHz 以上。随着集成技术的发展,也生产出了一些高频专用集成电路(Application Specific Intergrated Circuit,ASIC),包括集成锁相环、集成调频信号调解器、单片接收机以及电视机中的专用集成电路等。

◼ 2.2 谐振回路 ◆

各种形式的选频网络在高频电子线路中得到广泛的应用,它能选出我们需要的频率分量和滤除不需要的频率分量。通常,在高频电子线路中应用的选频网络分为两类,第一类是由电感和电容元件组成的振荡回路(也称为谐振回路),它又可分为单振荡回路及耦合振荡回路;第二类是各种滤波器,如 LC 集中滤波器、石英晶体滤波器、陶瓷滤波器和声表面波滤波器等。本节重点讨论第一类振荡回路,对于第二类滤波器可参阅参考文献。本节讨论的各种电路形式和特性以及讨论所得到的结论将在后面的学习中直接应用。

2.2.1 串联谐振回路

微视频

由电感线圈和电容器组成的单个振荡电路称为单振荡回路。信号源与电容和电感串联,就构成串联振荡回路。电感的感抗值随信号频率的升高而增大,电容的容抗值则随频率的升高而减小。串联振荡回路的阻抗在某一特定的频率上具有最小值,而偏离特定频率时的阻抗迅速增大,回路的这种特性称为谐振特性,这个特定的频率称为谐振频率。因而,上述的串联单振荡回路又可称为串联谐振回路。由于串联谐振回路的阻抗在谐振时最小,因而在谐振频率上信号源在串联谐振回路中产生的电流达到最大值,而在其他频率上回路电流都要下降,所以谐振回路有选频和滤波的作用。下面讨论串联谐振回路的特性。

1. 谐振及谐振条件

图 2-2-1 所示为电感 L、电容 C、电阻 r 和外加电压 $\dot{V}_s$ 组成的串联振荡回路。其中,r 通常是电感线圈损耗的等效电

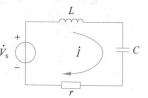

图 2-2-1　串联振荡回路

阻，电容损耗很小，一般可以忽略。保持电路参数 r、L、C 值不变，改变外加电压 $\dot{V}_s$ 的频率，或保持 $\dot{V}_s$ 的频率不变，而改变 L 或 C 的数值，都能使电路发生谐振。若外加电压 $\dot{V}_s = V_{sm}\sin\omega t$，可得回路电流为

$$\dot{I} = \frac{\dot{V}_s}{r + j\left(\omega L - \dfrac{1}{\omega C}\right)} = \frac{\dot{V}_s}{r + jX} = \frac{\dot{V}_s}{Z} \tag{2-2-1}$$

其中，阻抗为 $Z = |Z|\,\mathrm{e}^{j\varphi}$，其阻抗的模为式(2-2-2)，阻抗的幅角为式(2-2-3)。

$$|Z| = \sqrt{r^2 + X^2} = \sqrt{r^2 + \left(\omega L - \frac{1}{\omega C}\right)^2} \tag{2-2-2}$$

$$\varphi = \arctan\frac{X}{r} = \arctan\frac{\omega L - \dfrac{1}{\omega C}}{r} \tag{2-2-3}$$

在某一特定角频率 ω_0 上，若回路电抗满足条件

$$X = \omega_0 L - \frac{1}{\omega_0 C} = 0 \tag{2-2-4}$$

则电流 $\dot{I} = \dot{I}_0 = \dot{V}_s/r$ 为最大值，回路发生谐振。式(2-2-4)称为串联谐振回路的谐振条件，由此可导出回路发生串联谐振的角频率 ω_0 和频率 f_0 分别为

$$\omega_0 = \frac{1}{\sqrt{LC}} \tag{2-2-5}$$

$$f_0 = \frac{1}{2\pi\sqrt{LC}} \tag{2-2-6}$$

将式(2-2-5)和式(2-2-6)代入式(2-2-4)可得

$$\omega_0 L = \frac{1}{\omega_0 C} = \frac{1}{\sqrt{LC}} \cdot L = \sqrt{\frac{L}{C}} = \rho \tag{2-2-7}$$

其中，ρ 称为谐振电路的特性阻抗。

2. 谐振特性

串联谐振回路具有下列特性。

(1) 谐振时，回路电抗 $X = 0$，阻抗 $Z = r$ 为最小值且为纯电阻。在其他频率时，回路电抗 $X \neq 0$，当外加电压频率 $\omega > \omega_0$ 时，$\omega L > 1/\omega C$，回路呈感性；当 $\omega < \omega_0$ 时，$\omega L < 1/\omega C$，回路呈容性。

(2) 谐振时回路电流最大，即 $\dot{I}_0 = \dot{V}_s/r$，且电流 $\dot{I}_0$ 与外加电压 $\dot{V}_s$ 同相。

(3) 电感与电容两端电压模值相等，且等于外加电压的 Q 倍。串联谐振时电感线圈和电容器两端的电压分别为

$$\dot{V}_{L0} = \dot{I}_0 \cdot j\omega_0 L = \frac{\dot{V}_s}{r} \cdot j\omega_0 L = jQ\dot{V}_s \tag{2-2-8}$$

$$\dot{V}_{C0} = \dot{I}_0 \cdot \frac{1}{j\omega_0 C} = \frac{\dot{V}_s}{r} \cdot \frac{1}{j\omega_0 C} = -jQ\dot{V}_s \tag{2-2-9}$$

式(2-2-8)和式(2-2-9)中的 Q 为

$$Q = \frac{\omega_0 L}{r} = \frac{1}{\omega_0 Cr} = \frac{1}{r}\sqrt{\frac{L}{C}} \tag{2-2-10}$$

回路谐振时的感抗值和容抗值相等($\omega_0 L = 1/\omega_0 C$),我们把谐振时的回路感抗值(或容抗值)与回路电阻 r 的比值称为回路品质因数,以 Q 表示,简称 Q 值。由式(2-2-8)、式(2-2-9)可见,串联谐振时,电感线圈和电容器两端电压模值大小相等,且等于外加电压的 Q 倍。通常,回路的 Q 值可达几十到几百,谐振时电感线圈和电容器两端的电压可以比信号源电压大几十到几百倍,因此必须预先注意到元件的耐压问题。这是串联谐振时所特有的现象,所以串联谐振又称为电压谐振。

串联谐振时回路中的电流与电压关系可绘成如图 2-2-2 所示的矢量图。图中 $\dot{V}_s$ 与 $\dot{I}_0$ 同相,$\dot{I}_0$ 为最大值,$\dot{V}_{L0}$ 超前 $\dot{I}_0 90°$,$\dot{V}_{C0}$ 滞后 $\dot{I}_0 90°$,$\dot{V}_{L0}$ 与 $\dot{V}_{C0}$ 相位相反,且 $|\dot{V}_{L0}|$ 与 $|\dot{V}_{C0}|$ 都比 $\dot{V}_{sm}$ 大 Q 倍。实际上,电感线圈中有损耗电阻 r,可得

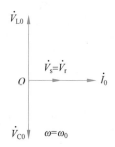

图 2-2-2 串联谐振时回路电流与电压矢量关系图

$$V_{L0m} = I_{L0m}\sqrt{r^2 + \omega_0^2 L^2} = V_{sm}\sqrt{1 + Q^2} \tag{2-2-11}$$

3. 能量关系

从能量的角度分析串联振荡回路在谐振时的性质,设谐振时瞬时电流为 $i = I_{0m}\sin\omega t$,则电容器 C 上的电压为

$$v_C = \frac{1}{C}\int i\,dt = -\frac{1}{\omega C}I_{0m}\cos\omega t = -V_{cm}\cos\omega t \tag{2-2-12}$$

因此,电感内储存的瞬时能量(磁能)为

$$w_L = \frac{1}{2}Li^2 = \frac{1}{2}LI_{0m}^2\sin^2\omega t \tag{2-2-13}$$

电容内储存的瞬时能量(电能)为

$$w_C = \frac{1}{2}Cv_C^2 = \frac{1}{2}CV_{cm}^2\cos^2\omega t \tag{2-2-14}$$

将式(2-2-8)及式(2-2-9)代入式(2-2-14)可得电容 C 上储存的瞬时能量最大值为

$$\frac{1}{2}CV_{cm}^2 = \frac{1}{2}CQ^2V_{sm}^2 = \frac{1}{2}C\frac{\omega_0^2 L^2}{r^2}V_{sm}^2 = \frac{1}{2}\frac{L^2 C}{(\sqrt{LC})^2}\left(\frac{V_{sm}}{r}\right)^2 = \frac{1}{2}LI_{0m}^2$$

它恰好与电感上所储存的瞬时能量最大值 $\frac{1}{2}LI_{0m}^2$ 相等。图 2-2-3 表示电感 L、电容 C 所储存的能量 w_L、w_C 随时间变化的情况。谐振电路电感 L 及电容 C 上储存的瞬时能量的和为

$$w = w_L + w_C = \frac{1}{2}LI_{0m}^2\sin^2\omega t + \frac{1}{2}CV_{cm}^2\cos^2\omega t$$

$$= \frac{1}{2}LI_{0m}^2\sin^2\omega t + \frac{1}{2}LI_{0m}^2\cos^2\omega t$$

$$= \frac{1}{2}LI_{0m}^2 \tag{2-2-15}$$

由式(2-2-15)可知,w 是一个不随时间变化的

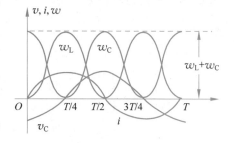

图 2-2-3 串联谐振回路中的能量关系

常数,这证明回路中储存的能量保持不变,只是在线圈与电容器之间相互转换。由式(2-2-13)和式(2-2-14)可知,当 $t=0,T/2$ 和 T 时,电流 $i=0$,所以 $w_L=0$,而 w_C 达到最大值;当 $t=T/4$、$3T/4$ 时,电容上电压 $v_C=0$,所以 $w_C=0$,而 w_L 达到最大值。由此可见,回路谐振时,电感线圈中的磁能与电容器中的电能周期性地转换着。电抗元件不消耗外加电动势的能量,外加电动势只提供回路电阻所消耗的能量,以维持回路的等幅振荡,所以谐振时回路中电流最大。

谐振时,电阻 r 上消耗的平均功率为 $P_r=\frac{1}{2}rI_{0m}^2$。每一周期 T 的时间内,电阻上消耗的平均能量为 $w_r=P_rT=\frac{1}{2}rI_{0m}^2\frac{1}{f_0}$,$f_0=1/T$。谐振时,回路中所储存能量($w_L+w_C$)与每周期内所消耗的能量 w_r 之比为

$$\frac{w_L+w_C}{w_r}=\frac{\frac{1}{2}LI_{0m}^2}{\frac{1}{2}rI_{0m}^2\frac{1}{f_0}}=\frac{f_0L}{r}=\frac{1}{2\pi}\frac{\omega_0L}{r}=\frac{Q}{2\pi} \tag{2-2-16}$$

由式(2-2-16)得到品质因数的另一种表达式为

$$Q=2\pi\frac{回路储能}{每周期耗能} \tag{2-2-17}$$

由此可见,回路的品质因数是谐振时回路中的储存能量与每周期中消耗在电阻上的能量之比的 2π 倍,此即为谐振电路品质因数 Q 与能量的关系。

4. 谐振曲线和通频带

1) 谐振曲线

回路中电流幅值与外加电压频率之间的关系曲线称为谐振曲线。由式(2-2-1)可得在任意频率下的回路电流 $\dot{I}$ 与谐振时回路电流 $\dot{I}_0$ 的关系为

$$\dot{I}=\frac{\dot{V}_s}{r+j\left(\omega L-\frac{1}{\omega C}\right)}=\frac{\dot{V}_s/r}{1+j\frac{1}{r}\left(\omega L-\frac{1}{\omega C}\right)}=\frac{\dot{I}_0}{1+j\frac{1}{r}\left(\omega L-\frac{1}{\omega C}\right)} \tag{2-2-18}$$

由式(2-2-18)可得

$$\frac{\dot{I}}{\dot{I}_0}=\frac{1}{1+j\frac{\omega_0L}{r}\left(\frac{\omega}{\omega_0}-\frac{\omega_0}{\omega}\right)}=\frac{1}{1+jQ\left(\frac{\omega}{\omega_0}-\frac{\omega_0}{\omega}\right)} \tag{2-2-19}$$

外加电压的频率 ω 与回路谐振频率 ω_0 之差 $\Delta\omega=\omega-\omega_0$ 表示频率偏离谐振频率的程度,$\Delta\omega$ 称为失谐(失调)量。式(2-2-19)也可写成

$$\frac{\dot{I}}{\dot{I}_0}=\frac{1}{1+j\xi} \tag{2-2-20}$$

式中,$\xi=Q\left(\frac{\omega}{\omega_0}-\frac{\omega_0}{\omega}\right)$,具有失谐的含义,称为广义失谐。式(2-2-19)的模值为

$$\frac{I_m}{I_{0m}}=\frac{1}{\sqrt{1+\left[Q\left(\frac{\omega}{\omega_0}-\frac{\omega_0}{\omega}\right)\right]^2}} \tag{2-2-21}$$

根据式(2-2-21)可画出相应的谐振曲线,如图 2-2-4 所示。可见,回路的 Q 值越高,谐振曲线越尖锐,对外加电压的选频作用越显著,回路的选择性就越好。因此,回路 Q 值的大小可说明回路选择性的好坏。在式(2-2-21)中,当 ω 与 ω_0 接近时,有

$$\frac{\omega}{\omega_0} - \frac{\omega_0}{\omega} = \frac{\omega^2 - \omega_0^2}{\omega \omega_0} = \frac{\omega + \omega_0}{\omega} \cdot \frac{\omega - \omega_0}{\omega_0} \approx \frac{2\omega}{\omega} \cdot \frac{\omega - \omega_0}{\omega_0} = 2\frac{\omega - \omega_0}{\omega_0} = 2\frac{\Delta\omega}{\omega_0}$$

于是,式(2-2-21)可写成

$$\frac{I_m}{I_{0m}} = \frac{1}{\sqrt{1 + \left[Q\, \dfrac{2\Delta\omega}{\omega_0} \right]^2}} \tag{2-2-22}$$

因此,广义失谐量可为 $\xi \approx Q\, \dfrac{2\Delta\omega}{\omega_0}$,式(2-2-22)也可写成

$$\frac{I_m}{I_{0m}} = \frac{1}{\sqrt{1 + \xi^2}} \tag{2-2-23}$$

式(2-2-22)称为通用形式的谐振特性方程式,此式适用于 ω 在 ω_0 附近,即所谓小量失谐的情况。根据式(2-2-22)绘出的串联振荡回路的通用谐振曲线如图 2-2-5 所示,它适用于任何不同参数的串联谐振回路。

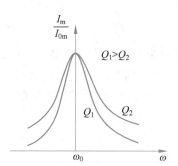

图 2-2-4 串联振荡回路的谐振曲线

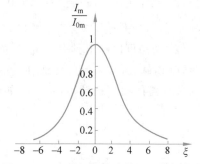

图 2-2-5 串联振荡回路的通用谐振曲线

2) 通频带

当回路的外加信号电压的幅值保持不变,频率改变为 $\omega = \omega_1$ 或 $\omega = \omega_2$,此时回路电流等于谐振值的 $1/\sqrt{2}$,如图 2-2-6 所示,$\omega_2 - \omega_1$ 称为回路的通频带,其绝对值为

$$2\Delta\omega_{0.7} = \omega_2 - \omega_1 \quad \text{或} \quad BW_{0.7} = f_2 - f_1 \tag{2-2-24}$$

在通频带的边界频率 ω_1 和 ω_2 上 $I_m/I_{0m} = 1/\sqrt{2}$,这时,回路所损耗的功率为谐振时的一半,所以这两个特定的边界频率又称为半功率点。

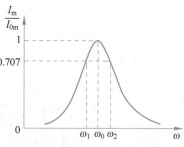

图 2-2-6 串联振荡回路的通频带

由式(2-2-21)和式(2-2-22)在通频带的边界角频率处,广义失谐量 $\xi = \pm 1$,即

$$\xi_2 = 2Q\, \frac{\omega_2 - \omega_0}{\omega_0} = 1$$

$$\xi_1 = 2Q\, \frac{\omega_1 - \omega_0}{\omega_0} = -1$$

将上面两式相减,并加以整理,可将通频带表示为

$$2\Delta\omega_{0.7} = \omega_0/Q \quad \text{或} \quad BW_{0.7} = f_0/Q \tag{2-2-25}$$

回路的相对通频带为

$$\frac{2\Delta\omega_{0.7}}{\omega_0} = \frac{1}{Q} \quad \text{或} \quad \frac{BW_{0.7}}{f_0} = \frac{1}{Q} \tag{2-2-26}$$

由此可见,通频带与回路的品质因数 Q 成反比,Q 越高,谐振曲线越尖锐,但回路的选择性越好,通频带越窄。因此,对串联振荡回路来说,两者存在矛盾。

5. 相频特性曲线

串联振荡回路的相频特性曲线是指回路电流的相角 ψ 随频率 ω 变化的曲线。由式(2-2-18)可求得回路电流的相频特性曲线为

$$\psi = -\arctan\frac{X}{r} = -\arctan Q\left(\frac{\omega}{\omega_0} - \frac{\omega_0}{\omega}\right) \approx -\arctan Q\frac{2\Delta\omega}{\omega_0} \tag{2-2-27}$$

在小量失谐时可用广义失谐 ξ 表示通用形式的相频特性,式(2-2-27)又可表示为

$$\psi \approx -\arctan\xi \tag{2-2-28}$$

当 $\omega = \omega_0$ 时,回路谐振,回路电流 $\dot{I}$ 与信号源电压 $\dot{V}_s$ 相位相同,$\psi = 0$;当 $\omega > \omega_0$ 时,回路呈感性,回路电流 $\dot{I}$ 滞后信号源电压 $\dot{V}_s$ 一个角度,$\psi < 0$;当 $\omega < \omega_0$ 时,回路呈容性,回路电流 $\dot{I}$ 超前信号源电压 $\dot{V}_s$ 一个角度,$\psi > 0$。

由式(2-2-27)可以画出具有不同 Q 值的串联振荡回路的相频特性曲线,如图 2-2-7 所示。可见,Q 值越大,相频特性曲线在谐振频率 ω_0 附近的变化越陡峭。根据式(2-2-28)绘出串联振荡回路的通用相频特性曲线,如图 2-2-8 所示,它也适用于任何不同参数的串联谐振回路。

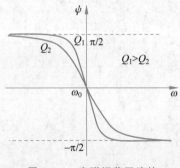

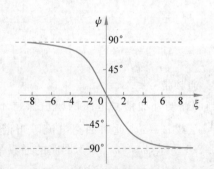

图 2-2-7 串联振荡回路的
相频特性曲线

图 2-2-8 串联振荡回路的通用
相频特性曲线

6. 信号源内阻及负载对串联谐振回路的影响

考虑信号源内阻 R_s 和负载电阻 R_L 的接入将使回路 Q 下降,串联回路谐振时的等效品质因数 Q_L 为

$$Q_L = \frac{\omega_0 L}{r + R_s + R_L} \tag{2-2-29}$$

通常,把没有接入信号源内阻和负载电阻时回路本身的 Q 值叫作无载 Q 值(或空载 Q 值),用 Q_0 表示;而把接入信号源内阻和负载电阻时的 Q 值叫作有载 Q 值,用 Q_L 表示。

由于 Q_L 值低于 Q_0，因此考虑信号源内阻及负载电阻后，串联谐振回路的选择性变坏，通频带加宽。

串联谐振回路通常适用于信号源内阻 R_s 很小（恒压源），负载电阻 R_L 也不太大的情况，这样才能使 Q_L 不至于太低，从而使回路有较好的选择性。图 2-2-9 为考虑 R_s 和 R_L 后的串联振荡回路。

图 2-2-9 考虑 R_s 和 R_L 后的
串联振荡回路

微视频

2.2.2 并联谐振回路

并联振荡回路是指电感线圈 L、电容器 C 与外加信号源相互并联的振荡电路，如图 2-2-10 所示。由于电容器的损耗很小，可以认为损耗电阻 r 集中在电感支路中，在分析并联的振荡回路时，一般采用恒流源作为激励。

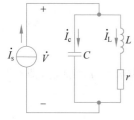

图 2-2-10 并联振荡回路

1. 谐振条件

并联振荡回路两端间的阻抗为

$$Z = \frac{(r+\mathrm{j}\omega L)\dfrac{1}{\mathrm{j}\omega C}}{r+\mathrm{j}\omega L+\dfrac{1}{\mathrm{j}\omega C}} = \frac{(r+\mathrm{j}\omega L)\dfrac{1}{\mathrm{j}\omega C}}{r+\mathrm{j}\left(\omega L-\dfrac{1}{\omega C}\right)} \qquad (2\text{-}2\text{-}30)$$

在实际应用中，通常都满足 $\omega L \gg r$ 条件，式(2-2-30)可近似为

$$Z \approx \frac{\dfrac{L}{C}}{r+\mathrm{j}\left(\omega L-\dfrac{1}{\omega C}\right)} = \frac{1}{\dfrac{Cr}{L}+\mathrm{j}\left(\omega C-\dfrac{1}{\omega L}\right)} \qquad (2\text{-}2\text{-}31)$$

设外加电流源的电流为 $\dot{I}_\mathrm{s}$，则并联回路两端的电压为

$$\dot{V} = \dot{I}_\mathrm{s}Z = \frac{\dot{I}_\mathrm{s}}{\dfrac{Cr}{L}+\mathrm{j}\left(\omega C-\dfrac{1}{\omega L}\right)} \qquad (2\text{-}2\text{-}32)$$

采用导纳分析并联振荡回路及其等效电路比较方便，为此引入并联振荡回路的导纳。并联振荡回路的导纳 $Y=G+\mathrm{j}B=1/Z$，由式(2-2-31)可得

$$Y = G+\mathrm{j}B = \frac{Cr}{L}+\mathrm{j}\left(\omega C-\frac{1}{\omega L}\right) \qquad (2\text{-}2\text{-}33)$$

式中，$G=Cr/L$ 为电导，$B=\omega C-\dfrac{1}{\omega L}$ 为电纳。

由式(2-2-33)可得并联振荡回路的另一种等效电路，如图 2-2-11 所示，这也是常用的表示形式，因此，并联振荡回路电压的幅值为

$$V_\mathrm{m} = \frac{I_\mathrm{sm}}{|Y|} = \frac{I_\mathrm{sm}}{\sqrt{G^2+B^2}} = \frac{I_\mathrm{sm}}{\sqrt{\left(\dfrac{Cr}{L}\right)^2+\left(\omega C-\dfrac{1}{\omega L}\right)^2}}$$

$$(2\text{-}2\text{-}34)$$

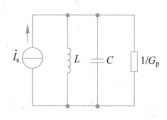

图 2-2-11 并联振荡回路的等效

由式(2-2-34)可知,当回路电纳 $B=0$ 时, $\dot{V}=\dot{V}_0=\dfrac{L}{Cr}\dot{I}_s$,回路电压 $\dot{V}_0$ 与电流 $\dot{I}_s$ 同相。并联振荡回路的这种状态叫作并联回路对外加信号源频率发生并联谐振。

由并联振荡回路电纳 $B=\omega_p C-\dfrac{1}{\omega_p L}=0$ 的并联谐振条件,可以导出并联回路谐振角频率 ω_p 和谐振频率 f_p 分别为

$$\omega_p=\frac{1}{\sqrt{LC}},\quad f_p=\frac{1}{2\pi\sqrt{LC}} \tag{2-2-35}$$

当 $\omega L\gg r$ 的条件不满足时,谐振频率可从式(2-2-30)中导出,得到

$$Z=\frac{(r+j\omega L)\dfrac{1}{j\omega C}}{r+j\left(\omega L-\dfrac{1}{\omega C}\right)}=\frac{L}{Cr}\frac{1-j\dfrac{r}{\omega L}}{1+j\left(\dfrac{\omega L}{r}-\dfrac{1}{\omega Cr}\right)} \tag{2-2-36}$$

在谐振时,式(2-2-36)必须为实数,因而分母中的虚部和分子中的虚部必须相抵消,即

$$-\frac{r}{\omega_p L}=\frac{\omega_p L}{r}-\frac{1}{\omega_p Cr}$$

由此解得准确的并联回路谐振频率为

$$\omega_p=\sqrt{\frac{1}{LC}-\frac{r^2}{L^2}} \tag{2-2-37}$$

2. 谐振特性

(1) 回路谐振时,由式(2-2-33)可见,电纳 $B=0$,所以回路导纳 $Y=G_p$ 达到最小值,电压 $\dot{V}_0=\dot{I}_s/G_p$ 相应达到最大值且与电流 $\dot{I}_s$ 同相,其中 G_p 称为谐振电导,其倒数称为谐振电阻,用 R_p 表示,即

$$R_p=\frac{1}{G_p}=\frac{1}{Cr/L}=\frac{L}{Cr} \tag{2-2-38}$$

R_p 值达到最大。在并联谐振时,把回路的感抗值(或容抗值)与电阻的比值称为并联振荡回路中的品质因数 Q_p ,即

$$Q_p=\frac{\omega_p L}{r}=\frac{1}{\omega_p Cr}=\frac{1}{r}\sqrt{\frac{L}{C}} \tag{2-2-39}$$

式中, $\rho=\sqrt{L/C}$ 为谐振电路的特性阻抗。因此,并联谐振回路的谐振电阻也可表示为

$$R_p=\frac{L}{Cr}=\frac{\omega_p^2 L^2}{r}=Q_p\omega_p L \tag{2-2-40}$$

$$R_p=\frac{L}{Cr}=\frac{1}{\omega_p^2 C^2 r}=Q_p\frac{1}{\omega_p C} \tag{2-2-41}$$

同时有

$$R_p=Q_p^2 r,\quad r=\frac{R_p}{Q_p^2} \tag{2-2-42}$$

式(2-2-40)和式(2-2-41)表示:在谐振时,并联振荡回路的谐振电阻等于感抗值或容抗值的 Q_p 倍,而且等于电感支路电阻的 Q_p^2 倍。当 $Q_p\gg1$ 时,这个电阻值是很大的。

并联振荡回路的阻抗,只在谐振时才是纯电阻,并达到最大值。失谐时,并联振荡回路的等效阻抗 Z 包括电阻 R_e 和电抗 X_e。和串联振荡回路相反,当 $\omega > \omega_p$ 时,回路等效阻抗中的电抗是容性的;当 $\omega < \omega_p$ 时,回路等效阻抗中的电抗是感性的。这是因为并联回路的合成总阻抗的性质总是由两个支路中阻抗较小的那个支路的阻抗性质决定的。

并联回路等效阻抗 Z 以及电阻 R_e、电抗 X_e 随频率变化的曲线如图 2-2-12 所示。

(2)谐振时,电感及电容中的电流的幅值为外加电流源 $\dot{I}_s$ 的 Q_p 倍。并联谐振时,电容支路、电感支路的电流 $\dot{I}_{Cp}$ 和 $\dot{I}_{Lp}$ 分别为

$$\dot{I}_{Cp} = \frac{\dot{V}_0}{\dfrac{1}{j\omega_p C}} = j\omega_p C \dot{V}_0 = j\omega_p C \dot{I}_s Q_p \frac{1}{\omega_p C_0} = jQ_p \dot{I}_s \qquad (2\text{-}2\text{-}43)$$

$$\dot{I}_{Lp} = \frac{\dot{V}_0}{r + j\omega_p L} \approx \frac{\dot{V}_0}{j\omega_p L} = \omega_p L \dot{I}_s Q_p \frac{1}{j\omega_p L} = -jQ_p \dot{I}_s \qquad (2\text{-}2\text{-}44)$$

由此两式可知,并联谐振时,若 $\omega L \gg r$。则电容支路电流 $\dot{I}_{Cp}$ 超前信号源电流 $\dot{I}_s$ 90°,电感支路电流 $\dot{I}_{Lp}$ 滞后信号源电流 $\dot{I}_s$ 90°。两支路的电流 $\dot{I}_{Cp}$ 与 $\dot{I}_{Lp}$ 在相位上接近反相且大小相等,因而它们的矢量和 $\dot{I}_{Cp} + \dot{I}_{Lp} = \dot{I}_s$ 趋于零,Z_p 成为最大值 R_p。若考虑电感支路电阻 r 的影响,则 $\dot{I}_{Lp}$ 滞后 $\dot{I}_s$ 的角度小于 90°,此时的矢量图如图 2-2-13 所示。两支路电流的矢量和 $\dot{I}_{Cp} + \dot{I}_{Lp} = \dot{I}_s$,而每一支路的电流 $\dot{I}_{Cp}$ 与 $\dot{I}_{Lp}$ 都等于信号源电流的 Q_p 倍,图 2-2-13 中 $\dot{V}_0$ 为谐振时的回路端电压。

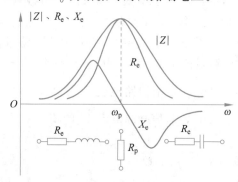

图 2-2-12 并联振荡电路等效阻抗与频率的关系

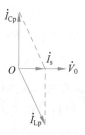

图 2-2-13 并联谐振时电流与
电压的关系

因此,并联谐振时,虽然信号源电流不太大,但并联谐振回路支路内的电流很大,等于信号源电流 $\dot{I}_s$ 的 Q_p 倍,所以并联谐振又称为电流谐振。这一特点与串联谐振时元件上的电压等于信号源电压 $\dot{V}_s$ 的 Q_p 倍的情况恰成对偶。

3. 谐振曲线、相频特性曲线和通频带

由式(2-2-31),同时考虑 $R_p = \dfrac{L}{Cr}$,$Q_p = \dfrac{\omega_p L}{r}$,可得

$$\dot{V} = \dot{I}_s Z = \frac{\dot{I}_s \dfrac{L}{C}}{r + \mathrm{j}\left(\omega L - \dfrac{1}{\omega C}\right)} = \frac{\dot{I}_s \dfrac{L}{Cr}}{1 + \mathrm{j}\dfrac{1}{r}\left(\omega L - \dfrac{1}{\omega C}\right)} = \frac{\dot{I}_s R_p}{1 + \mathrm{j}Q_p\left(\dfrac{\omega}{\omega_p} - \dfrac{\omega_p}{\omega}\right)}$$

令 $\dot{V}_0 = \dot{I}_s R_p$，与分析串联谐振回路的情况相同，由上式可导出并联振荡回路的谐振曲线表示式和相频特性曲线表示式为

$$\frac{V_m}{V_{0m}} = \frac{1}{\sqrt{1 + \left[Q_p\left(\dfrac{\omega}{\omega_p} - \dfrac{\omega_p}{\omega}\right)\right]^2}} \tag{2-2-45}$$

$$\psi = -\arctan Q_p\left(\frac{\omega}{\omega_p} - \frac{\omega_p}{\omega}\right) \tag{2-2-46}$$

当外源频率 ω 与回路谐振频率 ω_p 接近时，式(2-2-45)及式(2-2-46)可写成

$$\frac{V_m}{V_{0m}} \approx \frac{1}{\sqrt{1 + \left[Q_p\dfrac{2\Delta\omega}{\omega_p}\right]^2}} = \frac{1}{\sqrt{1 + \xi^2}} \tag{2-2-47}$$

$$\psi = -\arctan Q_p\frac{2\Delta\omega}{\omega_p} = -\arctan\xi \tag{2-2-48}$$

将式(2-2-47)及式(2-2-48)与式(2-2-23)及式(2-2-26)进行比较，可见等式的右边是相同的。所以并联振荡回路通用形式的谐振特性和相频特性是与串联回路相同的。串联振荡回路谐振曲线的纵坐标是回路电流相对值 I_m/I_{0m}。并联振荡回路谐振曲线的纵坐标则是回路端电压相对值 V_m/V_{0m}。两者具有相同形状的原因在于串联振荡回路在谐振点上，电抗为零，回路阻抗最小，所以回路电流出现最大值；在并联振荡回路的谐振点上，电纳为零，回路电导最小，回路阻抗最大，所以回路端电压出现最大值。失谐时，串联振荡回路阻抗增大，回路电流减小；在并联振荡回路中，失谐时回路阻抗减小，回路端电压也减小。

对于相频特性曲线来说，串联回路的纵坐标相角 ψ 是指回路电流 $\dot{I}$ 与信号源电压 $\dot{V}_s$ 的相角差；并联回路的纵坐标相角则是指回路端电压 $\dot{V}$ 对信号源电流 $\dot{I}_s$ 的相角差。

同理可得，并联振荡回路的绝对通频带为

$$2\Delta\omega_{0.7} = \omega_p/Q_p \quad \text{或} \quad \mathrm{BW}_{0.7} = f_p/Q_p \tag{2-2-49}$$

相对通频带为

$$\frac{2\Delta\omega_{0.7}}{\omega_p} = \frac{1}{Q_p} \quad \text{或} \quad \frac{\mathrm{BW}_{0.7}}{f_p} = \frac{1}{Q_p} \tag{2-2-50}$$

因此，并联振荡回路的通频带、选择性与回路品质因数 Q_p 的关系和串联回路的情况是一样的，即 Q_p 越高，谐振曲线越尖锐，回路的选择性越好，但通频带越窄。

以上讨论的是高 Q_p 的情况（即 $\omega L \gg r$），下面来讨论低 Q_p 值回路的情况（即 $\omega L \gg r$ 的条件不满足）。由式(2-2-36)可知，式中分子中的第二项不容忽略，为便于讨论这项所起的作用，现将式(2-2-36)的分子改写为

$$1 - \mathrm{j}\frac{r}{\omega L} = 1 - \mathrm{j}\frac{\omega_p r}{\omega_p \omega L} = 1 - \mathrm{j}\frac{\omega_p}{\omega Q_p} = \sqrt{1 + \left(\frac{\omega_p}{\omega Q_p}\right)^2}\,\mathrm{e}^{\mathrm{j}\varphi'} \tag{2-2-51}$$

其中，$\varphi' = -\arctan\dfrac{\omega_p}{\omega Q_p}$，于是可得

$$\varphi = \varphi' - \arctan\xi = -\arctan\frac{\omega_p}{\omega Q_p} - \arctan\xi \tag{2-2-52}$$

可知，$\dfrac{\omega_p}{\omega Q_p}$ 项所起的作用是使阻抗 Z 的模量增大，使相角 φ 发生改变。

图 2-2-14 所示为 $Q_p = 8$ 时，$|Z|$ 与 φ 的变化曲线。与图 2-2-12 和图 2-2-8 所示的高 Q_p 值回路等效阻抗和相频特性相比较可知，$|Z|$ 曲线变化很小，但 φ 曲线却有明显的差别。当 $\omega = \omega_p$ 时，$|Z| = R_p = L/Cr$，$\varphi = 0$。但当 $\omega < \omega_p$ 时，φ 先增加然后再减小。

若再减小 Q_p 值，则曲线将有更大的变动。图 2-2-15 所示为 $Q_p = 2$ 时，$|Z|$ 与 φ 的变化曲线，这时 $\varphi = 0$ 的频率 ω_p' 远远低于 ω_p，$|Z|$ 的最大值大于 L/Cr（即大于 $Q_p^2 r$）且位于 ω_p 与 ω_p' 之间。

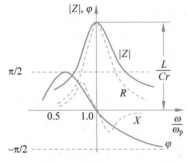

图 2-2-14　$Q_p = 8$ 时 $|Z|$ 与 φ 的变化曲线

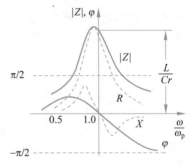

图 2-2-15　$Q_p = 2$ 时 $|Z|$ 与 φ 的变化曲线

如前所述，并联回路采用恒流源激励，所以比值 Z/Z_p 就等于 $\dot{V}/\dot{V}_0$，且阻抗辐角等于回路电压相角 ψ，因而表示低 Q_p 值回路的 $|Z|$ 与 φ 的变化曲线，也就表示了低 Q_p 值回路的谐振曲线和相频特性曲线的变化。

4. 信号源内阻和负载电阻对并联谐振回路的影响

考虑信号源内阻 R_s 和负载电阻 R_L 时，并联谐振回路的等效电路如图 2-2-16 所示。此时，负载电阻上的电压就等于回路两端的电压。

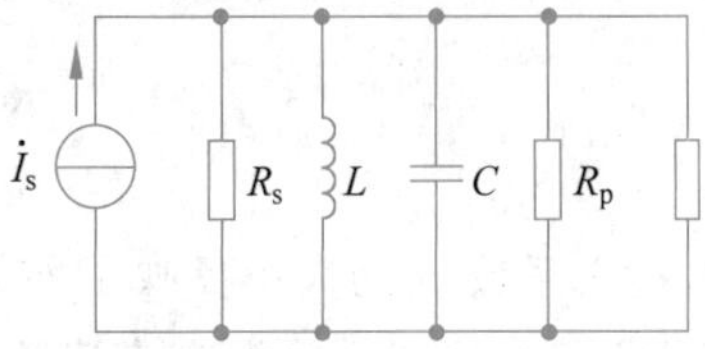

由于 R_s 和 R_L 的并联接入，使回路的等效 Q_L 值下降。为了分析并联回路方便，通常把 R_p、R_s 和 R_L 都改写为电导形式，即

$$G_p = \frac{1}{R_p}, \quad G_s = \frac{1}{R_s}, \quad G_L = \frac{1}{R_L}$$

图 2-2-16　考虑 R_s 和 R_L 之后
并联振荡回路

这时，回路的等效品质因数为

$$Q_L = \frac{1}{\omega_p L(G_p + G_s + G_L)} \tag{2-2-53}$$

也可写成

$$Q_L = \frac{Q_p}{1 + R_p/R_s + R_p/R_L} \tag{2-2-54}$$

式中，Q_p 为回路本身品质因数，$Q_p = R_p/\omega_p L$。

由此可见，R_s 和 R_L 越小（或 G_s 和 G_L 越大），Q_L 下降越多。和串联回路相同，负载电阻有时不止一个，必须将所有有关电阻（或电导）合成一个（电阻串、并联），再由式(2-2-53)或式(2-2-54)计算回路的等效品质因数 Q_L。

与串联谐振相反，并联谐振通常适用于信号源内阻 R_s 很大（恒流源）和负载电阻 R_L 也较大的情况，以使 Q_L 较高而获得较好的选择性。

微视频

2.2.3 并联谐振回路的耦合连接及接入系数

在并联谐振回路中，为了减少 R_s 和 R_L 对回路的影响，保证高的 Q_p 值，除了增大 R_s 和 R_L 外，还可采用下面介绍的阻抗变换网络（Impedance Transformation Network）。

1. 变压器耦合连接的阻抗变换

变压器耦合连接的阻抗变换网络如图 2-2-17 所示，因为 L_1 与 L_2 绕在同一磁芯上，是紧耦合，可认为是理想变压器。若 N_1、N_2 分别为初、次级绕组的匝数，则初、次级的功率应相等，即

$$\frac{V_1^2}{2R_L'} = \frac{V_2^2}{2R_L} \tag{2-2-55}$$

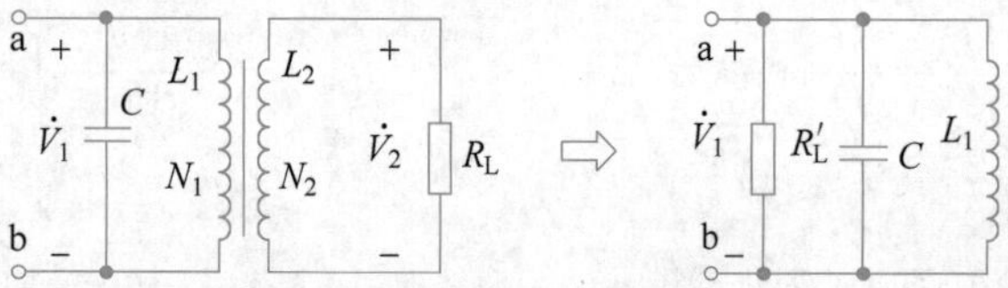

图 2-2-17　变压器耦合连接的阻抗变换

由式(2-2-55)可得初级绕组两端的电阻值为

$$R_L' = \frac{V_1^2}{V_2^2} R_L \tag{2-2-56}$$

根据变压器的电压变换关系，V_1 与 V_2 之比等于初级线圈的匝数 N_1 与次级线圈的匝数 N_2 之比，若定义接入系数 $p = N_2/N_1$，则次级等效到初级绕组两端的电阻值又可表示为

$$R_L' = \frac{N_1^2}{N_2^2} R_L = \frac{1}{p^2} R_L \quad \text{或} \quad G_L' = p^2 G_L \tag{2-2-57}$$

其中，接入系数 p 的大小反映了外部接入负载对回路影响大小的程度。变压器耦合连接的优点是负载与回路之间没有直流通路，缺点是多绕制一个次级线圈。

2. 自耦变压器阻抗变换电路

图 2-2-18 所示为自耦变压器阻抗变换电路，图 2-2-18(a)为负载在自耦变压器中的连接，图 2-2-18(b)为图 2-2-18(a)的等效电路。R_L' 是 R_L 从 2-3 端折合到 1-3 端的等效电阻，图中，负载 R_L 经自耦变压器耦合接到并联谐振回路上，R_s 为激励信号源的内阻。设 N_1 为自耦线圈的总圈数，N_2 是自耦线圈抽头部分的圈数。假设自耦变压器损耗很小，可以忽略，根据功率相等的原则，有

$$P_{1\text{-}3} = \frac{1}{2}\frac{V_1^2}{R_L'} = P_{2\text{-}3} = \frac{1}{2}\frac{V_2^2}{R_L} \tag{2-2-58}$$

由式(2-2-58)可得

$$\frac{R_L'}{R_L} = \left(\frac{V_1}{V_2}\right)^2 = \left(\frac{N_1}{N_2}\right)^2 = \left(\frac{1}{p}\right)^2$$

p 为接入系数,于是可得

$$R_L' = \frac{1}{p^2}R_L, \quad G_L' = p^2 G_L \tag{2-2-59}$$

对于自耦变压器,p 总是小于或等于 1,所以,R_L 等效到 1-3 端后阻值增大,从而对回路的影响将减小。p 越小,则 R_L' 越大,对回路的影响越小。所以,p 的大小反映了外部接入负载(包括电阻负载与电抗负载)对回路影响大小的程度。

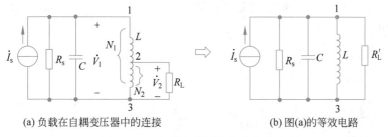

(a) 负载在自耦变压器中的连接   (b) 图(a)的等效电路

图 2-2-18 自耦变压器阻抗变换电路

3. 电感分压式阻抗变换电路

图 2-2-19(a)所示为电感分压式阻抗变换电路,它与自耦变压器阻抗变换电路的区别在于 L_1 与 L_2 是各自屏蔽的,没有互感作用。图 2-2-19(b)是 R_L 从 2-3 端等效到 1-3 端后的等效电路,$L = L_1 + L_2$。R_L 折合到 1-3 端后的等效电阻为

$$R_L' = \frac{1}{\left(\dfrac{L_2}{L_1 + L_2}\right)^2}R_L = \frac{1}{p^2}R_L \tag{2-2-60}$$

式中,p 是接入系数,它总是小于 1 的。电感分压式阻抗变换电路不如其他几种电路应用广泛。

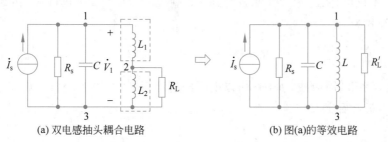

(a) 双电感抽头耦合电路   (b) 图(a)的等效电路

图 2-2-19 电感分压式阻抗变换电路

4. 电容分压式阻抗变换电路

图 2-2-20(a)是电容分压式阻抗变换电路,图 2-2-20(b)是其等效电路。在图 2-2-20(a)电路中,当 $R_L \gg |1/(\omega C_2)|$ 时,则 R_L 两端的电压为

$$\dot{V}_2 = \frac{\dot{V}_1}{\dfrac{1}{j\omega C_1} + \dfrac{1}{j\omega C_2}} \cdot \frac{1}{j\omega C_2} = \frac{C_1}{C_1 + C_2}\dot{V}_1 \tag{2-2-61}$$

根据功率相等的原则有

$$P_{1\text{-}3} = \frac{1}{2}\frac{V_1^2}{R_L'} = P_{2\text{-}3} = \frac{1}{2}\frac{V_2^2}{R_L} \tag{2-2-62}$$

因而折合到 1-3 端的电阻为

$$R_L' = \frac{1}{\left(\dfrac{C_1}{C_1 + C_2}\right)^2}R_L = \frac{1}{p^2}R_L \tag{2-2-63}$$

式中，$p = C_1/(C_1 + C_2) = C/C_2$ 为接入系数，C 为 C_1 和 C_2 的串联值。虽然双电容抽头的连接方式多了一个电容元件，但它避免了绕制变压器和线圈抽头的麻烦，调整方便，同时还有隔直流作用。

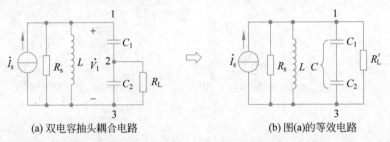

(a) 双电容抽头耦合电路   (b) 图(a)的等效电路

图 2-2-20   电容分压式阻抗变换电路

上述 4 种电路的连接形式不同，却有共同的特点：负载电阻 R_L 不是直接接到并联回路两端，而是与回路的"一部分"相连接，因此，都可叫作部分接入。接入系数 $0 < p < 1$，调节 p 的大小，就可改变折合电阻 R_L' 的数值。p 越小，R_L 与回路的接入部分越少，R_L' 越大，对回路影响越小。需要注意的是，当负载电阻 R_L 比接入部分的阻抗大得多时，上述阻抗变换存在的误差较小，满足工程设计的要求。

当外接负载不是纯电阻，而是包括电抗成分时，上述等效变换关系仍适用。例如，在图 2-2-21 中，不仅可将 R_L 从 2-3 端折合到 1-3 端为 R_L'，而且 C_L 也可从 2-3 端折合到 1-3 端为 C_L'，计算式为

$$R_L' = \frac{1}{p^2}R_L, \quad C_L' = p^2 C_L \tag{2-2-64}$$

式中，p 为接入系数，因为 $0 < p < 1$，所以电阻经折合后变大，电容经折合后变小，一致的规律都是阻抗经折合后变大。

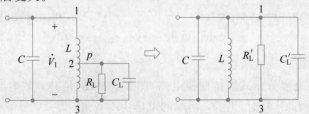

图 2-2-21   负载中有电容的等效折合

5. 电压源和电流源的折合

等效折合分析方法完全适用于信号源。例如,在图 2-2-22 中,信号源内阻 R_s 从 2-3 端折合到 1-3 端为 R'_s。电流源 I_s 也可从 2-3 端变换为 1-3 端的 I'_s,计算式为

$$R'_s = \frac{1}{p^2} R_s \tag{2-2-65}$$

$$I'_s = p I_s \tag{2-2-66}$$

式(2-2-66)可这样解释:2-3 端的电压为 1-3 端电压的 p 倍,在保持功率相同的条件下,1-3 端的等效电流源为 2-3 端电流源的 p 倍。

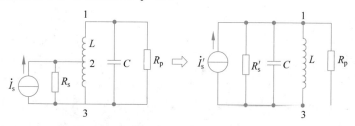

图 2-2-22　信号内阻与恒流源的等效折合

当然,信号源与负载可以同时分别采取"部分接入"的形式,图 2-2-23 所示是接收机中放常用的连接形式。图中,信号源以自耦变压器形式接入,接入系数是 p_1,负载以变压器形式接入,接入系数是 p_2。

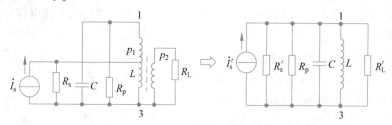

图 2-2-23　信号源与负载都采用部分接入形式

例 2-2-1　在图 2-2-23 电路中,给定回路谐振频率 $f_0 = 8.7\text{MHz}$,谐振电阻 $R_p = 20\text{k}\Omega$,空载 $Q_0 = 100$,信号源内阻 $R_s = 4\text{k}\Omega$,$p_1 = 0.314$,负载 $R_L = 2\text{k}\Omega$,$p_2 = 0.224$。求通频带 $\text{BW}_{0.7}$。

解　先分别将 R_s、R_L 折合到回路两端,有

$$R'_s = \frac{1}{p_1^2} R_s \approx 10 \times 4 = 40\text{k}\Omega$$

$$R'_L = \frac{1}{p_2^2} R_L \approx 20 \times 2 = 40\text{k}\Omega$$

再求有载 Q_L 值为

$$Q_L = \frac{Q_0}{1 + \dfrac{R_p}{R'_s} + \dfrac{R_p}{R'_L}} = \frac{100}{1 + \dfrac{1}{2} + \dfrac{1}{2}} = 50$$

由 f_0、Q_L 求 $\text{BW}_{0.7}$ 为

$$BW_{0.7} = \frac{f_0}{Q_L} = \frac{8.7 \times 10^6}{50} \text{Hz} = 174\text{kHz}$$

上面讨论的等效变换都是从部分接入端折合到回路两端，也可以反过来进行。例如，图 2-2-24 中，回路谐振电阻为 R_p，可以把它从 1-3 端等效到 2-3 端，若接入系数是 p_1，那么

$$R'_p = p_1^2 R_p \qquad (2\text{-}2\text{-}67)$$

同时考虑到谐振时 L 与 C 并联电抗为无限大，可以忽略，这就变成了信号源 I'_s 与 R_s、R'_p 相并联的电路。

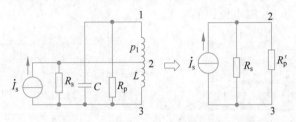

图 2-2-24　把 R_p 从 1-3 端等效到 2-3 端

2.3　谐振回路的相频特性——群时延特性

谐振回路的幅频特性可用谐振曲线来描述，无线电信号通常都含有很多频率成分，但其能量的主要部分总是集中在一定宽度的频率范围内，这个频率范围叫作无线电信号的频带。由于回路谐振曲线不是理想矩形，而是有一定的不均匀性，所以当具有一定频带的信号作用于回路时，回路电流或端电压不可避免地会产生频率失真。为了减少这种失真，必须使信号的频带处于谐振曲线变化比较均匀的部分。通常，在通频带的范围内产生的频率失真被认为是允许的。

同样，由谐振回路相频特性曲线可知，传送一定宽度的频带信号，由于回路的相频特性不是一条直线，所以回路电流或端电压对各个频率分量所产生的相移不呈线性关系，这就不可避免地会产生相位失真。对传输图像信号或数字信号的无线电设备，必须考虑这种失真。

下面详细讨论相频特性，并引出群时延的概念。

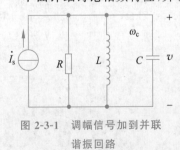

图 2-3-1　调幅信号加到并联
谐振回路

以并联谐振回路为例，并假定外加信息是单音调制的调幅波，这是较常用的情况。在图 2-3-1 中，外加信号源电流 i_s 是调幅波，其数学表示式为

$$i_s = I_{sm}(1 + m_a \cos\Omega t)\cos\omega_c t \qquad (2\text{-}3\text{-}1)$$

式中，ω_c 是信号载波频率，回路通过该频率的信号时产生的谐振，即 $\omega_c = \omega_p$；Ω 是调制音频，即调幅波包络的频率；m_a 是调幅度；I_{sm} 是载波幅值。

将式（2-3-1）展开，得

$$i_s(t) = I_{sm}\cos\omega_c t + \frac{1}{2}I_{sm}m_a\cos(\omega_c + \Omega)t + \frac{1}{2}I_{sm}m_a\cos(\omega_c - \Omega)t \qquad (2\text{-}3\text{-}2)$$

式中，$(\omega_c + \Omega)$ 称为上边频，$(\omega_c - \Omega)$ 称为下边频，调幅波的频谱如图 2-3-2(a) 所示。考虑上下边频正好处于通频带的边缘，并由回路的相频特性曲线图 2-3-2(b) 可得回路的端电压为

$$v(t) = I_{sm}R_p\cos\omega_c t + \frac{1}{2}I_{sm}R_p m'_a\cos[(\omega_c + \Omega)t - \psi_\Omega] +$$

$$\frac{1}{2}I_{sm}R_p m'_a\cos[(\omega_c - \Omega)t + \psi_\Omega]$$

$$= I_{sm}R_p[1 + m'_a\cos(\Omega t - \psi_\Omega)]\cos\omega_c t$$

$$= I_{sm}R_p\left[1 + m'_a\cos\Omega\left(t - \frac{\psi_\Omega}{\Omega}\right)\right]\cos\omega_c t \tag{2-3-3}$$

式中，R_p 为回路的谐振阻抗；$m'_a = m_a/\sqrt{2}$。

由式(2-3-3)可见，回路的端电压(输出信号)仍然是调幅波，但 m'_a 下降为 $m_a/\sqrt{2}$，包络 $\cos\Omega t$ 的相位滞后了 ψ_Ω，时间延迟 ψ_Ω/Ω，如图 2-3-3 所示，$\tau = \psi_\Omega/\Omega$。

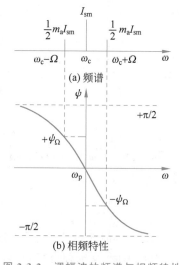

图 2-3-2 调幅波的频谱与相频特性

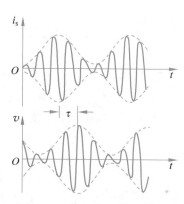

图 2-3-3 调幅波通过并联谐振回路后包络延迟

我们把群时延特性 $\tau(\omega)$ 定义为

$$\tau(\omega) = -\frac{\mathrm{d}\psi}{\mathrm{d}\omega} \tag{2-3-4}$$

在传输窄带信号时，可将并联谐振回路 ψ 的计算式式(2-2-48)代入式(2-3-4)并求得

$$\tau(\omega) = -\frac{\mathrm{d}\psi}{\mathrm{d}\omega} = \frac{\mathrm{d}}{\mathrm{d}\omega}\left(\arctan Q_p\frac{2\Delta\omega}{\omega_p}\right) \tag{2-3-5}$$

整理式(2-3-5)后可得

$$\tau(\omega) = \frac{\dfrac{2Q_p}{\omega_p}}{1 + Q_p^2\dfrac{4(\Delta\omega)^2}{\omega_p^2}} \tag{2-3-6}$$

并联谐振回路的相频特性与群时延特性如图 2-3-4 所示。

在谐振点 ω_p 处的 $\tau(\omega)$ 值可以由式(2-3-5)和式(2-3-6)求得，即

$$\tau(\omega_p) = \frac{2Q_p}{\omega_p} \tag{2-3-7}$$

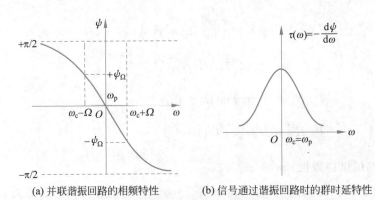

(a) 并联谐振回路的相频特性　　(b) 信号通过谐振回路时的群时延特性

图 2-3-4　调幅信号通过并联谐振回路的群时延特性

式(2-3-7)就是相频特性在 ω_p 点的斜率,可写成

$$\tau = \frac{2Q_p}{\omega_p} \tag{2-3-8}$$

将式(2-3-8)代入式(2-2-48)得到可用 τ 表示的 ψ 的公式为

$$\psi = -\arctan\tau \cdot \Delta\omega = -\arctan\tau \cdot (\omega - \omega_p) \tag{2-3-9}$$

在 ω_p 附近,由于 ψ 较小,上式可近似表示为

$$\psi \approx -\tau(\omega - \omega_p) \tag{2-3-10}$$

由图 2-3-4(a)可知,在上下边频 $\omega_c \pm \Omega$ 处,相应的 $\psi = \mp\psi_\Omega$,而 $\omega - \omega_p = \pm\Omega$,由式(2-3-10)可知

$$\tau = -\frac{\psi_\Omega}{\Omega} \tag{2-3-11}$$

式(2-3-11)与式(2-3-3)中的包络延迟时间相同。可见由于群时延的影响,输出波形的包络产生延迟。如果群时延不是常数,则两个边带信号延迟量不同,从而使合成包络产生失真。为了不产生包络失真,相频特性必须是斜率为常数的一条直线。例如,$\psi \approx -t_0\omega$,则 $\tau(\omega) = -\frac{\mathrm{d}\psi}{\mathrm{d}\omega} = t_0$,因而通过系统的各个频率分量的延迟时间都等于 t_0,合成的包络形状不变,输出波形的包络只是延迟了时间 t_0,输出的波形不会产生相位失真。

微视频

2.4　耦合振荡回路

单回路的选频特性不够理想,带内不平坦,带外衰减变化又很慢,有时不能满足实际需要。另外,单回路阻抗变换功能也不灵活。当频率较高时,电感线圈匝数很少,负载阻抗可能很低,接入系数很小,结构上难以实现。为此,引入耦合振荡回路,它是由两个或两个以上的单回路通过不同的耦合方式组成的选频网络。

最常用的耦合振荡回路是双耦合振荡回路,它由两个单谐振回路通过互感或电容耦合组成,如图 2-4-1 所示的耦合振荡回路。接有激励源的回路,称为初级回路;与负载相连接的回路,称为次级回路。图 2-4-1(a)为通过互感 M 耦合的串联型双耦合回路,称为互感耦合回路;图 2-4-1(b)是通过电容 C_M 耦合的并联型双耦合回路,称为电容耦合回路。改变 M 或 C_M 就可改变其初、次级回路之间的耦合程度,而通常用耦合系数来表征耦合程度。

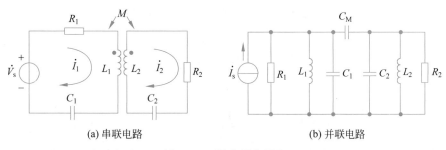

(a) 串联电路　　　　　　　　　　　　(b) 并联电路

图 2-4-1　耦合振荡回路

　　下面主要以互感耦合回路为例，分析回路的选频特性，所得结论也适用于电容耦合回路。

2.4.1　互感耦合回路的一般性质

　　耦合系数的定义是：耦合元件电抗的绝对值，与初、次级回路中同性质元件电抗值的几何中项之比，常以 k 表示。

$$k = \frac{\omega M}{\sqrt{\omega L_1 \omega L_2}} = \frac{M}{\sqrt{L_1 L_2}} \tag{2-4-1}$$

　　k 是无量纲的常数，一般地讲，$k < 1\%$ 称为极弱耦合；$1\% < k < 5\%$ 称为弱耦合；$5\% < k < 90\%$ 称为强耦合；$k > 90\%$ 称为极强耦合；$k = 100\%$ 称为全耦合。k 值的大小，能极大地影响耦合回路频率特性曲线的形状。

　　由图 2-4-1(a)，写出基尔霍夫方程式，如下。

$$\begin{cases} Z_{11} \dot{I}_1 - j\omega M \dot{I}_2 = \dot{V}_s \\ Z_{22} \dot{I}_2 - j\omega M \dot{I}_1 = 0 \end{cases} \tag{2-4-2}$$

式(2-4-2)中，Z_{11}、Z_{22} 分别是初、次级回路的自阻抗。

$$\begin{cases} Z_{11} = R_1 + j\omega L_1 + \dfrac{1}{j\omega C_1} = R_{11} + jX_{11} \\ Z_{22} = R_2 + j\omega L_2 + \dfrac{1}{j\omega C_2} = R_{22} + jX_{22} \end{cases} \tag{2-4-3}$$

由式(2-4-2)可得初、次级回路电流表示式分别为

$$\dot{I}_1 = \frac{\dot{V}_s}{Z_{11} + \dfrac{(\omega M)^2}{Z_{22}}} = \frac{\dot{V}_s}{Z_{11} + Z_{12}} \tag{2-4-4}$$

$$\dot{I}_2 = \frac{j\omega M \dfrac{\dot{V}_s}{Z_{11}}}{Z_{22} + \dfrac{(\omega M)^2}{Z_{11}}} = \frac{\dot{V}_2}{Z_{11} + Z_{21}} \tag{2-4-5}$$

由式(2-4-4)和式(2-4-5)可得

$$\begin{cases} Z_{12} = \dfrac{(\omega M)^2}{Z_{22}} = \dfrac{(\omega M)^2}{|Z_{22}|^2} R_{22} + j \dfrac{-(\omega M)^2}{|Z_{22}|^2} X_{22} \\[3mm] Z_{21} = \dfrac{(\omega M)^2}{Z_{11}} = \dfrac{(\omega M)^2}{|Z_{11}|^2} R_{11} + j \dfrac{-(\omega M)^2}{|Z_{11}|^2} X_{11} \\[3mm] \dot{V}_2 = j\omega M \dfrac{\dot{V}_s}{Z_{11}} = j\omega M \dot{I}_1 \end{cases} \qquad (2\text{-}4\text{-}6)$$

Z_{12} 是次级反射到初级回路的反射阻抗；Z_{21} 是初级反射到次级回路的反射阻抗。$\dot{V}_2$ 是次级开路时，初级电流 $\dot{I}_1$ 在次级电感 L_2 两端所感应的电势。分别调节初、次级回路电抗值，使两个回路都与信号源频率谐振，即 $X_{11} = 0$，$X_{22} = 0$ 时，称耦合回路达到全谐振状态。在全谐振条件下，两个回路的自阻抗均呈现电阻性：$Z_{11} = R_{11}$，$Z_{22} = R_{22}$。

于是，式(2-4-4)和式(2-4-5)可写为

$$\dot{I}_1 = \frac{\dot{V}_s}{R_{11} + R_{12}} = \frac{\dot{V}_s}{R_{11} + \dfrac{(\omega M)^2}{R_{22}}} \qquad (2\text{-}4\text{-}7)$$

$$\dot{I}_2 = \frac{j\omega M \dfrac{\dot{V}_s}{R_{11}}}{R_{22} + R_{21}} = \frac{j\omega M \dfrac{\dot{V}_s}{R_{11}}}{R_{22} + \dfrac{(\omega M)^2}{R_{11}}} \qquad (2\text{-}4\text{-}8)$$

因为一般情况下，R_{22} 与 R_{21} 不相等，即电路未达到匹配状态，故次级回路虽然处于谐振状态，但次级电流并未达到最大值。如能在全谐振基础上，再调节耦合量，使 $R_{21} = \dfrac{(\omega M)^2}{R_{11}} = R_{22}$ 或 $\omega M = \sqrt{R_{11}R_{22}}$，代入式(2-4-8)，可使次级回路电流达到最大值，即

$$\dot{I}_{2\max} = \frac{j\dot{V}_s}{2\sqrt{R_{11}R_{22}}} \qquad (2\text{-}4\text{-}9)$$

这时称为最佳耦合下的全谐振。

2.4.2 耦合振荡回路的频率特性

为简化分析，假设初、次级回路元件参数对应相等，即 $L_1 = L_2 = L$，$C_1 = C_2 = C$，$R_{11} = R_{22} = R$，$Z_{11} = Z_{22} = Z = R(1 + j\xi)$，$\xi$ 为广义失谐，重写式(2-4-4)和式(2-4-5)可得

$$\dot{I}_1 = \frac{\dot{V}_s}{R(1 + j\xi) + \dfrac{(\omega M)^2}{R(1 + j\xi)}} = \frac{(1 + j\xi)\dot{V}_s / R}{(1 + j\xi)^2 + \left(\dfrac{\omega M}{R}\right)^2} \qquad (2\text{-}4\text{-}10)$$

$$\dot{I}_2 = \frac{j\omega M \dfrac{\dot{V}_s}{R(1 + j\xi)}}{R(1 + j\xi) + \dfrac{(\omega M)^2}{R(1 + j\xi)}} = \frac{j\omega M \dot{V}_s / R^2}{(1 + j\xi)^2 + \left(\dfrac{\omega M}{R}\right)^2} \qquad (2\text{-}4\text{-}11)$$

令 $\eta = \omega M / R$，称为耦合因数，它与耦合系数 k 的关系为

$$\eta = \frac{\omega M}{R} = \frac{\omega k L}{R} = k \frac{\omega L}{R} = kQ \tag{2-4-12}$$

将式(2-4-12)代入式(2-4-10)和式(2-4-11)中,得到 $\dot{I}_1$ 和 $\dot{I}_2$ 的表达式为

$$\dot{I}_1 = \frac{(1+j\xi)\dot{V}_s/R}{(1+j\xi)^2 + \eta^2} \tag{2-4-13}$$

$$\dot{I}_2 = \frac{j\eta\dot{V}_s/R}{(1+j\xi)^2 + \eta^2} \tag{2-4-14}$$

作为选频回路,讨论耦合回路的次级谐振特性具有实际意义,考虑式(2-4-9),将式(2-4-14)改写为

$$\dot{I}_2 = \frac{2\eta\dot{I}_{2\max}}{(1+j\xi)^2 + \eta^2} \tag{2-4-15}$$

用归一化表示可得

$$\frac{\dot{I}_2}{\dot{I}_{2\max}} = \frac{2\eta}{(1+j\xi)^2 + \eta^2} = \frac{2\eta}{(1-\xi^2+\eta^2)+j2\xi} \tag{2-4-16}$$

取式(2-4-16)的模值得

$$\alpha = \left| \frac{\dot{I}_2}{\dot{I}_{2\max}} \right| = \frac{2\eta}{\sqrt{(1-\xi^2+\eta^2)^2 + 4\xi^2}} = \frac{2\eta}{\sqrt{(1+\eta^2)^2 + 2(1-\eta^2)\xi^2 + \xi^4}} \tag{2-4-17}$$

由式(2-4-17)可知,归一化谐振曲线 α 的表示式是 ξ 的偶函数。因此,谐振曲线相对于纵坐标是对称的。若以 ξ 为变量,η 为参变量,由式(2-4-17)可画出次级回路归一化谐振特性曲线,如图 2-4-2 所示。可以看出,η 的值不同,曲线形状也不同。讨论如下。

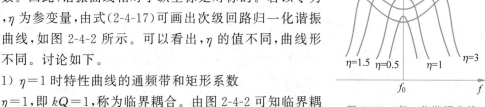

图 2-4-2 归一化谐振曲线

1) $\eta=1$ 时特性曲线的通频带和矩形系数

$\eta=1$,即 $kQ=1$,称为临界耦合。由图 2-4-2 可知临界耦合谐振曲线是单峰曲线。在谐振点上,$\xi=0$,$\alpha=1$,次级回路电流达到最大值,这就是最佳耦合下的全谐振状态。此时,式(2-4-17)变为

$$\alpha = \frac{2}{\sqrt{4+\xi^4}} \tag{2-4-18}$$

令 $\alpha=1/\sqrt{2}$,代入式(2-4-18)可得 $\xi=\pm\sqrt{2}$,据此求得通频带为

$$\mathrm{BW}_{0.7} = 2\Delta f_{0.7} = \frac{\sqrt{2} f_0}{Q} \tag{2-4-19}$$

由式(2-4-19)可知,在 Q 值相同的情况下,临界耦合回路通频带是单回路的 $\sqrt{2}$ 倍。

为求临界耦合情况下的矩形系数,令式(2-4-18)中 $\alpha=0.1$,可求得

$$2\Delta f_{0.1} = \sqrt[4]{100-1} \cdot \frac{\sqrt{2} f_0}{Q} \tag{2-4-20}$$

于是可得矩形系数为

$$K_{r0.1} = \frac{2\Delta f_{0.1}}{2\Delta f_{0.7}} = \sqrt[4]{100-1} \approx 3.15 \tag{2-4-21}$$

由式(2-4-21)可见，临界耦合情况下的矩形系数比单谐振回路矩形系数小得多。

2) $\eta < 1$ 的情况

此为弱耦合状态，由式(2-4-17)可知，其分母中各项均为正值，随着$|\xi|$增大，分母也增大，所以 α 随$|\xi|$增大而减小。在 $\xi = 0$ 时可得

$$\alpha = \frac{2\eta}{1+\eta^2} \tag{2-4-22}$$

可见 $\eta < 1$ 时，次级电流变小，通频带也变窄了(由于 $\eta < 1$，因此 α 恒小于1)。

3) $\eta > 1$ 的情况

此为强耦合状态，式(2-4-17)分母中的第二项 $2(1-\eta^2)\xi^2$ 为负值，随着$|\xi|$增大，此负值的绝对值也增大，但第三项 ξ^4 随着$|\xi|$增大更快地增大。因此，当$|\xi|$较小时，分母随$|\xi|$增大而减小，当$|\xi|$较大时，分母随$|\xi|$增大而增大。所以，随着$|\xi|$增大，α 值先是增大，而后减小，在 $\xi = 0$ 的两边必然形成双峰，$\xi = 0$ 处于谷点，正如图 2-4-2 中 $\eta > 1$ 各条曲线所示，η 值越大，两峰点相距越远，谷点下凹也越厉害。用符号 δ 表示谷点下凹程度的量，利用式(2-4-17)，令 $\xi = 0$ 求出 α 值，并以符号 δ 表示，得

$$\delta = \frac{2\eta}{1+\eta^2} \tag{2-4-23}$$

可见 δ 随 η 的增大而减小。

强耦合回路的通频带可由式(2-4-17)求出，令 $\alpha = 1/\sqrt{2}$，解得 $\xi = \pm\sqrt{\eta^2+2\eta-1}$，故其通频带为

$$BW_{0.7} = 2\Delta f_{0.7} = \sqrt{\eta^2+2\eta-1}\frac{f_0}{Q} \tag{2-4-24}$$

显然，通频带与 η 值有关，η 值越大，通频带越宽，但 η 最大取值不能使 $\delta = 1/\sqrt{2}$。令

$$\delta = \frac{2\eta_{max}}{1+\eta_{max}^2} = \frac{1}{\sqrt{2}} \tag{2-4-25}$$

求得 $\eta_{max} = 2.41$，代入式(2-4-24)中，可得

$$BW_{0.7} = 2\Delta f_{0.7} = \frac{3.1f_0}{Q} \tag{2-4-26}$$

在相同 Q 值的情况下，它是单谐振回路通频带的 3.1 倍。

若计算双峰值之间的宽度，可将式(2-4-17)对 ξ 取导数，并令导数等于零，得到
$$\xi(1-\xi^2+\eta^2) = 0$$
它的 3 个根是

$$\begin{cases}\xi_0 = 0 \\ \xi_1 = -\sqrt{\eta^2-1} \\ \xi_2 = +\sqrt{\eta^2-1}\end{cases} \tag{2-4-27}$$

当 $\eta > 1$ 时，ξ_0 为谐振曲线的谷值点，ξ_1 与 ξ_2 分别为两个峰值点的位置。当 $\eta = 1$ 时，这 3 个根合并成为一个根，是最大值的位置。当 $\eta < 1$ 时，ξ_1 与 ξ_2 分别为虚数，无实际意义，只

有 ξ_0 有意义，它是最大值的位置。

若两峰间的宽度为 Δf_1，则可以证明

$$\frac{\Delta f_1}{f_0} \approx k \tag{2-4-28}$$

k 越大，双峰之间的距离越大，但在谐振点的下凹也越厉害。为了兼顾通频带宽，谐振点的下凹又不能太厉害，通常可取

$$k = 1.5 k_c \tag{2-4-29}$$

其中，k_c 为临界耦合系数。例如，某接收机的耦合回路，$f_0 = 465\text{kHz}$，$\Delta f_1 = 10\text{kHz}$，可得 $k = \dfrac{\Delta f_1}{f_0} = \dfrac{10}{465} \approx 0.0215$。因此，临界耦合系数 $k_c = \dfrac{0.0215}{1.5} \approx 0.01433$，于是可得出 $Q = 1/k_c = \dfrac{1}{0.01434} \approx 69.78$。

必须指出，上述都是假定初、次级元件参数相同情况下所得的结论。如果初、次级元件参数不同，则分析会十分烦琐，由于在实际电路中不常见，故不再讨论。

从以上讨论过的串、并联谐振回路与耦合回路可知，要获得理想的矩形选频滤波特性是不可能的，因此需要采用逼近理想特性的方法。实际上有以下几种逼近法。

- 巴特沃斯(Butterworth)逼近。用此法所实现的滤波器，它的频率特性在整个通频带内，幅频特性的幅度起伏最小或最平，故亦称最平坦滤波器。
- 切比雪夫(Chebyshev)逼近。用此法所实现的滤波器，它的频率特性在整个通频带内，幅频特性的幅度起伏以振荡的形式均匀分布。
- 贝塞尔(Bessel)逼近。用此法所实现的滤波器，它的频率特性在整个通频带内，相频特性的起伏最小或最平。它的幅频特性表示式与巴特沃斯低通滤波器的幅频特性表示式类似。
- 椭圆函数逼近。用椭圆函数逼近的方法实现的滤波器，其频率特性中的幅频特性具陡峭的边缘和狭窄的过渡带。

对于上述各种滤波器的逼近方法，已超出本书范围，有兴趣的读者可参阅相关文献。

高频电子线路除了使用谐振回路与耦合回路作为选频滤波网络外，还经常采用其他形式的滤波器来完成选频的作用。这些滤波器有 LC 型集中选择性滤波器、石英晶体滤波器、陶瓷滤波器、表面声波滤波器等，读者可参阅相关文献进行进一步了解。

2.5　本章小结

本章主要介绍：高频电路中元、器件的特性，包括高频电路中无源元件的特性、电路中有源器件的特性；谐振回路的特性，包括串联谐振回路、并联谐振回路、并联谐振回路的耦合连接、接入系数；谐振回路的相频特性及群时延特性；耦合回路的特性，包括互感耦合回路的等效阻抗、耦合回路的调谐特性和频率特性、串/并联耦合回路互换等效。

习题 2

2-1　已知某一并联谐振回路的谐振频率 $f_0 = 1\text{MHz}$，要求对 990kHz 的干扰信号有足

够的衰减,该并联回路应如何设计?

2-2 试定性分析题 2-2 图所示电路在什么情况下呈现串联或并联谐振状态。

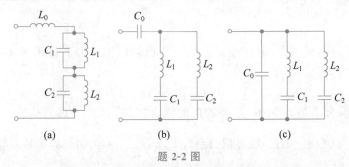

题 2-2 图

2-3 如题 2-3 图所示电路,设给定串联谐振回路的 $f_0 = 1\mathrm{MHz}$, $Q_0 = 50$,若输出电流超前信号源电压相位 45°,试求:

(1) 此时信号源频率 f 是多少? 输出电流相对于谐振时衰减了多少分贝?

(2) 现要在回路中再串联一个元件,使回路处于谐振状态,应该加入何种元件,并定性分析元件参数的求法。

2-4 有并联回路在某频段内工作,频段最低频率为 535kHz,最高频率为 1605kHz。现有两个可变电容器,一个电容器的最小电容量为 12pF,最大电容量为 100pF;另一个电容器的最小电容量为 15pF,最大电容量为 450pF。试问:

(1) 应采用哪一个可变电容器? 为什么?

(2) 回路电感应等于多少?

(3) 绘出实际的并联回路图。

2-5 给定串联谐振回路的谐振频率为 $f_0 = 1.5\mathrm{MHz}$, $C_0 = 100\mathrm{pF}$,谐振时电阻 $r = 5\Omega$,试求 Q_0 和 L_0。若信号源电压振幅 $V_{\mathrm{sm}} = 1\mathrm{mV}$,求谐振时回路中的电流 I_0 以及回路元件上的电压 V_{L0m} 和 V_{C0m}。

2-6 串联回路如题 2-6 图所示。信号源频率 $f_0 = 1\mathrm{MHz}$,电压振幅 $V_{\mathrm{sm}} = 0.1\mathrm{V}$。将 1-1 端短接,电容 C 调用 100pF 时谐振,此时,电容 C 两端的电压为 10V。如 1-1 端开路再串接一阻抗 Z_{x}(电阻与电容串联),则回路失谐,C 调到 200pF 时重新谐振,电容两端电压变成 2.5V。试求线圈的电感量 L、回路品质因数 Q_0 的值以及未知阻抗 Z_{x}。

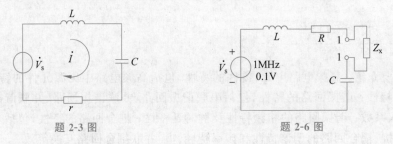

题 2-3 图   题 2-6 图

2-7 给定并联谐振回路的 $f_0 = 5\mathrm{MHz}$, $C = 50\mathrm{pF}$,通频带 $2\Delta f_{0.7} = 150\mathrm{kHz}$。试求电感 L、品质因数 Q_0 以及对信号源频率为 5.5MHz 时的失调。若把 $2\Delta f_{0.7}$ 加宽至 300kHz,则应在回路两端再并联上一个阻值多大的电阻?

2-8 并联谐振回路如题 2-8 图所示。已知通频带 $2\Delta f_{0.7}$ 和电容 C,若回路总电导为

$g_{\Sigma}=g_s+G_p+G_L$，试证明：$g_{\Sigma}=4\pi\Delta f_{0.7}C$。若给定 $C=20\text{pF}$，$2\Delta f_{0.7}=6\text{MHz}$，$R_p=10\text{k}\Omega$，$R_s=10\text{k}\Omega$，求 R_L。

2-9　如题 2-9 图所示，并联谐振回路、信号源与负载都是部分接入的，已知 R_s、R_L，并知回路参数 L、C_1、C_2 和空载品质因数 Q_0，试求：

(1) f_0 和 $2\Delta f_{0.7}$；

(2) R_L 不变，要求总负载与信号源匹配，如何调整回路参数？

2-10　为什么耦合回路在耦合大到一定程度时，谐振曲线出现双峰？

2-11　解释耦合回路在 $\omega_{01}=\omega_{02}$，$Q_1=Q_2$ 时呈现的下列物理现象。

(1) $\eta<1$ 时，I_{2m} 在 $\xi=0$ 处是峰值，而且随着耦合加强，峰值升高。

(2) $\eta>1$ 时，I_{2m} 在 $\xi=0$ 处是谷值，而且随着耦合加强，谷值下降。

(3) $\eta>1$ 时，出现双峰，而且随着 η 值增大，双峰之间距离增大。

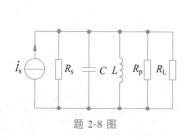

题 2-8 图

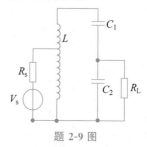

题 2-9 图

2-12　假设有一中频放大器等效电路（如题 2-12 图所示），试回答下列问题。

(1) 如果将次级线圈短路，则反射到初级的阻抗等于什么？初级等效电路（并联型）应该怎么画？

(2) 如果次级线圈开路，则反射阻抗等于什么？初级等效电路应该怎么画？

(3) 如果 $\omega L_2=\dfrac{1}{\omega C_2}$，则反射到初级的阻抗等于什么？

2-13　有一耦合回路如题 2-13 图所示。已知 $f_{01}=f_{02}=1\text{MHz}$，$\rho_1=\rho_2=1\text{k}\Omega$，$R_1=R_2=20\Omega$，$\eta=1$。试求：

(1) 回路参数 L_1、L_2、C_1、C_2 和 M。

(2) 图中 a-b 端的等效谐振阻抗 Z_p。

(3) 初级回路的等效品质因数 Q_1。

(4) 回路的通频带 $\text{BW}_{0.7}$。

(5) 如果调节 C_2 使 $f_{02}=950\text{kHz}$（信号源频率仍为 1MHz），求反射到初级回路的串联阻抗。它呈感性还是容性？

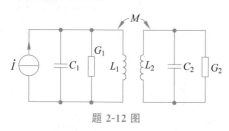

题 2-12 图

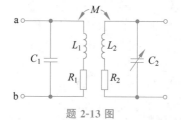

题 2-13 图

2-14 如题 2-13 图所示的电路形式，已知 $L_1 = L_2 = 100\mu\mathrm{H}$，$R_1 = R_2 = 5\Omega$，$M = 1\mu\mathrm{H}$，$\omega_{01} = \omega_{02} = 10^7\,\mathrm{rad/s}$，电路处于全谐振状态。试求：

（1）a-b 端的等效谐振阻抗；

（2）两回路的耦合因数；

（3）耦合回路的相对通频带。

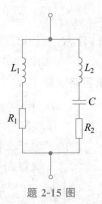

2-15 如题 2-15 图所示，有一双电感复杂并联回路，考虑 $R_1 \ll \omega L_1$，$R_2 \ll \left| \omega L_2 - \dfrac{1}{\omega C} \right|$。已知 $L_1 + L_2 = 500\mu\mathrm{H}$，$C = 500\mathrm{pF}$，为使电源中的二次谐波被回路滤除，应如何分配 L_1 和 L_2？

题 2-15 图

第3章
CHAPTER 3

高频小信号放大器

本章主要内容:

- 高频小信号放大器的性能指标。
- 晶体管高频小信号等效电路。
- 单调谐回路及双调谐回路谐振放大器。
- 谐振放大器的稳定性。
- 集中选频放大器及放大器中的噪声。

高频小信号放大器是各类接收机的重要组成部分。本章首先介绍晶体管高频小信号等效电路及其参数;然后分别介绍单级、多级单调谐回路谐振放大器,双调谐回路谐振放大器和宽带谐振放大器;最后介绍噪声的来源及其特点,同时给出噪声系数的计算方法,以及降噪的措施。

3.1 概述

放大高频小信号的放大器,称为高频小信号放大器。高频小信号的中心频率一般为几百千赫兹到几百兆赫兹,频谱宽度在几千赫兹到几十兆赫兹的范围内。这类放大器,按照所用器件分为晶体管、场效应管和集成电路放大器;按照信号频带的宽窄分为窄带放大器和宽带放大器;按照电路形式分为单级放大器和多级放大器;按照所用负载性质分为谐振放大器和非谐振放大器。

所谓谐振放大器,就是谐振回路作为负载的放大器。根据谐振回路的特性,谐振放大器对于靠近谐振频率的信号有较大的增益;对于远离谐振频率的信号增益迅速下降。所以,谐振放大器不仅有放大作用,而且也有滤波或选频的作用。

由各种滤波器(如 LC 集中选择性滤波器、石英晶体滤波器、表面声波滤波器、陶瓷滤波器等)和阻容放大器组成非调谐的各种窄带和宽带放大器,因其结构简单,性能良好,又能集成化,目前被广泛应用。

对高频小信号放大器来说,由于信号小,可以认为它工作在晶体管(或场效应管)的线性范围内。这就允许把晶体管看成线性元件,因此可作为有源线性四端网络来分析。

对高频小信号放大器提出如下指标。

1. 增益

放大器输出电压(或功率)与输入电压(或功率)之比,称为放大器的增益(Gain)或放大倍数,用 A_v（或 A_p）表示（有时以分贝数计算）。我们希望每级放大器在中心谐振频率及通频带处的增益尽量大,使满足总增益时级数尽量少。放大器增益的大小,取决于所用的晶体管、要求的通频带宽度、是否良好的匹配及稳定工作等参数。

2. 通频带

由于放大器放大的一般都是已调制的信号,而已调制的信号都具有一定的频谱宽度,所以放大器必须有一定的通频带(Passband),以便让信号中必要的频谱分量通过放大器。

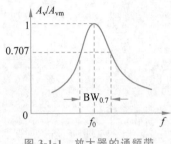

图 3-1-1　放大器的通频带

当放大器的负载是谐振回路时,放大器的谐振特性和谐振回路的谐振特性也是一致的。与谐振回路相同,放大器的电压增益下降到最大值的 0.707（即 $1/\sqrt{2}$）倍时,所对应的频率范围称为放大器的通频带,用 $BW_{0.7}$（或 $2\Delta f_{0.7}$）表示,图 3-1-1 为放大器的通频带示意图。与谐振回路相同,放大器通频带取决于回路的形式和回路的等效品质因数 Q_L。此外,放大器的总通频带随着级数的增加而变窄。并且,通频带越宽,放大器的增益越小。对滤波器而言,因为它也有频率特性曲线,可根据同样的定义确定通频带。

通频带 $BW_{0.7}$（或 $2\Delta f_{0.7}$）也称为 3dB 带宽,因为电压增益下降 3dB 即等于下降至 $1/\sqrt{2}$。目前,为了测量方便,还将通频带定义为放大器的电压增益下降到最大值的 1/2 时对应的频率范围,用 $BW_{0.5}$（或 $2\Delta f_{0.5}$）表示,也可称为 6dB 带宽。根据用途不同,放大器的通频带差异较大。例如,收音机的中频放大器通频带为 6～8kHz；而电视接收机的中频放大器通频带为 6MHz 左右。

3. 选择性

放大器从含有各种不同频率的信号总和中选出有用信号,排除干扰信号的能力,称为放大器的选择性(Selectivity)。选择性指标是针对抑制干扰而言的。目前,无线电台日益增多,因此无线电台的干扰日益严重。干扰的情况也很复杂,有位于信号频率附近的邻近电台的干扰(邻台干扰),有由于电子器件的非线性产生的组合频率干扰、交调失真、互调失真等。对于不同的干扰,有不同的指标要求,这里介绍两个基本指标——矩形系数(Rectangular Coefficient)与抑制比(Suppression Ratio),其他有关干扰的选择性指标,将在有关章节中介绍。

1) 矩形系数

放大器应该对通频带内的各种信号频谱分量有相同的放大能力,而对通频带以外的邻近波道的干扰频率分量则应完全抑制,不予放大。所以,理想的放大器频率响应曲线应呈矩形。但实际的曲线形状往往与矩形有较大的差异,如图 3-1-2 所示。为了评定实际曲线的形状接近理想矩形的程度,引入"矩形系数"参数,用 K_r 表示。

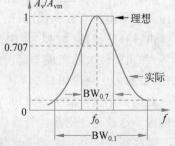

图 3-1-2　理想与实际的频率特性

$$K_{r0.1} = \frac{BW_{0.1}}{BW_{0.7}} = \frac{2\Delta f_{0.1}}{2\Delta f_{0.7}} \qquad (3-1-1)$$

$$K_{r0.01} = \frac{BW_{0.01}}{BW_{0.7}} = \frac{2\Delta f_{0.01}}{2\Delta f_{0.7}} \qquad (3-1-2)$$

式（3-1-1）和式（3-1-2）中，$BW_{0.7}$（$2\Delta f_{0.7}$）为放大器的通频带；$BW_{0.1}$（$2\Delta f_{0.1}$）和 $BW_{0.01}$（$2\Delta f_{0.01}$）分别为相对放大倍数下降至约 0.1 和 0.01 处的带宽。

显然，矩形系数 K_r 越接近 1，则实际曲线越接近理想矩形，选择性越好，滤除干扰信号的能力越强。通常，谐振放大器的矩形系数 $K_{r0.1}$ 为 2～5。

有时不用 $BW_{0.7}$ 与 $BW_{0.1}$、$BW_{0.01}$ 之比定义矩形系数，而用 $BW_{0.5}$ 与 $BW_{0.1}$、$BW_{0.01}$ 之比定义矩形系数。

2）抑制比

抑制比又称抗拒比，通常说明对某些特定组合频率（如中频、像频等）选择性的好坏。

如图 3-1-3 所示的谐振曲线，对信号频率调谐，谐振点 f_0 处的放大倍数为 A_{vm}。若有一干扰，其频率为 f_n，电路对此干扰的放大倍数为 A_v，则用 $d = A_{vm}/A_v$ 表示放大器对干扰的抑制能力。$d = A_{vm}/A_v$ 通常称为对干扰的抑制比（或抗拒比）。若用分贝表示，例如，当 $A_{vm}=100$，$A_v=1$ 时，$d=100$，分贝数 $d=20\lg100=40\text{dB}$。

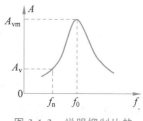

图 3-1-3　说明抑制比的谐振曲线

4. 工作稳定性

工作稳定性（Stability）是指放大器的工作状态、晶体管参数及电路元件参数等发生可能的变化时，放大器的主要特性的稳定程度。一般的不稳定现象有增益变化、中心频率偏移、通频带变窄及谐振曲线变形等。不稳定状态的极端情况是放大器自激，致使放大器完全不能工作。为了使放大器稳定工作，必须采取稳定措施，如限制每级增益、选择内反馈小的晶体管、应用中和或失配方法及采取必要的工艺措施（元件布局、接地及屏蔽等），以使放大器不自激或远离自激，且在工作过程中主要特性的变化不超出允许范围。

5. 噪声系数

放大器的噪声性能可用噪声系数（Noise Figure）来表示。在放大器中，总是希望它本身产生的噪声越小越好，即要求噪声系数接近 1。在多级放大器中，最前面的一、二级对整个放大器的噪声起决定作用，因此，要求它们的噪声系数尽量接近 1。为了使放大器的内部噪声小，在设计与制作时应当采用低噪声管，正确地选择工作点电流，选用合适的线路，等等。

以上这些要求，相互之间既有联系又有矛盾，如增益和稳定性、通频带和选择性等。因此，应根据要求决定主次，进行分析和讨论。

3.2　晶体管高频小信号等效电路

微视频

晶体管在高频线性应用时，可用等效电路来说明它的特性并进行分析。

3.2.1　形式等效电路

形式等效电路（Formal Equivalent Circuit）也称网络参数等效电路，这种电路是将晶体管等效地看成有源四端网络，用一些网络参数来组成等效电路。

例如，图 3-2-1 表示晶体管共发射极电路。在工作时，输入端有输入电压 $\dot{V}_1$ 和输入电

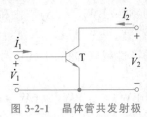

图 3-2-1　晶体管共发射极
组态

流 $\dot{I}_1$；输出端有输出电压 $\dot{V}_2$ 和输出电流 $\dot{I}_2$。根据四端网络的理论，需要 4 个参数来表示晶体管的性能。这种表征晶体管性能的参数叫作晶体管的参数。

若选输入电压 $\dot{V}_1$ 和输出电压 $\dot{V}_2$ 为自变量，输入电流 $\dot{I}_1$ 和输出电流 $\dot{I}_2$ 为参变量，则得到 y 参数（导纳参数）。因为晶体管是电流控制器件，输入、输出端都有电流，采用 y 参数较为方便，很多导纳并联可直接相加，运算简单。

假设电压 $\dot{V}_1$ 与 $\dot{V}_2$ 为自变量，电流 $\dot{I}_1$ 与 $\dot{I}_2$ 为参变量，由图 3-2-1 可得

$$\dot{I}_1 = y_i \dot{V}_1 + y_r \dot{V}_2 \tag{3-2-1}$$

$$\dot{I}_2 = y_f \dot{V}_1 + y_o \dot{V}_2 \tag{3-2-2}$$

用矩阵表示为

$$\begin{bmatrix} \dot{I}_1 \\ \dot{I}_2 \end{bmatrix} = \begin{bmatrix} y_i & y_r \\ y_f & y_o \end{bmatrix} \begin{bmatrix} \dot{V}_1 \\ \dot{V}_2 \end{bmatrix} \tag{3-2-3}$$

式中，$y_i = \dfrac{\dot{I}_1}{\dot{V}_1}\bigg|_{\dot{V}_2=0}$ 称为输出短路时的输入导纳；$y_r = \dfrac{\dot{I}_1}{\dot{V}_2}\bigg|_{\dot{V}_1=0}$ 称为输入短路时的反向传输导纳；$y_f = \dfrac{\dot{I}_2}{\dot{V}_1}\bigg|_{\dot{V}_2=0}$ 称为输出短路时的正向传输导纳；$y_o = \dfrac{\dot{I}_2}{\dot{V}_2}\bigg|_{\dot{V}_1=0}$ 称为输入短路时的输出导纳。

短路导纳参数仅表示晶体管在输入短路或输出短路时的参数，它们是晶体管本身的参数，只与晶体管的特性有关，而与外电路无关，所以又称内参数。晶体管构成放大器后，由于输入端、输出端都接有外电路，晶体管和有关外电路被看成一个整体，于是得到相应的放大器 y 参数，它们不仅与晶体管有关，而且与外电路有关，故又称外参数。

根据不同的晶体管型号、不同的工作电压和不同的信号频率，导纳参数可能是实数，也可能是复数。

由以上说明，可以得到晶体管的 y 参数及晶体管共发射极电路 y 参数等效电路，图 3-2-2 所示为晶体管 y 参数电路模型，图 3-2-3 所示为晶体共发射极放大器 y 参数电路模型。

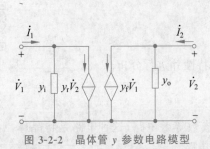

图 3-2-2　晶体管 y 参数电路模型

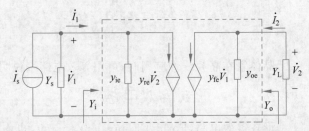

图 3-2-3　晶体共发射极放大器 y 参数电路模型

3.2.2　混合 π 等效电路

上面分析的形式等效电路,没有涉及晶体管内部的物理过程,因此它们不仅适用于晶体管,也适用于任何四端(或三端)器件。

y 参数等效电路的主要缺点是没有考虑晶体管内部的物理结构。若把晶体管内部的复杂关系,用集中元件 RLC 表示,用这种模拟的方法所得到的物理等效电路就是混合 π 等效电路。混合 π 等效电路在"低频电子线路"课程中详细地讨论过,这里不再重复。在此仅给出混合 π 等效电路各元件意义和数值,以便以后直接应用。

典型晶体管的混合 π 等效电路和元件数值如图 3-2-4 所示。图中,$C_{b'e}$ 是发射结电容;$r_{b'c}$ 是集电结电阻;$C_{b'c}$ 是集电结电容;$r_{bb'}$ 是基极电阻;$r_{b'e}$ 是基射极间电阻,可表示为

$$r_{b'e} = 26\beta_0 / I_E \qquad (3\text{-}2\text{-}4)$$

式中,β_0 为共发射极组态晶体管的低频电流放大系数;I_E 为发射极电流,单位为 mA。

应该指出,$C_{b'c}$ 和 $r_{b'b}$ 的存在对晶体管的高频运用是很不利的。$C_{b'c}$ 将输出的交流电压反馈一部分到输入端(基极),可能引起放大器自激。$r_{b'b}$ 在共基电路中引起高频负反馈,降低晶体管的电流放大系数。所以希望 $C_{b'c}$ 和 $r_{bb'}$ 尽量小。

$g_m \dot{V}_{b'e}$ 表示晶体管放大作用的等效电流发生器。这意味着在有效基区 b′ 到发射极 e 之间,加上交流电压 $\dot{V}_{b'e}$ 时,它对集电极电路的作用就相当于有一电流源 $g_m \dot{V}_{b'e}$ 存在。g_m 称为晶体管的跨导,可表示为

$$g_m = \frac{\alpha}{r_e} \approx \frac{1}{r_e} = \frac{\beta_0}{r_{b'e}} = \frac{I_c}{26} \qquad (3\text{-}2\text{-}5)$$

式中,r_e 为发射极电阻;α 为共基极电流放大倍数;I_c 为集电极电流。

r_{ce} 是集-射极电阻。

此外,在实际晶体管中,还有 3 个附加电容 C_{be}、C_{bc} 和 C_{ce},如图 3-2-4 高频混合 π 电路模型中虚线所示。它们是由晶体管引线和封装等结构所形成的,数值很小,在一般高频工作状态其影响可以忽略。

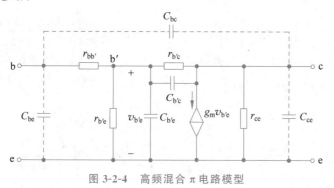

图 3-2-4　高频混合 π 电路模型

3.2.3　混合 π 等效电路参数与形式等效电路 y 参数的转换

通常,当晶体管直流工作点选定以后,混合 π 等效电路各元件的参数也就确定了,其中有些可从晶体管手册中直接查得,另一些也可根据手册上的其他数值计算出来。但在小信

号放大器中,为了简单和方便,常以 y 参数等效电路作为分析基础。因此,有必要讨论混合 π 等效电路参数与 y 参数的转换,以便根据确定的元件参数进行小信号放大器的设计和计算。将图 3-2-2 和图 3-2-4 重画,可如图 3-2-5 所示的晶体管共发射极组态 y 参数及混合 π 电路模型。图中输入电压 $\dot{V}_1 = \dot{V}_{be}$;输出电压 $\dot{V}_2 = \dot{V}_{ce}$;输入电流 $\dot{I}_1 = \dot{I}_b$;输出电流 $\dot{I}_2 = \dot{I}_c$。

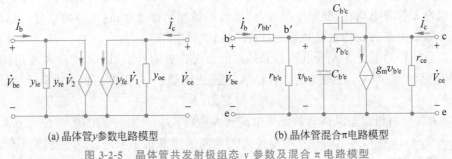

(a) 晶体管 y 参数电路模型   (b) 晶体管混合 π 电路模型

图 3-2-5   晶体管共发射极组态 y 参数及混合 π 电路模型

由图 3-2-5(b),采用节点电流法并以 $\dot{V}_{be}$、$\dot{V}_{b'e}$、$\dot{V}_{ce}$ 分别表示 b 点、b′点和 c 点到 e 点的电压,则可得到下列方程式

$$\dot{I}_b = \frac{1}{r_{bb'}}\dot{V}_{be} - \frac{1}{r_{bb'}}\dot{V}_{b'e} \tag{3-2-6}$$

$$0 = -\frac{1}{r_{b'b}}\dot{V}_{be} + \left(\frac{1}{r_{bb'}} + y_{b'e} + y_{b'c}\right)\dot{V}_{b'e} - y_{b'c}\dot{V}_{ce} \tag{3-2-7}$$

$$\dot{I}_c = g_m\dot{V}_{b'e} - y_{b'c}\dot{V}_{b'e} + (y_{b'c} + g_{ce})\dot{V}_{ce} \tag{3-2-8}$$

式(3-2-6)~式(3-2-8)中,$y_{b'e} = g_{b'e} + j\omega C_{b'e}$,$y_{b'c} = g_{b'c} + j\omega C_{b'c}$。由式(3-2-6)、式(3-2-7)和式(3-2-8)消去 $\dot{V}_{b'e}$,经整理,并用 $\dot{V}_b$ 代替 $\dot{V}_{be}$,$\dot{V}_c$ 代替 $\dot{V}_{ce}$,得

$$\dot{I}_b = \frac{y_{b'e} + y_{b'c}}{1 + r_{bb'}(y_{b'e} + y_{b'c})}\dot{V}_b - \frac{y_{b'c}}{1 + r_{bb'}(y_{b'e} + y_{b'c})}\dot{V}_c \tag{3-2-9}$$

$$\dot{I}_c = \frac{g_m - y_{b'c}}{1 + r_{bb'}(y_{b'e} + y_{b'c})}\dot{V}_b + \left[g_{ce} + y_{b'c} + \frac{y_{b'c}r_{bb'}(g_m - y_{b'e})}{1 + r_{bb'}(y_{b'e} + y_{b'c})}\right]\dot{V}_c \tag{3-2-10}$$

将式(3-2-9)、式(3-2-10)分别与式(3-2-1)、式(3-2-2)相比较,并考虑到在一般情况下均满足 $g_m \gg |y_{b'c}|$,$g_m \gg |y_{b'e}|$,$y_{b'e} \gg y_{b'c}$,以及 $g_{ce} \gg g_{b'c}$ 条件,可得

$$y_i = y_{ie} \approx \frac{y_{b'e}}{1 + r_{bb'}y_{b'e}} = \frac{g_{b'e} + j\omega C_{b'e}}{(1 + r_{bb'}g_{b'e}) + j\omega C_{b'e}r_{bb'}} \tag{3-2-11}$$

$$y_r = y_{re} \approx -\frac{y_{b'c}}{1 + r_{bb'}y_{b'e}} = -\frac{g_{b'c} + j\omega C_{b'c}}{(1 + r_{bb'}g_{b'e}) + j\omega C_{b'e}r_{bb'}} \tag{3-2-12}$$

$$y_f = y_{fe} \approx \frac{g_m}{1 + r_{bb'}y_{b'e}} = \frac{g_m}{(1 + r_{bb'}g_{b'e}) + j\omega C_{b'e}r_{bb'}} \tag{3-2-13}$$

$$y_o = y_{oe} \approx g_{ce} + y_{b'c} + \frac{y_{b'c}r_{bb'}g_m}{1 + r_{bb'}(y_{b'e} + y_{b'c})}$$

$$\approx g_{ce} + j\omega C_{b'c} + r_{bb'} g_m \frac{g_{b'c} + j\omega C_{b'c}}{(1 + r_{bb'} g_{b'e}) + j\omega C_{b'e} r_{bb'}} \tag{3-2-14}$$

可见,4 个参数都是复数,为以后计算方便可表示为

$$y_{ie} = g_{ie} + j\omega C_{ie} \tag{3-2-15}$$

$$y_{oe} = g_{oe} + j\omega C_{oe} \tag{3-2-16}$$

$$y_{fe} = | y_{fe} | \angle \varphi_{fe} \tag{3-2-17}$$

$$y_{re} = | y_{re} | \angle \varphi_{re} \tag{3-2-18}$$

式中,g_{ie}、g_{oe} 分别称为输入、输出电导;C_{ie}、C_{oe} 分别称为输入、输出电容。

根据复数运算,并令 $a = 1 + r_{bb'} g_{b'e}$,$b = \omega C_{b'e} r_{bb'}$,由式(3-2-11)~式(3-2-14)可得

$$g_{ie} \approx \frac{a g_{b'e} + b\omega C_{b'e}}{a^2 + b^2}; \quad C_{ie} = \frac{C_{b'e}}{a^2 + b^2} \tag{3-2-19}$$

$$g_{oe} \approx g_{ce} + a g_{b'c} + \frac{b\omega C_{b'e} g_m r_{bb'}}{a^2 + b^2}; \quad C_{oe} \approx C_{b'c} + \frac{a C_{b'e} g_m r_{bb'} - b g_{b'c}}{a^2 + b^2} \tag{3-2-20}$$

$$| y_{fe} | \approx \frac{g_m}{\sqrt{a^2 + b^2}}; \quad \varphi_{fe} \approx \arctan \frac{b}{a} \tag{3-2-21}$$

$$| y_{re} | \approx \frac{\omega C_{b'c}}{\sqrt{a^2 + b^2}}; \quad \varphi_{re} \approx -\left(\frac{\pi}{2} - \arctan \frac{b}{a} \right) \tag{3-2-22}$$

通常,晶体管在高频运用时,4 个 y 参数都是频率的函数,输入导纳 y_{ie} 及输出导纳 y_{oe} 都比低频运用时大,而 y_{fe} 却比低频运用时小。工作频率越高,这种差别就越大。可通过查晶体管参数手册得到相关状态下的 y 参数。

对高频小信号放大器的分析,除了应用线性的模型之外,还必须熟悉晶体管的频率参数。晶体管的频率参数有截止频率 f_β、特征频率 f_T 和最高振荡频率 f_{max}。

共发射极电路的电流放大系数 β 随工作频率的升高而下降,β 值下降至低频值 β_0 的 $1/\sqrt{2}$ 时的频率称为 β 截止频率 f_β。在低频电子线路中已经证明 $\beta = \dfrac{\beta_0}{1 + j\dfrac{f}{f_\beta}}$,其绝对值为 $|\beta| = \beta_0 / \sqrt{1 + (f/f_\beta)^2}$。由于 β_0 比 1 大得多,在频率为 f_β 时,$|\beta|$ 值虽然下降到 $\beta_0 / \sqrt{2}$,但仍比 1 大得多,因此晶体管还能起到放大作用。当频率继续增大使 $|\beta|$ 下降至 1 时,这时的频率称为特征频率 f_T,由 $\beta_0 / \sqrt{1 + (f_T/f_\beta)^2} = 1$ 得:$f_T = f_\beta \sqrt{\beta_0^2 - 1}$。当 $\beta_0 \gg 1$ 时,$f_T \approx \beta_0 f_\beta$ 或 $\beta_0 \approx f_T/f_\beta$。同时,可以证明当 $f \gg f_\beta$ 时,$|\beta| \approx \dfrac{f_T}{f}$ 或 $f_T \approx |\beta| f$,说明当 $f \gg f_\beta$ 时,特征频率 f_T 等于工作频率 f 与晶体管在该频率的 $|\beta|$ 的乘积。因此,知道了某晶体管的特征频率 f_T(查阅手册),就可以粗略地计算该管在某一工作频率 f 的电流放大系数 β。晶体管的功率增益 $A_p = 1$ 时的工作频率称为最高振荡频率 f_{max},可以证明

$$f_{max} \approx \frac{1}{2\pi} \sqrt{\frac{g_m}{4 r_{bb'} C_{b'e} C_{b'c}}} \tag{3-2-23}$$

f_{max} 表示一个晶体管所能适用的最高极限频率。在此频率工作时,晶体管已得不到功率放大。当 $f > f_{max}$ 时,无论用什么方法都不能使晶体管产生振荡,最高振荡频率的名称

也由此而来。

通常，为使电路工作稳定，且有一定的功率增益，晶体管的实际工作频率应等于最高振荡频率的 $1/4 \sim 1/3$。

以上 3 个频率参数的大小顺序是：$f_{\max}$ 最高，f_T 次之，f_β 最低。

微视频

微视频

3.3 单调谐回路谐振放大器

单调谐回路谐振放大器的主要任务是放大高频的微弱信号。很多高频信号都是窄带信号，其信号的频带宽度远小于信号的中心频率 f_0，即相对带宽 $\Delta f/f_0$ 一般为百分之几。因此，放大这种信号的放大器通常是窄带放大器。窄带放大器的负载不再是线性电阻，而是谐振回路或各种固体滤波器，它不仅具有放大作用，还具有选频或滤波作用。这类放大器统称为小信号谐振放大器（或称为小信号选频放大器）。

3.3.1 单级单调谐回路谐振放大器

本节讨论单调谐回路共发射极放大器，分析放大器线路，并计算它的主要质量指标。图 3-3-1 为放大器的部分线路，它由三级放大器组成。下面先讨论单级放大器的线路和指标，再介绍多级放大器的级联。由图 3-3-1 可见，单调谐回路共发射极放大器就是晶体管共发电路和并联回路的组合。

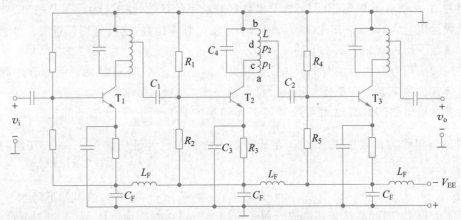

图 3-3-1 三级单调谐回路共发射极放大器

以晶体管 T_2 这一级放大器为例，并应用 y 参数等效电路进行分析。从它的基极起（包括偏置电阻 R_1 和 R_2），至耦合电容 C_2 止，是该级的线路。前一级放大器是本级的信号源，其作用由电流源 $\dot{I}_s$ 和放大器输出导纳 y_s 代表。后一级放大器的输入导纳 y_{ie} 是本级的负载阻抗，通常，若 G_4（即 $1/R_4$）与 G_5（即 $1/R_5$）之和远小于 y_{ie}，其作用可忽略，否则必须考虑其作用。略去图中与交流等效电路无关的元件。假定 G_1（即 $1/R_1$）与 G_2（即 $1/R_2$）之和远小于本级的输入导纳 y_{ie}，则电阻 R_1、R_2、R_3 和电容 C_3 仅决定直流工作点；L_F 和 C_F 构成滤波电路，其作用是消除各级放大器相互之间的有害影响，可得如图 3-3-2 所示的单级单调谐共发射极谐振放大器的高频等效电路。

由图 3-3-2(b)可得

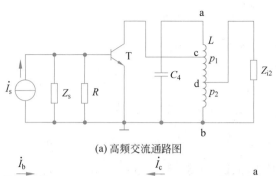

(a) 高频交流通路图

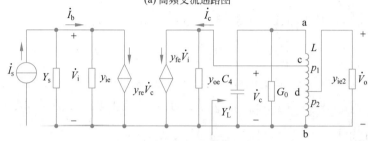

(b) 单级单调谐共发射极高频等效电路

图 3-3-2　单级单调谐共发射极放大器高频等效电路

$$\dot{I}_b = y_{ie}\dot{V}_i + y_{re}\dot{V}_c \qquad (3\text{-}3\text{-}1)$$

$$\dot{I}_c = y_{fe}\dot{V}_i + y_{oe}\dot{V}_c \qquad (3\text{-}3\text{-}2)$$

$$\dot{I}_c = -\dot{V}_c Y'_L \qquad (3\text{-}3\text{-}3)$$

式中，Y'_L 代表由集电极 C 向右看进去的回路总导纳。

将式(3-3-3)代入式(3-3-2)，得 $-\dot{V}_c Y'_L = y_{fe}\dot{V}_i + y_{oe}\dot{V}_c$，所以

$$\dot{V}_c = -\frac{y_{fe}}{y_{oe} + Y'_L}\dot{V}_i \qquad (3\text{-}3\text{-}4)$$

将式(3-3-4)代入式(3-3-1)，得 $\dot{I}_b = y_{ie}\dot{V}_i + y_{re}\left(-\dfrac{y_{fe}}{y_{oe}+Y'_L}\right)\dot{V}_i = \left(y_{ie} - \dfrac{y_{fe}y_{re}}{y_{oe}+Y'_L}\right)\dot{V}_i$，所以，放大器的输入导纳为

$$Y_i = \frac{\dot{I}_b}{\dot{V}_i} = y_{ie} - \frac{y_{fe}y_{re}}{y_{oe} + Y'_L} \qquad (3\text{-}3\text{-}5)$$

前面已经说明，y_{ie} 为晶体管共发连接时本身的输入导纳。而 Y_i 则为晶体管接成放大器且输出端接有负载 Y'_L 时的输入导纳。

在下面的分析中，暂时不考虑 y_{re} 的作用，即令 $y_{re}=0$，所以 $Y_i = y_{ie}$。下面逐项分析放大器的质量指标。

1. 电压增益

由图 3-3-2 可见，放大器的输入电压为 $\dot{V}_i$，输出电压为 $\dot{V}_o$，则电压增益为

$$\dot{A}_v = \frac{\dot{V}_o}{\dot{V}_i} \qquad (3\text{-}3\text{-}6)$$

为了求输出电压 $\dot{V}_o$，必须先求晶体管的集电极电压 $\dot{V}_c$，然后应用抽头变换求出 $\dot{V}_o$。

下面根据回路抽头时阻抗的变比关系来计算 Y_L'。

首先，将下级的 y_{ie2} 从低抽头转换到全部回路上，变为 $p_2^2 y_{ie2}$。由图 3-3-2 可见，回路由 L、C_4 和 R_0 组成。R_0 代表并联回路本身的损耗，转化成电导形式时 $R_0 = 1/G_0$。L 为回路电感，回路电容为 C_4，则 a、b 两点间的导纳为

$$Y_L = G_0 + j\omega C_4 + \frac{1}{j\omega L} + p_2^2 y_{ie2} \tag{3-3-7}$$

其次，将 Y_L 从高抽头（a、b 点）转换到集电极（c、b 点）上，得

$$Y_L' = \frac{1}{p_1^2} Y_L = \frac{1}{p_1^2}\left(G_0 + j\omega C_4 + \frac{1}{j\omega L} + p_2^2 y_{ie2}\right) \tag{3-3-8}$$

式(3-3-7)及式(3-3-8)中，p_1 是集电极 c 的接入系数，$p_1 = N_{bc}/N_{ab}$；p_2 是下级输入导纳的接入系数，$p_2 = N_{bd}/N_{ab}$；N_{ab}、N_{bc}、N_{bd} 分别为图 3-3-2 中电感 L 各点 ab、bc 和 bd 间的线圈匝数，同样，由电压变比关系可知 $\dot{V}_o = p_2 \dot{V}_{ab}$；$\dot{V}_{ab} = \frac{1}{p_1}\dot{V}_c$，于是得

$$\dot{V}_o = \frac{p_2}{p_1}\dot{V}_c \tag{3-3-9}$$

由式(3-3-9)和式(3-3-4)得

$$\dot{A}_v = \frac{\dot{V}_o}{\dot{V}_i} = -\frac{p_2 y_{fe}}{p_1(y_{oe} + Y_L')}$$

因为由式(3-3-8)可知 $Y_L' = \frac{1}{p_1^2}Y_L$，所以有

$$\dot{A}_v = -\frac{p_1 p_2 y_{fe}}{p_1^2 y_{oe} + Y_L} \tag{3-3-10}$$

式(3-3-10)为单调谐放大器电压增益的一般表达式。

最后，将 y_{oe} 写成 $y_{oe} = g_{oe} + j\omega C_{oe}$，$y_{ie2}$ 写成 $y_{ie2} = g_{ie2} + j\omega C_{ie2}$，并将式(3-3-7)代入式(3-3-10)，经整理后得

$$\dot{A}_v = -\frac{p_1 p_2 y_{fe}}{(p_1^2 g_{oe} + p_2^2 g_{ie2} + G_0) + j\omega(C_4 + p_1^2 C_{oe} + p_2^2 C_{ie2}) + \frac{1}{j\omega L}} \tag{3-3-11}$$

式中，g_{oe} 和 C_{oe} 分别是放大器的输出电导和输出电容；g_{ie2} 和 C_{ie2} 分别是下级放大器的输入电导和输入电容，令

$$g_\Sigma = p_1^2 g_{oe} + p_2^2 g_{ie2} + G_0 \tag{3-3-12}$$

$$C_\Sigma = C_4 + p_1^2 C_{oe} + p_2^2 C_{ie2} \tag{3-3-13}$$

则式(3-3-11)变为

$$\dot{A}_v = -\frac{p_1 p_2 y_{fe}}{g_\Sigma + j\omega C_\Sigma + \frac{1}{j\omega L}} \tag{3-3-14}$$

式(3-3-14)的分母为并联回路的导纳，当角频率 ω 在谐振角频率 ω_0 附近时，有

$$\dot{A}_v = -\frac{p_1 p_2 y_{\text{fe}}}{g_\Sigma \left(1 + j\dfrac{2Q_L \Delta f}{f_0}\right)} \tag{3-3-15}$$

式中,$f_0 = \dfrac{1}{2\pi\sqrt{LC_\Sigma}}$ 是放大器调谐回路的谐振频率;$\Delta f = f - f_0$ 是工作频率 f 对谐振频率 f_0 的失谐;$Q_L = \dfrac{\omega_0 C_\Sigma}{g_\Sigma} = \dfrac{1}{\omega_0 L g_\Sigma}$ 是回路的等效品质因数。

式(3-3-15)表明谐振放大器的电压增益 $\dot{A}_v$ 是工作频率 f 的函数。当谐振即 $\Delta f = 0$ 时,有

$$\dot{A}_{v0} = -\frac{p_1 p_2 y_{\text{fe}}}{g_\Sigma} = -\frac{p_1 p_2 y_{\text{fe}}}{p_1^2 g_{\text{oe}} + p_2^2 g_{\text{ie2}} + G_0} \tag{3-3-16}$$

式(3-3-16)中的负号表示输入和输出电压有 $180°$ 的相位差。此外,y_{fe} 本身是一个复数,它也有一个相角 φ_{fe}。因此,一般来说,放大器在回路已调谐时,输出电压 $\dot{V}_o$ 和输入电压 $\dot{V}_i$ 之间的相位差并不是 $180°$,而是 $180° - \varphi_{\text{fe}}$。只有当工作频率较低时,$\varphi_{\text{fe}} \approx 0$,输出电压 $\dot{V}_o$ 和输入电压 $\dot{V}_i$ 之间的相位差才等于 $180°$。

有时,晶体管集电极回路采用如图 3-3-3 所示的耦合回路。若电感 L_1 与 L_2 之间耦合很紧(耦合系数 $k \approx 1$),则 L_2 可以看成是 L_1 在 L_2 匝处抽的头。所以,接入系数 $p_1 = N_1/N$,$p_2 = N_2/N$。此处 N 为 L_1 的总匝数(圈数),N_1 为 L_1 抽头匝数,N_2 为 L_2 的匝数。其他计算式和上述完全相同。

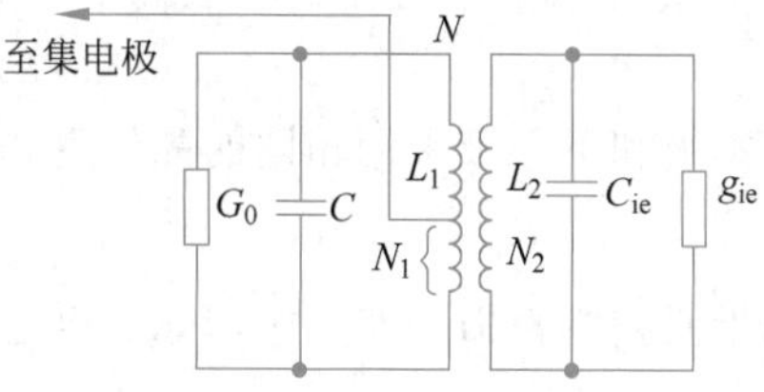

图 3-3-3　集电极耦合电路之一

由式(3-3-16)可见,单调谐放大器在谐振时的电压增益 $\dot{A}_{v0}$ 与晶体管的正向传输导纳 y_{fe} 成正比,与回路的总电导 g_Σ 成反比。y_{fe} 越大,g_Σ 越小,则 $\dot{A}_{v0}$ 越大。

为了获得最大的功率增益,应当选择 p_1 与 p_2 的值,使负载导纳 Y_L 能与晶体管电路的输出导纳相匹配。匹配条件为

$$p_2^2 g_{\text{ie2}} = p_1^2 g_{\text{oe}} + G_0 = \frac{g_\Sigma}{2} \tag{3-3-17}$$

通常 LC 回路本身的损耗 G_0 很小,与 $p_1^2 g_{\text{oe}}$ 相比可以忽略,因而式(3-3-17)变为

$$p_2^2 g_{\text{ie2}} \approx p_1^2 g_{\text{oe}} = \frac{g_\Sigma}{2} \tag{3-3-18}$$

于是求得匹配时所需的接入系数值为

$$p_1 = \sqrt{\frac{g_\Sigma}{2g_{\text{oe}}}}, \quad p_2 = \sqrt{\frac{g_\Sigma}{2g_{\text{ie2}}}} \tag{3-3-19}$$

将式(3-3-19)代入式(3-3-16),即得到在匹配时的电压增益为

$$(A_{v0})_{\text{max}} = -\frac{y_{\text{fe}}}{2\sqrt{g_{\text{oe}} g_{\text{ie2}}}} \tag{3-3-20}$$

例 3-3-1　某高频管在 25MHz 时，共发射极接法的 y 参数为 $g_{oe}=0.1\times10^{-3}$ S，$g_{ie}=10^{-2}$ S，$|y_{fe}|=30$ mS。当它作为 25MHz 放大器时，计算在匹配状态的电压增益，使用式(3-3-20)，考虑 $g_{ie2}=g_{ie}$，得

$$(A_{v0})_{max}=-\frac{|y_{fe}|}{2\sqrt{g_{oe}g_{ie2}}}=-\frac{30\times10^{-3}}{2\sqrt{0.1\times10^{-3}\times10^{-2}}}=15$$

2. 功率增益

在谐振时功率增益 $A_{p0}=P_o/P_i$，式中，P_i 为放大器的输入功率；P_o 为输出端负载 g_{ie2} 上获得的功率。谐振时可将图 3-3-2(b) 右边简化成图 3-3-4。由图 3-3-2(b) 和图 3-3-4 可知

$$P_i=V_{im}^2g_{ie1}$$

$$P_o=V_{abm}^2p_2^2g_{ie2}=\left(\frac{p_1|y_{fe}|V_{im}}{g_\Sigma}\right)^2p_2^2g_{ie2}$$

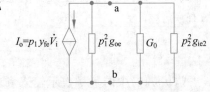

图 3-3-4　谐振时的简化等效电路

因此谐振时的功率增益为

$$A_{p0}=\frac{P_o}{P_i}=\frac{p_1^2p_2^2g_{ie2}|y_{fe}|^2}{g_{ie1}g_\Sigma^2}=(A_v)^2\frac{g_{ie2}}{g_{ie1}} \tag{3-3-21}$$

式中，g_{ie1} 和 g_{ie2} 分别是本级和下一级晶体管的输入电导，用分贝(dB)表示为

$$A_{p0}(dB)=10\lg A_{p0}$$

若本级和下一级采用相同的晶体管，则 $g_{ie1}=g_{ie2}$，因此得

$$A_{p0}=(A_{v0})^2 \tag{3-3-22}$$

如果回路本身损耗 G_0 与 $p_1^2g_{oe}$ 相比可以忽略，由式(3-3-20)得到匹配时的最大功率增益为

$$(A_{p0})_{max}=\frac{|y_{fe}|^2}{4g_{oe}g_{ie2}} \tag{3-3-23}$$

在实际情况下，回路本身损耗 G_0 不可忽略，考虑 G_0 损耗后，引入插入损耗(Insertion Loss)K_1，定义为

$$K_1=\frac{\text{回路无损耗时的输出功率 }P_1}{\text{回路有损耗时的输出功率 }P_1'}$$

由图 3-3-4，不考虑 G_0 时，负载 $p_2^2g_{ie2}$ 上获得的功率为

$$P_1=V_{abm}^2(p_2^2g_{ie2})=\left(\frac{I_0}{p_1^2g_{oe}+p_2^2g_{ie2}}\right)^2(p_2^2g_{ie2})$$

考虑 G_0 时，负载 $p_2^2g_{ie2}$ 上获得的功率为

$$P_1'=V_{abm}'^2(p_2^2g_{ie2})=\left(\frac{I_0}{p_1^2g_{oe}+p_2^2g_{ie2}+G_0}\right)^2(p_2^2g_{ie2})$$

回路的无载 Q_0 值为

$$Q_0=\frac{1}{G_0\omega_0L}$$

回路的有载 Q_L 值为

$$Q_L=\frac{1}{(p_1^2g_{oe}+p_2^2g_{ie2}+G_0)\omega_0L}$$

即

$$p_1^2 g_{oe} + p_2^2 g_{ie2} = \frac{1}{Q_L \omega_0 L} - G_0 = \frac{1}{\omega_0 L}\left(\frac{1}{Q_L} - \frac{1}{Q_0}\right)$$

将以上 P_1、P_1'、Q_0 与 Q_L 的关系式代入 K_1 表示式,得到

$$K_1 = \frac{P_1}{P_1'} = \left(\frac{p_1^2 g_{oe} + p_2^2 g_{ie2} + G_0}{p_1^2 g_{oe} + p_2^2 g_{ie2}}\right)^2 = \left[\frac{\dfrac{1}{Q_L \omega_0 L}}{\dfrac{1}{\omega_0 L}\left(\dfrac{1}{Q_L} - \dfrac{1}{Q_0}\right)}\right]^2 = \left(\frac{1}{1 - \dfrac{Q_L}{Q_0}}\right)^2 \quad (3\text{-}3\text{-}24)$$

用分贝(dB)表示,则有

$$K_1(\text{dB}) = 10\lg\left[\left(\frac{1}{1 - \dfrac{Q_L}{Q_0}}\right)^2\right] = 20\lg\left[\left(\frac{1}{1 - \dfrac{Q_L}{Q_0}}\right)\right] = -20\lg\left(1 - \frac{Q_L}{Q_0}\right) \quad (3\text{-}3\text{-}25)$$

式(3-3-25)说明,回路插入损耗和 Q_L/Q_0 有关。Q_L/Q_0 越小,插入损耗就越小。考虑插入损耗后,匹配时的最大功率增益为

$$(A_{p0})_{max} = \frac{|y_{fe}|^2}{4 g_{oe} g_{ie2}}\left(1 - \frac{Q_L}{Q_0}\right)^2 \quad (3\text{-}3\text{-}26)$$

此时的电压增益为

$$(A_{v0})_{max} = \frac{|y_{fe}|}{2\sqrt{g_{oe} g_{ie2}}}\left(1 - \frac{Q_L}{Q_0}\right) \quad (3\text{-}3\text{-}27)$$

最后应当指出,从功率传输的观点来看,希望满足匹配条件,以获得 $(A_{p0})_{max}$。但从降噪的观点来看,必须使噪声系数最小,这时可能不能满足最大功率增益条件。可以证明,采用共发射极电路时,最大功率增益与最小噪声系数可以近似满足。而在工作频率较高时,采用共基极电路可以获得最小噪声系数与最大功率增益。

3. 放大器的通频带

与并联回路相似,放大器 A_v/A_{v0} 随 f 而变化曲线称为放大器的谐振曲线,如图 3-3-5 所示。由式(3-3-15)和式(3-3-16)得

$$\frac{A_v}{A_{v0}} = \frac{1}{\sqrt{1 + \left(\dfrac{2Q_L \Delta f}{f_0}\right)^2}} \quad (3\text{-}3\text{-}28)$$

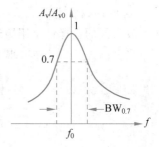

图 3-3-5　放大器的谐振曲线

当 $\dfrac{A_v}{A_{v0}} = \dfrac{1}{\sqrt{2}}$ 时,放大器的通频带为

$$2\Delta f_{0.7} = \frac{f_0}{Q_L} \quad (3\text{-}3\text{-}29)$$

由式(3-3-29)可知,Q_L 越高,则通频带越窄,反之越宽。

例 3-3-2　广播接收机的中频 $f_0 = 465\text{kHz}$,$2\Delta f_{0.7} = 8\text{kHz}$,则所需中频回路的 Q_L 值为 $\dfrac{f_0}{2\Delta f_{0.7}} = \dfrac{465 \times 10^3}{8 \times 10^3} = 58.125$。若为雷达接收机,中频 $f_0 = 30\text{MHz}$,$2\Delta f_{0.7} = 10\text{MHz}$,则所需中频回路的 Q_L 值为 $\dfrac{f_0}{2\Delta f_{0.7}} = \dfrac{30 \times 10^6}{10 \times 10^6} = 3$,这时须在中频调谐回路上并联一定数值的

电阻，以增大回路的损耗，使 Q_L 值降低到所需之值。

因为回路有载品质因数 $Q_L = \dfrac{\omega_0 C_\Sigma}{g_\Sigma} = \dfrac{1}{\omega_0 L g_\Sigma}$，所以得到

$$g_\Sigma = \frac{\omega_0 C_\Sigma}{Q_L} = \frac{2\pi f_0 C_\Sigma}{\dfrac{f_0}{2\Delta f_{0.7}}} = 4\pi \Delta f C_\Sigma$$

将上式代入式(3-3-16)，可得谐振时电压增益 $\dot{A}_{v0}$ 的另一种表示式为

$$\dot{A}_{v0} = -\frac{p_1 p_2 y_{fe}}{g_\Sigma} = -\frac{p_1 p_2 y_{fe}}{4\pi \Delta f_{0.7} C_\Sigma} \tag{3-3-30}$$

式(3-3-30)说明，晶体管选定以后(即 y_{fe} 值已经确定)，接入系数不变时，放大器的谐振电压增益 $\dot{A}_{v0}$ 只取决于回路的总电容 C_Σ 与通频带 $2\Delta f_{0.7}$ 的乘积。显然，总电容 C_Σ 越大，通频带 $2\Delta f_{0.7}$ 越宽，则要求 g_Σ 变大，即加大 G_0，从而使 Q_L/Q_0 的比值变大，所以电压增益 $\dot{A}_{v0}$ 就越小。

因此，要想既得到高的增益，又保证足够宽的通频带，除了选用 $|y_{fe}|$ 较大的晶体管外，还应该尽量减小谐振回路的总电容量 C_Σ。C_Σ 也不可能很小。在极限的情况下，回路不接外加电容(图 3-3-1 中的 C_4)，回路电容由晶体管的输出电容、下级晶体管的输入电容、电感线圈的分布电容和安装电容等组成。另外，这些电容都属于不稳定电容，其改变会引起谐振曲线不稳定，使通频带改变。因此，从谐振曲线稳定性的观点来看，希望外加电容大，即 C_Σ 大，以便相对减小不稳定电容的影响。

通常，对宽带放大器而言，要使放大量大，则要求 C_Σ 尽量小，因为频带很宽，这时谐振曲线不稳定是次要的。反之，对窄带放大器而言，则要求 C_Σ 大些(外加电容大)，使谐振曲线稳定(不会使通频带改变，以致引起频率失真)，这时因频带窄，放大量是足够的。

4. 单调谐放大器的选择性

放大器的选择性是用矩形系数这个指标来表示的，即可用式(3-1-1)表示。

当 $A_v/A_{v0} = 0.1$ 时，得 $2\Delta f_{0.1}$。将 $A_v/A_{v0} = 0.1$ 代入式(3-3-28)，解之得

$$\frac{A_v}{A_{v0}} = \frac{1}{\sqrt{1 + \left(\dfrac{2Q_L \Delta f}{f_0}\right)^2}} = 0.1$$

$$2\Delta f_{0.1} = \sqrt{10^2 - 1} \frac{f_0}{Q_L}$$

再由式(3-3-29)，可得矩形系数为

$$K_{r0.1} = \frac{2\Delta f_{0.1}}{2\Delta f_{0.7}} = \sqrt{10^2 - 1} \approx 9.95 \tag{3-3-31}$$

上面所得结果表明，单调谐回路放大器的矩形系数远大于1。也就是说，它的谐振曲线和矩形相差较远，所以其选择性差。这是单调谐回路放大器的缺点。

例 3-3-3　图 3-3-1 中，设工作频率 $f_0 = 30\text{MHz}$，当 $V_{CE} = 6\text{V}$，$I_E = 2\text{mA}$ 时，晶体管高频管的 y 参数为：$g_{ie} = 1.2\text{mS}$，$C_{ie} = 12\text{pF}$；$g_{oe} = 400\mu\text{S}$，$C_{oe} = 9.5\text{pF}$；$|y_{fe}| = 58.3\text{mS}$，$\varphi_{fe} = -22°$；忽略 y_{re}。回路电感 $L = 1.4\mu\text{H}$，接入系数 $p_1 = 1$，$p_2 = 0.3$；回路空载品质因

数 $Q_0=100$。求单级放大器谐振时的电压增益 A_{v0} 和通频带 $2\Delta f_{0.7}$。回路电容 C 值为多少时,才能使回路谐振?

解　因为 $R_0=Q_0\omega_0L=Q_02\pi f_0L=100\times2\times3.14\times30\times10^6\times1.4\times10^{-6}\approx26\text{k}\Omega$,所以 $G_0=\dfrac{1}{R_0}=\dfrac{1}{26}\times10^{-3}\approx3.85\times10^{-5}\text{S}$。

当下级采用相同晶体管时,可得回路总电导 g_Σ 为

$$g_\Sigma=G_0+p_1^2g_{oe}+p_2^2g_{ie}=0.0384\times10^{-3}+1^2\times0.4\times10^{-3}+0.3^2\times1.4\times10^{-3}$$

$$\approx0.56\times10^{-3}\text{S}$$

电压增益为

$$A_{v0}=-\frac{p_1p_2\mid y_{fe}\mid}{g_\Sigma}=-\frac{1\times0.3\times58.3\times10^{-3}}{0.56\times10^{-3}}\approx-31$$

回路总电容为

$$C_\Sigma=\frac{1}{\omega_0^2L}=\frac{1}{(2\pi f_0)^2L}=\frac{1}{(2\times3.14\times30\times10^6)^2\times1.4\times10^{-6}}\approx20\text{pF}$$

故外加电容 C 应为

$$C=C_\Sigma-(p_1^2C_{oe}+p_2^2C_{ie})=20-(1^2\times9.5+0.3^2\times12)\approx9.4\text{pF}$$

通频带为

$$\text{BW}_{0.7}=2\Delta f_{0.7}=\frac{p_1p_2\mid y_{fe}\mid}{2\pi C_\Sigma\mid A_{v0}\mid}=\frac{1\times0.3\times58.3\times10^{-3}}{2\times3.14\times20\times10^{-12}\times31}\approx4.35\text{MHz}$$

或

$$\text{BW}_{0.7}=2\Delta f_{0.7}=\frac{f_0}{Q_L}=\frac{f_0}{1/(g_\Sigma\omega_0L)}=g_\Sigma2\pi f_0^2L\approx4.35\text{MHz}$$

3.3.2　多级单调谐回路谐振放大器

若单级放大器的增益不能满足要求,则可以采用多级级联放大器。级联后的放大器,其增益、通频带和选择性都将发生变化。

假如放大器有 m 级,各级的电压增益分别为 A_{v1},A_{v2},$\cdots$,A_{vm},则总增益 A_m 是各级增益的乘积,即

$$A_m=A_{v1}\cdot A_{v2}\cdot\cdots\cdot A_{vm} \tag{3-3-32}$$

如果多级放大器是由完全相同的单级放大器组成的,则

$$A_m=A_{v1}^m \tag{3-3-33}$$

m 级相同的放大器级联时,它的谐振曲线可由式(3-3-34)表示。

$$\frac{A_m}{A_{m0}}=\frac{1}{\left[1+\left(\dfrac{2Q_L\Delta f}{f_0}\right)^2\right]^{\frac{m}{2}}} \tag{3-3-34}$$

谐振曲线等于各单级谐振曲线的乘积。所以级数越多,谐振曲线越尖锐。对 m 级放大器而言,通频带的计算应满足

$$\frac{1}{\left[1+\left(\dfrac{2Q_{\mathrm{L}}\Delta f}{f_0}\right)^2\right]^{\frac{m}{2}}}=\frac{1}{\sqrt{2}}$$

解上式,可求得 m 级放大器的通频带 $(2\Delta f_{0.7})_m$ 为

$$(2\Delta f_{0.7})_m=\sqrt{2^{1/m}-1}\cdot\frac{f_0}{Q_{\mathrm{L}}} \tag{3-3-35}$$

式(3-3-35)中, $\dfrac{f_0}{Q_{\mathrm{L}}}$ 等于单级放大器的通频带 $2\Delta f_{0.7}$。因此, m 级和单级放大器的通频带具有如下关系。

$$(2\Delta f_{0.7})_m=\sqrt{2^{1/m}-1}\cdot(2\Delta f_{0.7}) \tag{3-3-36}$$

由于 m 是大于 1 的正数,所以 $\sqrt{2^{1/m}-1}$ 必定小于 1。因此, m 级相同的放大器级联时,总的通频带比单级放大器的通频带缩小了。级数越多, m 越大,总通频带越小,如图 3-3-6 所示为多级放大器的谐振曲线。$\sqrt{2^{1/m}-1}$ 称为带宽缩减因子,它表示级数增加后总通频带变窄的程度。

由式(3-3-36)可得

$$\frac{2\Delta f_{0.7}}{(2\Delta f_{0.7})_m}=\frac{1}{\sqrt{2^{1/m}-1}}=x_1 \tag{3-3-37}$$

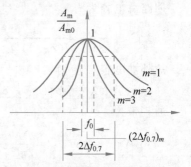

图 3-3-6　多级放大器的谐振曲线

系数 x_1 表示放大器的级数为 m 时,如果要求总带宽仍等于原单级的通频带,则必须将每级的通频带加宽 x_1 倍,或必须降低每级回路的 Q_{L},这时

$$Q_{\mathrm{L}}=\sqrt{2^{1/m}-1}\,\frac{f_0}{2\Delta f_{0.7}} \tag{3-3-38}$$

例 3-3-4　若 $f_0=30\mathrm{MHz}$,所需通频带为 4MHz,则在单级($m=1$)时,所需回路 $Q_{\mathrm{L}}=\dfrac{f_0}{2\Delta f_{0.7}}=\dfrac{30}{4}=7.5$; $m=2$ 时,所需回路 $Q_{\mathrm{L}}=\sqrt{2^{1/2}-1}\times\dfrac{30}{4}\approx4.83$; $m=3$ 时,所需回路 $Q_{\mathrm{L}}=\sqrt{2^{1/3}-1}\times\dfrac{30}{4}\approx3.82$。

由此可见, m 越大,每级回路所需的 Q_{L} 值越低。即当通频带一定时, m 越大,则每级所能通过的频带应越宽。例 3-3-4 中, $(2\Delta f_{0.7})_m=4\mathrm{MHz}$,则当 $m=2$ 时,单级通频带应为 $2\Delta f_{0.7}=\dfrac{(2\Delta f_{0.7})_m}{\sqrt{2^{1/2}-1}}\approx6.2\mathrm{MHz}$;当 $m=3$ 时,单级通频带应为 $2\Delta f_{0.7}=\dfrac{(2\Delta f_{0.7})_m}{\sqrt{2^{1/3}-1}}\approx7.85\mathrm{MHz}$。

由式(3-3-30)可知,单级放大器的电压增益是与其通频带成反比的,所以,如上所述,当级数增加时,要求每级的 $2\Delta f_{0.7}$ 增大 x_1 倍,则每级的 A_{v} 就必然会降低到原来的 $1/x_1$,即增益和通频带之间存在矛盾,加宽通频带是以降低增益为代价的。

最后,讨论多级单调谐放大器的选择性,即矩形系数。利用式(3-3-34),采用和单级时求矩形系数同样的方法,可求出 m 级单调谐回路放大器的矩形系数为

$$K_{r0.1} = \frac{2\Delta f_{0.1}}{2\Delta f_{0.7}} = \frac{\sqrt{100^{1/m}-1}}{\sqrt{2^{1/m}-1}} \tag{3-3-39}$$

由式(3-3-39)可列出 $K_{r0.1}$ 与 m 的关系,如表 3-3-1 所示。

表 3-3-1　$K_{r0.1}$ 与 m 的关系

m	1	2	3	4	5	6	7	8	9	10	∞
$K_{r0.1}$	9.95	4.80	3.75	3.40	3.20	3.10	3.00	2.94	2.92	2.90	2.56

单调谐回路放大器的优点是电路简单,调度容易;缺点是选择性差(矩形系数离理想的矩形系数 $K_{r0.1}=1$ 较远),增益和通频带的矛盾比较突出。为了改善选择性和解决这个矛盾,可采用双调谐回路放大器或参差调谐放大器。下面只讨论双调谐回路放大器。

3.4　双调谐回路谐振放大器

微视频

改善放大器选择性和解决放大器增益与通频带之间的矛盾的有效方法之一是采用双调谐回路谐振放大器。

3.4.1　单级双调谐回路谐振放大器

双调谐回路谐振放大器具有频带较宽、选择性较好等优点。图 3-4-1(a)所示为一种常用的双调谐回路放大器电路。集电极电路采用互感耦合的谐振回路作为负载,被放大的信号通过互感耦合加到次级放大器的输入端。晶体管 T_1 的集电极在初级线圈的接入系数为 p_1,下一级晶体管 T_2 的基极在次级线圈的接入系数为 p_2。另外,假设初、次级回路本身的损耗都很小(回路 Q 较大,G_0 很小),可以忽略。

图 3-4-1(b)所示为双调谐回路放大器的高频等效电路。为了讨论方便,把图 3-4-1(b)的电流源 $y_{fe}\dot{V_i}$ 及输出导纳 $g_{oe}C_{oe}$ 折合到 L_1C_1 的两端,负载导纳(即下一级的输入导纳 $g_{ie}C_{ie}$)折合到 L_2C_2 的两端,变换后的等效电路和元件参数如图 3-4-1(c)所示。

通常,初、次级回路都调谐到同一中心频率 f_0。为了分析方便,假设两个回路元件参数都相同,即电感 $L_1=L_2=L$;初、次级回路总电容为 $C_1+p_1^2C_{oe}\approx C_2+p_2^2C_{ie}=C$;折合到初、次级回路的电导为 $p_1^2g_{oe}\approx p_2^2g_{ie}=g$;回路谐振角频率为 $\omega_0=\omega_1=\omega_2=\dfrac{1}{\sqrt{LC}}$;初、次级回路有载品质 $Q_{L1}=Q_{L2}=\dfrac{1}{g\omega_0L}=\dfrac{\omega_0C}{g}$。由图 3-4-1(c)可知,它是一个典型的并联互感耦合回路,这样可以直接引用本书 2.4 节的一切结论,讨论双调谐回路谐振放大器。

1. 电压增益

由式(2-4-16)可以直接写出图 3-4-1(c)次级回路的输出电压 V_o/p_2 和电流源 $I_g=p_1|y_{fe}|V_i$ 的关系式为

$$\frac{V_o}{p_2} = \frac{p_1|y_{fe}|V_i}{2g} \cdot \frac{2\eta}{\sqrt{(1-\xi^2+\eta^2)^2+4\xi^2}} \tag{3-4-1}$$

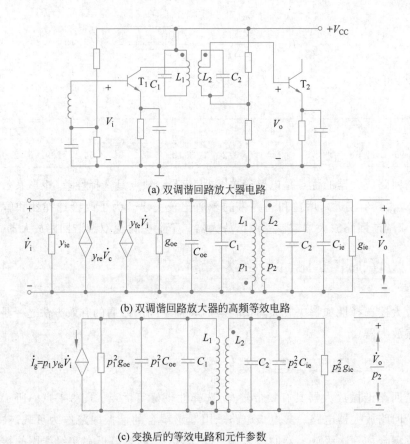

(a) 双调谐回路放大器电路

(b) 双调谐回路放大器的高频等效电路

(c) 变换后的等效电路和元件参数

图 3-4-1　双调谐回路放大器及其等效电路

式中，$\eta = kQ_L$ 为耦合因数，$\xi = Q_L \dfrac{2\Delta f}{f_0}$ 为广义失谐。于是得电压增益为

$$A_v = \frac{V_o}{V_i} = \frac{p_1 p_2 \mid y_{fe} \mid}{g} \cdot \frac{\eta}{\sqrt{(1 - \xi^2 + \eta^2)^2 + 4\xi^2}} \tag{3-4-2}$$

在谐振时，$\xi = 0$，则

$$A_{v0} = \frac{\eta}{1 + \eta^2} \cdot \frac{p_1 p_2 \mid y_{fe} \mid}{g} \tag{3-4-3}$$

由式(3-4-3)可知，双调谐回路放大器的电压增益与晶体管的正向传输导纳 $\mid y_{fe} \mid$ 成正比，与回路的电导 g 成反比。另外，A_{v0} 与耦合因数 η 有关。根据 η 的不同，可分为以下 3 种情况。

（1）弱耦合 $\eta < 1$，谐振曲线在 $f_0(\xi = 0)$ 处出现峰值，此时

$$A_{v0} = \frac{\eta}{1 + \eta^2} \cdot \frac{p_1 p_2 \mid y_{fe} \mid}{g} \tag{3-4-4}$$

随着 η 增加，A_{v0} 的值增加。

（2）临界耦合 $\eta = 1$，谐振曲线较为平坦，在 $f_0(\xi = 0)$ 处出现峰值，此时

$$A_{v0} = \frac{p_1 p_2 \mid y_{fe} \mid}{2g} \tag{3-4-5}$$

（3）强耦合 $\eta>1$，谐振曲线出现双峰，两个峰点位置为

$$\xi=\pm\sqrt{\eta^2-1} \tag{3-4-6}$$

此时，$A_{v0}=\dfrac{p_1p_2|y_{fe}|}{2g}$ 与 $\eta=1$ 的峰值相同。

3 种情况的谐振曲线如图 3-4-2 所示。

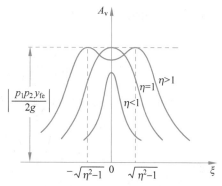

图 3-4-2　对应不同的 η，双调谐回路放大器的谐振曲线

2. 通频带

下面讨论在弱耦合、临界耦合及强耦合 3 种情况下，双调谐回路放大器的谐振曲线表达式及通频带。

（1）弱耦合 $\eta<1$，由式（3-4-2）及式（3-4-4）可得

$$\frac{A_v}{A_{v0}}=\frac{\eta^2+1}{\sqrt{(1-\xi^2+\eta^2)^2+4\xi^2}} \tag{3-4-7}$$

（2）强耦合 $\eta>1$，由式（3-4-2）及式（3-4-5）可得

$$\frac{A_v}{A_{v0}}=\frac{2\eta}{\sqrt{(1-\xi^2+\eta^2)^2+4\xi^2}} \tag{3-4-8}$$

（3）临界耦合 $\eta=1$，有

$$\frac{A_v}{A_{v0}}=\frac{2}{\sqrt{4+\xi^4}} \tag{3-4-9}$$

这是较为常用的情况。

因此，很容易求出临界耦合时的通频带，令 $A_v/A_{v0}=1/\sqrt{2}$，可得

$$2\Delta f_{0.7}=\sqrt{2}\,\frac{f_0}{Q_L} \tag{3-4-10}$$

将式（3-4-10）与式（3-3-29）相比较，可知单级双调谐回路放大器的通频带是单级单调谐回路放大器的 $\sqrt{2}$ 倍。

3. 矩形系数

为了说明双调谐回路放大器的选择性优于单调谐回路放大器，下面来计算临界耦合时双调谐回路放大器的矩形系数。按定义，当 $A_v/A_{v0}=1/10$ 时，代入式（3-4-9）得

$$\frac{2}{\sqrt{4+\left(\dfrac{2Q_L\Delta f_{0.1}}{f_0}\right)^4}}=\frac{1}{10}$$

解上式得

$$2\Delta f_{0.1}=\sqrt[4]{100-1}\,\frac{\sqrt{2}\,f_0}{Q_L}$$

所以矩形系数为

$$K_{r0.1}=\frac{2\Delta f_{0.1}}{2\Delta f_{0.7}}=\sqrt[4]{100-1}\approx3.15$$

可见，双调谐回路放大器的矩形系数远比单调谐回路放大器的小，它的谐振曲线更接近矩形。

3.4.2　多级双调谐回路谐振放大器

在临界耦合 $\eta=1$ 时，由式(3-4-9)，对于 m 级双调谐回路放大器，有

$$\left(\frac{A_{\mathrm{v}}}{A_{\mathrm{v0}}}\right)^m=\left(\frac{2}{\sqrt{4+\xi^4}}\right)^m=\frac{1}{\sqrt{2}}$$

可得到

$$(2\Delta f_{0.7})_m=\sqrt[4]{2^{1/m}-1}\cdot\left(\sqrt{2}\,\frac{f_0}{Q_{\mathrm{L}}}\right)$$

由此求得

$$\frac{2\Delta f_{0.7}}{(2\Delta f_{0.7})_m}=\frac{1}{\sqrt[4]{2^{1/m}-1}}=x_2 \tag{3-4-11}$$

和多级单调谐回路谐振放大器一样，$\sqrt[4]{2^{1/m}-1}$ 称为带宽缩减因子。由于双调谐回路谐振放大器的通频带较宽，所以在级数增加时，m 级双调谐回路放大器要求通频带加大的倍数也比单调谐回路放大器要求得小，即 x_2 必然小于 x_1。因此，双调谐回路放大器在总通频带不变时，总增益也下降较少。

同样可以证明 m 级($\eta=1$)双调谐回路放大器的矩形系数为

$$K_{\mathrm{r0.1}}=\frac{2\Delta f_{0.1}}{(2\Delta f_{0.7})_m}=\sqrt[4]{\frac{10^{2/m}-1}{2^{1/m}-1}} \tag{3-4-12}$$

双调谐回路放大器的矩形系数比单调谐回路放大器的更接近 1，所以其选择性也较好。此外，在早期放大器中还采用参差调谐放大的方法来解决放大器的总增益和总通频带之间的矛盾。所谓参差调谐放大是指将两个调谐放大器的回路谐振频率对应于频带中心频率 f_0 作小量的偏移，以达到总增益稍微降低，而总通频带加宽和改善选择性的目的。

以上只讨论了临界耦合的情况，这种情况在实际中应用比较多。弱耦合时，放大器的谐振曲线与单调谐回路放大器相似，通频带较窄，选择性也较差。强耦合时，虽然通频带变得更宽，矩形系数也更好，但谐振曲线顶部出现凹陷，回路的调节也比较麻烦，因此只在与临界耦合级配合时或特殊场合才采用。

3.5　谐振放大器的稳定性

微视频

3.5.1　稳定性分析

小信号放大器的工作稳定性是重要的质量指标之一。下面讨论和分析谐振放大器工作不稳定的原因，并提出一些提高放大器稳定性的措施。

上面所讨论的内容，都假定放大器工作于稳定状态，即输出电路对输入端没有影响($y_{\mathrm{re}}=0$)，或者说，晶体管是单向工作的，输入可以控制输出，而输出不影响输入。但实际上，由于晶体管存在反向传输导纳 y_{re}(或称 y_{12})，因此输出电压 $\dot{V}_\mathrm{o}$ 可以反作用到输入端，

引起输入电流 $\dot{I}_i$ 的变化,即反馈作用。

y_{re} 的反馈作用,可以从表示放大器输入导纳 Y_i 的式(3-3-5)中看出,即

$$Y_i = y_{ie} - \frac{y_{fe}y_{re}}{y_{oe} + Y'_L} = y_{ie} + Y_F \qquad (3\text{-}5\text{-}1)$$

式中,y_{ie} 是输出短路时晶体管(共发射极连接时)本身的输入导纳;Y_F 是通过 y_{re} 的反馈引起的输入导纳,它反映了对负载导纳 Y'_L 的影响。

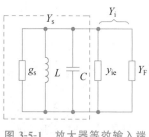

图 3-5-1 放大器等效输入端回路

如果放大器输入端也接有谐振回路(前级放大器的输出谐振回路),那么输入导纳 Y_i 并联在放大器输入端回路后,如图 3-5-1 所示。当没有反馈导纳 Y_F 时,输入端回路是调谐的。y_{ie} 中的电纳部分 b_{ie} 的作用,已包含在 L 或 C 中;而 y_{ie} 中电导部分 g_{ie} 以及信号源内电导 g_s 的作用则是使回路有一定的等效品质因数 Q_L 值。然而,由于反馈导纳 Y_F 的存在,改变了输入端回路的正常情况。Y_F 可以写成

$$Y_F = g_F + jb_F \qquad (3\text{-}5\text{-}2)$$

式中,g_F 和 b_F 分别为 Y_F 的电导部分和电纳部分。它们除与 y_{fe}、y_{re} 和 Y'_L 有关外,还是频率的函数,频率不同,其值也不同,且可能为正或负。图 3-5-2 所示为反馈电导 g_F 随频率变化的关系曲线。

反馈导纳的存在,使放大器输入端的电导发生变化(考虑 g_F 作用),也使放大器输入端回路的电纳发生变化(考虑 b_F 作用)。前者改变了回路的等效品质因数 Q_L 的值,后者引起了回路的失谐。这些都会影响放大器的增益、通频带和选择性,并使谐振曲线产生畸变,如图 3-5-3 所示。值得注意的是,g_F 在某些频率上可能为负值,即呈负电导性,使回路的总电导减小,Q_L 增加,通频带减小,增益也因损耗的减小而增加。这也可理解为负电导 g_F 供给回路能量,出现正反馈。g_F 的负值越大,这种影响越严重。如果反馈到输入端回路的电导 g_F 的负值恰好抵消了回路原有电导 $g_s + g_{ie}$ 的正值,则输入端回路总电导等于零,反馈能量抵消了回路损耗的能量,Q_L 趋向无穷大,放大器处于自激振荡工作状态,这是不允许的。即使 g_F 的负值还没有抵消 $g_s + g_{ie}$ 的正值,放大器不能自激,但已倾向于自激,这时放大器的工作也是不稳定的,称为潜在不稳定。这种情况同样是不允许的。因此,必须设法克服或降低晶体管内部反馈的影响,使放大器远离自激,能稳定地工作。

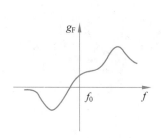

图 3-5-2 反馈电导随频率变化的关系曲线

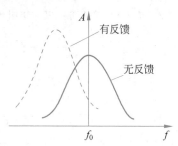

图 3-5-3 反馈导纳对放大器谐振曲线的影响

以上说明了放大器工作不稳定甚至可能产生自激的原因,下面分析放大器不产生自激和远离自激的条件。分析图 3-5-1,这时总导纳为 $Y_s + Y_i$。当总导纳为零时,即

$$Y_s + Y_i = 0 \tag{3-5-3}$$

表示放大器反馈的能量抵消了回路损耗的能量,且电纳部分也恰好抵消。这时放大器产生自激。所以,放大器产生自激的条件是

$$Y_s + y_{ie} - \frac{y_{fe}y_{re}}{y_{oe} + Y'_L} = 0 \tag{3-5-4}$$

即

$$\frac{(Y_s + y_{ie})(y_{oe} + Y'_L)}{y_{fe}y_{re}} = 1 \tag{3-5-5}$$

晶体管反向传输导纳 y_{re} 越大,则反馈越强,式(3-5-5)左边数值就越小。它越接近1,放大器越不稳定;反之,式(3-5-5)左边数值越大,则放大器越稳定。因此,该数值的大小可作为衡量放大器稳定与否的标准。

下面找出实用的稳定条件。分析图 3-5-1,在式(3-5-4)与式(3-5-5)中有

$$Y_s + y_{ie} = g_s + g_{ie} + j\omega C + \frac{1}{j\omega L} + j\omega C_{ie} = (g_s + g_{ie})(1 + j\xi_1)$$

式中,$\xi_1 = Q_1\left(\dfrac{f}{f_0} + \dfrac{f_0}{f}\right)$,$f_0 = \dfrac{1}{2\pi\sqrt{L(C + C_{ie})}}$,$Q_1 = \dfrac{\omega_0(C + C_{ie})}{g_s + g_{ie}}$。

若用幅值与相角形式表示,则为

$$Y_s + y_{ie} = (g_s + g_{ie})\sqrt{1 + \xi_1^2}\,e^{j\psi_1} \tag{3-5-6}$$

式中,$\psi_1 = \arctan\xi_1$。

同理,输出回路部分也可求得相同形式的关系式为

$$y_{oe} + Y'_L = (g_{oe} + G_L)\sqrt{1 + \xi_2^2}\,e^{j\psi_2} \tag{3-5-7}$$

式中,$\psi_2 = \arctan\xi_2$。

假设放大器输入、输出回路相同,即 $\xi = \xi_1 = \xi_2$,$\psi = \psi_1 = \psi_2$,并将式(3-5-6)和式(3-5-7)代入式(3-5-5),可得

$$\frac{(g_s + g_{ie})(g_{oe} + G_L)(1 + \xi^2)e^{j2\psi}}{|y_{fe}||y_{re}|e^{j(\varphi_{fe} + \varphi_{re})}} = 1 \tag{3-5-8}$$

式中,φ_{fe} 和 φ_{re} 分别为 y_{fe} 和 y_{re} 的相角。

要满足式(3-5-8),必须满足幅值和相位两个条件,即

$$\frac{(g_s + g_{ie})(g_{oe} + G_L)(1 + \xi^2)}{|y_{fe}||y_{re}|} = 1 \tag{3-5-9}$$

$$2\psi = \varphi_{fe} + \varphi_{re} \tag{3-5-10}$$

由式(3-5-10)相位条件可得

$$2\arctan\xi = \varphi_{fe} + \varphi_{re}$$

$$\xi = \tan\frac{\varphi_{fe} + \varphi_{re}}{2} \tag{3-5-11}$$

式(3-5-9)说明,只有在晶体管的反向传输导纳 $|y_{re}|$ 足够大时,该式左边部分才可能小

到 1,满足自激的幅值条件。而当 $|y_{re}|$ 较小时,左边的分数值恒大于 1。$|y_{re}|$ 越小,分数值越大,离自激条件越远,放大器越稳定。因此,通常采用式(3-5-9)的左边量

$$S = \frac{(g_s + g_{ie})(g_{oe} + G_L)(1 + \xi^2)}{|y_{fe}||y_{re}|} \tag{3-5-12}$$

作为判断谐振放大器工作的稳定性的依据,S 称为谐振放大器的稳定系数(Stability Factor)。若 $S=1$,放大器将自激,只有当 $S \gg 1$ 时,放大器才能稳定工作,一般要求稳定系数 S 为 5~10。

实用时,工作频率远低于晶体管的特征频率,这时 $y_{fe} = |y_{fe}|$,即 $\varphi_{fe} = 0$。并且,反向传输导纳 y_{re} 中,电纳起主要作用,即 $y_{re} \approx -j\omega_0 C_{re}$,$\varphi_{re} = -90°$。将这些条件代入式(3-5-11),可得自激的相位条件为 $\xi = -1$。这说明当放大器调谐于 f_0 时,在低于 f_0 的某频率上($\xi = -1$),满足相位条件,可能产生自激。这是由于当 $\xi = -1$(即 $f < f_0$)时,放大器的输入和输出回路(并联回路)都呈感性,再经过反馈电容 C_{re} 的耦合,形成电感反馈三端振荡器(在第 5 章中将详细讨论)。

将上述近似条件($y_{fe} = |y_{fe}|$,$\varphi_{fe} = 0$; $y_{re} \approx -j\omega_0 C_{re}$,$\varphi_{re} = -90°$)代入式(3-5-12),并假定 $g_s + g_{ie} = g_1$,$g_{oe} + G_L = g_2$,则得

$$S = \frac{2g_1 g_2}{\omega_0 C_{re}|y_{fe}|} \tag{3-5-13}$$

式(3-5-13)表明,要使 $S \gg 1$,除选用 C_{re} 尽可能小的放大管外,回路的谐振电导 g_1 和 g_2 应越大越好。

如前所述,放大器的电压增益可写成

$$A_{v0} = \frac{|y_{fe}|}{g_2} \tag{3-5-14}$$

由此可见,放大器的稳定性与增益的提高是互相矛盾的,增大 g_2 以提高稳定系数,必然降低增益。

当 $g_1 = g_2$ 时,将式(3-5-14)中的 $g_2 = \dfrac{|y_{fe}|}{A_{v0}}$ 代入式(3-5-13),可得

$$A_{v0} = \sqrt{\frac{2|y_{fe}|}{S\omega_0 C_{re}}} \tag{3-5-15}$$

取 $S=5$,得

$$(A_{v0})_S = \sqrt{\frac{|y_{fe}|}{2.5\omega_0 C_{re}}} \tag{3-5-16}$$

式中,$(A_{v0})_S$ 是保持放大器稳定工作所允许的电压增益,称为稳定电压增益。通常,为保证放大器能稳定工作,其电压增益 A_{v0} 不允许超过 $(A_{v0})_S$。因此,式(3-5-16)可用来检验放大器是否稳定工作。

必须指出,这里只讨论了通过 y_{re} 的内部反馈所引起的放大器不稳定,并没有考虑外部其他途径反馈的影响。这些影响有:输入/输出端之间的空间电磁耦合、公共电源的耦合等。外部反馈的影响在理论上是很难讨论的,必须在去耦电路和工艺结构上采取措施。

3.5.2　单向化

由于晶体管存在 y_{re} 的反馈,所以它是一个"双向元件"。作为放大器工作时,y_{re} 的反

馈作用是有害的,可能引起放大器工作的不稳定。这些在前面已详细讨论过。下面讨论如何消除 y_{re} 的反馈,变"双向元件"为"单向元件",这个过程称为单向化。

单向化的方法有两种:一种是消除 y_{re} 的反馈作用,称为"中和法";另一种是使 G_L(负载电导)或 g_s(信号源电导)的数值加大,使得输入或输出回路与晶体管失去匹配,称为"失配法"。

中和法是在晶体管的输出和输入端之间引入一个附加的外部反馈电路,称为中和电路,以抵消晶体管内部 y_{re} 的反馈作用。由于 y_{re} 中包含电导分量和电容分量,因此外部反馈电路也包含电导分量 g_N 和电容分量 C_N 两部分,并要使通过 g_N 和 C_N 的外部反馈电流正好与通过 y_{re} 所产生的内部反馈电流相位差 $180°$,从而互相抵消,变双向器件为单向器件。采用中和法的实际应用电路如图 3-5-4 所示。

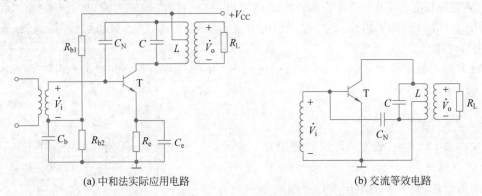

(a) 中和法实际应用电路   (b) 交流等效电路

图 3-5-4　中和法实际应用电路及其交流等效电路

显然,严格的中和是很难达到的,因为晶体管的反向传输导纳 y_{re} 是随频率而变化的,所以只能对某一个频率起到完全中和的作用。而且,在生产过程中,由于晶体管参数的离散性,合适的中和电阻与电容值需要在每个晶体管的实际调整过程中确定,较麻烦且不宜大量生产。

目前,由于晶体管制造技术的发展(y_{re} 减小),且要求调整简化,中和法已基本不使用,用得较多的是失配法。下面重点讨论失配法。

失配是指信号源内阻不与晶体管输入阻抗匹配;晶体管输出端负载阻抗不与本级晶体管的输出阻抗匹配。

如果令负载导纳 Y_L' 取值比晶体管输出导纳 y_{oe} 大得多,即 $Y_L' \gg y_{oe}$,那么由式(3-5-1)可知,输入导纳 $Y_i = y_{ie} - \dfrac{y_{fe}y_{re}}{y_{oe} + Y_L'} \approx y_{ie}$,即 Y_i 中的第二项 Y_F 很小,可以近似地认为 Y_i 等于 y_{ie},消除了 y_{re} 的反馈作用对 Y_i 的影响。

失配法的典型电路是共发-共基级联放大器,其交流等效电路如图 3-5-5 所示。图中两个晶体管组成级联电路,前一级是共发电路,后一级是共基电路。由于共基电路的特点是输入阻抗低(即输入导纳很大)和输出阻抗高(即输入导纳很小),当它和共发电路连接时,相当于共发放大器的负载导纳 Y_L' 很大,由上面的讨论可知,这时 $Y_i \approx y_{ie}$,即晶体管的内部反馈的影响相应地减弱了,甚至可以不考虑内部反馈的影响。因此,放大器的稳定性得到提高。所以,共发-共基级联放大器的稳定性比一般共发放大器的稳定性提高很多。共发电路在负载导纳很大的情况下,虽然电压增益很小,但电流增益仍较大,而共基电路虽然电流增益接近 1,但电压增益却较大,因此级联后功率增益较大。

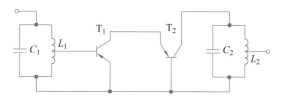

图 3-5-5　共发-共基级联放大器的交流等效电路

图 3-5-6 所示的共发-共基电路就是失配法的典型应用。由图 3-5-6(b)可以看出,T_2 管接成共基组态,输入阻抗很小(输入电导很大),这样 T_1 管共发组态的电压增益很小,使 $C_{b'c1}$ 的密勒等效电容很小,其影响可以忽略不计。因为 T_1 管组成的共发组态电路仍有较大的电流增益,而 T_2 管组成的共基组态电路具有较大的电压增益,二者级联后,互相补偿,整个电路功率增益较大。在这个共发-共基级联放大器中,整个放大器稳定性的获得可以看作是 T_1 和 T_2 管之间严重失配的结果。共发-共基级联电路较好地解决了增益和稳定性之间的矛盾,所以广泛地应用在通信设备中。

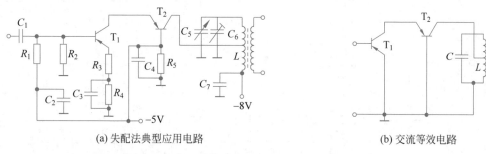

(a) 失配法典型应用电路　　　　　　　　　　　(b) 交流等效电路

图 3-5-6　失配法典型应用电路及其交流等效电路

下面对共发-共基级联放大器进行简单的定量分析。

分析的方法是把两个级联晶体管看成一个复合管,如图 3-5-7 所示。这个复合管的 y 参数由两个晶体管的电压、电流和 y 参数决定。若两个级联晶体管是同一型号的,它们的 y 参数可认为是相同的。我们只要知道这个复合管的等效 y 参数,就可以把这类相同放大器看成一般共发射极放大器。

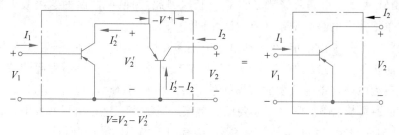

图 3-5-7　共发-共基级联放大器定量分析

可以证明,复合管的等效导纳参数为

$$y_i' = \frac{y_{ie} y_\Sigma + \Delta y}{y_\Sigma + y_{oe}}$$

(3-5-17)

$$y'_r = \frac{y_{re}(y_{re} + y_{oe})}{y_\Sigma + y_{oe}} \tag{3-5-18}$$

$$y'_f = \frac{y_{fe}(y_{fe} + y_{oe})}{y_\Sigma + y_{oe}} \tag{3-5-19}$$

$$y'_o = \frac{\Delta y + y_{oe}^2}{y_\Sigma + y_{oe}} \tag{3-5-20}$$

式中，y'_i、y'_r、y'_f、y'_o 分别代表复合管的 4 个 y 参数，$y_\Sigma = y_{ie} + y_{re} + y_{fe} + y_{oe}$，$\Delta y = y_{ie} y_{oe} - y_{re} y_{fe}$。

在一般的工作频率范围内，下列条件是成立的。

$$y_{ie} \gg y_{re}; \; y_{fe} \gg y_{ie}; \; y_{fe} \gg y_{oe}; \; y_{fe} \gg y_{re}$$

因此，$y_\Sigma \approx y_{fe}$。

$$y'_i \approx \frac{y_{ie} y_{fe} + y_{ie} y_{oe} - y_{re} y_{fe}}{y_{fe} + y_{oe}} \approx y_{ie} - \frac{y_{re} y_{fe}}{y_{fe} + y_{oe}} \approx y_{ie} \tag{3-5-21}$$

$$y'_r \approx \frac{y_{re}(y_{re} + y_{oe})}{y_{fe} + y_{oe}} \approx \frac{y_{re}}{y_{fe}}(y_{re} + y_{oe}) \tag{3-5-22}$$

$$y'_f \approx \frac{y_{fe}(y_{fe} + y_{oe})}{y_{fe} + y_{oe}} \approx y_{fe} \tag{3-5-23}$$

$$y'_o \approx \frac{y_{ie} y_{oe} - y_{re} y_{fe} + y_{oe}^2}{y_{fe} + y_{oe}} \approx \frac{y_{fe}\left(\dfrac{y_{ie} y_{oe}}{y_{fe}} - y_{re} + \dfrac{y_{oe}^2}{y_{fe}}\right)}{y_{fe}}$$

$$\approx \frac{y_{ie} y_{oe}}{y_{fe}} - y_{re} + \frac{y_{oe}^2}{y_{fe}} \approx - y_{re} \tag{3-5-24}$$

由此可见，输入导纳 y'_i 和正向传输导纳 y'_f 大致与单管情况相同，而反向传输导纳 y'_r 远小于单管情况的反馈导纳 y_{re}（$|y'_r|$ 约为 $|y_{re}|$ 的 1/30）。这说明级联放大器的工作稳定性大大提高。而且，复合管的输出导纳 y'_o 也只是单管输出导纳 y_{oe} 的几分之一，这说明级联放大器的输出端可以直接和阻抗较高的调谐回路相匹配，不再需要抽头接入。

另外，由于 y'_f 基本上和单管情况的 y_{fe} 相等，因此，用谐振回路的这类放大器的增益计算方法也和单管共发电路的增益计算方法相同。

失配法的优点是工作稳定，在生产过程中不需要调整，非常方便，适合大量生产，并且这种方法除能防止放大器自激外，对电路中某些参数的变化（如 y_{oe}）还可起调节作用。两管组成的级联放大电路与单管共发放大器的总增益近似相等。

此外，共发-共基电路的另一个主要优点是噪声系数小。这是由于共发射极的输入阻抗高，可以保证输入端有较大的电压传输系数，这有利于提高信噪比，而且共发-共基电路工作稳定，允许有较高的功率增益，更有利于抑制后面各级的噪声。因此，共发-共基电路已成为典型的低噪声电路。

图 3-5-8 是某雷达接收机的前置中放级，前两级是共发-共基级联电路，末级是共发电路。放大器的中心频率为 30MHz，通频带为 $0.1 \sim 11$MHz，增益为 $20 \sim 30$dB。输入端灵敏度为 $5 \sim 6\mu$V。CG36 为性能优良的国产低噪声管，可使整个放大器的噪声系数小于 2dB。

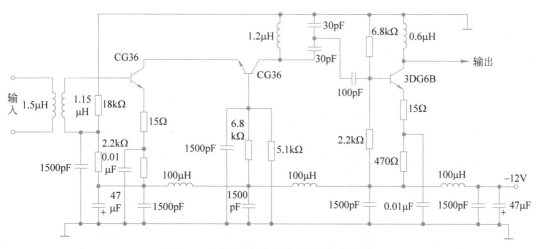

图 3-5-8　共发-共基前置中频放大器实例

与电源－12V 连接的 3 个 $100\mu H$ 电感和 4 个 1500pF 电容是去耦滤波器,其作用是消除输出信号通过公共电源的内阻抗对前级产生的寄生反馈。

3.6　集中选频放大器

前面介绍的谐振放大器可用于窄带信号的选频放大。为了提高增益,一般采用多级放大器。对于多级放大器,要求每级都要 LC 谐振回路,故不易获得较宽的通频带,选择性也不够理想,特别是安装调试麻烦,不适合批量生产。随着宽频带技术和固态滤波器技术的发展,放大器越来越多地采用集中选频放大器。

集中选频放大器通常由集中选择性滤波器和多级宽带放大器组成,如图 3-6-1 所示。

在集中选频放大器中,采用矩形系数较好的集中选择性滤波器进行选频,然后利用

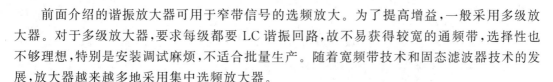

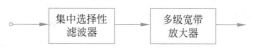

图 3-6-1　集中选频放大器框图

单级或多级宽带放大器进行信号放大。由于以集中选择性滤波器代替了逐级选频滤波,降低了调试难度。其中,集中选择性滤波器可以选用 LC 型集中选择性滤波器、石英晶体滤波器、陶瓷滤波器、表面声波滤波器和机械滤波器等。

宽带放大器既要有较高的电压增益,又要有很宽的通频带,所以常用电压增益 A_v 和通频带 $BW_{0.7}$ 的乘积作为衡量其性能的重要指标,称为增益带宽积,用 $GB = A_v f_H$ 表示。此处的通频带用上限截止频率 f_H 表示,因为宽带放大器的下限截止频率 f_L 一般很低或为零频。A_v 是电压增益幅值。增益带宽积越大的宽带放大器的性能越好。宽带放大器既可以由晶体管和场效应管组成,也可以由集成电路组成。本节以单级差分放大器为例进行分析,可以推广到由差分电路组成的单级或多级集成电路宽带放大器。

3.6.1　集成宽带放大器

集成宽带放大器常采用单级或多级差分电路形式。由于单级共发电路可看成是单级差分电路的差模半电路,所以先分析单级共发电路的电压增益和通频带(用上限截止频率 f_H

表示）。宽带放大器中的晶体管特性适合采用混合 π 等效电路。图 3-6-2 所示为共发电路的交流通路及其高频等效电路。设 R'_L 为交流负载，C_M 为密勒电容，则

$$Z_{b'e} = r_{b'e} // \frac{1}{j\omega C_t} = \frac{r_{b'e}}{1 + j\omega r_{b'e} C_t} \qquad (3-6-1)$$

$$C_t = C_{b'e} + C_M = C_{b'e} + (1 + g_m R'_L)C_{b'c} \qquad (3-6-2)$$

$$R_t = r_{b'e} // r_{bb'} = \frac{r_{b'e} r_{bb'}}{r_{b'e} + r_{bb'}} \qquad (3-6-3)$$

$C_{b'c}$ 是电结电容。

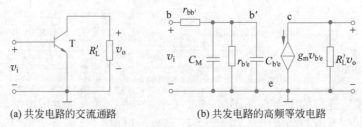

(a) 共发电路的交流通路　　　　　　(b) 共发电路的高频等效电路

图 3-6-2　共发电路的交流通路及高频等效电路

由图 3-6-2(b)可得

$$\dot{V}_o = -g_m \dot{V}_{b'e} R'_L \qquad (3-6-4)$$

$$\dot{V}_{b'e} = \frac{Z_{b'e}}{r_{bb'} + Z_{b'e}} \dot{V}_i = \frac{R_t}{r_{bb'}(1 + j\omega R_t C_t)} \dot{V}_i \qquad (3-6-5)$$

所以

$$\dot{A}_v = \frac{\dot{V}_o}{\dot{V}_i} = -\frac{g_m R_t R'_L}{r_{bb'}} \frac{1}{1 + j\dfrac{\omega}{\omega_H}} \qquad (3-6-6)$$

其中，$\omega_H = \dfrac{1}{R_t C_t}$，上限截止频率为

$$f_H = \frac{1}{2\pi R_t C_t} \qquad (3-6-7)$$

下面推导差分电路的差分电压增益和上限截止频率。图 3-6-3 所示为一个双端输入双端输出的差分放大电路。它的差模电压增益 $\dot{A}_{vd}$ 与单管共射电路的电压增益 $\dot{A}_v$ 相同，即

$$\dot{A}_{vd} = \frac{\dot{V}_{od}}{\dot{V}_{id}} = -\frac{g_m R_t R'_L}{r_{bb'}} \frac{1}{1 + j\dfrac{\omega}{\omega_H}} \qquad (3-6-8)$$

式中，$R'_L = R_C // (R_L/2)$。上限截止频率 f_H 与式(3-6-7)相同。增益带宽积为

$$GB = A_{vd} f_H = \frac{g_m R'_L}{2\pi r_{bb'} C_t} \qquad (3-6-9)$$

如果在图 3-6-3 所示的差分放大器中，两个晶体管的基极上各外接一个电阻 R_s，这时的电路如图 3-6-4 所示。容易看出，与图 3-6-2(b)比较，在图 3-6-4 对应的差模半电路的交流等效电路中，R_s 与 $r_{bb'}$ 串联，定义：

$$R'_s = R_s + r_{bb'} \tag{3-6-10}$$

$$R'_t = r_{b'e} // R'_s \tag{3-6-11}$$

$$\dot{A}_{vd} = \frac{\dot{V}_{od}}{\dot{V}_{id}} = -\frac{g_m R'_t R'_L}{R'_s} \frac{1}{1 + j\dfrac{\omega}{\omega_H}} \tag{3-6-12}$$

$$f'_H = \frac{1}{2\pi R'_t C_t} \tag{3-6-13}$$

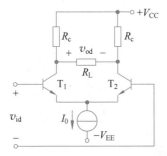

图 3-6-3　双端输入双端输出差分电路

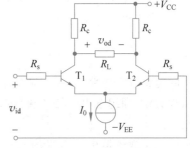

图 3-6-4　外接有 R_s 的差分电路

则该电路的增益带宽积为

$$GB = A_{vd} f_H = \frac{g_m R'_L}{2\pi R'_s C_t} \tag{3-6-14}$$

例 3-6-1　在图 3-6-3 所示的双端输入双端输出差分电路中，T_1、T_2 管的参数在 $I_{EQ} = 1mA$ 时完全相同，均为 $\beta = 100$，$r_{bb'} = 50\Omega$，$C_{b'c} = 2pF$，$f_T = 200MHz$。$R_c = 2k\Omega$，$R_L = 1.5k\Omega$。计算该差分放大器的差模电压增益、上限截止频率和增益带宽积。

解　先求晶体管混合 π 参数，根据

$$C_{b'e} + C_{b'c} = \frac{1}{2\pi f_T r_e} \text{ 及 } C_M = (1 + g_m R'_L)C_{b'c}$$

又

$$r_e = \frac{26}{I_E} = 26\Omega, g_m \approx \frac{1}{r_e} \approx 0.04S, r_{b'e} = (1 + \beta)r_e = (1 + 100) \times 26\Omega \approx 2.6k\Omega$$

$$R'_L = R_c // \frac{1}{2}R_L \approx 1.43k\Omega$$

$$C_M = (1 + g_m R'_L)C_{b'c} = (1 + 0.04 \times 1.43 \times 10^3) \times 2 \times 10^{-12}F \approx 116pF$$

$$C_{b'e} = \frac{1}{2\pi f_T r_e} - C_{b'c} = \frac{1}{2\pi \times 200 \times 10^6 \times 26} - 2 \times 10^{-12}F \approx 28.6pF$$

求差模电压增益、上限截止频率和增益带宽积。由式(3-6-2)和式(3-6-3)可求得

$$C_t = C_{b'e} + C_M = 28.6 + 116 = 144.6pF$$

$$R_t = \frac{r_{b'e} r_{bb'}}{r_{b'e} + r_{bb'}} = \frac{2.6 \times 10^3 \times 50}{2.6 \times 10^3 + 50} \approx 49\Omega$$

由式(3-6-7)、式(3-6-8)和增益带宽积的定义可以得到

$$\dot{A}_{vd} = -\frac{g_m R_t R_L'}{r_{bb'}} \cdot \frac{1}{1+j\dfrac{\omega}{\omega_H}} = -\frac{0.04 \times 49 \times 1.43 \times 10^3}{50} \cdot \frac{1}{1+j\dfrac{\omega}{\omega_H}} \approx -\frac{56}{1+j\dfrac{\omega}{\omega_H}}$$

$$f_H = \frac{1}{2\pi R_t C_t} = \frac{1}{2\pi \times 49 \times 144.6 \times 10^{-12}} \text{Hz} \approx 22.46\text{MHz}$$

$$\text{GB} = 56 \times 22.46 \times 10^6 \approx 1.26 \times 10^9 \text{Hz}$$

对于差分放大器的其他 3 种组态，即双端输入单端输出、单端输入双端输出和单端输入单端输出，可以参阅相关低频电子线路的文献，分别推导出相应的差模电压增益和上限截止频率公式，这里不再具体推导。

3.6.2　集成宽带放大器的内部电路

在实际宽带放大电路中，要展宽通频带，也就是要提高上限截止频率，主要有组合法和反馈法两种方法，即组合电路法和负反馈法。

1. 组合电路法

在集成宽带放大器中一般采用两只 NPN 型管构成共发-共基组合电路，如图 3-6-5 所示。

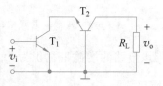

图 3-6-5　宽带电路中的共发-共基组态

共发电路的电流增益和电压增益都较大，是放大器最常用的一种组态。但它的上限截止频率较低，从而带宽受到限制，这是由于密勒电容 $C_M = (1+g_m R_L')C_{b'c}$ 的存在，而发生了密勒效应。集电结电容 $C_{b'c}$ 等效到输入端以后，电容值增加为原来的 $(1+g_m R_L')$ 倍。

虽然 $C_{b'c}$ 数值很小，一般仅为几皮法，但 C_M 却很大。密勒效应使共射电路输入电容增大，容抗减小，且随频率的增大容抗更加减小，因此高频性能降低。

在共基电路和共集电路中，$C_{b'c}$ 或者处于输出端，或者处于输入端，无密勒效应，所以上限截止频率远高于共射电路。

在图 3-6-5 所示的共发-共基组合电路中，上限频率由共发电路的上限截止频率决定。利用共基电路输入阻抗小的特点，将它作为共发电路的负载，使共发电路输出总电阻 R_L' 大大减小，进而使密勒电容 C_M 大大减小，高频性能有所改善，从而有效地扩展了共发电路，亦即提高整个组合电路的上限截止频率。由于共发电路负载减小，所以电压增益减小。但这可以由电压增益较大的共基电路进行补偿。而共发电路的电流增益不会减小，因此整个组合电路的电流增益和电压增益都较大。

在集成电路中一般采用共发-共基差分对电路。图 3-6-6 所示的宽带集成电路放大器芯片 V2350 里就采用了这种形式的电路，它的带宽可达到 1GHz。

该电路由 T_1、T_3（或 T_4）与 T_2、T_6（或 T_5）组成共发-共基差分对，输出电压特性由外电路控制。如外电路使 $I_{b2} = 0$，$I_{b1} \neq 0$ 时，D_2 和 T_4、T_5 截止，信号电流由 T_1、T_2 流入 T_3、T_6 后输出。如外电路使 $I_{b2} \neq 0$，$I_{b1} = 0$ 时，D_1 和 T_3、T_6 截止，信号电流由 T_1、T_2 流入 T_4、T_5 后输出，输出极性与第一种情况相反。如外电路使 $I_{b1} = I_{b2}$ 时，通过负载的电流则互相抵消，输出为零。C_e 用于高频补偿，因高频时容抗减小，发射极反馈深度减小，使频带展宽。这种集成电路常用作 350MHz 以上宽带示波器中的高频、中频和视频放大。

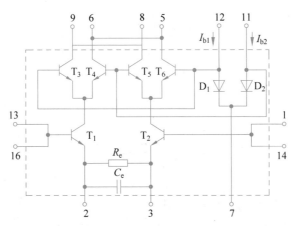

图 3-6-6 宽带集成放大器的内部电路

采用共集-共基、共集-共发等组合电路也可以提高上限截止频率。

例 3-6-2 已知晶体管 π 混合参数与例 3-6-1 中的相同。分别求出图 3-6-5、图 3-6-2(a) 所示共发-共基电路和单管共发电路的电压增益和上限截止频率。交流负载 $R'_L = 1.5\text{k}\Omega$。

解 先求共发-共基电路的电压增益和上限截止频率。共发-共基电路的小信号等效电路如图 3-6-7 所示,其中虚线框内是共基电路的混合 π 参数等效电路。

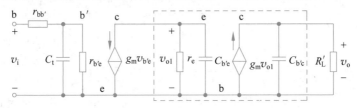

图 3-6-7 共发-共基组态的高频小信号等效电路

在共发电路中,由式(3-6-5)可以得出

$$\dot{V}_{b'e} = \frac{R_t}{r_{bb'}(1 + j\omega R_t C_t)}\dot{V}_i$$

式中,$R_t = \dfrac{r_{b'e}r_{bb'}}{r_{b'e} + r_{bb'}}$,$C_t = C_{b'e} + (1 + g_m r_e)C_{b'c}$,注意此时共发电路的输出负载电阻为 r_e。

因为

$$\dot{V}_{o1} = -g_m\dot{V}_{b'e}\frac{r_e\dfrac{1}{j\omega C_{b'e}}}{r_e + \dfrac{1}{j\omega C_{b'e}}} = -\frac{g_m r_e}{1 + j\omega r_e C_{b'e}}\dot{V}_{b'e}$$

$$\dot{V}_o = g_m\dot{V}_{o1}\frac{R'_L\dfrac{1}{j\omega C_{b'c}}}{R'_L + \dfrac{1}{j\omega C_{b'c}}} = \frac{g_m R'_L}{1 + j\omega R'_L C_{b'c}}\dot{V}_{o1}$$

式中,$\dot{V}_{o1}$ 是共发电路输出电压,也是共基电路输入电压,所以有

$$\dot{A}_v = \frac{\dot{V}_o}{\dot{V}_i} = \frac{\dot{V}_o}{\dot{V}_{o1}} \frac{\dot{V}_{o1}}{\dot{V}_{b'e}} \frac{\dot{V}_{b'e}}{\dot{V}_i} = -\frac{g_m^2 R_t r_e R'_L}{r_{bb'}} \frac{1}{\left(1+j\frac{\omega}{\omega_1}\right)\left(1+j\frac{\omega}{\omega_2}\right)\left(1+j\frac{\omega}{\omega_3}\right)}$$

式中，$\omega_1 = \frac{1}{R_t C_t}$，$\omega_2 = \frac{1}{r_e C_{b'e}}$，$\omega_3 = \frac{1}{R'_L C_{b'c}}$。

代入已知各参数，可得

$$A_v = \frac{g_m^2 R_t r_e R'_L}{r_{bb'}} = 61$$

$$f_1 = \frac{1}{2\pi R_t C_t} \approx 99.6\text{MHz}$$

$$f_2 = \frac{1}{2\pi r_e C_{b'e}} \approx 1345\text{MHz}$$

$$f_3 = \frac{1}{2\pi R'_L C_{b'c}} \approx 333\text{MHz}$$

因为 $f_1 \ll f_2$，$f_1 < f_3$，所以 $f_H \approx f_1 \approx 99.6\text{MHz}$。

然后求单级共发电路的电压增益和上限截止频率。由式(3-6-6)和式(3-6-7)可以得出

$$\dot{A}_v = \frac{\dot{V}_o}{\dot{V}_i} = -\frac{g_m R_t R'_L}{r_{bb'}} \frac{1}{1+j\frac{\omega}{\omega_H}} = -\frac{0.04 \times 49 \times 1.43 \times 10^3}{50} \frac{1}{1+j\frac{\omega}{\omega_H}} = -\frac{56}{1+j\frac{\omega}{\omega_H}}$$

$$f_H = \frac{1}{2\pi R_t C_t} = \frac{1}{2\pi \times 49 \times 144.6 \times 10^{-12}}\text{Hz} \approx 22.46\text{MHz}$$

因为 $g_m \approx 1/r_e$，所以共发-共基电路的电压增益幅值与单级共发电路大致相同，上限截止频率提高为单级共发电路的4倍多。

2. 负反馈法

调节负反馈电路中的某些元件参数，可以改变反馈深度，从而调节负反馈放大器的增益和频带宽度。如果以牺牲增益为代价，可以扩展放大器的频带，其类型可以是单级负反馈，也可以是多级负反馈。

单管负反馈放大器可以采用电流串联和电压并联两种反馈电路，其交流等效电路如图 3-6-8 所示。

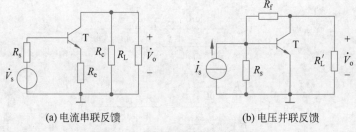

(a) 电流串联反馈　　　　　　　(b) 电压并联反馈

图 3-6-8　单级负反馈交流等效电路

电流串联负反馈电路的特点是输入、输出阻抗高，所以适合与低内阻的信号电压源连接。电压并联负反馈电路的特点是输入、输出阻抗低，所以适合与高内阻的信号电流源连

接。在集成电路中,用差分电路代替单管电路,将电流串联负反馈电路和电压并联负反馈电路级联,可提高上限截止频率。图 3-6-9 所示的 F733 集成宽带放大电路中,T_1、T_2 组成电流串联负反馈差分放大器,$T_3 \sim T_6$ 组成电压并联负反馈差分放大器(其中 T_5 和 T_6 兼作输出级),$T_7 \sim T_{11}$ 为恒流源电路。改变第一级差放的负反馈电阻,可调节整个电路的电压增益。将引出端⑨和④短接,增益可达 400 倍;将引出端⑩和③短接,增益可达 100 倍。各引出端均不短接,增益为 10 倍。以上 3 种情况下的上限截止频率依次为 40MHz、90MHz 和 120MHz。

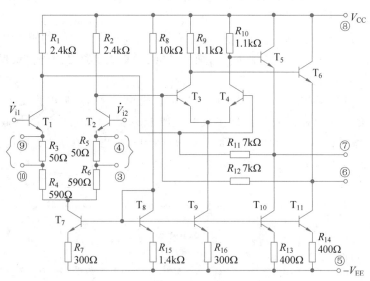

图 3-6-9　集成宽带放大器 F733 的内部结构

图 3-6-10 给出了 F733 用作可调增益放大器时的典型接法。图中电位器 R_w 是用于调节电压增益和带宽的。当 R_w 调到零时,④与⑨短接,片内 T_1 与 T_2 发射极短接,增益最大,上限截止频率最低;当 R_w 调到最大时,片内 T_1 与 T_2 发射极之间共并联了 5 个电阻,即片内 R_3、R_4、R_5、R_6 和外接电位器 R_w,这时交流负反馈增益最小,上限截止频率最高。可见,这种接法使电压增益和带宽连续可调。

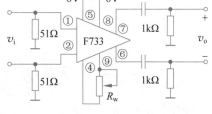

图 3-6-10　F733 的典型接法

采用电流并联和电压串联负反馈形式,同样也可以扩展放大器通频带。

3.6.3　集成电路谐振放大器及其应用

随着电子技术的不断发展,高频电子线路也从分立元件向集成电路化方向发展。而应用于小信号放大的集成宽带放大器的基本单元是差分对线性集成电路。与分离元件宽带放大器比较,集成放大器电路有以下优点。

(1) 由于能够在一块很小的基片上刻制很多晶体二极管、三极管和电阻,因此,集成放大器电路允许采用较为复杂而且晶体管数量较多的放大器。

(2) 鉴于集成电路中电容器的容量不能做得太大,耐压也不高,一般尽量少用含有电容元件的电路。

（3）为了使差分放大器抗零点漂移的能力进一步提高，可在发射极接入一阻值较大的电阻。利用 R_e 的负反馈作用，提高差分放大器抗零点漂移的能力。此外，还可以控制差分放大器的增益，实现放大器的自动增益控制，这一点对各种接收机来说尤为重要。

（4）差分放大器要求左右两个臂完全对称，对于分离元件来说，这是很难做到的。对于集成电路来说，虽然工艺流程不易严格控制，不同批次和不同基片上做成的元件一致性较差，但是在同一基片上的元器件（特别是彼此相邻的元器件）一致性比较好，因此，集成电路的差分对管容易做到对称。

除了以上工艺结构的原因外，从电路性能方面来说，差分放大器的工作频带很宽，输入和输出的隔离度也很好。作为高频小信号放大器，线性集成电路必须外接谐振回路、直流供给电源和必要的滤波电路。

目前也有一些规模较大、功能较多的线性集成电路在各种电子设备中得到应用。图 3-6-11 所示是一种电视接收机图像中放的集成电路 5G313，它包括中频放大、自动增益控制、高频自动增益延迟电路和偏置电路 4 部分，图中只画出了中频放大和偏置电路。下面以这种电路为例，介绍它的中放电路和偏置电路。

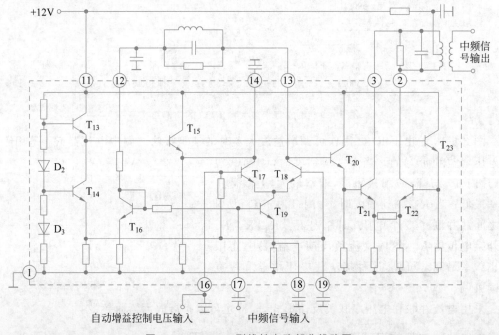

图 3-6-11　5G313 型线性电路部分线路图

图像中放由 $T_{17} \sim T_{22}$ 共 6 只晶体管构成。它的第一级是由 T_{19} 做成的共发射极放大器，中频信号由基极输入，经放大后直接加到 T_{18} 的发射极。T_{18} 是共基极放大器，其集电极应外接一个谐振回路，从这里输出信号，经射极跟随器 T_{20} 送到差分对 T_{21} 和 T_{22}，在这两个晶体管发射极之间有一个 π 形电阻网络，其作用是增大放大器的线性范围。在它们的集电极之间另外连接一个外加的谐振回路，放大后的中频图像信号通过电路耦合线圈输出。T_{17} 的作用是自动增益控制，改变它的基极电平可以控制中频放大器的增益。

由图 3-6-11 可以看出，各级放大器都采用直接耦合，由于晶体管集电极比基极电平高，如果不采取必要的措施,那么后面各级晶体管的直流电位将越来越高,直流工作点的配置就会越发困难。

解决这个问题的一种方法是在两极放大器之间加一个射极跟随器,如图 3-6-11 中的 T_{20},它能使前后级放大器更好地隔离,同时,由于发射极直流电位比基极低 0.7V,这就使下一级的基极电位有所降低,偏置电平的配置就比较容易。

在分立晶体管电路中,直流偏置都采用电阻分压的方法来供给。用集成技术控制电阻,特别是高值电阻,不大容易实现,它的面积有时比晶体管还要大,所以集成电路的偏置电路往往由二极管或三极管构成,图 3-6-11 中的 $T_{13} \sim T_{16}$ 及相应的电路就是各级放大器的直流偏置电路。以 T_{13} 和 T_{14} 为例,正确设计基极电路的各个电阻,就可以使它们的发射极得到一定的电压,分别为 T_{23} 和 T_{18} 两级放大器提供所需的偏置。

3.7　放大器中的噪声

微视频

微视频

电子设备的性能在很大程度上与干扰(Interference)和噪声(Noise)有关。例如,接收机的理论灵敏度可以非常高,但是考虑噪声以后,实际灵敏度就不能做得很高了。而在通信系统中,提高接收机的灵敏度比增大发射机的功率更为有效。在其他电子仪器中,它们的工作准确性、灵敏度等也与噪声有很大的关系。另外,各种外部干扰大大影响了接收机的工作。因此,研究各种干扰和噪声的特性,以及降低干扰和噪声的方法,是十分必要的。

干扰与噪声的分类如下。

(1)干扰一般指外部干扰,可分为自然干扰和人为干扰。自然干扰有天电干扰、宇宙干扰和大地干扰等。人为干扰主要有工业干扰和无线电台干扰。

(2)噪声是一种随机信号,其频谱分布在整个无线电工作频率范围内。噪声一般指内部噪声,也可分为自然噪声和人为噪声。自然噪声有热噪声、散粒噪声和闪烁噪声等。人为噪声有交流噪声、感应噪声、接触不良噪声等。本节主要讨论自然噪声,对工业干扰和天电干扰只作简略介绍,而有关混频器的干扰则在第 7 章讨论。需要指出的是,噪声问题所涉及的范围很广,计算比较复杂,详细的理论分析不属于本课程的范围。本节只对上述问题进行一些简要的分析和介绍,有些公式我们直接给出结果,而不进行推导。

3.7.1　内部噪声的特点和来源

放大器内部噪声主要是由电阻、谐振电路和电子器件(电子管、晶体管、场效应管和集成电路)内部所具有的带电微粒无规则运动所产生的。这种无规则运动具有起伏噪声(Fluctuation)的性质。数学分析表明,这种噪声是一种随机过程,即在同一个时间(0~T)内,本次观察和下一次观察会得出不同的结果,如图 3-7-1 所示。对于随机过程,不可能用某一确定的时间函数来描述。但是,它却遵循着某一确定的统计规律,可以利用其本身的概率分布特性来充分描述它的特性。对于起伏噪声,可以用正弦波形的瞬时值、振幅值、平均值及有效值等来计量,通常用它的平均值、均方值、频谱或功率谱来表示。

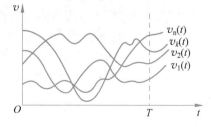

图 3-7-1　随机过程示意图

起伏噪声电压的平均值可表示为

$$\overline{v_{\mathrm{n}}} = \lim_{T \to \infty} \frac{1}{T} \int_0^T v_{\mathrm{n}}(t)\,\mathrm{d}t \tag{3-7-1}$$

式中，$v_{\mathrm{n}}(t)$ 为噪声起伏电压，如图 3-7-2 所示，$\overline{v_{\mathrm{n}}}$ 为平均值，它代表 $v_{\mathrm{n}}(t)$ 的直流分量。

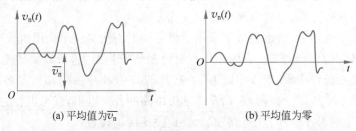

(a) 平均值为 $\overline{v_{\mathrm{n}}}$ (b) 平均值为零

图 3-7-2 起伏噪声电压的平均值

由于起伏噪声电压的变化是不规则的，没有一定的周期，因此应在长时间内（$T \to \infty$）取平均值，才有实际意义。

一般更常用起伏噪声电压的均方值（Root Mean Square Value）来表示噪声的起伏强度。均方值的求法如下。

由图 3-7-2(a) 可知，起伏噪声电压 $v_{\mathrm{n}}(t)$ 是在其平均值 $\overline{v_{\mathrm{n}}}$ 上下起伏，在某一瞬间 t 的起伏强度为

$$\Delta v_{\mathrm{n}}(t) = v_{\mathrm{n}}(t) - \overline{v_{\mathrm{n}}} \tag{3-7-2}$$

显然，$\Delta v_{\mathrm{n}}(t)$ 也是随机的，并且有时为正，有时为负，所以从长时间来看，$\Delta v_{\mathrm{n}}(t)$ 的平均值应为零。但是，将 $\Delta v_{\mathrm{n}}(t)$ 平方后再取其平均值，就具有一定的数值，称为起伏噪声电压的均方值，或称方差，以 $\overline{\Delta v_{\mathrm{n}}^2(t)}$ 表示。

$$\overline{\Delta v_{\mathrm{n}}^2(t)} = \overline{\left[v_{\mathrm{n}}(t) - \overline{v_{\mathrm{n}}}\right]^2} = \lim_{T \to \infty} \frac{1}{T} \int_0^T \left[\Delta v_{\mathrm{n}}(t)\right]^2 \mathrm{d}t = \lim_{T \to \infty} \frac{1}{T} \int_0^T \left[\Delta v_{\mathrm{n}}(t)\right]^2 \mathrm{d}t$$

$$= \lim_{T \to \infty} \frac{1}{T} \int_0^T \left[v_{\mathrm{n}}(t) - \overline{v_{\mathrm{n}}}\right]^2 \mathrm{d}t = \overline{v_{\mathrm{n}}^2} - (\overline{v_{\mathrm{n}}})^2 \tag{3-7-3}$$

由于 $\overline{v_{\mathrm{n}}}$ 代表直流分量，不表示噪声电压的起伏强度，因此可将图 3-7-2(a) 的横轴向上移动一个数值 $\overline{v_{\mathrm{n}}}$，如图 3-7-2(b) 所示。这时起伏噪声电压的均方值为

$$\overline{v_{\mathrm{n}}^2} = \lim_{T \to \infty} \frac{1}{T} \int_0^T v_{\mathrm{n}}^2(t)\,\mathrm{d}t \tag{3-7-4}$$

式中，$\overline{v_{\mathrm{n}}^2}$ 表示起伏噪声电压的均方值，它代表功率的大小。而均方根值 $\sqrt{\overline{v_{\mathrm{n}}^2}}$ 则表示起伏噪电压交流分量的有效值，通常用它与信号电压的大小作比较。

起伏噪声是由电阻、电子器件等内部所具有的带电微粒无规则运动产生的。这些带电微粒的质量很小，作无规则的热运动的速度极高，由其形成的起伏噪声电流和电压，可看成是无数个持续时间 τ 极短（$10^{-13} \sim 10^{-14}$ s 数量级）的脉冲叠加起来的结果。这些短脉冲是非周期性的。因此，我们可以求得起伏噪声的频谱。

对于一个脉冲宽度为 τ，振幅为 1 的单个噪声脉冲，其波形如图 3-7-3(a) 所示，其振幅频谱密度为

$$|F(\omega)| = \tau \frac{\sin(\omega\tau/2)}{\omega\tau/2} = \frac{1}{\pi f}\sin\pi f\tau \tag{3-7-5}$$

$|F(\omega)|$ 与频率 f 的关系曲线如图 3-7-3(b)所示,它的第一个零值点在 $1/\tau$ 处。由于电阻和电子器件噪声所产生的单个脉冲宽度 τ 极小,在整个无线电频率 f 范围内,τ 远小于周期 T,$T=1/f$,因此 $\pi f\tau=\pi\tau/T\ll1$,这时 $\sin\pi f\tau\approx\pi f\tau$,式(3-7-5)变为

$$|F(\omega)|=\tau \tag{3-7-6}$$

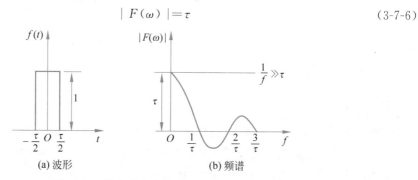

图 3-7-3　单个噪声脉冲的波形及其频谱

式(3-7-6)表明单个噪声脉冲电压的振幅频谱密度 $|F(\omega)|$ 在整个无线电频率范围内可看成是均等的。

噪声电压是由无数个单脉冲电压叠加而成的。按理说,整个噪声电压的振幅频谱是由每个脉冲的振幅频谱中相同频率分量直接叠加而得到的,然而,由于噪声电压是一个随机值,各脉冲电压之间没有确定的相位关系,各个脉冲的振幅频谱中相同频率分量之间也没有确定的相位关系,因此不能通过直接叠加得到整个噪声电压的振幅频谱。

虽然整个噪声电压的振幅频谱无法确定,但其功率频谱却是完全能够确定的(将噪声电压加到 1Ω 电阻上,电阻内损耗的平均功率即为不同频率的振幅频谱平方在 1Ω 电阻内所损耗功率的总和)。由于单个脉冲的振幅频谱是均等的,则其功率频谱也是均等的,由各个脉冲的功率频谱叠加而得到的整个噪声电压的功率频谱也是均等的。因此,常用功率频谱(简称功率谱)来说明起伏电压的频率特殊。

式(3-7-4)可表示为噪声功率。因为 $\int_0^T v_n^2(t)\mathrm{d}t$ 表示 $v_n(t)$ 在 1Ω 电阻上于时间 $0\sim T$ 内的全部噪声能量。再除以 T,即得平均功率 P。对于起伏噪声而言,当时间无限增长时,平均功率 P 趋近一个常数,且等于起伏噪声电压的均方值(方差),即为

$$\overline{v_n^2}=\lim_{T\to\infty}P=\lim_{T\to\infty}\frac{1}{T}\int_0^T v_n^2(t)\mathrm{d}t$$

若以 $S(f)\mathrm{d}f$ 表示频率 f 与 $f+\mathrm{d}f$ 之间的平均功率,则总的平均功率为

$$P=\int_0^\infty S(f)\mathrm{d}f \tag{3-7-7}$$

因此,最后得

$$\overline{v_n^2}=\lim_{T\to\infty}\frac{1}{T}\int_0^T v_n^2(t)\mathrm{d}t=\int_0^\infty S(f)\mathrm{d}f \tag{3-7-8}$$

式中,$S(f)$ 称为噪声功率谱密度,单位为 W/Hz。

由上面的讨论可知,起伏噪声的功率谱在极宽的频带内具有均匀的功率谱密度,如图 3-7-4 所示。在实际无线电设备中,只有位于设备通频带 Δf_n 内的噪声功率才能通过。

由于起伏噪声的频谱在极宽的频带内具有均匀的功率谱密度,因此起伏噪声也称白噪

声（White Noise），即在整个频带内具有平坦的频谱。而把在有效频带内功率谱分布不均匀的噪声称为有色噪声（Color Noise）。由式（3-7-8）可见，当 $S(f)$ 为常数时，$\int_0^\infty S(f)\mathrm{d}f$ 无穷大，这当然是不可能的，因此，真正的白噪声是不存在的，白噪声指在某一频率范围内 $S(f)$ 保持常数。

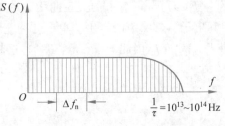

图 3-7-4　起伏噪声的功率谱

1. 电阻热噪声

我们知道，导体是由于金属内的自由电子的运动而导电的，电阻也是如此。电阻中的带电微粒（自由电子）在一定温度下，受到热激发后，在电阻内部作大小和方向都无规则的运动（热骚动），这就在电阻内部形成了无规律的电流。在一段足够长的时间内，其电流平均值等于零，而瞬时值就在平均值的上下变动，称为起伏电流。起伏电流流经电阻 R 时，电阻两端就会产生噪声电压 v_n 和噪声功率。若以 $S(f)$ 表示噪声的功率谱密度，则由热运动理论和实践证明，对于电阻的热噪声，其功率谱密度为

$$S(f) = 4kTR \tag{3-7-9}$$

如上所述，由于功率谱密度表示单位频带内的噪声电压均方值，故噪声电压的均方值为

$$\overline{v_\mathrm{n}^2} = 4kTR\Delta f_\mathrm{n} \tag{3-7-10}$$

或表示为噪声电流的均方值，即

$$\overline{i_\mathrm{n}^2} = 4kTG\Delta f_\mathrm{n} \tag{3-7-11}$$

以上各式中，k 为玻耳兹曼常数，值为 $1.38\times10^{-23}\,\mathrm{J/K}$；$T$ 为电阻的热力学温度，单位为 K，$T(\mathrm{K}) = T(\mathrm{^\circ\!C}) + 273$；$\Delta f_\mathrm{n}$ 为图 3-7-4 所示的带宽或电路的等效噪声带宽（Equivalent Noise Bandwidth）；R（或 G）为 Δf_n 内的电阻（或电导）值，单位为 Ω（或 S）。

因此，噪声电压的有效值为

$$\sqrt{\overline{v_\mathrm{n}^2}} = \sqrt{4kTR\Delta f_\mathrm{n}} \tag{3-7-12}$$

对于由线圈和电容组成的并联谐振电路，所产生的噪声电压分量的均方值为

$$\overline{v_\mathrm{n}^2} = 4kTR_\mathrm{p}\Delta f_\mathrm{n} \tag{3-7-13}$$

式中，R_p 为并联谐振电路的谐振阻抗。

显然，就产生噪声的原因而言，纯电抗成分是不会产生噪声的，因为纯电抗元件没有损耗电阻，它不会有自由电子的热运动。谐振电路所产生的噪声仍然是由阻抗中损耗电阻产生的。对于图 3-7-5(a)所示的电路，损耗电阻 r 所产生的噪声电压均方值为

$$\overline{v_\mathrm{nr}^2} = 4kTr\Delta f_\mathrm{n}$$

在谐振时，折合到 a-b 端的电压均方值为

$$\overline{v_\mathrm{n}^2} = \overline{v_\mathrm{nr}^2}Q^2 = 4kTr\Delta f_\mathrm{n}\left(\frac{\omega L}{r}\right)^2 = 4kT\,\frac{(\omega L)^2}{r}\Delta f_\mathrm{n} = 4kTR_\mathrm{p}\Delta f_\mathrm{n}$$

如图 3-7-5(b)所示，可得式（3-7-13）成立。

应该指出，热运动电子速度比外电场作业下的电子漂移速度大得多，因此，噪声电压与外加电动势产生并通过导体的直流电流无关，所以可认为无规则的热运动与直线运动（漂移）是彼此独立的。

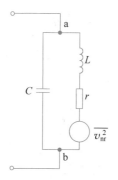
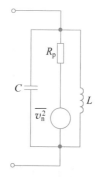

(a) 噪声电压串联等效   (b) 噪声电压并联等效

图 3-7-5 谐振回路的噪声

为便于计算,把电阻 R 看作一个噪声电压源(或电流源)和一个理想无噪声的电阻串联(或并联),如图 3-7-6 所示。图中多个电阻串联时,总噪声电压等于各个电阻所产生的噪声电压的均方值相加。多个电阻并联时,总噪声电流等于各个电导所产生的噪声电流的均方值相加。这是由于每个电阻的噪声都是由电子的无规则热运动所产生的,任何两个噪声电压必然是独立的,所以只能按功率相加(用均方值电压或均方值电流相加)。

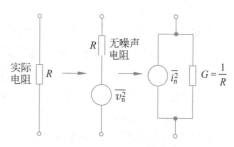

图 3-7-6 电阻的噪声等效电路

例 3-7-1 计算图 3-7-7 所示并联电阻两端的噪声电压。设 R_1 和 R_2 所处的温度 T 相同。

先利用电流源进行计算,如图 3-7-8 所示。由式(3-7-11)得

$$\overline{i_{n1}^2} = 4kTG_1\Delta f_n, \quad G_1 = 1/R_1$$

$$\overline{i_{n2}^2} = 4kTG_2\Delta f_n, \quad G_2 = 1/R_2$$

因此

$$\overline{i_n^2} = \overline{i_{n1}^2} + \overline{i_{n2}^2} = 4kT(G_1 + G_2)\Delta f_n$$

所以

$$\overline{v_n^2} = \frac{\overline{i_n^2}}{(G_1 + G_2)^2} = 4kT\frac{1}{G_1 + G_2}\Delta f_n = 4kT\frac{R_1 R_2}{R_1 + R_2}\Delta f_n$$

再利用图 3-7-9 电压源计算。

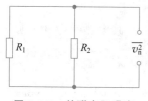

图 3-7-7 并联电阻噪声
电压的计算

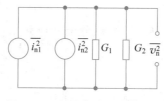

图 3-7-8 利用电流源计算噪声

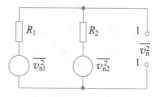

图 3-7-9 利用电压源
计算噪声

$\overline{v_{n1}^2}$ 在 1-1 端所产生的噪声电压均方值为

$$\overline{v_{\mathrm{n1}}'^{2}} = \frac{\overline{v_{\mathrm{n1}}^{2}}}{(R_1 + R_2)^2} R_2^2 = \frac{4kTR_1 \Delta f_{\mathrm{n}}}{(R_1 + R_2)^2} R_2^2$$

$\overline{v_{\mathrm{n2}}^{2}}$ 在 1-1 端所产生的噪声电压均方值为

$$\overline{v_{\mathrm{n2}}'^{2}} = \frac{\overline{v_{\mathrm{n2}}^{2}}}{(R_1 + R_2)^2} R_1^2 = \frac{4kTR_2 \Delta f_{\mathrm{n}}}{(R_1 + R_2)^2} R_1^2$$

所以

$$\overline{v_{\mathrm{n}}^{2}} = \overline{v_{\mathrm{n1}}'^{2}} + \overline{v_{\mathrm{n2}}'^{2}} = 4kT \frac{R_1 R_2}{R_1 + R_2} \Delta f_{\mathrm{n}}$$

显然，两种计算方法得到的结果是相同的。

2. 天线热噪声

天线等效电路由辐射电阻(Radiation Resistance)R_{A} 和电抗 X_{A} 组成。辐射电阻只表示天线接收或辐射信号功率，它不同于天线导体本身的电阻(天线导体本身电阻近似等于零)。所以就天线本身而言，热噪声是非常小的。但是，天线周围的介质微粒处于热运动状态，这种热运动产生扰动的电磁波辐射(噪声功率)，而这种扰动辐射被天线接收，然后又由天线辐射出去。当接收与辐射的噪声功率相等时，天线和周围介质处于热平衡状态，因此天线中存在噪声的作用。热平衡状态下，天线中热噪声电压为

$$\overline{v_{\mathrm{n}}^{2}} = 4kT_{\mathrm{A}} R_{\mathrm{A}} \Delta f_{\mathrm{n}} \tag{3-7-14}$$

式中，R_{A} 为天线辐射电阻；T_{A} 为天线等效噪声温度(Equivalent Noise Temperature)。

若天线无方向性，且处于绝对温度为 T 的无界限均匀介质中，则

$$T_{\mathrm{A}} = T, \quad \overline{v_{\mathrm{n}}^{2}} = 4kTR_{\mathrm{A}} \Delta f_{\mathrm{n}}$$

天线的等效噪声温度 T_{A} 与天线周围介质的密度和温度分布以及天线的方向性有关。例如，频率高于 300MHz，用锐方向性天线进行实际测量，当天线指向天空时，$T_{\mathrm{A}} \approx 10\mathrm{K}$；当天线指向水平方向时，由于地球表面的影响，$T_{\mathrm{A}} \approx 40\mathrm{K}$。

除此之外，还有来自太阳、银河系及月球的无线电辐射的宇宙噪声。这种噪声在空间的分布是不均匀的，且与时间(昼夜)和频率有关。

通常，银河系的辐射较强，其影响主要在米波及更长波段(1.5m、1.85m、3.0m、15.0m)。长期观测表明，该影响是稳定的。太阳的影响最大又极不稳定，它与太阳的黑子数及日辉(即太阳大爆发)有关。

3. 晶体管的噪声

晶体管的噪声主要有热噪声、散粒噪声、分配噪声和 $1/f$ 噪声。其中热噪声和散粒噪声为白噪声，其余一般为有色噪声。

1) 热噪声

和电阻一样，在晶体管中，电子不规则的热运动同样会产生热噪声(Thermal Noise)。这类由电子热运动所产生的噪声，主要存在于基极电阻 $r_{\mathrm{bb'}}$ 内。发射极和集电极电阻的热噪声一般很小，可以忽略。

2) 散粒噪声

由于少数载流子通过 PN 结注入基区时，即使在直流工作情况下也是随机量，即单位时

间内注入的载流子数目不同,因而到达集电极的载流子数目也不同,由此引起的噪声称为散粒噪声(Shot Noise)。散粒噪声具体表现为发射极电流以及集电极电流的起伏现象。

3) 分配噪声

晶体管发射极区注入基区的少数载流子中,一部分经过基极区到达集电极形成集电极电流,一部分在基区复合。载流子复合时,其数量时多时少(存在起伏)。分配噪声(Distribution Noise)就是集电极电流随基区载流子复合数量的变化而变化所引起的噪声,即由发射极发出的载流子分配到基极和集电极的数量随机变化而引起。

4) $1/f$ 噪声

$1/f$ 噪声又称闪烁噪声(Flicker Noise),它主要在低频范围产生影响,噪声频谱与频率 f 近似成反比。关于它的产生原因,学术界目前尚有不同见解。在实践中得知,它与半导体材料制作时表面清洁处理和外加电压有关,在高频工作时通常可不考虑它的影响。

根据上面的讨论,可以得出晶体管工作于高频且接成共基极电路时,噪声等效电路如图 3-7-10 所示。图中:

$$r_c = r_{b'c}, \quad r_e = r_{b'e}(1-\alpha_0)$$

$$r_b = r_{bb'}, \quad g_m = \frac{\alpha_0}{r_e}$$

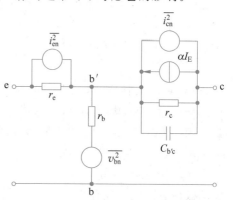

图 3-7-10　包括噪声电流与电压源的 T 形等效

在基极中的噪声源是 r_b 中的热噪声,其值为

$$\overline{v_{bn}^2} = 4kTr_b\Delta f_n \tag{3-7-15}$$

在发射极臂中的噪声电流源表示载流子不规则运动所引起的散粒噪声,其值为

$$\overline{i_{en}^2} = 2qI_E\Delta f_n \tag{3-7-16}$$

式中,q 为电子电荷,其值为 1.6×10^{-19} C;I_E 是发射极直流电流,单位为 A。

实验证明,频率对 $\overline{i_{en}^2}$ 的影响可以忽略。

在集电极臂中的噪声电流表示少数载流子复合不规则所引起的分配噪声,其值为

$$\overline{i_{cn}^2} = 2qI_c\left(1 - \frac{|\dot{\alpha}|^2}{\alpha_0}\right)\Delta f_n \tag{3-7-17}$$

式中,I_c 是集电极直流电流,单位为 A;α 是共基极状态的电流放大倍数;α_0 是相应于零频率的 α 值。

综上所述可知,基极臂中的是热噪声,发射极臂中的是散粒噪声,集电极臂中的是分配噪声。

由于 α 是频率的函数,它与 α_0 的关系为

$$\dot{\alpha} = \frac{\alpha_0}{1 + j\dfrac{f}{f_\alpha}} \tag{3-7-18}$$

式中,f_α 为 α 截止频率(当 $f = f_\alpha$ 时,$|\dot{\alpha}| = \dfrac{\alpha_0}{\sqrt{2}}$)。

在低频时，$\alpha \approx \alpha_0$，因此 $\overline{i_{cn}^2} \ll \overline{i_{en}^2}$。但随着频率的升高，$\alpha$ 下降，基区复合电流增大，因而分配噪声随之增加，即 $\overline{i_{cn}^2}$ 随着频率的升高而增大。

当 f 趋于零时，$|\dot\alpha| \to \alpha_0$，由式(3-7-17)得 $\overline{i_{cn}^2}$ 具有最小值

$$\overline{i_{cn}^2} = 2qI_c(1-\alpha_0)\Delta f_n \tag{3-7-19}$$

随着频率的升高，当 $f < \sqrt{1-\alpha_0}\, f_\alpha$ 时，$\overline{i_{cn}^2}$ 基本是常数；而当 $f > \sqrt{1-\alpha_0}\, f_\alpha$ 时，$\overline{i_{cn}^2}$ 随着 f 增长很快。

如令 f_1 是 $1/f$ 噪声的频率上限，$f_1 = \sqrt{1-\alpha_0}\, f_2$，由上面讨论可知，在 $f_1 < f < f_2$ 的区间，晶体管的噪声几乎不变。而在 $f < f_1$ 与 $f > f_2$ 时，噪声均将上升。因此得出晶体管的噪声系数 F_n（参见 3.7.2 节）与频率的关系曲线如图 3-7-11 所示。图中 $0 \sim f_1$ 为 $1/f$ 噪声区，一般 f_1 在 1000Hz 以下；$f > f_2$ 为高频噪声区；$f_1 < f < f_2$ 频率范围内，F_n 基本不变。

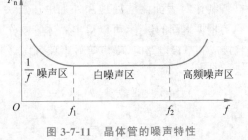

图 3-7-11 晶体管的噪声特性

另外，对二极管而言，只考虑散粒噪声，没有分配噪声，且热噪声很小，可以忽略。二极管的散粒噪声公式与式(3-7-16)相似，只需将该式中的 I_E 换成二极管电流 I_D 即可。

4. 场效应管的噪声

场效应管的噪声也有 4 个来源。

1）由栅极内的电荷不规则起伏所引起的噪声

这种噪声称为散粒噪声。对结型场效应管来说，由通过 PN 结的漏泄电流引起的噪声电流均方值为

$$\overline{i_{ng}^2} = 2qI_G\Delta f_n \tag{3-7-20}$$

式中，q 为电子电荷，其值为 $1.6 \times 10^{-19}\text{C}$；$I_G$ 是栅极漏泄电流，单位为 A。

2）沟道内的电子不规则热运动所引起的热噪声

场效应管的沟道电阻由栅极电压控制。因此，和任何其他电阻一样，沟道电阻载流子的热运动也会产生热噪声，它可用一个与输出阻抗并联的噪声电流来表示，即

$$\overline{i_{nd}^2} = 4kTg_{fs}\Delta f_n \tag{3-7-21}$$

式中，g_{fs} 为场效应管的跨导。

也可将这种噪声折合到栅极来计算。为此，引入等效噪声电阻 R_n。所谓等效噪声电阻，就是在该电阻两端所获得的噪声电压等于换算到栅极电路的沟道热噪声。

由式(3-7-10)可知，在等效噪声电阻 R_n 两端产生的噪声均方值为

$$\overline{v_n^2} = 4kTR_n\Delta f_n$$

将此电阻接入栅极，再把场效应管当作无噪声，就可得到该场效应管漏极电路中的起伏电流均方值为

$$\overline{i_n^{2'}} = \overline{v_n^2}\,|y_{fs}|^2 = 4kTR_n\Delta f_n\,|y_{fs}|^2$$

而根据等效噪声电阻的意义，$\overline{i_{nd}^2}=\overline{i_n^{2'}}$，得到 $R_n=g_{fs}/|y_{fs}|^2$。当工作频率较低时，$y_{fs}\approx g_{fs}$，得到 $R_n=1/g_{fs}$。

因此，折合到栅极时，沟道热噪声也可以用噪声电压表示为

$$\overline{v_{n1}^2}=4kT\left(\frac{1}{g_{fs}}\right)\Delta f_n \tag{3-7-22}$$

3）漏极和源极之间的等效电阻噪声

在漏极与源极之间，栅极作用达不到的部分可用等效串联电阻 R 表示。由此会产生电阻热噪声，其大小为

$$\overline{v_{n2}^2}=4kTR\Delta f_n \tag{3-7-23}$$

4）$1/f$ 噪声（或称闪烁噪声）

和晶体管相同，在低频段，噪声功率与频率成反比地增大。关于它的产生机理，目前还有不同的见解。定性地说，这种噪声是由于 PN 结的表面发生复合、雪崩等引起的。

通常，第一种和第二种噪声是主要的，尤其第二种噪声最重要。

3.7.2　噪声的表示和计算方法

3.7.1 节介绍了噪声来源，现在来研究噪声的表示方法。总的来说，可以用噪声系数、噪声温度、等效噪声频带宽度来表示噪声。

1. 噪声系数

在电路某一指定点处的信号功率 P_s 与噪声功率 P_n 之比，称为信号噪声比（Signal-Noise Ratio），以 P_s/P_n（或 S/N）表示。

研究噪声的目的在于减小噪声对信号的影响。因此，脱离信号谈噪声是无意义的。噪声对信号的影响效果，不在于噪声电平绝对值的大小，而在于信号功率与噪声功率的相对值，即信号噪声比（简称为信噪比）。即便噪声电平绝对值很高，但只要信噪比达到一定要求，噪声影响就可以忽略。否则，即使噪声电平绝对值很低，如果信号电平更低，即信噪比低于 1，信号仍然会淹没在噪声中而无法辨别。因此，信噪比是描述信号抗噪声质量的重要物理量之一。

放大器噪声系数（Noise Figure）F_n 是指放大器输入端信号噪声功率比 P_{si}/P_{ni} 与输出端信号噪声功率比 P_{so}/P_{no} 的比值。

$$F_n=\frac{输入端信噪比}{输出端信噪比}=\frac{P_{si}/P_{ni}}{P_{so}/P_{no}} \tag{3-7-24}$$

用分贝数表示为

$$F_n(dB)=10\lg\frac{P_{si}/P_{ni}}{P_{so}/P_{no}} \tag{3-7-25}$$

如果放大器是理想无噪声的线性网络，那么，其输入端的信号与噪声得到同样的放大，即输出端的信噪比与输入端的信噪比相同，于是 $F_n=1$ 或 $F_n(dB)=0dB$。如果放大器本身有噪声，则输出噪声功率等于放大后的输入噪声功率和放大器本身的噪声功率之和。显然，经过放大器后，输出端的信噪比较输入端的信噪比低，则 $F_n>1$。因此，F_n 表示信号通过放大器后，信号噪声比变坏的程度。

通常，输入端的信号功率 P_{si} 和噪声功率 P_{ni} 分别由输入信号源的信号电压 v_s 和其内阻 R_s 的热噪声所产生，并规定 R_s 的温度为290K（即 16.85℃）。

式(3-7-24)也可写成另一种形式，即

$$F_n = \frac{P_{no}/P_{ni}}{P_{so}/P_{si}} = \frac{P_{no}}{P_{ni}A_p} \tag{3-7-26}$$

式中，$A_p = P_{so}/P_{si}$ 为放大器的功率增益。

$P_{ni}A_p$ 表示信号源内阻产生的噪声通过放大器放大后在输出端所产生的噪声功率，用 P_{noI} 表示，则式(3-7-26)可写成

$$F_n = P_{no}/P_{noI} \tag{3-7-27}$$

上式表明，噪声系数 F_n 仅与输出端的两个噪声功率 P_{no} 和 P_{noI} 有关，而与输入信号的大小无关。

实际上，放大器的输出噪声功率 P_{no} 是由两部分组成的：一部分是 $P_{noI} = P_{ni}A_p$；另一部分是放大器本身内部产生的噪声在输出端上呈现的噪声功率 P_{noII}，即

$$P_{no} = P_{noI} + P_{noII}$$

所以，噪声系数又可写成

$$F_n = \frac{P_{noI} + P_{noII}}{P_{noI}} = 1 + \frac{P_{noII}}{P_{noI}} \tag{3-7-28}$$

由式(3-7-28)也可看出噪声系数与放大器内部噪声的关系。实际中放大器总是要产生噪声的，即 $P_{noII} > 0$，因此 $F_n > 1$。只有放大器是理想情况，内部无噪声，即 $P_{noII} = 0$ 时，$F_n = 1$。F_n 越大，表示放大器本身产生的噪声越大。

用式(3-7-24)、式(3-7-27)与式(3-7-28)来表示噪声系数是完全等效的。在计算具体电路噪声时，用式(3-7-27)与式(3-7-28)比较方便。

应该指出，噪声系数的概念仅适用于线性电路（放大器），因此可用功率增益来描述噪声系数。对于非线性电路，不仅得不到线性放大，而且信号和噪声、噪声和噪声之间会相互作用，即使电路本身不产生噪声，在输出端的信噪比也与输入端的不同。因此，噪声系数的概念就不能适用。所以通常所说的接收机的噪声系数是指检波器以前的线性部分（包括高频放大、变频和中频放大）。对于变频器，虽然它本质上是一种非线性电路，但它对信号而言，只产生频率搬移，输出电压则随输入信号幅度成正比增大或减小，因此可以把它近似地看作线性变换。幅度的变化用变频增益表示，信号或噪声能满足线性叠加的条件。

另外，近年来又提出了点噪声系数和平均噪声系数的概念。由于实际网络通带内不同频率点的传输系数是不完全相等的，所以其噪声系数也不完全一样。为此，在不同的特定频率点，分别测出其对应的单位频带内的信号功率与噪声功率，然后再计算出各自的噪声系数，此系数称为点噪声系数。

而某一频率范围内网络的平均噪声系数则定义为

$$F_{n(AV)} = \frac{\int F_n(f)A_p(f)\,\mathrm{d}f}{\int A_p(f)\,\mathrm{d}f}$$

式中，$F_n(f)$ 和 $A_p(f)$ 分别为网络噪声系数和功率增益对频率的函数。

2. 信噪比与负载的关系

设信号源内阻为 R_s，信号源的电压为 V_s（有效值），当它与负载电阻 R_L 相接时，在负载电阻 R_L 上的信噪比计算如下。

信号源在 R_L 上的功率为

$$P_{so} = \left(\frac{V_s}{R_s + R_L}\right)^2 R_L$$

信号源内阻噪声在 R_L 上的功率为

$$P_{no} = \left[\frac{\overline{v_n^2}}{(R_s + R_L)^2}\right] R_L$$

在负载两端的信噪比为

$$\left(\frac{S}{N}\right)_o = \frac{P_{so}}{P_{no}} = \frac{V_s^2}{\overline{v_n^2}}$$

由以上分析可知，信号源与任何负载相接并不影响其输出端信噪比，即无论负载为何值，信噪比都不变，其值为负载开路时的信号电压平方与噪声电压平方之比。

3. 用额定功率和额定功率增益表示的噪声系数

为了计算和测量的方便，噪声系数也可以用额定功率（Rated Power）和额定功率增益的关系来定义。为此，先引入额定功率的概念。

额定功率是指信号源所能输出的最大功率，如图 3-7-12 所示。为了使信号源有最大功率输出，必须使放大器的输入电阻 R_i 与信号源内阻 R_s 相匹配，即应使 $R_s = R_i$。所以额定输入信号功率为

$$P'_{si} = \frac{V_s^2}{4R_s} \tag{3-7-29}$$

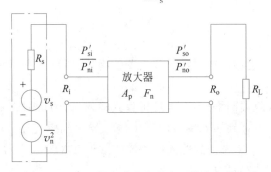

图 3-7-12　表示额定功率和噪声系数定义的电路

额定输入噪声功率为

$$P'_{ni} = \frac{\overline{v_n^2}}{4R_s} = \frac{4kTR_s\Delta f_n}{4R_s} = kT\Delta f_n \tag{3-7-30}$$

由此可见，额定信号（噪声）功率只是信号源的一个属性，它仅取决于信号源本身的参数（内阻和电动势），而与放大器的输入电阻和负载电阻无关。

当 $R_s \neq R_i$ 时，额定信号功率数值不变，但这时额定信号功率不表示实际的信号功率。

输出端的情况也一样，当输出端匹配（$R_o = R_L$）时，得到输出端的额定信号功率 P'_{so} 和

额定噪声功率 P'_{no}。不匹配时,输出端的额定信号功率和额定噪声功率数值不变,但不表示输出端的实际信号功率。

下面介绍额定功率增益的概念。

额定功率增益是指放大器(或线性四端网络)的输入端和输出端分别匹配时($R_s = R_i$, $R_o = R_L$)的功率增益,计算式如下。

$$A_{\text{pH}} = \frac{P'_{\text{so}}}{P'_{\text{si}}} \tag{3-7-31}$$

与额定功率的概念相同,放大器不匹配时,仍然存在额定功率增益。因此,噪声系数 F_n 也可定义为

$$F_n = \frac{P'_{\text{si}}/P'_{\text{ni}}}{P'_{\text{so}}/P'_{\text{no}}} = \frac{P'_{\text{no}}}{P'_{\text{ni}} A_{\text{pH}}} \tag{3-7-32}$$

将式(3-7-30)和式(3-7-31)代入式(3-7-32),可得

$$F_n = \frac{P'_{\text{si}}/P'_{\text{ni}}}{P'_{\text{so}}/P'_{\text{no}}} = \frac{P'_{\text{no}}}{kT\Delta f_n A_{\text{pH}}} \tag{3-7-33}$$

式(3-7-33)是采用额定功率和额定功率增益后噪声系数的又一种表示式。

式(3-7-32)和式(3-7-33)是假定放大器的输入端和输出端分别匹配时,计算噪声系数的公式。但即使不匹配,由式(3-7-33)计算所得的数值,仍然是该放大器的噪声系数,简单说明如下。

不匹配时,额定功率 P' 与实际功率 P 之间存在如下关系

$$P = P'q \tag{3-7-34}$$

式中,q 称为失配系数(Mismatch Coefficient),其意义是:由于电路失配,$q<1$,因而使实际功率小于额定功率。对于放大器来说,如输入端与输出端的失配系数分别为 q_i 和 q_o,则噪声系数 F_n 可写成

$$F_n = \frac{P'_{\text{si}}q_i/P'_{\text{ni}}q_i}{P'_{\text{so}}q_o/P'_{\text{no}}q_o} = \frac{P'_{\text{si}}/P'_{\text{ni}}}{P'_{\text{so}}/P'_{\text{no}}}$$

这样,通过额定功率与额定功率增益推导放大器的噪声系数,具有运算简便、适用的优点。

4. 噪声温度

有时,可将放大器(四端网络)内部噪声折算到输入端,则认为放大器是本身没有噪声的理想器件。若内部噪声折算到输入端后的额定输入噪声功率为 P''_{ni},则经放大后的额定输出噪声功率 $P'_{\text{no2}} = P''_{\text{ni}} A_{\text{pH}}$。考虑到原来的噪声 $P'_{\text{ni}} = kT\Delta f_n$,若以 P'_{no1} 代表 $A_{\text{pH}} P'_{\text{ni}}$,并令 $P''_{\text{ni}} = kT_i\Delta f_n$,则式(3-7-33)可改写为

$$F_n = \frac{P'_{\text{no}}}{P'_{\text{no1}}} = \frac{P'_{\text{no1}} + P'_{\text{no2}}}{P'_{\text{no1}}} = 1 + \frac{P'_{\text{no2}}}{P'_{\text{no1}}} = 1 + \frac{A_{\text{pH}}kT_i\Delta f_n}{A_{\text{pH}}kT\Delta f_n} = 1 + \frac{T_i}{T} \tag{3-7-35}$$

或

$$T_i = (F_n - 1)T \tag{3-7-36}$$

此处,T_i 称为噪声温度(Noise Temperature)。当 $T_i = 0$(内部无噪声)时,$F_n \approx 1$(0dB);当 $T_i = T = 290\text{K}$ 时,$F_n \approx 2$(3dB)。

总的输出端噪声功率为

$$P'_{\text{no}} = P'_{\text{no1}} + P'_{\text{no2}} = A_{\text{pH}}kT\Delta f_n + A_{\text{pH}}kT_i\Delta f_n = A_{\text{pH}}k(T + T_i)\Delta f_n \tag{3-7-37}$$

式(3-7-37)说明,放大器内部产生的噪声功率,可看作是由它的输入端接上一个温度为 T_i 的匹配电阻所产生的;或者看作与放大器匹配的噪声源内阻 R_s 在工作温度上再加一温度 T_i 后,所增加的输出噪声功率。所以,噪声温度也代表相应的噪声功率。

根据式(3-7-36)可以进行噪声系数 F_n 和噪声温度 T_i 的换算。T_i 与 F_n 都可以表征放大器内部噪声的大小。两种表示没有本质的区别。但通常用噪声温度可以较精确地比较内部噪声的大小。例如,若 $T=290\text{K}$,当 $F_n=1.1$ 时,$T_i=29\text{K}$;当 $F_n=1.01$ 时,$T_i=14.5\text{K}$。由此可见,噪声温度变化范围要远大于噪声系数变化范围。这就是通常采用噪声温度来表示噪声的基本原因。

近年来,随着半导体工艺技术的发展和进步,出现了大量的低噪声器件,使无线电设备(如接收机)前端的噪声系数明显降低。加上各种制冷技术的应用,更减小了设备及电路的噪声系数。例如,常温参量放大器的噪声系数 F_n 已降至 $1\sim3\text{dB}$,而用液体氦或气体氮制冷的参量放大器,其噪声系数 F_n 仅为 $0.1\sim0.2\text{dB}$。

5. 多级放大器的噪声系数

无线接收机是由许多单级收大器(或其他单元)组成的。研究其总噪声系数与各级噪声系数之间的关系具有实际意义,因为它指出了降低总噪声系数的方向。下面讨论两级电路的情况。设有二级级联放大器,如图 3-7-13 所示。每一级的额定功率增益、噪声系数分别为 A_{pH1}、F_{n1} 和 A_{pH2}、F_{n2},通频带均为 Δf_n。

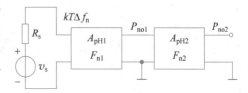

图 3-7-13　二级级联放大器示意图

如前所述,第一级额定输入噪声功率(由信号源内阻产生)为 $kT\Delta f_n$[参见式(3-7-30)]。由式(3-7-33)可知,第一级额定输出噪声功率为

$$P'_{no1}=kT\Delta f_n F_{n1} A_{pH1}$$

显然,第一级额定输出噪声功率 P'_{no1} 由两部分组成:一部分是经放大后的信号源噪声功率 $kT\Delta f_n A_{pH1}$;另一部分是第一级放大器本身产生的输出噪声功率 P_{n1}。因此

$$P_{n1}=P'_{no1}-kT\Delta f_n A_{pH1}=kT\Delta f_n F_{n1} A_{pH1}-kT\Delta f_n A_{pH1}$$
$$=(F_{n1}-1)kT\Delta f_n A_{pH1}$$

同理,第二级放大器额定输出噪声功率 P'_{no2} 也由两部分组成:一部分是第一级放大器输出的额定输出噪声功率 P'_{no1} 经第二级放大后的输出部分,等于 $P'_{no1} A_{pH2}$;另一部分是第二级放大器本身附加输出的噪声功率 P_{n2},可用求 P_{n1} 的方法求得,但应注意,必须将两级放大器断开,将信号源(包括内阻)直接接到第二级的输入端,因为 P_{n2} 是第二级放大器本身产生的输出噪声功率,应与第一级采用相同的信号源噪声进行计算。所以

$$P_{n2}=(F_{n2}-1)kT\Delta f_n A_{pH2}$$

这样,第二级放大器额定输出噪声功率为

$$P'_{no2}=P'_{no1} A_{pH2}+(F_{n2}-1)kT\Delta f_n A_{pH2}$$

再将 $P'_{no1}=kT\Delta f_n F_{n1} A_{pH1}$ 代入上式,可得

$$P'_{no2}=kT\Delta f_n F_{n1} A_{pH1} A_{pH2}+(F_{n2}-1)kT\Delta f_n A_{pH2}$$

按照噪声系数的定义[参见式(3-7-33)],二级放大器的噪声系数为

$$(F_n)_{1\cdot2}=\frac{P'_{no2}}{A_{pH}kT\Delta f_n}=\frac{kT\Delta f_n F_{n1} A_{pH1} A_{pH2}+(F_{n2}-1)kT\Delta f_n A_{pH2}}{A_{pH1} A_{pH2} kT\Delta f_n}$$

$$= F_{n1} + \frac{F_{n2} - 1}{A_{pH1}} \tag{3-7-38}$$

采用同样的方法，可以求得 n 级级联放大器的噪声系数为

$$(F_n)_{1 \cdot 2, \cdots, n} = F_{n1} + \frac{F_{n2} - 1}{A_{pH1}} + \frac{F_{n3} - 1}{A_{pH1} A_{pH2}} + \cdots + \frac{F_{nn} - 1}{A_{pH1} A_{pH2} \cdots A_{pHn}} \tag{3-7-39}$$

由式(3-7-39)可知，多级放大器总的噪声系数主要取决于前面两级，而与后面各级的噪声系数几乎没有太大关系。这是因为 A_{pH} 的乘积很大，所以后面各级的影响很小。总噪声系数最主要是由第一级放大器的噪声系数 F_{n1} 和额定功率增益 A_{pH1} 决定的。F_{n1} 小，则总的噪声系数小；A_{pH1} 大，则使后级的噪声系数在总的噪声系数中的作用减小。因此，在多级放大器中，最关键的是第一级，不但要求它的噪声系数低，而且要求它的额定功率增益尽可能高。

6. 灵敏度

当系统的输出信噪比(P_{so}/P_{no})给定时，有效输入信号功率 P'_{si} 称为系统灵敏度(Sensitivity)，与之相对应的输入电压称为最小可检测信号。

在信号源内阻与放大器输入端电阻匹配时，输入信号功率为

$$P'_{si} = \frac{V_s^2}{4R_s}$$

此时的输入噪声功率为式(3-7-30)，根据式(3-7-32)可得灵敏度为

$$P'_{si} = F_n(kT\Delta f_n)\left(\frac{P'_{so}}{P'_{no}}\right) \tag{3-7-40}$$

例 3-7-2　在一个输入阻抗为 50Ω，噪声系数 $F_n = 8dB$，带宽为 2.1kHz 的系统中，若给定的输出信噪比为 1dB，最小输入信号是多少？设温度为 290K。

解　式(3-7-40)可以改写成

$$10\lg P'_{si} = 10\lg F_n + 10\lg(kT\Delta f_n) + 10\lg\left(\frac{P'_{so}}{P'_{no}}\right)$$

$$= 8 + 10\lg(1.38 \times 10^{-23} \times 290 \times 2.1 \times 10^3) + 1$$

$$= -157.4dB$$

因此得出灵敏度 $P'_{si} = 1.82 \times 10^{-16} W$。

由 $P'_{si} = \dfrac{V_s^2}{4R_s}$，$R_s = 50\Omega$，得出最小可检测输入信号电压为

$$V_s = 0.19\mu V$$

7. 等效噪声频带宽度

起伏噪声是功率谱密度均匀的白噪声。下面来研究它通过线性四端网络后的情况，并引入等效噪声带宽的概念。

设四端网络的电压传输系数为 $A(f)$，输入端的噪声功率谱密度为 $S_i(f)$，则输出端的噪声功率谱密度 $S_o(f)$ 为

$$S_o(f) = A^2(f)S_i(f) \tag{3-7-41}$$

因此，若作用于输入端的 $S_i(f)$ 是白噪声，则通过如图 3-7-14(a)所示的功率传输系数 $A^2(f)$ 的线性网络后，输出端的噪声功率谱密度就如图 3-7-14(b)所示。显然，白噪声通过

有频率选择性的线性网络后,输出噪声不再是白噪声,而是有色噪声。

由式(3-7-8)可得出输出端的噪声电压均方值为

$$\overline{v_{\text{no}}^2} = \int_0^\infty S_{\text{o}}(f)\mathrm{d}f = \int_0^\infty A^2(f)S_{\text{i}}(f)\mathrm{d}f \tag{3-7-42}$$

即图 3-7-14(b)所示的 $S_{\text{o}}(f)$ 曲线与横轴 f 之间的面积就表示输出噪声电压的均方值 $\overline{v_{\text{no}}^2}$。

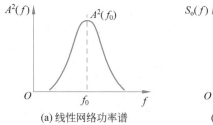 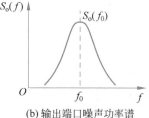

(a) 线性网络功率谱　　　　(b) 输出端口噪声功率谱

图 3-7-14　白噪声通过线性网络时功率谱的变化

下面引入等效噪声带宽(Equivalent Noise Bandwidth)Δf_{n} 的概念,以简化噪声计算。

等效噪声带宽是按噪声功率相等(几何意义即面积相等)来等效的。如图 3-7-15 所示,使宽度为 Δf_{n}、高度为 $S_{\text{o}}(f_{\text{o}})$ 的矩形面积与曲线 $S_{\text{o}}(f)$ 下的面积相等,Δf_{n} 即为等效噪声宽度。

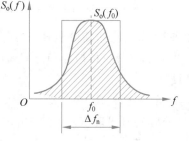

根据功率相等的条件,可得

$$\int_0^\infty S_{\text{o}}(f)\mathrm{d}f = S_{\text{o}}(f_{\text{o}})\Delta f_{\text{n}} \tag{3-7-43}$$

图 3-7-15　等效噪声带宽示意图

由于输入端噪声功率谱密度 $S_{\text{i}}(f)$ 是均匀的,将式(3-7-41)代入式(3-7-43),可得

$$\Delta f_{\text{n}} = \frac{\int_0^\infty A^2(f)\mathrm{d}f}{A^2(f_{\text{o}})} \tag{3-7-44}$$

再由式(3-7-42),线性网络输出端的噪声电压均方值为

$$\overline{v_{\text{no}}^2} = S_{\text{i}}(f)\int_0^\infty A^2(f)\mathrm{d}f = S_{\text{i}}(f)A^2(f_{\text{o}})\Delta f_{\text{n}} \tag{3-7-45}$$

由式(3-7-9)可知 $S_{\text{i}}(f) = 4kTR$,所以

$$\overline{v_{\text{no}}^2} = 4kTRA^2(f_{\text{o}})\Delta f_{\text{n}} \tag{3-7-46}$$

由此可见,电阻热噪声(起伏噪声)通过线性四端网络后,输出的均方值电压就是该电阻在频带 Δf_{n} 内的均方值电压的 $A^2(f_{\text{o}})$ 倍。通常 $A^2(f_{\text{o}})$ 是已知的,所以,只要求出 Δf_{n},就容易算出 $\overline{v_{\text{no}}^2}$。如将 $A^2(f_{\text{o}})$ 归一化为 1,则得到式(3-7-10)所表示的电阻热噪声。对于其他噪声源(如晶体管)来说,只要它的噪声功率谱密度是均匀的(白噪声),都可以用 Δf_{n} 来计算其通过线性网络后输出端噪声电压的均方值。

3.7.3　减小噪声系数的措施

根据上面所讨论的结果,可提出如下减小噪声系数的措施。

1）选用低噪声器件或元件

在放大或其他电路中，电子器件的内部噪声起着重要作用。因此，改进电子器件的噪声性能和选用低噪声的电子器件，就能大大降低电路的噪声系数。

对晶体管而言，应选用 $r_b(r_{bb'})$ 和噪声系数 F_n 小的晶体管（可由手册查得，但 F_n 必须是高频工作时的数值）。除采用晶体管外，目前还广泛采用场效应管作放大器和混频器，因为场效应管的噪声电平低，尤其是最近发展起来的砷化镓金属半导体场效应管（MOSFET），它的噪声系数可低至 $0.5 \sim 1 \mathrm{dB}$。

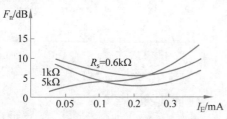

图 3-7-16 某晶体管 F_n 与 I_E 的关系曲线

在电路中，还必须谨慎地选用其他能引起噪声的电路元件，其中最主要的是电阻元件。宜选用结构精细的金属膜电阻。

2）正确选择晶体管放大级的直流工作点

图 3-7-16 所示为某晶体管的 F_n 与 I_E 的关系曲线。从图中可以看出，对于一定的信号源内阻 R_s，存在着一个使 F_n 最小的最佳电流 I_E 值。

因为 I_E 改变时，直接影响晶体管的参数$\left(\text{如 } r_e = \dfrac{kT}{qI_E} \approx \dfrac{26}{I_E}\right)$。当参数为某一值，满足最佳条件时，可使 F_n 达到最小值。另外，如果 I_E 太小，晶体管功率增益太低，则 F_n 上升；如果 I_E 太大，晶体管的散粒和分配噪声增加，则 F_n 也上升。所以在 I_E 为某一值时，F_n 可以达到最小。

除此之外，F_n 还分别与晶体管电压 V_{CB} 和 V_{CE} 有关。但通常 V_{CB} 和 V_{CE} 对 F_n 的影响不大，电压低时 F_n 略有下降。

3）选择合适的信号源内阻 R_s

信号源内阻 R_s 变化时，也影响 F_n 的大小。当 R_s 为某一最佳值时，F_n 可达到最小。晶体管共发射极和共基极电路在高频工作时，这个最佳内阻为几十欧到三四百欧（当频率更高时，此值更小）。在较低频率范围内，这个最佳内阻为 $500 \sim 2000\Omega$，此时最佳内阻和共发射极放大器的输入电阻相近。因此，可以采用共发射极放大器，在获得最小噪声系数的同时，亦能获得最大功率增益。在较高频工作时，最佳内阻和共基极放大器的输入电阻近似，因此，可用共基极放大器，使最佳内阻值与输入电阻相等，这样就同时获得最小噪声系数和最大功率增益。

4）选择合适的工作带宽

根据上面的讨论，噪声电压都与通带宽度有关。接收机或放大器的带宽增大时，接收机或放大器的各种内部噪声也增大。因此，必须严格选择接收机或放大器的带宽，使之既不过窄，以满足信号通过时对失真的要求，又不过宽，以免信噪比下降。

5）选用合适的放大电路

前面介绍的共发-共基极联放大器、共源-共栅级联放大器，都是优良的高稳定和低噪声电路。

6）降低电路的工作温度

热噪声是内部噪声的主要来源之一，所以降低放大器，特别是接收机前端主要器件的工作温度，对减小噪声温度系数是有意义的。对于对灵敏度要求特别高的设备，降低温度是一个重要措施。例如,卫星地面站接收机中常用的高频放大器就采用"冷参放"(制冷至 20~80K 的参量放大器)。其他器件组成的放大器制冷后,噪声系数也明显降低。

7)适当减小接收天线的馈线长度

接收天线至接收机的馈线太长,损耗过大,对整机噪声有很大的影响。所以减小馈线长度是一种降低整机噪声的有效方法。可将接收机前端电路(高放、混频和前置中放)直接置于天线输出端口,使信号放大至一定功率后,再经电缆送往主中频放大器。

3.7.4 工业干扰与天电干扰

以上讨论的是电子设备本身产生的干扰(或噪声),接收机内的混频器的干扰将在第 7 章中讨论,它们都称为内部干扰。此外还有外部干扰,主要包括工业干扰和天电干扰。

1. 工业干扰

工业干扰是由各种电气装置中发生的电流(或电压)急剧变化所形成的电磁辐射,并作用在接收机天线上所产生的。例如电动机、电焊机、高频电气装置、电疗机、X 光机、电气开关等,它们在工作过程中或者由于产生火花放电而伴随电磁波辐射,或者本身就存在电磁波辐射。

工业干扰的强弱取决于产生干扰的电气设备的多少、性质及分布情况。当这些干扰源离接收机很近时,产生的干扰是很难消除的。工业干扰传播的途径,除直接辐射外,最主要的是沿电力线传输,并通过交流接收机的电源线直接进入接收机;也可通过天线与有干扰的电力线之间的分布电容耦合而进入接收机,如图 3-7-17 所示。

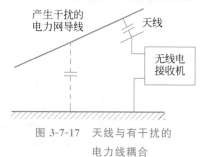

图 3-7-17 天线与有干扰的
电力线耦合

工业干扰沿电力线传播比它在相同距离的直接辐射强度大得多。在城市中的工业干扰显然比农村严重得多;电气设备越多的城市,情况越严重。

从工业干扰的性质来看,它们大都属于脉冲干扰。通常,脉冲干扰可看作一个突然上升又按指数规律下降的尖脉冲,如图 3-7-18 所示。其时间关系的表示式为

$$f(x) = \begin{cases} v_n e^{-at}, & x \geqslant 0 \\ 0, & x < 0 \end{cases} \tag{3-7-47}$$

式中,a 表示干扰电压下降的速度。

这种非周期脉冲信号的频谱密度具有如下形式。

$$F(\omega) = \int_0^\infty f(x) e^{-j\omega t} dt \tag{3-7-48}$$

将式(3-7-47)代入式(3-7-38),经积分后得

$$F(\omega) = \frac{v_n}{a + j\omega} \tag{3-7-49}$$

仅考虑幅值,则

$$|F(\omega)| = \frac{v_n}{\sqrt{a^2 + \omega^2}} \tag{3-7-50}$$

式(3-7-50)表示干扰振幅与频率的关系,如图 3-7-19 所示,脉冲干扰的影响在频率较高时比频率低时弱得多。且接收机通频带较窄时,通过脉冲干扰的能量小,则干扰的影响减弱。因此,工业干扰对中波波段的影响较大,随着接收机工作波段进入短波、超短波(一般工作频率在 20MHz 以上),这类干扰的影响就显著下降。

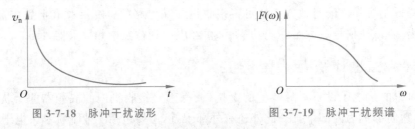

图 3-7-18 脉冲干扰波形   图 3-7-19 脉冲干扰频谱

为了克服工业干扰,最好在产生干扰的地方进行抑制。例如,在电气开关、电动机的火花系统处并联一个电阻和电容,以减小火花作用,如图 3-7-20(a)所示。或在干扰源处加接防护滤波器,如图 3-7-20(b)所示。除此之外,还可以对产生干扰的设备加以良好的屏蔽来减小干扰的辐射作用。

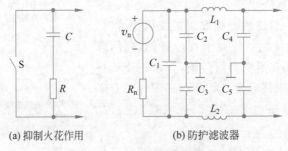

(a) 抑制火花作用   (b) 防护滤波器

图 3-7-20 克服工业干扰的方法

目前,我国对有关电气设备所产生的干扰电平都有严格的规定。

为了避免沿电力线传播的干扰进入用交流电作为电源的接收机和测量仪器,通常在这些设备的电源变压器初级加以滤波,并在初、次级线圈之间加以静电屏蔽,如图 3-7-21 所示。

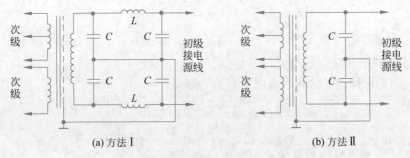

(a) 方法 I   (b) 方法 II

图 3-7-21 接收机或仪器电源线滤除脉冲干扰的方法

但是,在大城市中,有各式各样的干扰源,要对这些干扰源都加以抑制是困难的。因此,在可能的情况下应使接收机的通频带尽量窄;或将接收机的工作地点选在郊外工业干扰较小的地方,并采用定向天线。有的接收机还采用了抗脉冲干扰的电路,例如在脉冲干扰到来的瞬间,接收机检波器短路,无输出。

2. 天电干扰

自然界的雷电现象是天电干扰的主要来源,除此之外,带电的雨雪和灰尘的运动,以及它们对天线的冲击都可能引起天电干扰。一般在地面接收时,主要的天电干扰是雷电放电所引起的。

地球上平均每秒发生 100 次左右的空中闪电,每次雷电都产生强烈的电磁场骚动,并向四面八方传播到很远的地方。因此,即使在距离雷电几千千米,看不到雷电现象的地方,干扰也可能很严重。

天电干扰场强的大小,与地理位置(如发生雷电较多的赤道、热带、高山等地区天电干扰较多)和季节(如夏季比冬季高)等有关。

天电干扰同工业干扰一样,属于脉冲干扰。如上所述,脉冲干扰的频谱密度是与频率成反比的。因此,频率升高时,天电干扰的电平降低。此外,在较窄频带内通过的天电干扰能量小,所以干扰强度随频带变窄而减弱。

克服天电干扰是困难的,因为不可能在产生干扰的地方进行抑制。因此,只能在接收机等设备上采取一些措施,如电源线加接滤波电路、采用窄频带、加接抗脉冲干扰电路等,或在雷电多的季节采用较高的频率进行通信。

3.8　本章小结

本章详细讨论了高频小信号放大器的工作原理、方法及应用。要求了解高频小信号放大器的主要质量指标,包括增益、通频带、选择性等的含义;熟悉晶体管高频小信号的两种等效电路:形式等效电路(y 网络参数等效电路)和混合 π 等效电路;熟悉并掌握单调谐回路谐振放大器的增益、通频带与选择性的计算;了解多级单调谐回路谐振放大器与双调谐回路谐振放大器的特点及相关参数的计算;了解集成电路谐振放大器的特点;理解谐振放大器稳定与否的判据和可采取的稳定措施;了解噪声的来源及类型;理解噪声的表示方法(噪声系数、噪声温度、灵敏度、等效噪声带宽的意义与表示式)。

习题 3

3-1　晶体管高频小信号放大器为什么一般都采用共发射极电路?

3-2　晶体管低频放大器与高频小信号放大器的分析方法有什么不同?高频小信号放大器能否用特性曲线来分析?为什么?

3-3　为什么在高频小信号放大器中要考虑阻抗匹配问题?

3-4　高频小信号放大器的主要质量指标有哪些?设计时遇到的主要问题是什么?解决办法有哪些?

3-5　晶体管 3DG6C 的特征频率 $f_T = 250\text{MHz}$,$\beta_0 = 50$。求该管在 $f = 1\text{MHz}$、20MHz 及 50MHz 时的 β 值。

3-6　说明 f_β、f_T 和 $f_{\max}$ 的物理意义。为什么 $f_{\max}$ 最高,f_T 次之,f_β 最低?$f_{\max}$ 受不受电路阻态的影响?请分析说明。

3-7　晶体三极管在 $V_{CE} = 10\text{V}$,$I_E = 1\text{mA}$ 时的 $f_T = 250\text{MHz}$,又 $r_{bb'} = 70\Omega$,$g_{b'c} \approx 0$,

$C_{b'c}=3\text{pF}, g_{ce}=10\mu\text{S}, \beta_0=50$，求该管在频率 $f=10\text{MHz}$ 时的共发电路的 y 参数。

3-8 试证明 m 级（$\eta=1$）双调谐放大器的矩形系数为

$$K_{r0.1}=\sqrt[4]{\frac{10^{\frac{2}{m}}-1}{2^{\frac{1}{m}}-1}}$$

3-9 在题 3-9 图中，晶体三极管的直流工作点是 $V_{CE}=8\text{V}, I_E=2\text{mA}$；工作频率 $f_0=$ 10.7MHz；调谐回路采用中频变压器 $L_{1-3}=4\mu\text{H}, Q_0=100$，其抽头为 $N_{2-3}=5$ 匝，$N_{1-3}=$ 20 匝，$N_{4-5}=5$ 匝。试计算放大器的下列各值：电压增益、功率增益、通频带、回路插入损耗和稳定系数 S。设放大器和前级匹配 $g_s=g_{ie}$。晶体管在 $V_{CE}=8\text{V}, I_E=2\text{mA}$ 时参数如下。

$$g_{ie}=2860\mu\text{S}, C_{ie}=18\text{pF}; g_{oe}=200\mu\text{S}, C_{oe}=7\text{pF}$$
$$|y_{fe}|=45\text{mS}, \varphi_{fe}=-54°; |y_{re}|=0.31\text{mS}, \varphi_{re}=-88.5°$$

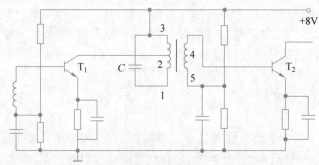

题 3-9 图

3-10 题 3-10 图表示一单调谐回路中频放大器。已知工作频率 $f_0=10.7\text{MHz}$，回路电容 $C_2=56\text{pF}$，回路电感 $L=4\mu\text{H}, Q_0=100$。L 的匝数 $N=20$，接入系数 $p_1=p_2=0.3$。晶体管 T_1 的主要参数为：$f_T\geqslant250\text{MHz}, r_{bb'}=70\Omega, C_{b'c}\approx3\text{pF}, y_{ie}=(0.15+\text{j}1.45)\text{mS}$，$y_{oe}=(0.082+\text{j}0.73)\text{mS}, y_{fe}=(38-\text{j}4.2)\text{mS}$。静态工作点电流由 $R_1、R_2、R_3$ 决定，现 $I_E=$ 1mA，对应的 $\beta_0=50$。试求：

(1) 单级电压增益 A_{v0}。

(2) 单级通频带 $2\Delta f_{0.7}$。

(3) 四级的总电压增益 $(A_{v0})_4$。

(4) 四级的总通频带 $(2\Delta f_{0.7})_4$。

(5) 如四级的总通频带 $(2\Delta f_{0.7})_4$ 保持和单级的通频带 $2\Delta f_{0.7}$ 相同，则单级的通频带应加宽多少？四级的总电压增益下降多少？

3-11 影响谐振放大器稳定性的因素是什么？反馈导纳的物理意义是什么？

3-12 用晶体管 CG30 做成一个 30MHz 中频放大器，当工作电压 $V_{CE}=8\text{V}, I_E=2\text{mA}$ 时，其 y 参数为：$y_{ie}=(2.86+\text{j}3.4)\text{mS}, y_{re}=(0.08-\text{j}0.3)\text{mS}, y_{fe}=(26.4-\text{j}36.4)\text{mS}$，$y_{oe}=(0.2-\text{j}1.3)\text{mS}$。求此放大器的稳定电压增益 $(A_{v0})_s$，要求稳定系数 $S\geqslant5$。

3-13 在题 3-13 图所示的双调谐电感耦合电路中，设第一级放大器的输出导纳和第二级放大器的输入导纳分别为：$g_{oe}=20\times10^{-6}\text{S}, C_{oe}=4\text{pF}, g_{ie}=0.62\times10^{-3}\text{S}, C_{ie}=40\text{pF}$。$|y_{fe}|=40\times10^{-3}\text{S}$，工作频率 $f_0=465\text{kHz}$，中频变压器初、次级线圈的空载 Q 值均为 100，

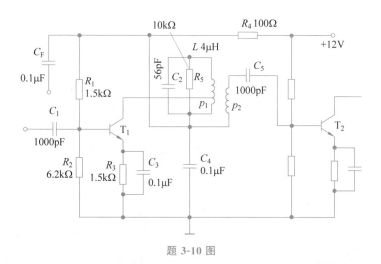

题 3-10 图

线圈抽头为 $N_{12}=73$ 匝，$N_{34}=60$ 匝，$N_{45}=1$ 匝，$N_{56}=13.5$ 匝，L_1 和 L_2 为紧耦合。
试求：

（1）电压放大倍数；

（2）通频带和矩形系数。

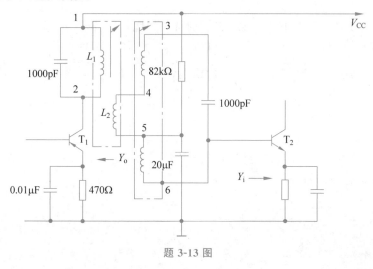

题 3-13 图

3-14　场效应管和晶体管噪声的主要来源有哪些？为什么场效应管内部噪声较小？

3-15　一个 1000Ω 电阻在温度 290K 和 10MHz 频带内工作，试计算它两端产生的噪声
电压和噪声电流的均方根值。

3-16　某晶体管的 $r_{bb'}=70\Omega$，$I_E=1mA$，$\alpha_0=0.95$，$f_\alpha=500MHz$。求在室温 19℃，通
频带为 200kHz 时，此晶体管在频率为 10MHz 时的各噪声源数值，即 $r_{bb'}$ 的热噪声、发射极
中的散粒噪声及集电极中的分配噪声。

3-17　某接收机的前端电路由高频放大器、晶体混频器和中频放大器组成。已知晶体
混频器的功率传输系数 $K_{pc}=0.2$，噪声温度 $T_i=60K$，中频放大器的噪声系数 $F_{ni}=6dB$。
现用噪声系数为 3dB 的高频放大器来降低接收机的总噪声系数，如果要使总噪声系数降低
到 10dB，则高频放大器的功率增益至少需要几分贝？

3-18　如题 3-18 图所示，不考虑 R_L 的噪声，求虚线框内线性网络的噪声系数 F_n。

3-19　如题 3-19 图所示，虚线框内为一线性网络，G 为扩展通频带的电导，画出其噪声等效电路，并求其噪声系数 F_n。

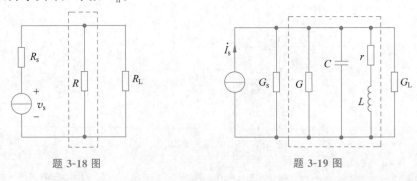

题 3-18 图　　　　　　　　题 3-19 图

3-20　当接收机线性级输出端的信号功率对噪声功率的比值超过 40dB 时，接收机会输出满意的结果。该接收机输入级的噪声系数是 10dB，损耗为 8dB，下一级的噪声系数为 3dB，并具有较高的增益。若输入信号功率对噪声功率的比为 1×10^5，问这样的接收机构造形式是否满足要求，是否需要一个前置放大器？若前置放大器增益为 10dB，则其噪声系数应为多少？

3-21　有 A、B、C 3 个匹配放大器，它们的特性如题 3-21 表所示。

题 3-21 表

放　大　器	功率增益/dB	噪　声　系　数
A	6	1.7
B	12	2.0
C	20	4.0

现把这 3 个放大器级联，放大一低电平高频信号，问这 3 个放大器应如何连接，才能使总的噪声系数最小，最小值为多少？

第4章 高频功率放大器

本章主要内容：

- 谐振功率放大器的工作原理。
- 丙类谐振功率放大器。
- 丁类及戊类功率放大器。
- 宽带高频功率放大电路。
- 功率合成电路。

高频功率放大器是无线电发射系统的重要组成部分，用来对高频载波或高频已调波信号进行功率放大。这些信号或是频率固定的简谐信号，或是频谱宽度远小于载波频率的窄带信号，因此，放大器常采用谐振选频系统作为匹配网络，称为谐振功率放大器。

本章首先对高频功率放大器的基本特性进行分析，然后重点讨论丙类谐振功率放大器，也对其他工作状态的谐振放大器进行简要的介绍。

4.1 概述

为了高效地获得足够大的交流输出功率，可以采用功率放大器来实现。按照需要放大的信号的频率构成不同，功率放大器可以分为低频功率放大器和高频功率放大器。信号频率低时，其相对频带宽。例如，信号频率为20Hz～20kHz，其高低频率之比达1000。此时可用低频功率放大器对信号进行放大，采用无调谐负载，如电阻、变压器等，所以低频功率放大器又可以称为非谐振功率放大器。高频放大时，信号的工作频率高（几百千赫兹到几万兆赫兹），但相对频带很窄。例如，调幅广播电台（535～1605kHz 的频段范围）的频带宽度为10kHz，如果中心频率取为1000kHz，则相对频宽只相当于中心频率的百分之一，中心频率越高，则相对频宽越小。因此，高频功率放大器一般都采用谐振选频网络作为负载回路，也可以称为谐振功率放大器。例如，绪论中所示的发射机方框图的高频部分，由于在发射机里的振荡器所产生的高频振荡功率很小，因此在它后面要经过一系列的放大——缓冲级、中间放大级、末级功率放大级，获得足够的高频功率后，才能馈送到天线上辐射出去。这里所提到的放大级都属于谐振功率放大器的范围。由此可见，谐振功率放大器是发送设备的重要组成部分。

通过"低频电子线路"课程，我们已经知道，放大器可以按照电流流通角的不同，分为甲（A）、乙（B）、丙（C）3类工作状态。甲类放大器电流的流通角为180°，适用于小信号低频功率放大；乙类放大器电流的流通角约等于$90°$；丙类放大器电流的流通角则小于$90°$。乙类和丙类都适用于大功率工作。丙类工作状态的输出功率和效率是这3种工作状态中最高的。谐振功率放大器大多工作于丙类。但丙类放大器的电流波形失真太大，产生了很多新的频率分量，因而不能用于低频功率放大，只能用于采用调谐回路作为负载的谐振功率放大。由于调谐回路具有选频和滤波的能力，回路电流与电压仍然接近于正弦波形，失真很小。

由于非谐振功率放大器和谐振功率放大器的负载不同，从提高效率的角度来考虑，它们的工作状态一般为：非谐振功率放大器可工作于甲类、甲乙类或乙类（如互补对称电路）状态；谐振功率放大器则一般都工作于丙类状态。某些特殊情况下，如对调幅信号进行功率放大时，为了保证调幅信号的幅度变化不失真，一般采用乙类工作状态，实现线性的功率放大。近年来，宽频带发射机的各中间级还广泛采用一种新型的宽带高频功率放大器，它不采用选频网络作为负载回路，而是以频率响应很宽的传输线作负载。这样，它可以在很宽的范围内变换工作频率，而不必重新调谐。

综上所述，谐振功放与非谐振功放的共同之处是要求输出功率大，效率高；它们的不同之处则是二者的工作频率与相对频宽不同，因而负载网络与工作状态也不同。

按电流流通角分类，除了以上3种放大器，还有使电子器件工作于开关状态的丁（D）类放大器和戊（E）类放大器。丁类放大器的效率比丙类放大器还高，理论上可达100%，但它的最高工作频率受到开关转换瞬间所产生的器件功耗（集电极耗散功率或阳极耗散功率）的限制。如果在电路上加以改进，使电子器件在通断转换瞬间的功耗尽量减小，则工作频率可以提高，这就是所谓的戊类放大器。这两类放大器是晶体管谐振功率放大器的新发展，值得重视。

由于谐振功率放大器通常工作于丙类，属于非线性电路，因此不能用线性等效电路来分析。绪论中已指出，对它们的分析方法可以分为两大类：一类是图解法，即利用电子器件的特性曲线来对它的工作状态进行计算；另一类是解析近似分析法，即将电子器件的特性曲线用某些近似解析式来表示，然后对放大器的工作状态进行分析计算。最常用的解析近似分析法是用折线段来表示电子器件的特性曲线，称为折线法。总的来说，图解法是从客观实际出发，计算结果比较准确，但对工作状态的分析不方便，步骤较烦冗；折线近似法的物理概念清楚，分析工作状态方便，但计算准确度较低。

应该说，对于晶体管谐振功率放大器工作状态的分析，远不如电子管谐振功率放大器的理论那样完整、成熟。这是因为晶体管内部的物理过程比电子管复杂得多，尤其是在高频大信号工作时。因此，晶体管谐振功率放大器工作状态的计算相当困难，有些地方就是直接采用与电子管类比的方法来讨论的，通常只进行定性分析与估算，再依靠实验调整到预期的状态。

谐振功率放大器的主要技术指标是输出功率与效率。除此之外，输出中的谐波分量还应该尽量小，以免对其他频道产生干扰。国际上对谐波辐射规定有两个标准：其一是对中波广播来说，在空间任一点的谐波场强对基波场强之比不得超过0.02%；其二是不论电台的功率有多大，在距电台1km处的谐波场强不得大于$50\mu\text{V/m}$。在一般情况下，假如任一谐波的辐射功率不超过25mW，即可认为满足上述要求。

如前所述，谐振功率放大器的主要技术指标是输出功率与效率，这是研究这种放大器时应抓住的主要矛盾。工作状态的选择就是由这对主要矛盾决定的。可以这样说,在给定电子器件之后,为了获得高的输出功率与效率,应采用丙类工作状态。而允许采用丙类工作的先决条件,则是工作频率高、频带窄、允许采用调谐回路作负载。

为什么在丙类工作时,能获得高的输出功率和效率? 怎样构成丙类工作的高频功率放大电路? 如何正确调整电路参数使功放适用于电路的应用要求? 这些是本章所要讨论的问题。

▌ 4.2　谐振功率放大器的工作原理 ◆

微视频

微视频

4.2.1　谐振功率放大器中的晶体管

晶体管是功放电路中的主要放大器件,其工作情况与频率有密切的关系。对于双极型晶体三极管,通常可以把它的工作频率范围划分成如下 3 个区域。

(1) 低频区:$f < 0.5 f_\beta$。

(2) 中频区:$0.5 f_\beta < f < 0.2 f_T$。

(3) 高频区:$0.2 f_T < f < f_T$。

其中,f_β 为共发射极上限截止频率,f_T 为晶体管的特征频率,f_β 与 f_T 之间的关系为 $f_T \approx \beta f_\beta$。

低频区工作时,由于晶体管的结电容非常小,所以电抗值非常大,可以开路处理,不考虑它们的影响;相对于信号周期,载流子在基区的渡越时间很短,也可以忽略其影响。此时能用与分析电子管谐振功率放大器相类似的方法来分析计算晶体管电路,方法比较成熟。中频区工作时,晶体管各个结电容的电抗值的影响不可忽略,分析计算需要考虑。高频区工作时,则须进一步考虑电极引线电感的影响。因此,中频区和高频区的严格分析与计算是相当困难的。本书将从低频区来说明晶体管谐振功率放大器的工作原理,再对晶体管在中频与高频区工作时的特点进行定性说明。

4.2.2　谐振功率放大器的输出功率与效率的关系

通过"低频电子线路"课程,我们已经知道,不论是晶体管放大器还是其他电子器件构成的放大器,它们的工作原理都是利用较小的输入信号来控制器件的输出,将直流电源提供的直流功率转变为交流输出功率,得到按输入信号规律变化的较大的输出信号。功率放大器实质上是一个能量转换器——把电源供给的直流能量转化为输出的交流能量。这种转换当然不可能是百分之百的,因为直流电源所供给的功率除了转化为交流输出功率的那一部分外,还有一部分以热能的形式消耗在集电极(或阳极)上,成为集电极(阳极)耗散功率。这个能量的转换能力常用集电极效率 η_c 来表示。

若电源供给的直流功率为 P_D,转换后的交流输出功率为 P_o,集电极耗散功率为 P_c。根据能量守恒定律应有

$$P_D = P_o + P_c \tag{4-2-1}$$

集电极效率 η_c 为

$$\eta_c = \frac{P_o}{P_D} = \frac{P_o}{P_o + P_c} \tag{4-2-2}$$

由式(4-2-2)可以得出以下两点结论。

（1）设法尽量降低集电极耗散功率 P_c，则集电极效率 η_c 自然会提高。这样在给定 P_D 时，晶体管的交流输出功率 P_o 就会增大。

（2）如果维持晶体管的集电极耗散功率 P_c 不超过规定值，那么提高集电极效率 η_c，将使交流输出功率 P_o 大为增加。将式(4-2-2)变换为

$$P_\mathrm{o} = \left(\frac{\eta_\mathrm{c}}{1 - \eta_\mathrm{c}}\right) P_\mathrm{c} \tag{4-2-3}$$

由式(4-2-3)可见，对于具有一定耗散功率的同一晶体管，当 η_c 从 20% 提高到 75% 时，输出功率将从 $P_\mathrm{o1} = 1/4 P_\mathrm{c}$ 提高到 $P_\mathrm{o2} = 3 P_\mathrm{c}$，输出功率提高了 12 倍。即晶体管的集电极耗散功率一定，效率越高，则晶体管能提供的输出功率越大，器件也可得到充分的利用。

谐振功率放大器就是从减小集电极的耗散功率入手，来提高放大器的输出功率和效率的。而丙类谐振功率放大器就是能够达到这样效果的一类高频功放电路。

▙ 4.3　丙类谐振功率放大器 ◆

4.3.1　丙类谐振功率放大器的工作原理

图 4-3-1 给出了丙类谐振功率放大器的基本电路，下面以这个原理电路为基础，分析晶体管采用丙类工作状态如何减小集电极损耗。我们知道，在任一元件（呈电阻性）上的耗散功率等于通过该元件的电流与该元件两端电压的乘积。因此，晶体管的集电极耗散功率在任何瞬间总是等于瞬时集电极电压 v_CE 与瞬时集电极电流 i_c 的乘积。如果使 i_c 只有在 v_CE 较低的时候才能通过，那么，集电极耗散功率自然会大为减小。由此可见，要想获得高的集电极效率，放大器的集电极电流应该是脉冲状。当电流流通角小于 90° 时，晶体管处于丙类工作状态，构成丙类谐振功率放大器。

晶体管丙类工作时基极直流偏压 V_BB 使发射结处于反向偏置状态[①]。对于如图 4-3-1 所示的 NPN 型管，只有在激励信号 v_b 为正值的一段时间（$-\theta_\mathrm{c} \sim +\theta_\mathrm{c}$）内才有集电极电流产生，如图 4-3-2(a)所示。

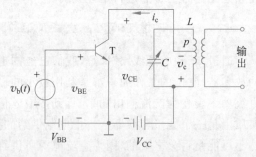

图 4-3-2(a)中，将晶体管的转移特性理想化为一条直线，这条直线交横轴于 V_BZ，V_BZ 称为截止电压或起始电压，硅管的 $V_\mathrm{BZ} = 0.4 \sim 0.6\mathrm{V}$，锗管的 $V_\mathrm{BZ} = 0.2 \sim 0.3\mathrm{V}$。由图

图 4-3-1　谐振功率放大器原理电路图

可知，$2\theta_\mathrm{c}$ 是在一周期内的集电极电流流通角，因此，θ_c 可称为半流通角或截止角（即 $\omega t = \theta_\mathrm{c}$ 时，电流被截止）。为方便起见，以后将 θ_c 简称为通角。由图 4-3-2(a)可以看出（图中 V_BB 取绝对值）

$$V_\mathrm{bm} \cos\theta_\mathrm{c} = V_\mathrm{BZ} + |V_\mathrm{BB}|$$

---

① 从折线法的观点看，基极偏压 $V_\mathrm{BB} = V_\mathrm{BZ}$ 时，电流截止，即为乙类工作状态。当 $V_\mathrm{BB} < V_\mathrm{BZ}$ 时，即为丙类工作状态，这时 V_BB 可以为正向偏置或反向偏置，视通角 θ_c 与激励电压 V_bm 的大小而定，但大多数情况采用反向偏置。

故得

$$\cos\theta_c = \frac{V_{BZ} + |V_{BB}|}{V_{bm}} \tag{4-3-1}$$

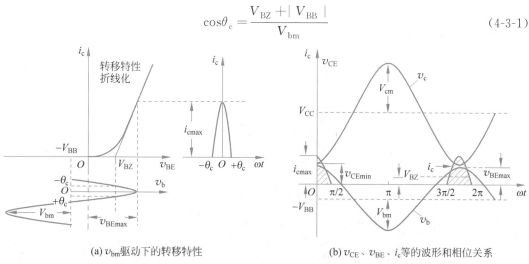

(a) v_{bm}驱动下的转移特性　　　　(b) v_{CE}、v_{BE}、i_c等的波形和相位关系

图 4-3-2　高频功率放大器中各部分电压与电流的关系

必须强调指出，集电极电流 i_c 虽然是脉冲状，包含很多谐波，失真很大，但由于在集电极电路内采用的是并联谐振回路(或其他形式的选频网络)，如果并联回路谐振于基频，那么它对基频呈现很大的纯电阻性阻抗，而对谐波的阻抗则很小，可以看作短路，因此，并联谐振电路由于通过 i_c 所产生的电位降 v_c 也几乎只含有基频。这样，i_c 的失真虽然很大，但由于谐振回路的这种滤波作用，仍然能得到正弦波形的输出。

由此可见，回路阻抗对于各次谐波来说，它们的值与谐振于基频之值相比，小到可以忽略的程度(仅为百分之几)，可以认为是短路的。因此，虽然 i_c 是脉冲状，但回路两端的电压以及由该电压所产生的回路电流仍然是正弦波形。这是一个十分重要的概念。回路的这种滤波作用也可从能量的角度来解释，回路是由储能元件 L(可以储存磁能)和 C(可以储存电能)组成的。在集电极电流通过的期间，回路储存能量；而在电流被截止的期间，回路释放能量。这样就维持了回路中振荡电流的连续性。

由于回路对基频呈纯电阻性阻抗，当集电极电流 i_c 最大时，回路上所产生的电压降 v_c 也为最大值 V_{cm}，因此，集电极电压瞬时值 v_{CE} 成为最小值 $v_{CE} = V_{CC} - V_{cm}$。i_c 最大时，也是瞬时基极电压 v_{BE} 达到最大值 $v_{BE} = -V_{BB} + V_{bm}$ 的时刻。所以，集电极电压 v_{CE} 与基极电压 v_{BE} 的相位差正好等于 $180°$。这时所得到的 v_{CE}、v_{BE}、i_c 等的波形和相位关系，如图 4-3-2(b)所示。由图可知，i_c 只在 v_{CE} 很低的时间内通过，集电极耗散功率减小，集电极效率自然提高，而且 v_{CEmin} 越低，效率就越高。

4.3.2　丙类功放的功率关系

综合参考图 4-3-1 与图 4-3-2，可知

$$v_{BE} = -V_{BB} + V_{bm}\cos\omega t \tag{4-3-2}$$

$$v_{CE} = V_{CC} - V_{cm}\cos\omega t \tag{4-3-3}$$

此处略去了回路的直流电阻所产生的电压降，因为它通常很小。同时还假定集电极回路谐振于激励信号频率。

集电极电流脉冲可分解为傅里叶级数，即

$$i_c = I_{c0} + I_{cm1}\cos\omega t + I_{cm2}\cos2\omega t + \cdots + I_{cmn}\cos n\omega t + \cdots \tag{4-3-4}$$

直流电源 V_{CC} 所供给的直流功率为

$$P_D = V_{CC}I_{c0} \tag{4-3-5}$$

由于回路对基频谐振，呈纯电阻 R_p，对其他谐波的阻抗很小，且呈容性，因此，只有基频电流与基频电压才能产生输出功率。此时，回路可吸取的基频功率为

$$P_o = \frac{1}{2}V_{cm}I_{cm1} = \frac{V_{cm}^2}{2R_p} = \frac{1}{2}I_{cm1}^2 R_p \tag{4-3-6}$$

所需要的回路阻抗值为

$$R_p = \frac{V_{cm}}{I_{cm1}} = \frac{V_{CC}-V_{CEmin}}{I_{cm1}} = \frac{V_{cm}^2}{2P_o} \tag{4-3-7}$$

直流输入功率与回路交流功率 P_o 之差就是晶体管的集电极耗散功率，即

$$P_c = P_D - P_o \tag{4-3-8}$$

则放大器的集电极效率为

$$\eta_c = \frac{P_o}{P_D} = \frac{\frac{1}{2}V_{cm}I_{cm1}}{V_{CC}I_{c0}} = \frac{1}{2}\xi g_1(\theta_c) \tag{4-3-9}$$

式中，$\xi = V_{cm}/V_{CC}$，称为集电极电压利用系数；$g_1(\theta_c) = I_{cm1}/I_{c0}$ 称为波形系数，它是 θ_c 的函数；4.3.3 节将对 θ_c 的影响进行分析，会看到 θ_c 越小，$g_1(\theta_c)$ 越大。很显然，ξ 越大（即 V_{cm} 越大或 V_{CEmin} 越小），θ_c 越小，则效率 η_c 越高。

当然，对于功放而言，应该既获得足够的输出功率，又要提高效率，θ_c 的选择需要综合考虑，并不是越小越好，后面的内容也将对它的选择问题进一步分析。

以上对高频谐振功率放大器的工作原理和功率、效率的数量关系进行了初步研究。必须指出，为了深刻理解谐振功率放大器的工作原理，进而掌握以后讨论的分析方法，我们应牢记图 4-3-2(b)所示的电压与电流波形和它们之间的关系，以及各种符号的物理意义，这对于掌握谐振功率放大器的工作原理是非常重要的。

4.3.3　晶体管谐振功率放大器的折线近似分析法

高频功率放大器的功率和效率指标是分析计算的重点，从前面的分析可以看到，要得到这两个指标，求出电流的直流分量 I_{c0} 与基频分量 I_{cm1} 是关键。

在概述中已指出，解决这个问题的方法有图解法与解析近似法两种。图解法是从晶体管的实际静态特性曲线入手，从图上取得若干点，然后求出电流的直流分量与交流分量。图解法是从客观实际出发的，应该说，准确度是比较高的。这对于电子管来说是正确的，但晶体管特性的离散性较大，因此一般手册并不给出它的特性曲线，即使有曲线，也只能作为参考，并不一定符合实际选用的晶体管特性。这也就失去了图解法准确度高的优点。同时，图解法又难以进行概括性的理论分析。由于以上原因，对于晶体管电路来说，我们只讨论折线近似分析法。

所谓折线近似分析法，首先是要将电子器件的特性曲线理想化，每一条特性曲线用一条或几条直线（组成折线）来代替。这样，就可以用简单的数学解析式来代表电子器件的特性

曲线,因而实际上只要知道解析式中的电子器件参数,就能进行计算,并不需要整套的特性曲线。这种计算比较简单,而且易于进行概括性的理论分析。它的缺点是准确度较低。但对于晶体管电路来说,目前还只能进行定性估算,因此只讨论折线近似分析法就行了。

在对晶体管特性曲线进行折线化之前,必须说明,由于晶体管特性与温度的关系很密切,因此,以下讨论都是假定在温度恒定的情况。此外,因为实际上最常用的是共发射极电路,所以以后的讨论只限于共发射极组态。

晶体管的静态特性曲线在折线法中主要用到的有两组:输出特性曲线与转移特性曲线。输出特性曲线是指基极电流(电压)恒定时,集电极电流与集电极电压的关系曲线。转移特性曲线是指集电极电压恒定时,集电极电流与基极电压的关系曲线。下面一一讨论。

1. 输出特性曲线的理想化

图 4-3-3(a)表示晶体管的输出特性曲线,仔细观察该曲线族,发现它们可以用图 4-3-3(b)所示的折线族来近似表示。

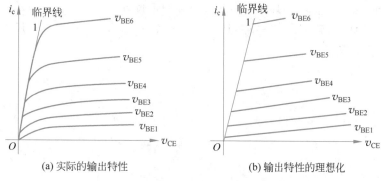

(a) 实际的输出特性　　　　　　　(b) 输出特性的理想化

图 4-3-3　晶体管的输出特性曲线及其理想化

直线 1 将晶体管的工作区分为饱和区与放大区,在它的左侧为饱和区,右侧为放大区,在靠近横轴处,$i_c \approx 0$,为截止区。这一点在低频电子线路中已经讲过了。在高频功率放大器中,又常根据集电极电流是否进入饱和区,将它的工作状态分为 3 种:当放大器的集电极最大点电流在直线 1 的右侧时,交流输出电压较低,对电源电压的利用率低,称为欠压工作状态(Under Voltage State);当集电极最大点电流进入直线 1 的左侧饱和区时,交流输出电压较高,对电源电压的利用率高,称为过压工作状态(Over Voltage State);当集电极最大点电流正好落在直线 1 上时,称为临界工作状态(Critical State)。因此,直线 1 称为临界线(Critical Line)。对于今后的分析,最重要的是表征这条临界线的方程。它是一条通过原点,斜率为 g_{cr} 的直线。因此,临界线方程可写为

$$i_c = g_{cr} v_{CE} \tag{4-3-10}$$

2. 转移特性曲线的折线化

图 4-3-4 表示晶体管的转移特性曲线。理想化后,可用交横轴于 V_{BZ} 的一条直线来表示。V_{BZ} 叫作截止偏压或起始电压,若用 g_c 代表这条直线的斜率,则

$$g_c = \frac{\Delta i_c}{\Delta v_{BE}} \bigg|_{v_{CE}=常数} \tag{4-3-11}$$

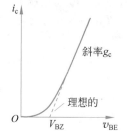

图 4-3-4　晶体管转移特性曲线及其理想化

g_c 称为跨导,一般为几十至几百毫西门子(电子管跨导一

般只有一至十几毫西门子）。此时理想化静态特性可表示为

$$i_c = g_c(v_{BE} - V_{BZ}) \tag{4-3-12}$$

式(4-3-12)适用于 $v_{BE} > V_{BZ}$ 的情况,式(4-3-10)和式(4-3-12)是折线近似分析法的基础。

4.3.4 集电极余弦电流脉冲的分解

由图 4-3-2 可知,当晶体管特性曲线理想化后,丙类工作状态的集电极电流脉冲是尖顶余弦脉冲。这适用于欠压或临界状态。若为过压状态,则电流波形为凹顶脉冲(理由见 4.3.5 节)。不论是哪种情况,这些电流都是周期性脉冲序列,可以用傅里叶级数求系数的方法,来求出它的直流、基波与各次谐波的数值。下面只讨论尖顶余弦脉冲电流的分解。参见图 4-3-5,一个尖顶余弦脉冲的主要参量是脉冲高度 i_{cmax} 与通角 θ_c。知道了这两个值,脉冲的形状便可完全确定。因此,我们首先求出 θ_c 与 i_{cmax} 的公式,然后再对脉冲进行分解。

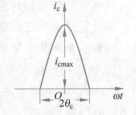

图 4-3-5 尖顶余弦脉冲

由式(4-3-12)已知晶体管的内部特性为 $i_c = g_c(v_{BE} - V_{BZ})$,式(4-3-2)和式(4-3-3)描述了它的外部电路关系。

$$\begin{cases} v_{BE} = -V_{BB} + V_{bm}\cos\omega t \\ v_{CE} = V_{CC} - V_{cm}\cos\omega t \end{cases}$$

将式(4-3-2)代入式(4-3-12),得

$$i_c = g_c(-V_{BB} + V_{bm}\cos\omega t - V_{BZ}) \tag{4-3-13}$$

当 $\omega t = \theta_c$ 时,$i_c = 0$,代入式(4-3-13)得

$$0 = g_c(-V_{BB} + V_{bm}\cos\theta_c - V_{BZ}) \tag{4-3-14}$$

即

$$\cos\theta_c = \frac{V_{BB} + V_{BZ}}{V_{bm}} \tag{4-3-15}$$

式(4-3-15)与式(4-3-2)完全相同。因此,知道了 V_{bm}、V_{BB} 与 V_{BZ} 的值,θ_c 的值便可完全确定。

将式(4-3-13)与式(4-3-14)相减得

$$i_c = g_c V_{bm}(\cos\omega t - \cos\theta_c) \tag{4-3-16}$$

当 $\omega t = 0$ 时,$i_c = i_{cmax}$,因此式(4-3-16)又可表示为

$$i_{cmax} = g_c V_{bm}(1 - \cos\theta_c) \tag{4-3-17}$$

当跨导 g_c、激励电压 V_{bm} 与通角 θ_c 已知后,由式(4-3-17)即可求出 i_{cmax}。

将式(4-3-16)与式(4-3-17)相除得

$$\frac{i_c}{i_{cmax}} = \frac{\cos\omega t - \cos\theta_c}{1 - \cos\theta_c}$$

或

$$i_c = i_{cmax}\left(\frac{\cos\omega t - \cos\theta_c}{1 - \cos\theta_c}\right) \tag{4-3-18}$$

式(4-3-18)即为尖顶余弦电流脉冲的解析式,它完全取决于脉冲高度 i_{cmax} 与通角 θ_c。

若将尖顶电流脉冲分解为傅里叶级数

$$i_c = I_{c0} + I_{cm1}\cos\omega t + I_{cm2}\cos2\omega t + \cdots + I_{cmn}\cos n\omega t + \cdots$$

则由傅里叶级数的求系数法得

$$I_{c0} = \frac{1}{2\pi}\int_{-\pi}^{+\pi} i_c \, d(\omega t) = \frac{1}{2\pi}\int_{-\theta_c}^{+\theta_c} i_c \, d(\omega t) = \frac{1}{2\pi}\int_{-\theta_c}^{+\theta_c} i_{cmax}\left(\frac{\cos\omega t - \cos\theta_c}{1 - \cos\theta_c}\right) d(\omega t)$$

$$= \frac{1}{2\pi}\int_{-\theta_c}^{+\theta_c} i_{cmax}\left(\frac{\cos\omega t - \cos\theta_c}{1 - \cos\theta_c}\right) d(\omega t)$$

$$= i_{cmax}\left(\frac{1}{\pi} \cdot \frac{\sin\theta_c - \theta_c\cos\theta_c}{1 - \cos\theta_c}\right) \tag{4-3-19}$$

$$I_{cm1} = \frac{1}{\pi}\int_{-\theta_c}^{+\theta_c} i_c \cos(\omega t) \, d(\omega t) = i_{cmax}\left(\frac{1}{\pi} \cdot \frac{\theta_c - \sin\theta_c\cos\theta_c}{1 - \cos\theta_c}\right) \tag{4-3-20}$$

$$I_{cmn} = \frac{1}{\pi}\int_{-\theta_c}^{+\theta_c} i_c \cos(n\omega t) \, d(\omega t) = i_{cmax}\left[\frac{2}{\pi} \cdot \frac{\sin(n\theta_c)\cos\theta_c - n\cos(n\theta_c)\sin\theta_c}{n(n^2 - 1)(1 - \cos\theta_c)}\right]$$

$$\tag{4-3-21}$$

将 $n = 2, 3, \cdots$ 代入式(4-3-21),即可得二次、三次等各谐波分量的振幅。

以上诸式可简写成

$$\begin{cases} I_{c0} = i_{cmax}\alpha_0(\theta_c) \\ I_{cm1} = i_{cmax}\alpha_1(\theta_c) \\ \quad\vdots \\ I_{cmn} = i_{cmax}\alpha_n(\theta_c) \end{cases} \tag{4-3-22}$$

式中,$\alpha_0, \alpha_1, \cdots, \alpha_n$ 是 θ_c 的函数,称为尖顶余弦脉冲的分解系数,它们的计算式为

$$\begin{cases} \alpha_0(\theta_c) = \dfrac{1}{\pi} \cdot \dfrac{\sin\theta_c - \theta_c\cos\theta_c}{1 - \cos\theta_c} \\[2mm] \alpha_1(\theta_c) = \dfrac{1}{\pi} \cdot \dfrac{\theta_c - \sin\theta_c\cos\theta_c}{1 - \cos\theta_c} \\[2mm] \quad\vdots \\[2mm] \alpha_n(\theta_c) = \dfrac{2}{\pi} \cdot \dfrac{\sin(n\theta_c)\cos\theta_c - n\cos(n\theta_c)\sin\theta_c}{n(n^2 - 1)(1 - \cos\theta_c)} \end{cases} \tag{4-3-23}$$

$\alpha_0, \alpha_1, \cdots, \alpha_n$ 与 θ_c 的关系如图 4-3-6 所示,也可以列出表格形式,由已知的 θ_c 查出相应的 α 值。

由图 4-3-6 可以看出,α_1 的最大值为 0.536,此时 $\theta_c \approx 120°$。也就是说,当 $\theta_c \approx 120°$ 时,$\dfrac{I_{cm1}}{i_{cmax}}$ 达到最大值。因此,在 i_{cmax} 与负载阻抗 R_p 为某定值的情况下,输出功率 $P_o = \dfrac{I_{cm1}^2 R_p}{2}$ 将达到最大值。这样看来,$\theta_c = 120°$ 应该是最佳通角了。但事实上,我们是不会取用这个值的,因为这时放大器工作于甲乙类状态,集电极效率太低。这可以由下式来说明。

$$\eta_c = \frac{P_o}{P_D} = \frac{1}{2}\frac{V_{cm}I_{cm1}}{V_{CC}I_{c0}} = \frac{1}{2}\xi\frac{\alpha_1(\theta_c)}{\alpha_0(\theta_c)} = \frac{1}{2}\xi g_1(\theta_c)$$

式中,$g_1(\theta_c) = \dfrac{\alpha_1(\theta_c)}{\alpha_0(\theta_c)}$ 叫波形系数,已示于图 4-3-6 中。由这条曲线可知,θ_c 越小,$\dfrac{\alpha_1(\theta_c)}{\alpha_0(\theta_c)}$ 就

越大。在极端情况 $\theta_c = 0$ 时，$g_1(\theta_c) = 2$，达到最大值。如果此时 $\xi = 1$，则 η_c 可达 100%。当然，这种状态是不能用的，因为这时效率虽然最高，但 $i_c = 0$，没有功率输出。随着 θ_c 的增大，$g_1(\theta_c)$ 减小，当 $\theta_c \approx 120°$ 时，虽然输出功率最大，但 $g_1(\theta_c)$ 又太小，效率太低。因此，为了兼顾功率与效率，最佳通角取 $70°$ 左右。

由图 4-3-6 还可以看出：$\theta_c = 60°$ 时，α_2 达到最大值；$\theta_c = 40°$ 时，α_3 达到最大值。以后我们会知道，这些数值是设计倍频器的参考值。

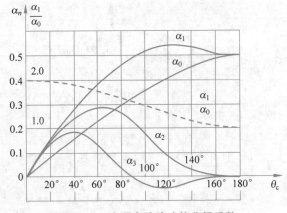

图 4-3-6　尖顶余弦脉冲的分解系数

微视频

4.3.5　丙类谐振功率放大器的性能特点

输出功率和效率是谐振功率放大器最重要的性能指标，它们都与放大管的工作状态相关，工作状态又取决于负载阻抗 R_p 和电压 V_{CC}、V_{BB}、V_{bm} 等 4 个外部参数。为了说明各种工作状态的优缺点和正确调节放大器，就必须了解工作状态随这几个参数变化的情况，即谐振功率放大器的性能特点。讨论谐振功率放大器的性能特点，可以从分析谐振放大器的动态特性着手，分别分析 4 个参数变化的影响。

1. 谐振功率放大器的动态特性

如果维持 3 个电压参数不变，那么工作状态就取决于 R_p。此时各种电流、输出电压、功率与效率等随 R_p 而变化的曲线，就叫负载特性（曲线）（Load Characteristic）。在讨论负载特性之前，应先讨论动态特性（Dynamic Characteristic）。

所谓动态特性是相对静态特性（Static Characteristic）而言的。我们知道，晶体管的静态特性是在集电极电路内没有负载阻抗的条件下获得的。例如，维持集电极电压 v_{CE} 不变，改变基极电压 v_{BE} 就可求出 $i_c \sim v_{BE}$ 静态特性曲线族。如果集电极电路有负载阻抗，则当改变 v_{BE} 使 i_c 变化时，由于负载上有电压降，就必然同时引起 v_{CE} 的变化。这样，在考虑了负载的反作用后，所获的 v_{CE}、v_{BE} 与 i_c 的关系曲线就叫作动态特性（曲线）。最常用的是当 v_{BE}、v_{CE} 同时变化时，表示 $i_c \sim v_{CE}$ 关系的动态特性曲线，有时也叫负载线（Load Line）或工作路（Operating Path）。由于晶体管特性曲线实际上不是直线，因此，实际的动态特性曲线或工作路也不是直线。以下将证明，当晶体管静态特性曲线理想化为折线，而且放大器工作于负载回路谐振状态（即负载为纯电阻性）时，动态特性曲线也是一条直线。

由前面的讨论已知，当放大器工作于谐振状态时，它的外部电路关系式为

$$\begin{cases} v_{BE} = -V_{BB} + V_{bm}\cos\omega t \\ v_{CE} = V_{CC} - V_{cm}\cos\omega t \end{cases}$$

由以上两式消去 $\cos\omega t$，得

$$v_{BE} = -V_{BB} + V_{bm}\frac{V_{CC} - v_{CE}}{V_{cm}} \tag{4-3-24}$$

另外，晶体管的折线化方程为式(4-3-12)，即 $i_c = g_c(v_{BE} - V_{BZ})$。

动态特性应同时满足外部电路关系[式(4-3-24)]与内部关系[式(4-3-12)]。将式(4-3-24)代入式(4-3-12)，即可得出在 $i_c \sim v_{CE}$ 坐标平面上的动态特性曲线(负载线或工作路)方程为

$$\begin{aligned} i_c &= g_c\left(-V_{BB} + V_{bm}\frac{V_{CC} - v_{CE}}{V_{cm}} - V_{BZ}\right) \\ &= -g_c\left(\frac{V_{bm}}{V_{cm}}\right)\left(v_{CE} - \frac{V_{bm}V_{CC} - V_{BZ}V_{cm} - V_{BB}V_{cm}}{V_{bm}}\right) \\ &= g_d(v_{CE} - V_o) \end{aligned} \tag{4-3-25}$$

显然，式(4-3-25)表示一条斜率为 $g_d = -g_c\left(\dfrac{V_{bm}}{V_{cm}}\right)$，截距为 $V_o = \dfrac{V_{bm}V_{CC} - V_{BZ}V_{cm} - V_{BB}V_{cm}}{V_{bm}}$ 的直线，如图 4-3-7 中 AB 线所示。图中显示动态特性曲线的斜率为负值，它的物理意义是：从负载方面来看，放大器相当于一个负电阻，即它相当于交流电能发生器，可以输出电能至负载。

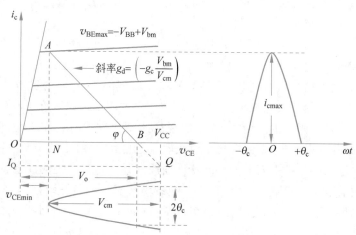

图 4-3-7　$i_c \sim v_{CE}$ 坐标平面上动态特性曲线的做法与 i_c 的波形

动态特性直线的做法是：在 v_{CE} 轴上取 B 点，使 $OB = V_o$。从 B 作斜率为 g_d 的直线 BA。BA 即为欠压状态的动态特性。

也可以用另外的方法给出动态特性曲线。在静止点 Q：$\omega t = 90°$，$v_{CE} = V_{CC}$，$v_{BE} = -V_{BB}$，因此，由式(4-3-12)可知 $i_c = I_Q = g_c(-V_{BB} - V_{BZ})$。注意，在丙类工作状态时，$I_Q$ 是实际上不存在的电流，叫作虚拟电流。I_Q 仅用来确定 Q 点位置。在 A 点：$\omega t = 0°$，$v_{CE} = v_{CEmin} = V_{CC} - V_{cm}$，$v_{BE} = v_{BEmax} = -V_{BB} + V_{bm}$。求出 A、Q 两点，即可作出动态特性直线，其中 BQ 段表示电流截止期内的动态线，用虚线表示。

利用所求得的负载线,即可画出对应的集电极电流、电压的波形,从而确定其等效的负载电阻,由图 4-3-7 可见,在 $\triangle NBA$ 中,$|NA| = i_{cmax}$ 为集电极电流峰值。而

$$|NB| = |NV_{CC}| - |BV_{CC}| = V_{cm} - V_{cm}\cos\theta_c = V_{cm}(1 - \cos\theta_c)$$

故动态曲线的斜率 φ 的正切为

$$\tan\varphi = \frac{|NA|}{|NB|} = \frac{i_{cmax}}{V_{cm}(1 - \cos\theta_c)} \tag{4-3-26}$$

从图 4-3-7 的 $i_c \sim v_{CE}$ 曲线可以看出,$\tan\varphi$ 的倒数具有电阻量纲,该电阻取为 R'_c,则

$$R'_c = \frac{1}{\tan\varphi} = \frac{V_{cm}(1 - \cos\theta_c)}{i_{cmax}} \tag{4-3-27}$$

显然,这里的 R'_c 并不是对应工作状态下晶体管所需的负载电阻值,因为 φ 角所对应的电流边,不是基波电流振幅 I_{cm1},而是集电极电流脉冲峰值 i_{cmax}。而负载电阻 R_p 则应是集电极基波电流振幅 I_{cm1} 和集电极基波电压振幅 V_{cm} 之比

$$R_p = \frac{V_{cm}}{I_{cm1}} = \frac{V_{cm}^2}{2P_o} \tag{4-3-28}$$

将式(4-3-27)中的 i_{cmax} 用 $I_{cm1}/\alpha_1(\theta_c)$ 代替,则 R'_c 又可表示为

$$R'_c = \frac{V_{cm}}{I_{cm1}}\alpha_1(\theta_c)(1 - \cos\theta_c) = R_p\alpha_1(\theta_c)(1 - \cos\theta_c) \tag{4-3-29}$$

式中,R_p 是基波状态时晶体管的负载电阻;R'_c 是动态线的等效电阻。

由式(4-3-29)可知,R_p 是谐振回路的谐振电阻,它与回路本身的品质因数及实际负载 R_L 的大小有关,当 R_p 一定时,流通角 θ_c 的变化将引起动态线等效电阻 R'_c 的变化,R'_c 随 θ_c 的增大(减小)而增大(减小)。

由 $R'_c = R_p\alpha_1(\theta_c)(1 - \cos\theta_c)$ 可知,随着流通角 θ_c 的减小,晶体管要求的负载电阻将增加。或者说,要提高放大器的效率,就要求晶体管具有大的负载电阻值。显然,在实际线路中,这个电阻是放大器输出负载通过匹配网络变换到晶体管 c-e 端的等效值。在后面分析中我们会指出,当工作频率较高或输出功率较大时,通过匹配网络要在 c-e 端得到一个较大的等效负载电阻值是很困难的。所以,为了实现晶体管和负载的良好匹配,R_p 不宜选得过大。即 θ_c 不能选得过小,这就是谐振功率放大器流通角 θ_c 一般不低于 70°的原因。

现在继续讨论 $i_c \sim v_{CE}$ 平面上的动态特性曲线问题。这里所说的动态特性曲线实际上也类似于低频放大器中的负载线,它的斜率与负载阻抗有关。负载阻抗越大,即在它上面产生的交流输出电压 V_{cm} 越大,动态线的斜率($g_d = -g_cV_{bm}/V_{cm}$)越小。因此,放大器的工作状态随着负载的不同而变化。图 4-3-8 所示为对应于各种不同负载阻抗值 R_p 的动态特性以及相应的集电极电流脉冲和回路两端电压的波形。

(1) 动态特性曲线 1 代表 R_p 较小且 V_{cm} 也较小的情形,称为欠压工作状态。它与 $v_{BE} = v_{BEmax}$ 静态特性曲线的交点 A 决定了集电极电流脉冲的高度。显然,这时电流波形为尖顶余弦脉冲。

(2) 随着 R_p 的增加,动态线斜率逐渐减小,输出电压 V_{cm} 也逐渐增加。直到它与临界线 OP、静态特性曲线 $v_{BE} = v_{BEmax}$ 相交于一点 A′时,放大器工作于临界状态。此时电流波形仍为尖顶余弦脉冲。

(3) 负载阻抗 R_p 继续增加,输出电压进一步增大,即进入过压工作状态。动态线 3 就

是这种情形。动态线 3 与临界线的交点 A'' 决定了电流脉冲的高度,即由 A'' 点作与横轴的平行线与图左边的集电极电流 i_c 有两个交点。由动态线 3 与静态特性曲线 $v_{BE} = v_{BEmax}$ 延长线的交点 A''' 作垂线,交临界线于 D 点,即为电流脉冲下凹处的高度。此高度与临界线的交点 D 对应 v_{CEmin}。可见,放大器工作在过压状态时,相应的动态特性曲线由 DA'' 和 $A''B''$ 及 $B''C''$ 3 段折线组成,沿动态线画出的集电极电流为顶部凹陷的余弦脉冲,其中凹陷部分是对应于动态线的折线段 DA'' 画出的。显然,V_{cm} 越大,动态点 A'' 向临界饱和线下段移动得就越多,相应的集电极电流脉冲也就凹陷越深,并且高度越低(或者临界饱和线斜率越大,较小的 V_{cm} 越会引起较大电流脉冲下凹的幅度)。

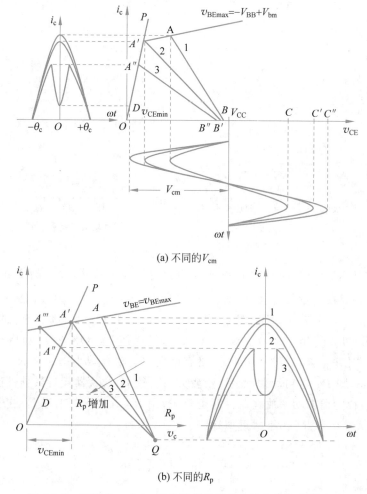

(a) 不同的 V_{cm}

(b) 不同的 R_p

图 4-3-8 不同 V_{cm} 或 R_p 时的动态线及相应的集电极电流波形

2. 4 个参数对性能影响的定性讨论

根据上述原理,下面将讨论几个有实用价值的特性,这些特性有助于了解谐振功率放大器性能变化的特点,并在调试谐振功率放大器时起着指导作用。

1) 负载特性

所谓谐振功率放大器的负载特性是指 V_{BB}、V_{bm} 和 V_{CC} 一定,放大器性能随 R_p 变化的特性。由于 R_p 增大必将引起 V_{cm} 增大,因此,根据上述集电极电流脉冲随 V_{cm} 变化的情况可知，R_p 由小增大时，放大器将由欠压工作状态经过临界工作状态进入过压工作状态，相应的 i_c 由接近余弦变化的电流脉冲变为中间凹陷的脉冲波，如图 4-3-9 所示。

根据 i_c 的变化情况，可画出 I_{c0} 和 I_{cm1} 随 R_p 变化的特性，如图 4-3-10(a)所示。由 I_{c0} 和 I_{cm1} 的变化就可画出 V_{cm}、P_o、P_D、P_c 和 η_c 随 R_p 变化的曲线，如图 4-3-10(b)所示。

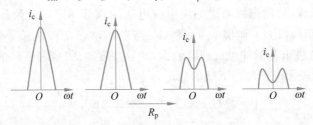

图 4-3-9 R_p 变化时的 i_c 波形

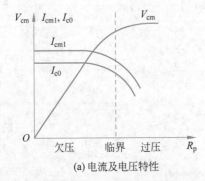

(a) 电流及电压特性

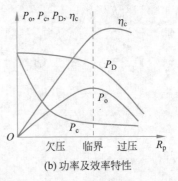

(b) 功率及效率特性

图 4-3-10 负载特性曲线

可见，在欠压区，R_p 由小增大时，电流脉冲为尖顶余弦脉冲，仅是高度略有减小，相应地，I_{c0} 和 I_{cm1} 在欠压区近似不变，因而 $V_{cm}=I_{cm1}R_p$ 和 $P_o=I_{cm1}^2 R_p/2$ 随 R_p 近似线性增大，而 $P_D=V_{CC}I_{c0}$ 略有减小，结果使 η_c 增大，P_c 减小。在过压区，随着 R_p 的增大，电流脉冲高度减小，凹陷加深，相应地，I_{c0} 和 I_{cm1} 减小，结果使 V_{cm}（增长缓慢）略有增大，P_o 和 P_D 减小，且 P_o 比 P_D 减小得慢，从而 η_c 略有增大，P_c 略有减小。如果 R_p 的取值使管子工作在临界状态，则 P_o 达到最大，而且 η_c 较大，P_c 较小，放大器接近最佳性能，因此，通常将相应的 R_p 值称为谐振功率放大器的匹配负载，用 R_{Popt} 表示。工程上，这个电阻值可以根据所需输出信号功率 P_o 由下式近似确定。

$$R_{Popt}=\frac{1}{2}\frac{V_{cm}^2}{P_o}\approx\frac{1}{2}\frac{(V_{CC}-V_{CE(sat)})^2}{P_o} \tag{4-3-30}$$

2）调制特性

调制特性有集电极调制特性和基极调制特性两种。

集电极调制特性是指 V_{BB}、V_{bm} 和 R_p 一定时，放大器性能随 V_{CC} 变化的特性。由于 V_{BB} 和 V_{bm} 一定，也就是 $v_{BEmax}=-V_{BB}+V_{bm}$ 和通角 $\theta_c=\arccos\left(\frac{V_{BZ}+V_{BB}}{V_{bm}}\right)$ 不变，又由于 R_p 一定，由式(4-3-29)可知 R'_c 也不变，即动态线的斜率不变，动态线只是随 V_{CC} 的变化而平行地移动。在放大器处于临界工作状态，当 V_{CC} 由大变小时，动态线向左平移，放大器由临界工作状态进入到过压工作状态，i_c 波形也将由接近余弦变化的脉冲波变为中间凹陷的脉冲波,如图 4-3-11(a)所示。在过压状态,随着 V_{CC} 减小,集电极电流脉冲的高度降低,凹陷加深,因而 I_{c0} 和 I_{cm1}(相应的 V_{cm})将迅速减小,它们随 V_{CC} 变化的特性如图 4-3-11(b)所示。由图可见,在过压状态,I_{c0}、I_{cm1} 和 V_{cm} 随 V_{CC} 线性增大。同理,在放大器处于临界工作状态,当 V_{CC} 由小变大时,动态线向右平移,放大器由临界工作状态进入欠压工作状态,集电极电流脉冲为尖顶余弦电流脉冲,其高度随 V_{CC} 的增大略有增加,因而 I_{c0} 和 I_{cm1}(相应的 V_{cm})在欠压区将近似不变(随 V_{CC} 的增加略有增大),如图 4-3-11(b)所示。

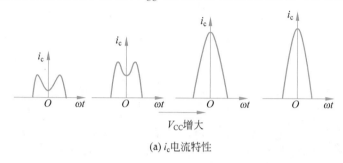

(a) i_c 电流特性

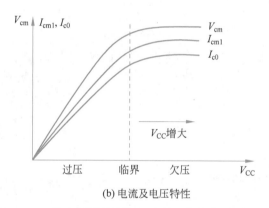

(b) 电流及电压特性

图 4-3-11　集电极调制特性(V_{CC} 对工作状态的影响)

再来讨论基极调制特性。基极调制特性是指 V_{bm}、V_{CC} 和 R_p 一定,放大器性能随 V_{BB} 变化的特性。当 V_{bm} 一定,V_{BB} 自负值向正值方向增大时,集电极电流脉冲不仅宽度增大,而且还因 v_{BEmax} 增大而使其高度增加,因而 I_{c0} 和 I_{cm1}(相应的 V_{cm})增大,结果使 v_{CEmin} 减小,放大器由欠压工作状态进入过压工作状态。进入过压工作状态后,随着 V_{BB} 向正值方向增大,集电极电流脉冲的宽度和高度均增加,但凹陷也加深,如图 4-3-12(a)所示,结果使 I_{c0} 和 I_{cm1}(相应的 V_{cm})增大,但增大得十分缓慢,可认为近似不变,如图 4-3-12(b)所示。

调制特性是晶体三极管调幅电路的基本特性。图 4-3-13 所示为集电极调幅和基极调幅的原理电路,图中 $v_b(t)=V_{bm}\cos\omega_c t$ 为输入高频载波电压,ω_c 为载波角频率,$v_\Omega(t)=V_{\Omega m}\cos\Omega t$ 为调制信号电压,Ω 为调制角频率。它们与谐振功率放大器电路的不同仅是在基极或集电极回路中接入调制信号电压 $v_\Omega(t)$。$v_o(t)=V_{cm}(t)\cos\omega_c t$ 为谐振回路上的输出电压。

在集电极调幅电路中,令 $V_{CC}(t)=V_{CC0}+v_\Omega(t)$ 作为放大器的等效集电极电源电压。若要求集电极回路上产生振幅按调制信号规律变化的调幅电压,即 V_{cm} 按 $V_{CC}(t)$ 的规律变

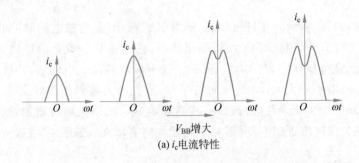

(a) i_c 电流特性

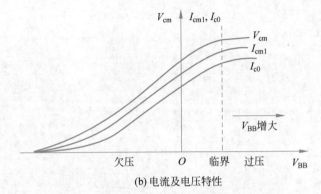

(b) 电流及电压特性

图 4-3-12 基极调制特性（V_{BB} 对工作状态的影响）

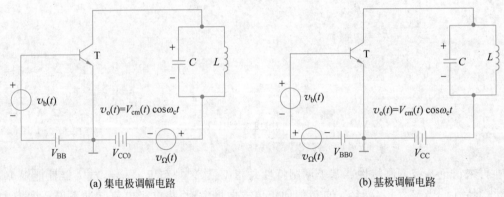

(a) 集电极调幅电路   (b) 基极调幅电路

图 4-3-13 调幅原理电路

化,则根据集电极调制特性,放大器必须在 $V_{CC}(t)$ 的变化范围内工作在过压状态,如图 4-3-14 所示。

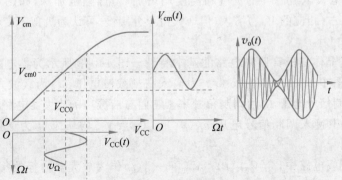

图 4-3-14 根据调制特性曲线实现集电极调幅的示意图

同理,在基极调幅电路中,若令 $V_{BB}(t)=V_{BB0}+v_{\Omega}(t)$ 作为放大管的等效基极偏置电压,则根据基极调制特性,要使输出谐振回路上电压的振幅 V_{cm} 按 $V_{BB}(t)$ 的规律变化,则放大器必须在 $V_{BB}(t)$ 的变化范围工作在欠压状态,如图 4-3-15 所示。

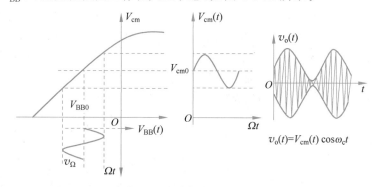

图 4-3-15　根据调制特性曲线实现基极调幅的示意图

3) 放大特性

谐振功率放大器的放大特性是指 V_{BB}、V_{CC} 和 R_p 一定,放大器性能随 V_{bm} 变化的特性。

实际上,固定 V_{BB}、增大 V_{bm} 和上述固定 V_{bm}、增大 V_{BB} 的情况类似,它们都使集电极电流脉冲的宽度和高度增大,放大器由欠压工作状态进入过压工作状态,如图 4-3-16(a) 所示。进入过压工作状态后,随着 V_{bm} 增大,集电极电流脉冲出现中间凹陷,且高度和宽度增加,凹陷加深。因此,I_{c0} 和 I_{cm1}(相应的 V_{cm})随 V_{bm} 变化的特性与基极调制特性类似,如图 4-3-16(b) 所示。

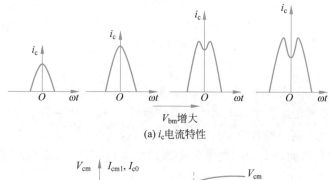

(a) i_c 电流特性

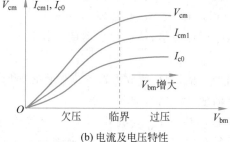

(b) 电流及电压特性

图 4-3-16　放大特性

当谐振功率放大器作为线性功率放大器,用来放大振幅按调制信号规律变化的调幅信号时,如图 4-3-17(a) 所示,为了使输出信号振幅 V_{cm} 反映输入信号振幅 V_{bm} 的变化,根据

图 4-3-16 所示放大特性可知，放大器必须在 V_{bm} 变化范围内工作在欠压工作状态。不过，丙类工作时，由于 V_{bm} 增大时集电极电流脉冲的高度和宽度双重增大，因而导致放大特性上翘，产生失真。为了消除上翘，放大特性接近线性，除了采用负反馈等措施外，还普遍采用乙类工作的推挽电路，以使集电极电流脉冲保持半个周期，而仅高度随 V_{bm} 变化。

当谐振功率放大器用作振幅限幅器，将振幅 V_{bm} 在较大范围内变化的输入信号变换为振幅恒定的输出信号时，如图 4-3-17(b)所示。根据图 4-3-16 所示放大特性可知，放大器在 V_{bm} 变化范围内工作在过压状态。或者说输入信号振幅的最小值应大于临界工作状态所对应的 V_{bm} 值，通常将该值称为限幅门限值。

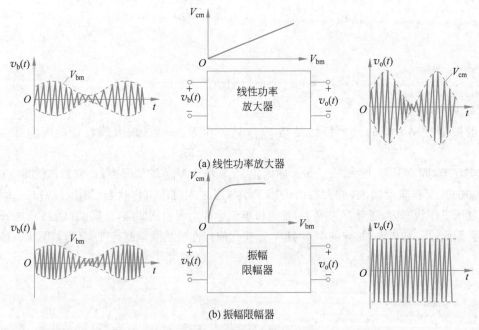

图 4-3-17　线性功率放大器和振幅限幅器方框示意图

4) 功率放大器工作状态的分析和计算举例

例 4-3-1　某高频谐振功率放大器工作于临界状态，输出功率为 15W，且 $V_{CC}=24V$，通角 $\theta_c=70°$。功率放大器的参数为：$g_{cr}=1.5A/V$，$I_{CM}=5A$。

(1) 直流电源提供的功率 P_D，功率放大器的集电极损耗 P_c 及效率 η_c、最佳负载电阻 R_{Popt} 为多少？注：$\alpha_0(70°)=0.253$，$\alpha_1(70°)=0.436$。

(2) 若输入信号振幅增加一倍，功率放大器的工作状态如何改变？此时的输出功率大约为多少？

(3) 若负载电阻增加一倍，则功率放大器的工作状态如何改变？

(4) 回路失谐会有何危险？如何指示调谐？

题意分析　在已知输出功率 P_o、电源电压 V_{CC}、临界饱和线斜率 g_{cr} 及集电极电流通角 θ_c 的情况下，只要计算出电压利用系数 ξ_{cr}，其他参数就很容易求得。输入信号的振幅变化、负载电阻变化都将影响功率放大器的工作状态，利用功率放大器动态线的特性及负载特性即可判断其工作状态。由于谐振时功率放大器工作在临界状态，此时利用输出电压(或直流分量 I_{c0})指示调谐均可。

解 (1) 由于
$$P_o = \frac{1}{2}V_{cm}I_{cm1} = \frac{1}{2}\xi_{cr}V_{CC}i_{cmax}\alpha_1(\theta_c)$$

当放大器工作在临界状态时
$$i_{cmax} = g_{cr}V_{CEmin} = g_{cr}(V_{CC}-V_{cm}) = g_{cr}(V_{CC}-\xi_{cr}V_{CC})$$

将 i_{cmax} 代入 P_o 的表达式中,经整理可求得保证放大器工作在临界状态时所需的集电极电压利用系数为

$$\xi_{cr} = \frac{1}{2} + \sqrt{\frac{1}{4} - \frac{2P_o}{g_{cr}v_{CC}^2\alpha_1(\theta_c)}} \approx 0.91$$

因此,相应的 V_{cm} 和 I_{cm1} 为
$$V_{cm} = \xi_{cr}V_{CC} = 0.91 \times 24 \approx 21.84V$$
$$I_{cm1} = 2P_o/V_{cm} \approx 1.37A$$
$$I_{c0} = \frac{I_{cm1}}{\alpha_1(\theta_c)}\alpha_0(\theta_c) \approx 0.79A$$
$$P_D = V_{CC}I_{c0} = 18.96W$$
$$P_c = P_D - P_o = 3.96W$$
$$\eta_c = \frac{P_o}{P_D} = 79\%$$
$$R_{Popt} = \frac{V_{cm}}{I_{cm1}} \approx 15.94\Omega$$

(2) 若输入信号振幅增加一倍,则根据 $\cos\theta_c = (V_{BZ}+|V_{BB}|)/V_{bm}$ 可知,θ_c 将变大,动态线电阻 R_L' 增大,且 $v_{BEmax} = -V_{BB}+V_{bm}$ 也将增加,它们均使放大器从临界工作状态转变为过压工作状态,此时输出功率基本不变。

(3) 若负载电阻增加一倍,则根据功率放大器的负载特性,放大器将工作在过压状态,此时输出功率约为原来的一半。

(4) 若回路失谐,则功率放大器将工作在欠压状态,此时集电极损耗将增加,有可能烧坏晶体三极管。用 I_{c0} 指示调谐最明显,I_{c0} 最小即表示回路谐振。

例 4-3-2 有一个用硅 NPN 外延平面型高频功率管 3DA1 做成的谐振功率放大器,已知 $V_{CC} = 24V$,$P_o = 2W$,工作频率为 1MHz,试求它的能量关系。由晶体管手册已知其有关参数为 $f_T = 70MHz$,功率增益 $A_P \geqslant 13dB$,$I_{CM} = 750mA$,集电极饱和压降 $V_{CE(sat)} \geqslant 1.5V$,$P_{CM} = 1W$。$\alpha_0(70°) = 0.253$,$\alpha_1(70°) = 0.436$。

解 由前面的讨论已知,工作状态最好选用临界状态。作为工程近似估算,可以认为此时集电极最小瞬时电压 $v_{CEmin} = V_{CE(sat)} = 1.5V$。于是
$$V_{cm} = V_{CC} - v_{CEmin} = 24 - 1.5 = 22.5V$$

由式(4-3-28)得
$$R_p = \frac{V_{cm}^2}{2P_o} = \frac{22.5^2}{2\times2} \approx 126.6\Omega$$
$$I_{cm1} = \frac{V_{cm}}{R_p} = \frac{22.5}{126.6} \approx 0.178A = 178mA$$

已知选取 $\alpha_0(70°)=0.253,\alpha_1(70°)=0.436$,由式(4-3-22)得

$$i_{cmax}=\frac{I_{cm1}}{\alpha_1(70°)}=\frac{178}{0.436}\approx 408\text{mA}<750\text{mA}$$

未超过电流安全工作范围。

直流电流分量为

$$I_{c0}=i_{cmax}\alpha_0(70°)=408\times 0.253\approx 103\text{mA}$$

由式(4-3-5)得

$$P_D=V_{CC}I_{c0}=24\times 103\times 10^{-3}=2.472\text{W}$$

由式(4-3-8)得

$$P_c=P_D-P_o=2.472-2=0.472\text{W}<1\text{W}(P_{CM})$$

由式(4-3-9)得

$$\eta_c=\frac{P_o}{P_D}=\frac{2}{2.472}\approx 81\%$$

由功率增益的定义

$$A_P=10\lg\frac{输出功率}{激励功率}=10\lg\frac{P_o}{P_i}$$

在本例中,$A_P=13\text{dB}$,$P_o=2\text{W}$,因此求得所需的基极激励功率为

$$P_b=P_i=\frac{P_i}{\lg^{-1}\left(\dfrac{A_P}{10}\right)}=\frac{2}{\lg^{-1}(1.3)}\approx 0.1\text{W}$$

以上估算的结果可以作为实际调试的依据。

4.3.6 谐振功率放大器电路

微视频

微视频

在谐振功率放大器中,管外电路由直流馈电电路和滤波匹配网络两部分组成,这两部分电路分别为放大管提供合适的静态偏置和交流通路。下面对两部分电路分别进行介绍。

1. 直流馈电电路

考虑到滤波匹配网络元件的安装方便,馈电电路对滤波匹配网络的影响等实际因素,在谐振功率放大器中,直流馈电电路有两种不同的连接方式,分别称为串馈和并馈。

所谓串馈是指直流电源 V_{CC}、滤波匹配网络和功率管在电路形式上串接的一种馈电方式,如图 4-3-18(a)所示。图中,L_c 为高频扼流圈,它与 C_c 构成电源滤波电路,要求在信号频率上,L_c 的感抗很大,接近开路,C_c 的容抗很小,接近短路,目的是避免信号电流通过直流电源而产生级间反馈,造成工作不稳定。

所谓并馈是指直流电源 V_{CC}、滤波匹配网络和功率管在电路形式上并接的一种馈电方式,如图 4-3-18(b)所示。图中,L_c 为高频扼流圈,C_{c1} 为隔直流电容,C_{c2} 为电源滤波电容,要求在信号频率上,L_c 的感抗很大,接近开路,C_{c1} 和 C_{c2} 的容抗很小,接近短路。采用这种馈电方式时,虽然直流电源与滤波匹配网络在电路形式上是并接的,实际上,由于滤波匹配网络两端的信号电压 v_c 直接反映在 L_c 上,因而加到功率管集电极上的电压 $v_{CE}=V_{CC}-V_{cm}\cos\omega t$ 与串馈电路相同。

由图 4-3-18 可见,两种馈电方式有相同的直流通路,V_{CC} 都能全部加到集电极上,不同

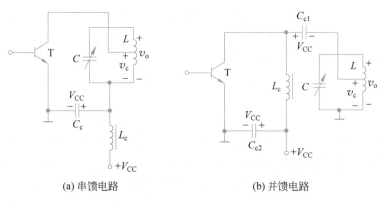

(a) 串馈电路　　　　　　(b) 并馈电路

图 4-3-18　集电极直流馈电电路

的仅是滤波匹配网络的接入方式。在串馈电路中,滤波匹配网络处于直流高电位上,网络元件不能直接接地;而在并馈电路中,由于 C_{c1} 隔断直流,滤波匹配网络处于直流地电位上,因而网络元件可以直接接地,这样,它们在电路板上的安装就比串馈电路方便。但是,L_c 和 C_c 并接在滤波匹配网络上,它们的分布参数将直接影响网络的调谐。

　　再来讨论基极偏置电路,如图 4-3-19 所示。图 4-3-19(a)中,电路的基极偏置电压是由 V_{CC} 通过 R_{b1}、R_{b2} 分压提供的,为保证丙类工作,其值应小于功率管的导通电压。目前更多的是采用自给偏置电路,如图 4-3-19(b)和图 4-3-19(c)所示,它们提供的偏置电压是由基极电流脉冲 i_b 中的直流分量 I_{b0} 在电阻 R_b 或高频扼流圈 L_b 中固有直流电阻上产生的压降,其中,图 4-3-19(b)电路中的 L_b 用来避免 R_b、C_{b1} 对输入滤波匹配网络的旁路影响,图 4-3-19(c)电路中的 L_b 为功率管基极电路提供直流通路。图 4-3-19(d)所示电路是由集电极电流脉冲 i_c 中的直流分量 I_{c0} 在电阻 R_e 上产生的压降 V_{E0} 为三极管提供反偏电压。

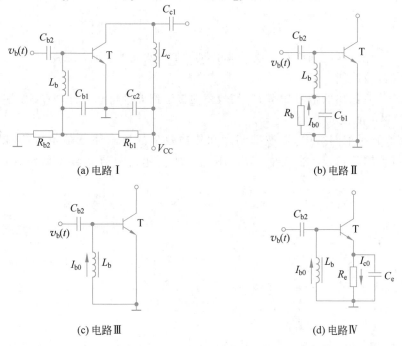

(a) 电路 I　　　　　　　(b) 电路 II

(c) 电路 III　　　　　　(d) 电路 IV

图 4-3-19　基极自给偏压电路

必须指出,在丙类工作时,I_{b0} 随输入信号电压振幅的大小而变化。因此,在上述基极偏置电路中,加到 b-e 间的直流偏置电压也将随输入信号电压振幅大小而变化。当未加输入信号电压时,除图 4-3-19(a)电路提供静态起始正值偏置外,其他 3 种电路的偏置均为零。当输入信号电压由小增大时,由于 I_{b0} 及 I_{c0} 相应增大,加到 b-e 间的偏置将向负值方向增大。这种偏置电压随输入信号电压振幅而变化的效应称为自给偏置效应。

对于放大等幅载波信号的谐振功率放大器来说,利用自给偏置效应可以在输入信号振幅变化时起到自动稳定输出电压振幅的作用。在第 5 章讨论正弦波振荡器时将会发现,这种效应可以用来提高振荡幅度的稳定性。但是,在放大振幅调制信号的线性功率放大器中,这种效应会使放大器偏离乙类工作状态,从而导致输出信号失真,这是应避免的。

2. 滤波匹配网络

多级高频放大器的级与级之间或放大器与负载之间,都要采用一定形式的耦合回路,这种回路一般是四端网络。这个四端网络如果用来与下级放大器的输入端相连接,则称为级间耦合网络;如果用来输出功率至负载,则称为输出匹配网络。以下重点讨论输出匹配网络问题,对输入匹配网络与级间耦合网络只做简要的介绍。

1) 输出滤波匹配网络

对交流通路而言,输出滤波匹配网络介于功率管 T 和外接负载 R_L 之间,如图 4-3-20 所示,对它提出的主要要求如下。

(1) 将外接负载 R_L 变换为功率管所要求的负载 R_p,以保证放大器高效率地输出所需功率。

(2) 充分滤除不需要的高次谐波分量,以保证外接负载上输出所需基波功率(在倍频器中为所需的倍频功率)。工程上,用谐波抑制度来表示这种滤波性能的好坏。若设 I_{Lm1} 和 I_{Lmn} 分别为通过外接负载电流中基波和 n 次谐波分量的振幅,相应的基波和 n 次谐波功率分别为 P_L 和 P_{Ln},则对 n 次谐波的谐波抑制度定义为

$$H_n = 10\lg \frac{P_{Ln}}{P_L} = 20\lg \frac{I_{Lmn}}{I_{Lm1}} \tag{4-3-31}$$

显然,H_n 越小,滤波匹配网络对 n 次谐波的抑制能力就越强。通常采用对二次谐波抑制度 H_2 表示网络的滤波能力。

(3) 将功率管给出的信号功率 P_o 高效率地传送到外接负载上,即要求网络的传输效率 $\eta_k = P_L/P_o$ 尽可能接近 1。

在实际滤波匹配网络中,谐波抑制度和传输效率的要求往往是矛盾的,提高谐波抑制度,会牺牲传输效率,反之亦然。现以图 4-3-21 所示的复合式输出回路为例简要说明该问题。

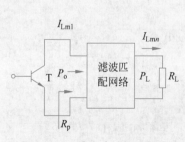

图 4-3-20 输出滤波匹配网络

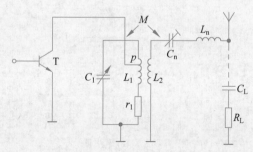

图 4-3-21 复合式输出回路

图 4-3-21 所示是一个变压器耦合复合式回路,该电路将天线(负载)回路通过互感与集电极调谐回路相耦合。图中,介于电子器件与天线回路之间 $L_1 C_1$ 的回路叫作中介回路;R_L、C_L 分别代表天线的辐射电阻与等效电容;C_n、L_n 为天线回路的调谐元件,它们的作用是使天线回路处于串联谐振状态,以获得最大的天线回路电流 I_L,也就是使天线辐射功率达到最大。除了图 4-3-21 所示的电路外,还有其他形式的匹配网络,如 π 形、T 形网络等。但无论是哪种选频网络,从集电极向右方看去,它们都应当等效于一个并联谐振回路,如图 4-3-22 所示。以图 4-3-21 中的互感耦合为例,由耦合电路的理论可知,当天线回路调谐到串联谐振状态时,它反映到 $L_1 C_1$ 中介回路的等效电阻为

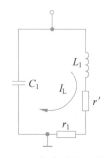

图 4-3-22　复合式输出回路的等效电路

$$r' = \frac{\omega^2 M^2}{R_L} \tag{4-3-32}$$

因而等效到回路两端的谐振阻抗为

$$R_p' = \frac{L_1}{C_1(r_1 + r')} = \frac{L_1}{C_1\left(r_1 + \dfrac{\omega^2 M^2}{R_L}\right)} \tag{4-3-33}$$

对于图 4-3-21 所示的有接入系数 p 的电路,其等效到集电极回路的谐振阻抗为

$$R_p'' = \frac{L_1 p^2}{C_1(r_1 + r')} = \frac{L_1}{C_1\left(r_1 + \dfrac{\omega^2 M^2}{R_L}\right)} p^2 \tag{4-3-34}$$

由式(4-3-33)可知,改变 M 就可以在不影响回路调谐的情况下,调整中介回路的等效阻抗 R_p',达到阻抗匹配的目的。耦合越紧,即互感 M 越大,则反映等效电阻 r' 越大,回路的等效阻抗 R_p' 也就下降越多。复合式输出回路,由于负载(天线)断路对器件不会造成严重的损坏,而且它的滤波作用也比简单回路优良,因而获得广泛的应用。

值得注意的是,由于谐振功率放大器工作于非线性状态,因此线性电路中负载阻抗与电源内阻相等这一阻抗匹配的概念不适用于它。因为在非线性(丙类)工作时,器件的内阻变化很大,导通时,内阻很小;截止时,内阻近似无穷大,输出电阻不是常数,所谓匹配时内阻等于外阻,也就失去了意义。因此,谐振功率放大器阻抗匹配的概念是:在给定的电路条件下,改变负载回路的可调元件,使器件送出额定的输出功率 P_o 至负载最大,这就叫作达到了阻抗匹配。

为了使器件的输出功率绝大部分能送到负载 R_L 上,则希望反映电阻 $r' \gg r_1$(中介回路的损耗电阻)。衡量回路传输能力的优劣通常以输出至负载的有效功率与输入到回路的总交流功率之比来表示,这个比值叫作中介回路的传输效率 η_k,简称中介回路效率。由图 4-3-22 可知

$$\eta_k = \frac{\text{回路送至负载的功率}}{\text{器件送至回路的总功率}} = \frac{I_k^2 r'}{I_k^2(r_1 + r')} = \frac{(\omega M)^2}{r_1 R_L + (\omega M)^2} \tag{4-3-35}$$

设无负载时回路谐振阻抗为

$$R_p = \frac{L_1}{C_1 r_1}$$

有负载时回路谐振阻抗为

$$R'_p = \frac{L_1}{C_1(r_1 + r')}$$

无负载时回路的 Q 值为

$$Q_0 = \frac{\omega L_1}{r_1}$$

有负载时回路的 Q 值为

$$Q_L = \frac{\omega L_1}{r_1 + r'}$$

将上述各式代入式(4-3-35)得

$$\eta_k = \frac{r'}{r_1 + r'} = 1 - \frac{r_1}{r_1 + r'} = 1 - \frac{Q_L}{Q_0} \qquad (4\text{-}3\text{-}36)$$

　　式(4-3-36)说明,要想回路的传输效率高,则空载 Q_0 越大越好,有载 Q_L 越小越好,也就是说,中介回路本身的损耗越小越好。在广播段,线圈的 Q_0 值为 $100 \sim 200$。对于有载 Q_L 的选取,从回路传输效率高的观点来看,应使 Q_L 尽可能小;但从要求回路滤波作用良好方面考虑,则 Q_L 值又应该足够大。从兼顾这两方面出发,Q_L 值一般不应小于 10。在输出功率很大的放大器中,Q_L 也有低到 10 以下的。

　　以上讨论虽然是以互感耦合回路为例,但对于其他形式的匹配网络也是适用的。

　　最后介绍其他形式的匹配网络的设计与计算问题。在选频网络中,我们讲到了串、并联阻抗的等效互换问题,通过这种等效互换作用就可以设计出符合放大器和负载之间要求的输出匹配网络,以及放大器级与级之间的耦合回路。图 4-3-23 所示的两种 π 形网络是其中的形式之一。图 4-3-23 中 R_2 一般代表终端(负载)电阻,R_1 则代表由 R_2 折合到左端的等效电阻,故接线用虚线表示。两种 π 形网络的计算式如下。

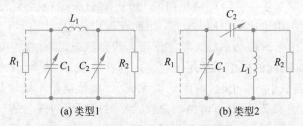

(a) 类型1　　　　　　　　　　　(b) 类型2

图 4-3-23　两种 π 形匹配网络

对于图 4-3-23(a)所示的 π 形网络,有

$$X_{C1} = \frac{R_1}{Q_L}, \quad X_{C2} = \frac{R_2}{\sqrt{\dfrac{R_2}{R_1}(Q_L^2 + 1) - 1}}, \quad X_{L1} = \frac{Q_L R_1}{Q_L^2 + 1}\left(1 + \frac{R_2}{Q_L X_{C1}}\right)$$

对于图 4-3-23(b)所示的 π 形网络,有

$$X_{C1} = \frac{R_1}{Q_L}, \quad X_{C2} = \frac{Q_L R_1}{Q_L^2 + 1}\left(\frac{R_2}{Q_L X_{L1}} - 1\right), \quad X_{L1} = \frac{R_2}{\sqrt{\dfrac{R_2}{R_1}(Q_L^2 + 1) - 1}}$$

下面简要说明上述计算式是如何得出的。

首先用串并联阻抗变换的等效公式,可将图 4-3-23(a)中的 R_1C_1 与 R_2C_2 转换成串联形式,得到如图 4-3-24 所示的等效电路,为了方便,图中不再绘出虚线。相应参数的计算式如下。

$$\begin{cases} R'_1 = \dfrac{X_{C1}^2}{R_1^2 + X_{C1}^2}R_1, & R'_2 = \dfrac{X_{C2}^2}{R_2^2 + X_{C2}^2}R_2 \\ X'_{C1} = \dfrac{R_1^2}{R_1^2 + X_{C1}^2}X_{C1}, & X'_{C2} = \dfrac{R_2^2}{R_2^2 + X_{C2}^2}X_{C2} \end{cases} \quad (4\text{-}3\text{-}37)$$

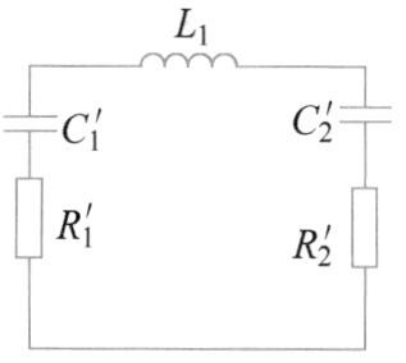

图 4-3-24 等效电路

设计回路时,应求出 L_1、C_1、C_2 的值,已知负载电阻 R_2 与器件要求的匹配电阻 R_1[由式(4-3-30)计算出所需的谐振负载阻抗 R_p 就是此处的 R_1 值]。匹配网络必须满足阻抗匹配与回路调谐两个条件。为了解出 3 个未知数 L_1、C_1、C_2,还必须假设一个初始条件,通常可假设网络输入端的 Q_L 已知,即

$$Q_L = \frac{R_1}{X_{C1}} \quad 或 \quad X_{C1} = \frac{R_1}{Q_L} \quad (4\text{-}3\text{-}38)$$

网络的匹配条件为

$$R'_1 = R'_2 \quad (4\text{-}3\text{-}39)$$

网络的谐振条件为

$$X_{L1} = X'_{C1} + X'_{C2} \quad (4\text{-}3\text{-}40)$$

代入式(4-3-37),即可得出图 4-3-23(a)的计算式,解得 L_1、C_1、C_2 的值。

图 4-3-23(b)及其他形式的匹配网络,都可以根据上述 3 个条件导出计算式,这里不一一列举。

由于 X_{C2}、X_{L1} 等应为实数,因此由图 4-3-23(a)所示 π 形网络计算式中的 X_{C2} 公式可知,必须满足

$$(1+Q_L^2)\frac{R_2}{R_1} - 1 > 0 \quad 或 \quad \frac{R_2}{R_1} > \frac{1}{1+Q_L^2} \quad (4\text{-}3\text{-}41)$$

上式就是适用于 π 形网络时,R_1 与 R_2 之间的关系。

例 4-3-3 有一个输出功率为 2W 的高频功率放大器,负载电阻 $R_L = R_2 = 50\Omega$,$V_{CC} = 24V$,$f = 50MHz$,$Q_L = 10\Omega$,试求 π 形网络的元件值。

解 取 $V_{cm} = V_{CC}$,由式(4-3-28)可求出

$$R_p = R_1 = \frac{V_{cm}^2}{2P_o} = 144\Omega$$

由图 4-3-23(a)的计算式可得

$$X_{C1} = \frac{R_1}{Q_L} = \frac{144}{10} = 14.4\Omega$$

代入 $X_{C1} = \dfrac{1}{\omega C_1}$ 得

$$C_1 = \frac{1}{\omega X_{c1}} = \frac{1}{2\pi \times 50 \times 10^6 \times 14.4}F \approx 221pF$$

又

$$X_{C2} = \frac{R_2}{\sqrt{\dfrac{R_2}{R_1}(Q_L^2 + 1) - 1}} = \frac{50}{\sqrt{\dfrac{50}{144} \times (10^2 + 1) - 1}} \approx 8.57\Omega$$

同理,代入 $X_{C2} = \dfrac{1}{\omega C_2}$ 得

$$C_2 = \frac{1}{\omega X_{c2}} = \frac{1}{2\pi \times 50 \times 10^6 \times 8.57}\text{F} \approx 371\text{pF}$$

又

$$X_{L1} = \frac{Q_L R_1}{Q_L^2 + 1}\left(1 + \frac{R_2}{Q_L X_{C1}}\right) = \frac{10 \times 144}{10^2 + 1}\left(1 + \frac{50}{10 \times 8.57}\right)\Omega \approx 22.6\Omega$$

代入 $X_{L1} = \omega L_1$ 得

$$L_1 = \frac{X_{L1}}{\omega} = \frac{22.6}{2\pi \times 50 \times 10^6}\text{H} \approx 72\text{nH}$$

2) 输入滤波匹配网络与级间耦合电路

上面所讨论的输出回路是用于多级高频谐振功率放大器(如发射设备)的末级。至于末级以前的各级(主振级除外)都叫作中间级。虽然这些中间级的用途不尽相同,如可作为缓冲、倍频或功率放大等,但它们的集电极回路都是用来馈给下一级所需要的激励功率的,这些回路就叫作级间耦合回路。而对于下级(推动级)来说,这些回路就是输入滤波匹配网络。因此在以下的讨论中,不再区分级间耦合回路与输入滤波匹配网络。

在讨论放大器的工作状态时已经指出,由于末级和中间级的电平和负载状态不同,因而对它们的要求就有差别。对于输出回路,应力求输出功率大,效率高。由于天线阻抗(R_L 与 C_L)在正常情况下是不变的,故可以使它与集电极回路匹配,使末级工作于临界状态,以获得最大的输出功率。这时,回路的传输效率 η_k 也很高。但对于级间耦合回路,情形就不同了。级间耦合回路的负载是下一级的基极输入阻抗,它的值随激励电压的大小和器件本身工作状态的变化而改变,反映到前级回路(级间耦合回路),就是这个回路的等效阻抗的变化。如果前级工作于欠压状态,那么它的输出电压将不稳定,这种情况是不希望出现的。因为对于中间级来说,最主要的是应该保证它的输出电压稳定,以供给下级稳定的激励电压,而效率则降为次要问题。由于中间级工作于低电平,效率低一些对于整机影响不大。

为了达到保证送给下级稳定的激励电压的目的,对于中间级应采取如下措施。

(1) 中间放大级应工作于过压状态,此时它等效为一个恒压源,其输出电压几乎不随负载变化。这样,尽管后级的输入阻抗是变化的,但该级所得到的激励电压仍然是稳定的。

(2) 降低级间耦合回路的效率 η_k。因为回路效率降低,意味着回路本身损耗加大,这样就使下级输入回路的损耗功率相对来说显得不重要,也就减弱了下级对本级工作状态的影响。中间级的 η_k 一般取值为 0.1~0.5,也就是说中间级的输出功率应为后一级所需激励功率的 2~10 倍。

由于晶体管的基极电路输入阻抗很低,而且功率越大的晶体管,它的输入阻抗就越低,一般为几十欧(小功率管)至十分之几欧(大功率管)。输入匹配网络的作用就是使晶体管的低输入阻抗能与内阻比这个低输入阻抗高得多的信号源相匹配。通常,绝大多数晶体管的输入阻抗可以认为是电阻 $r_{bb'}$ 与电容 C_i 串联组成,输入匹配网络应抵消 C_i 的作用使它对

信号源呈现纯电阻性。

图 4-3-25 为输入匹配网络示例。图中较大虚线框内为 T 形网络,L_1 除用以抵消 C_i 的作用外,还与 C_1、C_2 形成谐振电路。这种电路适合使低的输入阻抗与高的输出阻抗相匹配。下面给出图中 T 形网络的计算式。

$$X_{L1} = Q_L R_2 = Q_L r_{bb'}, \quad X_{C1} = R_1 \sqrt{\frac{r_{bb'}(Q_L^2 + 1)}{R_2} - 1}, \quad X_{C2} = \frac{r_{bb'}(Q_L^2 + 1)}{Q_L} \bigg/ \left(1 - \frac{X_{C1}}{Q_{LR_1}}\right)$$

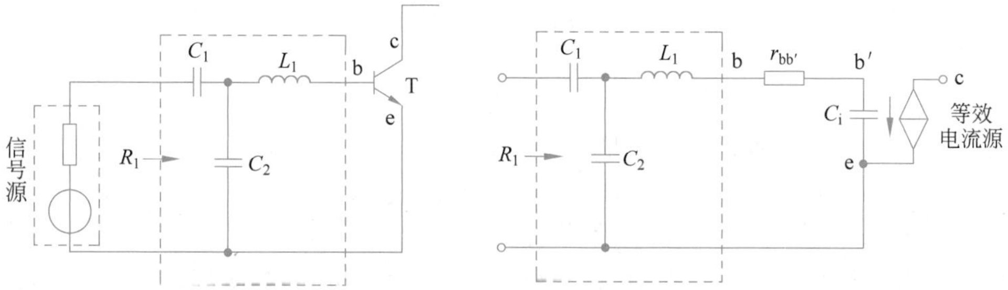

$$X_{L1} \gg X_{ci}, R_1 \gg R_2(r_{bb'})$$

图 4-3-25 输入匹配网络

应当指出,本节的输出滤波匹配网络以 π 形为例,输入滤波匹配网络以 T 形为例,只是为了便于说明问题。事实上,各种形式的滤波匹配网络均可用于输出电路及输入电路,视实际电路要求而定。滤波匹配网络在谐振功率放大器中占有很重要的地位,滤波匹配网络设计和调整良好,就能保证放大器工作于最佳状态。尤其对于晶体管来说,正确设计与调整滤波匹配网络,具有十分重要的意义。

3. 谐振功率放大器电路

采用不同的馈电电路和滤波匹配网络,可以构成谐振功率放大器的各种实用电路。

图 4-3-26 所示是工作频率为 50MHz 的谐振功率放大电路,它向 50Ω 外接负载提供 70W 功率,功率增益达到 11dB。电路中,基极采用自给偏置电路,由高频扼流圈 L_b 中的直流电阻产生很小的负值偏置电压。C_1、C_2、C_3 和 L_1 组成由 T 形和 L 形构成的两级混合网络,作为输入滤波匹配网络,调节 C_1 和 C_2 使功率管的输入阻抗在工作频率上变换为前级要求的 50Ω 匹配电阻。集电极采用并馈电路,L_c 为高频扼流圈,C_{c1} 和 C_{c2} 为电源滤波电容,C_4、C_5、C_6、L_2 和 L_3 组成由 L 形和 T 形构成的两级混合网络,调节 C_4、C_5 和 C_6 使 50Ω 外接负载在工作频率上变换为放大管所要求的匹配电阻。

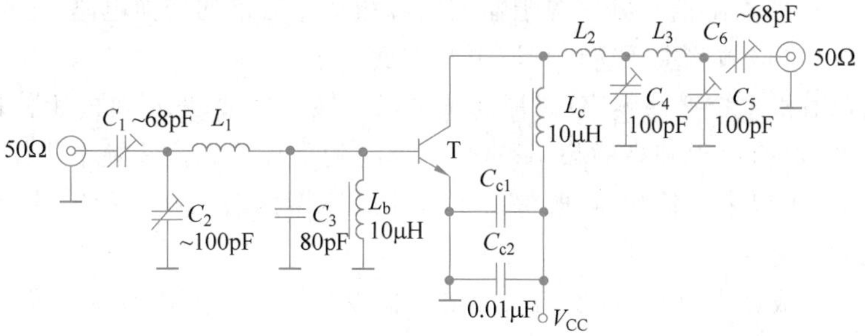

图 4-3-26 50MHz 谐振功率放大电路

图 4-3-27 所示是工作频率为 150MHz 的谐振功率放大电路，它向 50Ω 外接负载提供
3W 功率，功率增益达到 10dB。电路中，基极采用由 R_b 产生负值电压的自给偏置电路，L_b
为高频扼流圈，C_b 为滤波电容。集电极采用并馈电路，高频扼流圈 L_c 和 R_c、C_{c1}、C_{c2}、C_{c3}
组成电源滤波网络，放大器的输入端采用由 $C_1 \sim C_3$ 和 L_1 构成的 T 形滤波匹配网络，输出
端采用由 $C_4 \sim C_8$ 和 $L_2 \sim L_5$ 构成的三级 π 形混合滤波匹配网络。

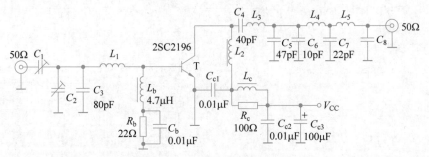

图 4-3-27　150MHz 谐振功率放大电路

图 4-3-28 所示是工作频率为 400MHz 的场效应管谐振功率放大器，它向 50Ω 外接负载
提供 15W 功率，功率增益达到 14dB，电路效率为 54%。电路中，栅极采用分压式偏置电路，
漏极采用并馈电路，L_{d1}、L_{d2} 为高频扼流圈，放大器的输入端采用 T 形滤波匹配网络，输出
端采用 L 形和 π 形构成的混合滤波匹配网络。

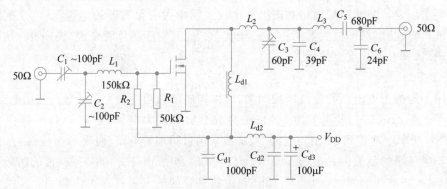

图 4-3-28　场效应管谐振功率放大器

4.3.7　倍频器

倍频器是一种使输出信号频率等于输入信号频率整数倍的变换电路。

在通信系统中，倍频器主要应用于以下几方面。

（1）降低发射机主控振荡频率，以提高频率稳定性。通常，发射机的主控振荡器是由石
英晶体振荡器构成的，以得到高的频率稳定性，但它的最佳稳定振荡频率往往低于发射机的
工作频率。这时，可以采用倍频器，既保持了石英晶体振荡器的频率稳定性，又满足了发射
机工作频率的要求。

（2）在频率合成器中，应用各种倍数的倍频器以产生等于主频率各次谐波的频率源。

（3）在调频和调相系统中用以扩大频偏。

倍频器的工作原理与谐振功率放大器类似，由于在大信号激励下的非线性电路中，会产

生激励信号的各次谐波分量,用选频电路选出所需倍数的谐波成分,滤除所有不需要的频率成分,就可完成倍频过程。

倍频器的电路与图 4-3-1 所示的谐振功率放大器的电路类似,但是输出谐振回路的谐振频率不是调谐在输入信号的频率 ω_s 上,而是调谐在它的高次谐波频率上。调谐在 $2\omega_s$ 时,称为二倍频器;调谐在 $3\omega_s$ 时,称为三倍频器,等等。另外,倍频器中非线性器件的工作状态与谐振功率放大器不同。对于一个 n 次倍频器,为使倍频器有效地工作,总是要使集电极电流中含 n 次谐波分量足够大,这就要按照式(4-3-42)来确定集电极电流的流通角。

$$\theta_c = \frac{120^\circ}{n} \tag{4-3-42}$$

由于倍频器的静态工作点均设置在截止区,故称其为丙类或 C 类倍频器。

n 次倍频器的输出信号功率可表示为

$$P_{on} = \frac{1}{2} V_{cmn} I_{cmn} \tag{4-3-43}$$

而谐振功放的输出信号功率为 $P_{on} = \dfrac{1}{2} V_{cm1} I_{cm1}$。若设两种工作状态的集电极电流峰值 i_{cmax} 相同,集电极交流电压幅度相同,即 $V_{cm1} = V_{cmn} = V_{cm}$,则两种工作状态的功率比为

$$\frac{P_{on}}{P_{o1}} = \frac{I_{cmn}}{I_{cm1}} = \frac{\alpha_n(\theta_c)}{\alpha_1(\theta_c)} \tag{4-3-44}$$

若假定作为谐振放大器时最佳流通角为 120°,作为二倍频器时最佳流通角为 60°,作为三倍频器时最佳流通角为 40°,由图 4-3-6 可知 $\alpha_1(120^\circ)$、$\alpha_2(60^\circ)$、$\alpha_3(40^\circ)$ 的值,可以得出 $P_{o2}/P_{o1} \approx 1/2$,$P_{o3}/P_{o1} \approx 1/3$。这就是说,对图 4-3-1 所示电路,当其分别作为倍频器和谐振放大器工作时,若保持两者集电极电流峰值相同,输出交流电压的幅度相同的条件,则作为二倍频器和三倍频器工作时,在最佳流通角状态下,其输出功率要比作为谐振放大器工作时分别减小 1/3 和 2/3。因此,倍频器集电极功耗一般比放大器大得多。基于上述原因,丙类倍频器的倍频次数一般只限于 2～3 次,少数情况取 4～5 次。

图 4-3-29 所示为丙类倍频器电路示例,图中,基极高频扼流圈构成基极电流的直流通路。发射极电阻与电容一起提供自给偏置,同时起限制集电极功耗的作用,C、L 组成的回路调谐在输入信号频率的谐波上。这类倍频器的优点是可调元件少,调整方便,故在倍频次数较低的电路中常采用。

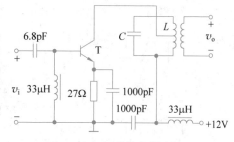

图 4-3-29　丙类倍频器电路图

除了上述利用晶体管非线性特性构成的倍频器外,由于电抗元件本身不消耗能量,为了提高倍频器的效率,有时采用电抗倍频器,其中引用最多的是用变容管的电容倍频器。

4.4　丁类(D 类)和戊类(E 类)功率放大器

高频谐振功率放大器的主要问题是如何尽可能提高它的输出功率与效率。提高效率能

在同样的器件耗散功率条件下，提高输出功率。丙类放大器采用减小电流流通角 θ_c 以减少集电极电流中的直流分量的方法提高放大器的效率。但是，电流流通角 θ_c 的减小是有一定限度的。因为 θ_c 减小，基波幅值也会下降，为保持一定的输出功率，就需要增加输入信号的幅度，这将增加前级的负担。丁类（D 类）和戊类（E 类）放大器的流通角 θ_c 固定为 $90°$，它们降低放大器件耗散功率的原理是：当器件两端处于高电压时，使通过器件的电流很小；当通过器件的电流很大时，使器件两端电压很低。

4.4.1　丁类（D类）功率放大器

D 类放大器的晶体管工作于开关状态。导通时，管子进入饱和区，器件内阻接近于零；截止时，电流为零，器件内阻接近于无穷大。这样，就使集电极功耗大大减小，效率大大提高。根据效率的定义 $\eta_c = \dfrac{P_o}{P_D} = \dfrac{P_o}{P_o + P_c}$，$P_c$ 为晶体管集电极耗散功率，说明要提高放大器效率，应尽可能减小晶体管集电极耗散功率 P_c，而

$$P_c = \frac{1}{2}\int_{-\theta_c}^{+\theta_c} i_c v_{CE} \mathrm{d}(\omega t) \tag{4-4-1}$$

故减小耗散功率的有效方法如下。

（1）减小 P_c 的积分区间 θ_c，即减小电流的流通角。

（2）减小 i_c 与 v_{CE} 的乘积。

丙类（C 类）放大器采用第一种方案，D 类和 E 类放大器则采用后一种方法获得更高效率。这一类放大器通常工作于开关状态，因此，当晶体管导通（i_c 最大）时，其管压降 v_{CE} 最小；而当管子截止（$i_c=0$）时，管压降 v_{CE} 最大。在理想情况下，可使 $i_c v_{CE}$ 趋于零，即 P_c 趋于零，而 η_c 趋于 100%。

图 4-4-1(a)所示为根据上述原理提出的一种高效率谐振功率放大器的电路形式，称为电压开关型 D 类放大器。

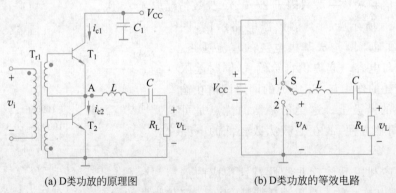

(a) D类功放的原理图　　　　(b) D类功放的等效电路

图 4-4-1　D 类功放及其等效电路

图 4-4-1(a)中，其激励信号 v_i 是一个重复频率为 f_s 的方波，或是幅度足够大的正弦波。该激励信号通过变压器 T_{r1}，在两次级线圈产生极性相反的推动电压 v_{b1} 和 v_{b2}，它们分别使晶体管 T_1 和 T_2 依次处于饱和或截止状态。在激励信号的正半周，T_1 饱和，T_2 截止，相当于图 4-4-1(b)所示等效电路的开关置于位置 1，于是电源电压 V_{CC} 通过开关 S 向 L、C、R_L 组成的串联回路充电，并使 A 点的电压提高到 v_A。

$$v_A = V_{CC} - V_{CE(sat)} \tag{4-4-2}$$

在激励信号的负半周,T_2 饱和,T_1 截止,相当于开关 S 置于 2,储存在 LC 的能量通过 T_2 放电,并使 A 点的电压下降为

$$v_A = V_{CE(sat)}$$

电路的工作波形如图 4-4-2 所示。从上至下依次为激励电压波形;A 点电压波形;回路谐振时,串联谐振回路正、负半周流过 T_1 和 T_2 的电流 i_{c1} 和 i_{c2} 的波形以及负载端电压 v_L 的波形。显然回路电流 i_L 将是 i_{c1} 和 i_{c2} 的合成,当回路 Q 值足够高时,i_L 将是角频率为 ω_s 的余弦波,即负载的端电压为角频率为 ω_s 的余弦电压,其幅度为

$$V_{Lm} = \frac{1}{2} \int_{-\pi/2}^{+\pi/2} (V_{CC} - 2V_{CE(sat)}) \cos(\omega_s t) \mathrm{d}(\omega_s t) = \frac{2}{\pi} (V_{CC} - 2V_{CE(sat)}) \tag{4-4-3}$$

通过负载的基波电流幅度则为

$$I_{cm1} = \frac{V_{Lm}}{R_L} = \frac{2}{\pi R_L} (V_{CC} - 2V_{CE(sat)}) \tag{4-4-4}$$

由于充、放电电流均为半个余弦波,故其脉冲幅度与基波电流幅度相等,即

$$i_{cmax} = I_{cm1} \tag{4-4-5}$$

于是可以求得余弦脉冲的平均分量,即直流电流为

$$I_{c0} = \alpha_0(90°) i_{cmax} = \frac{i_{cmax}}{\pi} = \frac{I_{cm1}}{\pi} = \frac{2}{\pi^2 R_L} (V_{CC} - 2V_{CE(sat)}) \tag{4-4-6}$$

事实上,由于电源供给能量的时间仅半个周期,故电源输出的直流电流即为 I_{c0}。于是 D 类功率放大器的输出功率 P_o、电源供给功率 P_D 和效率 η_c 可分别表示为

$$P_o = \frac{1}{2} I_{cm1} V_{Lm} = \frac{2}{\pi^2 R_L} (V_{CC} - 2V_{CE(sat)})^2 \tag{4-4-7}$$

$$P_D = I_{c0} V_{CC} = \frac{2V_{CC}(V_{CC} - 2V_{CE(sat)})}{\pi^2 R_L} \tag{4-4-8}$$

$$\eta_c = \frac{P_o}{P_D} = \frac{V_{CC} - 2V_{CE(sat)}}{V_{CC}} \tag{4-4-9}$$

可见,D 类功放的效率受管压降 $V_{CE(sat)}$ 影响,当 $V_{CE(sat)} \approx 0$ 时,D 类功放的效率可接近 100%。

实际上,在高频工作时,由于晶体管势垒电容、扩散电容以及电路的分布电容的影响,晶体管 T_1、T_2 的开关转换不可能在瞬间完成,即 v_A 的波形将如图 4-4-2(b) 中的虚线所示。这样,放大器就偏离了前面要求的 $i_c = 0$,此时 $v_{CE} \approx V_{CC}$;i_c 为最大时,$v_{CE} \approx 0$,晶体管的耗散功率将增大,放大器的实际效率将下降。这种现象随着输入信号频率的提高而更趋严重。所以,D 类功率放大器的工作频率受器件高频特性的限制,应该选用开关速度快,且有一定功率容量的高频开关管或无电荷存储效应的 VMOS 场效应开关管。

D 类功率放大器除了上述的电压开关型电路外,还有电流开关电路,这里不再详述。

4.4.2　戊类(E 类)功率放大器

丁类放大器总是由两个三极管组成的,而戊类放大器则是单管工作于开关状态。它的特点是选取适当的负载网络参数,使其瞬态响应最佳。也就是说,当开关导通(或断开)的瞬

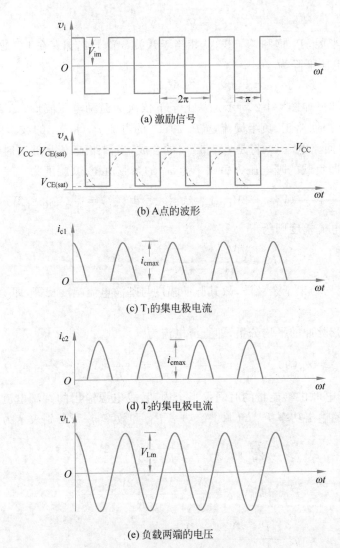

图 4-4-2　D 类功率放大器相应点的波形

间,只有当器件的电压(或电流)降为零后,才能导通(或断开)。这样即使开关转换时间与工作周期相比较已相当长,也能避免在开关器件内同时产生大的电压或电流。这就避免了在开关转换瞬间内的器件功耗,从而克服了丁类放大器的缺点。

图 4-4-3(a)所示为 E 类功率放大器的基本电路。它由工作于开关状态的单个晶体管和输出谐振回路组成,C_1 为晶体管的输出电容,C_2 为外加电容,以使放大器获得所期望的性能,同时也消除了在丁类放大器中由 C_1 引起的功率损耗,因而提高了放大器的效率。图 4-4-3(b)所示为等效电路。晶体管工作在开关状态,输出回路等效为由 L、C 组成的理想网络和一附加的相位控制元件 jX,调整 jX 可使电路工作在下述状态。

(1) 将集电极电压的上升段延迟到晶体管断开以后,即在集电极出现高电压时,晶体管无电流。

(2) 当晶体管导通时,使集电极电压降为零,即在晶体管中流通大电流时,其集电极电压接近零。

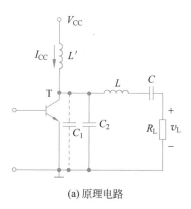

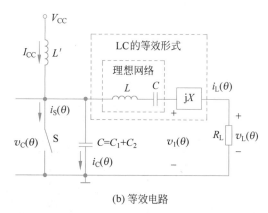

(a) 原理电路　　　　　　　　　　　(b) 等效电路

图 4-4-3　E 类功率放大器

（3）在晶体管导通时刻，集电极电压随时间的变化率为零。这种设计使得晶体管从断开到导通转换时，有一定的时间区间集电极电压为零，这样，即使调谐回路略有失谐也不致引起大的功耗。

以上工作状态保证了 E 类功率放大器可以获得很高的效率。

4.5　宽带高频功率放大电路

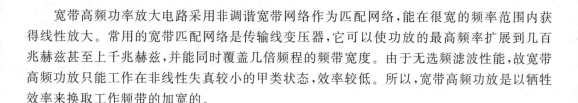

宽带高频功率放大电路采用非调谐宽带网络作为匹配网络，能在很宽的频率范围内获得线性放大。常用的宽带匹配网络是传输线变压器，它可以使功放的最高频率扩展到几百兆赫兹甚至上千兆赫兹，并能同时覆盖几倍频程的频带宽度。由于无选频滤波性能，故宽带高频功放只能工作在非线性失真较小的甲类状态，效率较低。所以，宽带高频功放是以牺牲效率来换取工作频带的加宽的。

1. 传输线变压器的宽频带特性

普通变压器上、下限频率的扩展方法是相互制约的。为了扩展下限频率，就需要增大初级线圈的电感量，使其在低频段也能取得较大的输入阻抗，如采用高磁导率的高频磁心和增加初级线圈的匝数，但这样做将使变压器的漏感和分布电容增大，降低了上限频率；为了扩展上限频率，就需要减小漏感和分布电容，如采用低磁导率的高频磁心和减少线圈的匝数，但这样做又会使下限频率提高。

传输线变压器是基于传输线原理和变压器原理二者结合而产生的一种耦合元件。它是将传输线（双绞线、带状线或同轴电缆等）绕在高导磁心上构成的，以传输线方式与变压器方式同时进行能量传输。利用图 4-5-1 所示的一种简单的 1∶1 传输线变压器，可以说明这种特殊变压器能同时扩展上、下限频率的原理。

图 4-5-1(a)为结构示意图，图 4-5-1(b)和图 4-5-1(c)分别是传输线方式和变压器方式的工作原理图，图 4-5-1(d)图是用分布电感和分布电容表示的传输线分布参数等效电路。

在以传输线方式工作时，信号从①、③端输入，②、④端输出。如果信号的波长与传输线的长度可以比拟，两根导线的固有分布电感和相互间的分布电容就构成了传输线的分布参数等效电路。若传输线无损耗时，则传输线的特性阻抗 $Z_C = \sqrt{\Delta L / \Delta C}$。

传输线变压器有其固有的特性阻抗 Z_C，它是由传输线的结构决定的。当负载阻抗

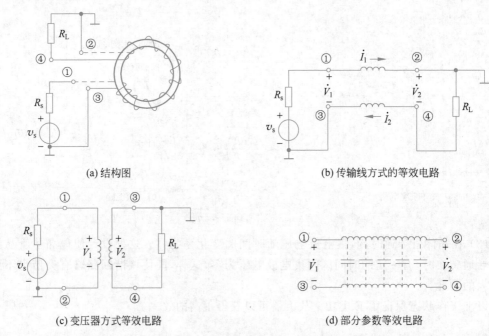

(a) 结构图

(b) 传输线方式的等效电路

(c) 变压器方式等效电路

(d) 部分参数等效电路

图 4-5-1　1∶1 传输线变压器结构示意图及等效电路

$R_L = Z_C$ 时，传输线处于行波状态，传输线始端的输入阻抗 $R_i = Z_C$，此时可以近似认为在传输线的上限频率范围内线上的电压处处相等，电流也处处相等但方向相反，如图 4-5-1(b) 所示，即

$$\dot{V}_1 = \dot{V}_2 = \dot{V}, \quad \dot{I}_1 = \dot{I}_2 = \dot{I} \tag{4-5-1}$$

此时传输线的特性阻抗 Z_C 定义为

$$Z_C = \frac{\dot{V}}{\dot{I}} \tag{4-5-2}$$

在以变压器方式工作时，信号从①、②端输入，③、④端输出。由于输入、输出线圈长度相同，由图 4-5-1(c) 可见，这是一个 1∶1 的反相变压器。当工作在低频段时，由于信号波长远大于传输线长度，分布参数影响很小，可以忽略，故变压器方式起主要作用。由于磁心的磁导率很高，所以即使传输线段短也能获得足够大的初级电感量，保证了传输线变压器的低频特性。当工作在高频段时，传输线方式起主要作用，在无耗且匹配的情况下，上限频率将不受漏感、分布电容、高磁导率磁心的限制。而在实际情况下，虽然要做到严格无耗和匹配是很困难的，但上限频率仍可以达到很高。

由以上分析可以看到，传输线变压器具有很好的宽频带特性。

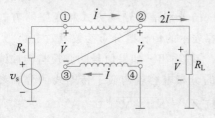

图 4-5-2　4∶1 传输线阻抗转换器

2. 传输线变压器的阻抗变换特性

与普通变压器一样，传输线变压器也可以实现阻抗变换，受结构的限制，只能实现某些特定的阻抗比的变换，图 4-5-2 给出了一种 4∶1 传输线阻抗转换器的原理图。

在无耗且传输线长度很短的情况下，传输线变压器输入端与输出端电压相同,均为 $\dot{V}$,流过的电流均为 $\dot{I}$。由此可得到特性阻抗 Z_C 和输入端阻抗 Z_i 分别为

$$Z_C = \frac{\dot{V}}{\dot{I}} = \frac{2\dot{I}R_L}{\dot{I}} = 2R_L, \quad Z_i = \frac{2\dot{V}}{\dot{I}} = 2Z_C = 4R_L$$

所以,当负载 R_L 为特性阻抗 Z_C 的 $1/2$ 时,此传输线变压器可以实现 $4:1$ 的阻抗变换。此时终端匹配的条件是 $R_L = Z_C/2$。其中 Z_i 是指①、④端之间的等效阻抗。

利用传输线变压器还可以实现其他一些特定阻抗变换。注意,不同阻抗比时的终端匹配条件不一样。

图 4-5-3 给出了一个两级宽带高频功率放大电路,其匹配网络采用了 3 个传输线变压器。可见,两级功放都工作在甲类状态,并采用本级直流负反馈方式展宽频带,改善非线性失真。3 个传输线变压器均为 $4:1$ 阻抗转换器。前两个级联后作为第一级功放的输出匹配网络,总阻抗比为 $16:1$,使第二级功放的低输入阻抗与第一级功放的高输入阻抗实现匹配。第三个使第二级功放的高输出阻抗与 50Ω 的负载电阻实现匹配。

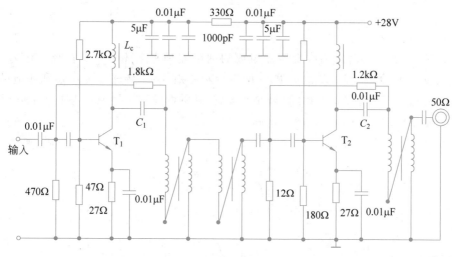

图 4-5-3　两级宽带高频功率放大器

4.6　功率合成电路

在实际应用中,功率合成电路具有很高的实用价值。为了获得足够大的输出功率,可以提高供电电压和采用大功率管构成所需功率的放大器。但是,由于大功率管及其散热装置的价格均比较昂贵,且功耗也很大,因此这种方法不实用。常用的方法是将多个功率放大器的输出功率进行叠加而得到所需的功率,这就是功率合成技术。

功率合成电路由功率分配网络、功率放大器、功率合成网络 3 部分组成。对于功率合成网络要求:(1)功率叠加且合成时功率损耗最小;(2)具有隔离特性,即两个合成源放大器互不影响工作状态。而功率分配网络也应满足:(1)平均分配,即信号源的功率平均分配给负载,且分配时功率损耗最小;(2)具有隔离特性,指负载之间互不影响,一个负载改变时,不影响另一个负载所得到的功率,同时负载变化时,也不影响信号源的工作状态。

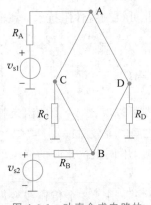

图 4-6-1 功率合成电路的基本功能

功率合成电路的基本功能如图 4-6-1 所示，C 为同相功率合成端，D 端为反相功率合成端。当 A、B 两端输入等值同相功率时，C 端负载 R_C 上获得两输入功率的合成，而 D 端负载 R_D 上无功率输出；当 A、B 两端输入等值反相功率时，D 端负载 R_D 上获得两输入功率的合成，而 C 端负载 R_C 上无功率输出。当 R_D 和 R_C 之间满足特定关系时，A、B 两输入端彼此隔离，即任一端功率放大器的工作状态变化和损坏时，不会影响另一端功率放大器的工作状态，并维持其原输出功率。

功率合成电路还可以实现功率分配的功能。当 $R_A = R_B$ 时，加在 D 端的功率放大器将其输出功率均等地分配给 R_A 和 R_B，且它们是反相的，而 C 端无功率输出；而加在 C 端的功率放大器将其输出功率均等地分配给 R_A 和 R_B，且它们是同相的，而 D 端无功率输出。实现功率合成的电路种类很多，一般都由无源元件组成，它们统称为魔 T 网络。

4.6.1　魔 T 网络

图 4-6-2(a) 所示的由传输线变压器组成的网络即具有上述特性。它既可作为功率分配，又可作为功率合成，因此称之为魔 T 网络。它是由 4：1 传输线变压器和相应的 AO、BO、CO、DD 这 4 条臂组成，其中 DD 臂是平衡臂，臂的两端均不接地。为了便于分析，也可以将它改画成图 4-6-2(b) 所示的等效电路。

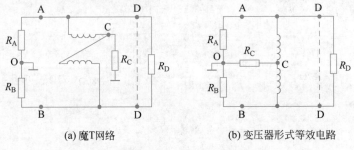

(a) 魔T网络　　　　　　　(b) 变压器形式等效电路

图 4-6-2　魔 T 网络及其等效电路

为了满足功率合成（或分配）网络所需要的条件，通常传输线的特性阻抗 Z_C 和每条臂上的阻值（负载电阻和信号源内阻）满足

$$Z_C = R_A = R_B = R, \quad R_C = R/2, \quad R_D = 2R \qquad (4\text{-}6\text{-}1)$$

1. 功率分配

在图 4-6-2 所示的魔 T 网络中，如果从 CO 臂（或 DD 臂）馈入信号，则会在 AO、BO 臂上获得功率，该过程称为功率分配。功率分配有同相功率分配和反相功率分配两种。

1）同相功率分配

如果从 CO 臂馈入信号，如图 4-6-3(a) 所示，根据网络的对称性，容易看出，A、B 两端的电位应该是大小相等，相位相同，因此输入功率同相地（图中两个电流均流向地）平均分配给 AO、BO 臂上的负载。DD 臂上则无压降，因此 DD 臂无输出。这说明 CO 臂对 DD 臂是隔离的。因此,图 4-6-3(a)所示的电路可以作为同相功率分配网络。

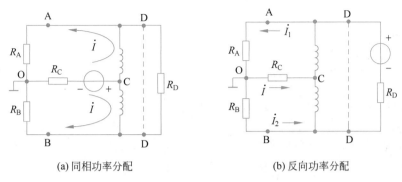

(a) 同相功率分配　　　　　　(b) 反向功率分配

图 4-6-3　功率分配网络

2) 反相功率分配

如果从 DD 臂馈入信号,如图 4-6-3(b)所示,根据网络的对称性,必然有 $\dot{I}_1 = \dot{I}_2$,A、B 两端则得到大小相等,相位相反的信号。因此输入功率反相地平均分配给 AO、BO 臂上的负载。而 $\dot{I} = 0$,即 CO 臂上无输出。这说明臂 DD 对 CO 臂是隔离的。因此,图 4-6-3(b)所示的电路可以作为反相功率分配网络。

由上述两种情况可知,图 4-6-3 电路可以作为功率分配网络,并且 CO 臂与 DD 臂是相互隔离的。

2. 功率合成

当从 AO、BO 两臂馈以反相激励电压,如图 4-6-4 所示,由于电路的对称性,必然有 $\dot{I}_1 = \dot{I}_2$,通过电阻 $R_C = R/2$ 的总电流等于零,即 CO 臂上无输出功率。此时,DD 臂上的电阻 $R_D = 2R$ 正好与 AO、BO 臂的电阻 $R_A + R_B = 2R$ 相匹配,两个反相信号源提供的功率全部输送到 DD 臂上的电阻 $R_D = 2R$ 中。因此,该网络可作为反相功率合成网络。

同理,在图 4-6-4 所示的网络中,如果在 AO、BO 两臂馈以同相激励电压,则在 CO 臂上获得合成功率,而在 R_D 上则无输出功率。$R_C = R/2$ 正好与等效激励信号内阻相匹配($R_C = R_A // R_B$)。因此,该网络也可作为同相功率合成网络。

当 AO 臂(或 BO 臂)单边工作时,则由于 AO、BO 两臂的不对称,流入 A 点的电流与流出 B 点的电流不再相等,这时电流关系如图 4-6-5 所示。由图可得

$$\dot{I} = \dot{I}_1 + \dot{I}_2 \tag{4-6-2}$$

$$\dot{I}_2 = \dot{I}_1 + \dot{I}_3 \tag{4-6-3}$$

根据传输线变压器的工作模式,R_D 可折合到①、②两点之间,其阻值为 $R_D/4 = R/2$,恰好等于 C 端到地的电阻 $R_C = R/2$。这两个电阻串联,将 $\dot{V}$ 等分,因此变压器①、②(即①、③)两端间的电压为 $\dot{V}/2$。由传输线原理,③、④两点间的电压也等于 $\dot{V}/2$。因此,C 端到地的电压也应等于 $\dot{V}/2$,即

$$(\dot{I}_1 + \dot{I}_1)R_C = 2\dot{I}_1 R_C = \frac{\dot{V}}{2} \tag{4-6-4}$$

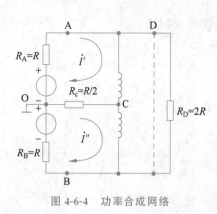

图 4-6-4　功率合成网络

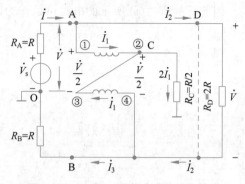

图 4-6-5　只有 A 端激励时的工作情况

另外，从 C 经过②、④两端，再由 B 到地的电压应为

$$2\dot{I}_1 R_C = \frac{\dot{V}}{2} + \dot{I}_3 R_B \tag{4-6-5}$$

由于式(4-6-4)与式(4-6-5)应相等，因此必有 $\dot{I}_3 = 0$。将其代入式(4-6-2)及式(4-6-3)可得

$$\dot{I}_1 = \dot{I}_2 = \frac{\dot{I}}{2}$$

因此有

$$\begin{cases} P_A = \dot{I}\dot{V},\ P_B = 0 \\ P_C = 2\dot{I}_1 \dfrac{\dot{V}}{2} = \dfrac{1}{2}\dot{I}\dot{V} = \dfrac{1}{2}P_A \\ P_D = \dot{I}_2\dot{V} = \dfrac{1}{2}\dot{I}\dot{V} = \dfrac{1}{2}P_A \end{cases} \tag{4-6-6}$$

由此可见，A 端功率均匀分配到 C 端和 D 端，而 B 端无输出。这表明 AO 臂对 BO 臂是隔离的，同样可证明，当只有 B 端激励时，它的功率也是平均分配到 C 端与 D 端，A 端无输出。这表明 BO 臂对 AO 臂是隔离的。因此 AO 臂与 BO 臂是相互隔离的。

由于 AO 臂与 BO 臂是相互隔离的，因此在功率合成时，AO、BO 两臂中任何一臂发生变化，均不影响另一臂的工作状态。

3. 小结

(1) A 端与 B 端和 C 端与 D 端相互隔离的条件是 $R_A = R_B = 2R_C = R_D/2 = R$。

(2) 传输线变压器特性阻抗可由图 4-6-5 求出，$Z_C = (\dot{V}/2)/\dot{I}_1 = (\dot{V}/2)/(\dot{I}/2) = \dot{V}/\dot{I} = R$。

(3) 从 A 端与 B 端同时送入反相激励电压，则 D 端得到合成功率，而 C 端无输出。若从 A 端与 B 端同时送入同相激励电压，则 C 端得到合成功率，而 D 端无输出。若只有 A(或 B)端有激励，则功率平均分配到 C 端与 D 端，对 B(或 A)端无影响。

(4) 若从 C 端送入激励功率，则功率将均匀分到 A 端与 B 端，且相位相同，D 端则无输出。若从 D 端送入激励功率，则功率均匀分到 A 端与 B 端，且相位相反，C 端无输出。

4.6.2　功率合成电路设计方法

将前面讲到的魔 T 网络配上合适的功率放大器就可构成功率合成电路。功率合成电路可以采用同相合成,也可以采用反相合成。下面通过两个实例说明功率合成电路的设计方法。

图 4-6-6 所示为反相(推挽)功率合成器的典型电路,它是一个输出功率为 75W,带宽为 30～75MHz 的放大器电路的一部分。图中 T_{r2} 与 T_{r1} 为 1:4 传输线变压器构成的魔 T 网络,网络各端采用 A、B、C、D 符号来标明;T_{r1} 与 T_{r6} 为起平衡—不平衡转换作用的 1:1 传输线变压器;T_{r3} 与 T_{r4} 为 4:1 阻抗转换器,它的作用是完成阻抗匹配。各处的阻抗值如图中标注所示。

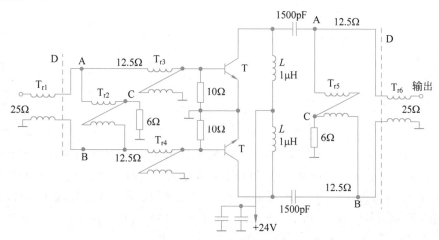

图 4-6-6 反相功率合成器典型电路

由图可知,T_{r2} 是反相功率分配网络。在输入端由 D 端激励,A、B 两端得到反相激励功率,再经 4:1 阻抗转换器得到 $R_L=12.5/4=3.124\Omega$,与晶体管的输入阻抗(约 3Ω)进行匹配。两个晶体管的输出功率是反相的,A、B 端将获得反相功率。T_{r5} 是反相功率合成网络,在 A、B 端反相功率的激励下,D 端即可获得合成功率输出。在完全匹配时,输入和输出混合网络的 C 端不会有损耗。但在匹配不完善和不十分对称的情况下,C 端还是有功率损耗的。C 端连接的电阻(6Ω)的作用即为吸收不平衡功率,称为假负载电阻。

在完全匹配时,各传输线变压器的特性阻抗如下。

(1) T_{r1} 与 T_{r6}:$Z_C=2R=25\Omega$。

(2) T_{r2} 与 T_{r5}:$Z_C=R=12.5\Omega$。

(3) T_{r3} 与 T_{r4}:$Z_C=\sqrt{R_sR_L}=\sqrt{12.5\times3.125}=6.25\Omega=\dfrac{R}{2}$。

反相功率合成器的优点是输出没有偶次谐波,输入电阻比单边工作时高,因而引线电感的影响很小。

图 4-6-7 所示为一个典型的同相功率合成电路,图中 T_{r1} 与 T_{r6} 起同相隔离的作用。T_{r1} 为功率分配网络,它的作用是将 C 端的输入功率平均分配,供给 A 端与 B 端同相激励功率。T_{r6} 为功率合成网络,它的作用是将晶体管输至 A、B 两端的功率在 C 端合成,供给负载。T_{r2}、T_{r3} 与 T_{r4}、T_{r5} 分别为 4:1 与 1:4 阻抗转换器,它们的作用是完成阻抗匹配,各处的阻抗值如图中标注所示。晶体管发射极接入 1.1Ω 的电阻,用以产生负反馈,以提高晶体管的输入阻抗,各基极串联的 22Ω 电阻作为提高输入电阻与防止寄生振荡之用。D 端所接的 400Ω 与 200Ω 电阻是 T_{r1} 与 T_{r6} 的假负载电阻。

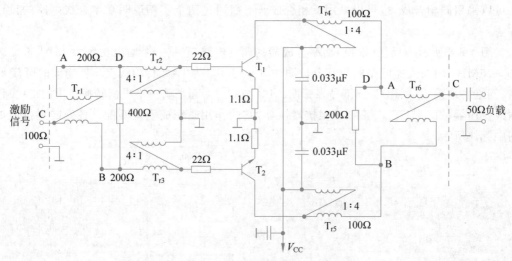

图 4-6-7　同相功率合成原理电路

在同相功率合成器中，由于偶次谐波在输出端是相加的，因此输出中有偶次谐波存在，这是不如反相功率合成电路的地方（反相功率合成电路中的偶次谐波在输出端相互抵消）。

概括起来，掌握图 4-6-2 所示的混合网络的工作原理后，只要看是 D 端还是 C 端作为输出端，就能容易地判断是反相功率合成电路，还是同相功率合成电路。D 端接输出，则必为反相功率合成电路；C 端接输出，则必为同相功率合成电路。

4.7　本章小结

高频功率放大电路通常应用在无线电发射机的末级，安全、高效、不失真地输出足够的高频信号功率是对这种放大器的基本要求。高频功率放大器的本质是能量转换器。在实现能量转换过程中，功放管存在功率损耗，减小管子的损耗，可以提高效率，在电源提供的功率不变的情况下，输出功率也能得到保障。为了降低功放管的损耗，可以通过减短其导通时间来实现，管子导通时间小于信号半个周期的丙类功率放大电路就是其中重要的一类电路；也可以让管子工作在开关状态，只在信号峰值处导通，形成丁类和戊类放大电路，使转换效率更高。

丙类谐振功率放大电路是本章的主要介绍内容，由直流馈电电路保证放大管丙类工作。通过匹配网络提供交流能量的传输通路以及实现选频滤波和阻抗匹配，并提高传输效率。丙类工作带来非线性失真，采用选频网络作为负载。功放管有 3 种工作状态：欠压、临界和过压，外部偏压（V_{BB}、V_{CC}）、输入信号幅度（V_{bm}）、负载电阻（R_L）改变，管子的工作状态随之变化，对应有调制特性、放大特性和负载特性。4 个参数变化，也会带来功率关系和功率转换效率的变化。利用功放电路的不同特性，能实现调幅、高频功率放大等性能，在不同的应用中，对电路工作情况的要求不同，应该适当地调整电路的 4 个参数，满足实际需求。

改变丙类功放的选频网络的谐振频率，还能构成倍频电路，为输出较好的倍频信号，倍频倍数一般不超过 5 倍。

丁类和戊类功率放大器的晶体管工作于开关状态，使集电极功耗大为减小，效率大大提高。

宽带高频功率放大电路能在很宽的频率范围内获得线性放大,无选频滤波匹配网络,只能工作在非线性失真较小的甲类状态,效率较低。

魔 T 网络可以实现功率的合成,将多个功率放大器的输出功率进行叠加而得到所需的功率,降低大功率放大器的成本。

习题 4

4-1　为什么谐振功率放大器能工作于丙类状态,而电阻性负载功率放大器不能工作于丙类状态?

4-2　一谐振功率放大器,若选择甲、乙、丙 3 种不同工作状态下的集电极效率分别为 $\eta_{c1}=50\%$,$\eta_{c2}=75\%$,$\eta_{c3}=85\%$。试求:

(1) 当输出功率 $P_o=5W$ 时,3 种不同工作状态下的集电极耗散功率 P_c 各为多少?

(2) 若保持晶体管的集电极耗散功率 $P_c=1W$,求 3 种不同工作状态下的输出功率 P_o 各为多少?

4-3　提高放大器的效率与功率,应从哪几方面入手?

4-4　丙类放大器为什么一定要用调谐回路作为集电极(阳极)负载? 回路为什么一定要调到谐振状态? 回路失谐将产生什么结果?

4-5　某一晶体管谐振功率放大器,已知 $V_{CC}=24V$,$I_{c0}=250mA$,$P_o=5W$,电压利用系数 $\xi=1$。试求 P_D、η_c、R_p、I_{cm1}、电流通角 θ_c(用折线法)。

4-6　根据题 4-6 图,回答以下问题。

(1) 当电源电压为 V_{CC}(图中的 C 点)时,动态特性曲线为什么不是从 $v_{CE}=V_{CC}$ 的 C 点画起,而是从 Q 点画起?

(2) 当 θ_c 为多少时,才从 C 点画起?

(3) 电流脉冲是从 B 点才开始发生的,在 BQ 这段区间并没有电流,为何此时有电压降 V_{BC} 存在? 物理意义是什么?

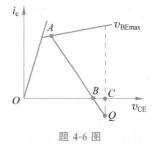

题 4-6 图

4-7　晶体管放大器工作于临界状态,$\eta_c=70\%$,$V_{CC}=12V$,$V_{cm}=10.8V$,回路电流 $I_k=2A$(有效值),回路电阻 $R=1\Omega$。试求 θ_c 与 P_o。

4-8　由高频功率晶体管 2SC3102 组成的谐振功率放大器,其工作频率 $f=520MHz$,输出功率 $P_o=60W$,$V_{CC}=12.5V$。回答以下问题。

(1) 当 $\eta_c=60\%$ 时,试计算管耗 P_c 和平均分量 I_{c0} 的值。

(2) 若保持 P_o 不变,将 η_c 提高到 80%,试问 P_c 减少多少?

4-9　试证:谐振功率放大器输出至谐振回路 R_p 的功率恰等于谐振回路电阻 r 所消耗的功率。

4-10　高频大功率晶体管 3DA4 参数为 $f_T=100MHz$,$\beta=20$,集电极最大允许耗散功率 $P_{cm}=20W$,饱和临界线跨导 $g_{cr}=0.8A/V$,用它做成 2MHz 的谐振功率放大器,选定 $V_{CC}=24V$,$\theta_c=70°$,$i_{cmax}=2.2A$,并工作于临界状态。试计算 R_p、P_o、P_c、η_c 与 P_D。已知 $\alpha_0(70°)=0.253$,$\alpha_1(70°)=0.436$。

4-11 放大器工作于临界状态，根据理想化负载特性曲线，求出当 R_p：(1)增加一倍；(2)减小一半时，P_o 如何变化？

4-12 题 4-12 图所示为末级谐振功率放大器原理电路，工作于临界状态。图中 C_2 为耦合电容，输出谐振回路由管子输出电容、L_1、L_2 和 C_1 组成，外接负载天线的等效阻抗近似为电阻。将天线短路、开路(短时间)，试分别分析电路工作状态如何变化，晶体管工作是否安全。

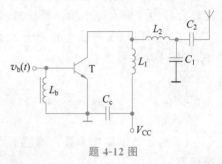

题 4-12 图

4-13 一谐振功率放大器，设计在临界工作状态，经测试得输出功率 P_o 仅为设计值的 60%，而 I_{c0} 却略大于设计值。试问该放大器处于何种工作状态？分析产生这种状态的原因。

4-14 设计一工作于临界状态的谐振功率放大器，实测得效率 η_c 接近设计值，但 I_{c0}、P_o、P_c 均明显小于设计值，回路调谐于基波，试分析电路工作状态。现欲将它调到临界状态，应改变哪些参数？不同调整方法所得的功率是否相同？

4-15 设两个谐振功率放大器具有相同的回路元件参数，它们的输出功率 P_o 分别为 1W 和 0.6W。若增大两放大器的 V_{CC}，发现其中 $P_o=1W$ 放大器的输出功率增加不明显，而 $P_o=0.6W$ 放大器的输出功率增加明显，试分析其原因。若要增大 $P_o=1W$ 放大器的输出功率，试问还应同时采取什么措施(不考虑功率管的安全工作问题)？

4-16 题 4-16 图(a)所示为谐振功率放大器原理图，原工作在临界状态，现欲将它改为集电极调幅电路，电路应如何改动？若要求调幅指数为 1，则 V_{CC} 和 $V_{\Omega m}$ 应如何调整？设集电极调制特性为理想折线，如题 4-16 图(b)所示，试画出负载上的电压波形。

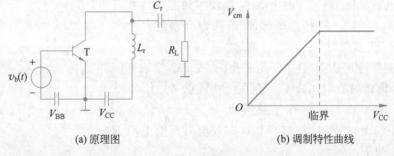

(a) 原理图   (b) 调制特性曲线

题 4-16 图

4-17 在调谐某一晶体管谐振功率放大器时，发现输出功率与集电极效率正常，但所需激励功率过大。如何解决这一问题？假设为固定偏压。

4-18 在图 4-3-21 所示的电路中，测得 $P_D=10W$，$P_c=3W$，中介回路损耗功率 $P_k=1W$。试求：

(1) 天线回路功率 P_A；

(2) 中介回路效率 η_k；

(3) 晶体管效率 η_c 和整个放大器的效率 η。

4-19 有一输出功率为 $P_o=2W$ 的晶体管高频功率放大器，采用题 4-19 图所示的 π 形匹配网络，负载电阻 $R_2=200\Omega$，$V_{CC}=24V$，$f_c=50MHz$，电压利用系数 $\xi=1$。设 $Q_L=10$，

试求 L_1、C_1、C_2 之值。

4-20　已知晶体管功率放大器,工作频率 $f_c = 100\text{MHz}$,$R_L = 50\Omega$,$P_o = 1\text{W}$,$V_{CC} = 12\text{V}$,饱和压降 $V_{CE(sat)} = 0.5\text{V}$,$C_{b'e} = 40\text{pF}$。试设计一个 π 形匹配网络(设晶体管的输出电容 $C_o = 2C_{b'e}$,$Q_L = 10$)。

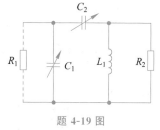

题 4-19 图

4-21　试比较下列两种放大器的输出功率与效率。假定在这两种情况下的电压与电流幅度均相等,负载回路也相同。

(1)输入与输出信号均为正弦波,电流为尖顶余弦脉冲(丙类)。

(2)输入与输出信号均为方波,电流为方波脉冲(丁类)。

4-22　根据题 4-22 图所示的谐振功率放大器原理电路,按下列要求画出它的实用电路:(1)两级放大器共用一个电源;(2)T_2 管的集电极采用并馈电路,基极采用自给偏置电路;(3)T_1 管的集电极采用串馈电路,基极采用分压式偏置电路。

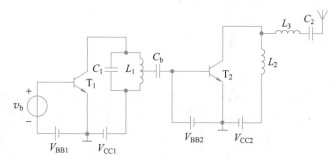

题 4-22 图

4-23　题 4-23 图所示为 132～140MHz 的 3W 调频发射机末级、末前级原理电路,两级均为共发射极放大器,图中有多处错误,试改正。

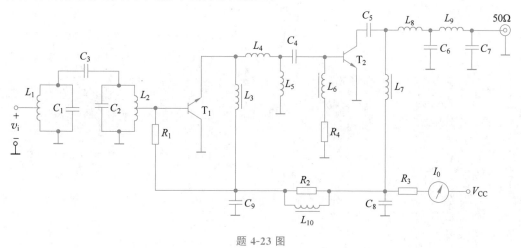

题 4-23 图

4-24　设计一个电压开关型丁类放大器,在 2～30MHz 波段内向 50Ω 负载输送 4W 功率。设 $V_{CC} = 36\text{V}$,$V_{CE(sat)} = 1\text{V}$,$\beta = 15$。

4-25　设计一个戊类放大器,工作频率为 50MHz,输出 15W 功率至 50Ω 负载,$V_{CC} = 36\text{V}$。假设 $V_{CE(sat)} = 1\text{V}$。

4-26　试用传输线变压器混合网络将 4 个 100W 的功率放大器合成为 400W 输出功率,已知负载电阻为 50Ω。

4-27　试从物理意义上解释:电流通角相同时,倍频器的效率比放大状态的效率低。

4-28　二次倍频器工作于临界状态,$\theta_c = 60°$。如果激励电压的频率提高一倍,而幅度不变,负载功率和工作状态将如何变化?

4-29　试证明题 4-29 图所示的两个相同的传输线变压器所连接的阻抗转换器电路,由 A 点向右看去的阻抗为: $R_i = 9R_L$。

4-30　某谐振功率放大器工作于临界状态,功率管用 3DA4,其参数为 $f_T = 1000\text{MHz}$,$\beta = 20$,集电极最大耗散功率为 20W,转移特性如题 4-30 图所示。已知 $V_{CC} = 24\text{V}$,$|V_{BB}| = 1.45\text{V}$,$V_{BZ} = 0.6\text{V}$,$\xi = 0.9$,$\theta_c = 70°$,$Q_0 = 100$,$Q_L = 10$。求集电极输出功率 P_o 和天线功率 P_A。

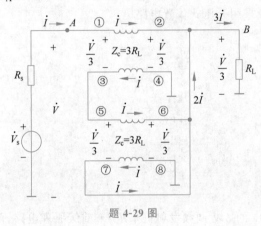

题 4-29 图

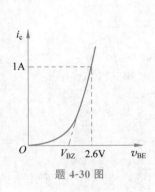

题 4-30 图

第5章

CHAPTER 5

正弦波振荡器

本章主要内容：

- 反馈振荡器及 LC 正弦波振荡器的工作原理。
- 振荡器的频率稳定度。
- 晶体振荡器及 RC 正弦波振荡器。
- 振荡器电路实例。

从能量的观点来看，前面讨论的放大器都是在输入信号的控制下，将直流电源提供的直流能量转换为按输入信号规律变化的交流信号能量的电路；而振荡器是不需要外加交流信号，自动产生一定频率和一定幅度的交变能量输出的电路。

在通信接收和发射设备中，需要振荡器产生振荡信号，以便在调制、解调、混频和其他电路中进一步使用，实现电路的相应功能。虽然振荡信号也可以设计为方波、三角波、锯齿波的形式，但在无线通信系统中，正弦波是最重要的一种。

正弦波振荡器在电子技术领域里有着广泛应用。振荡器在整个通信系统中，是必不可缺的重要组成部分。在这类应用中，对振荡器提出的要求主要是振荡频率和振荡振幅的准确性和稳定性，其中尤以振荡频率的准确性和稳定性最为主要。正弦波振荡器的另一个用途是作为高频加热设备和医用电疗仪器中的正弦交变能源，在这类应用中，对振荡器提出的要求主要是高效率地产生足够大的正弦交变功率，而对振荡频率的准确性和稳定性的要求一般不作苛求。

正弦波振荡器可分成两大类。一类是利用正反馈原理构成的反馈振荡器，它是目前应用最广的一类振荡器；另一类是负阻振荡器，它是将负阻器件直接接到谐振回路中，利用负阻器件的负电阻效应去抵消回路中的损耗，从而产生等幅的自由振荡，这类振荡器主要工作在微波频段。经过分析，可以看出反馈振荡器和负阻振荡器在工作原理上是一致的。

本章重点讨论通信系统中广泛应用的反馈型正弦波振荡器。

5.1 反馈振荡器的工作原理

图 5-1-1 所示的电路可以构成变压器耦合振荡电路，这是一个典型的反馈振荡电路。在组成上，反馈振荡器是由一个调谐放大器和反馈网络构成的闭合环路。由图 5-1-1 可见，当开关 S 置于端子 1 时，电路是一个普通的调谐放大器。而外加激励电压 $\dot{V}_s$ 就是放大器

微视频

微视频

的输入电压 $\dot{V}_i$，若 $\dot{V}_s$ 为正弦信号，则输出电压 $\dot{V}_o$ 为放大了的正弦信号，并且在变压器次级得到电压，各电压的瞬时极性如图 5-1-1 所示。如果开关 S 倒向端子 2，也就是用电压 $\dot{V}_f$ 代替信号 $\dot{V}_s$，电路便成为一个带有反馈的调谐放大器，假设代替过程转换得非常快，以至于电路工作状态没有受到任何影响，那么，电路在不需要外激励信号时，同样能够在集电极负载上得到幅度为 $\dot{V}_o$ 的输出电压。由于负载回路具有选频特性，信号的频率必然与回路谐振频率一致。这样，无需任何外激励信号，电路就能自动产生频率和幅度一定的正弦信号，电路成为一个自激振荡器。

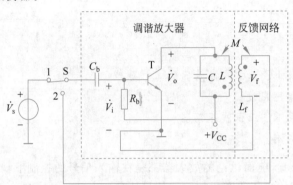

图 5-1-1 反馈振荡器的组成方框图及相应电路

现在的问题是，最初的输入电压 $\dot{V}_i$ 是如何得到的。实际上，振荡电路在刚接通电源时，晶体管的电流将从零跃变到某一数值，这种跃变电流具有很宽的频谱，由于谐振回路的选频作用，回路两端只建立振荡频率等于回路固有谐振频率的正弦电压 $\dot{V}_o$，当通过互感耦合网络得到反馈电压 $\dot{V}_f$，再将 $\dot{V}_f$ 加至晶体管输入端时，就是振荡器最初的激励信号电压 $\dot{V}_i$。$\dot{V}_i$ 经过放大，回路选频得到 $\dot{V}_o'$，通过反馈网络又得到 $\dot{V}_f'$，只要 $\dot{V}_f'$ 与 $\dot{V}_i$ 同相，并且 $\dot{V}_f'>\dot{V}_i$，尽管起始输出振荡电压 $\dot{V}_o$ 很微弱，但是经过反馈，放大选频，再反馈，再放大等多次循环，一个与 LC 回路固有谐振频率相同的正弦振荡电压便由小到大增长起来，这就是振荡建立的物理过程。

振荡建立以后，振荡幅度会不会无限增加呢？根据调谐放大器的分析可知，调谐放大器的放大特性是非线性的，因此，当反馈电压使输入幅度不断增大时，晶体管将进入大信号非线性工作状态，致使放大器的输出电压增加趋于缓慢，电压增益降低，从而限制了输入电压的增长。这样，当 $\dot{V}_f=\dot{V}_i$ 时达到平衡状态，电路就进入了等幅振荡阶段。自激振荡的建立及进入等幅阶段的波形如图 5-1-2 所示。从起振到幅度稳定这段时间极其短暂，在普通示波器上只能观察到平衡期间内的连续正弦振荡波形。

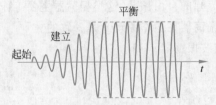

图 5-1-2 振荡幅度的建立与平衡

为了使振荡器从无到有产生一定频率和幅度的正弦信号，并能稳定工作，在构成电路时，应该合理选择电路结构和元器件参数，使电路满足振荡的 3 个基本条件：平衡条件、起振条件和稳定条件。

5.1.1　平衡和起振条件

1. 平衡条件

在图 5-1-1 所示的闭合环路中，开关 S 处得到的反馈电压 $\dot{V}_f$ 与放大器 $\dot{V}_i$ 之比，定义为它的环路增益

$$T(\mathrm{j}\omega) = \frac{\dot{V}_f}{\dot{V}_i} = \frac{\dot{V}_o}{\dot{V}_i} \cdot \frac{\dot{V}_f}{\dot{V}_o} = A_v(\mathrm{j}\omega)B_v(\mathrm{j}\omega) \tag{5-1-1}$$

若在某一频率上（设为 ω_{osc}），$\dot{V}_f$ 与 $\dot{V}_i$ 同相又等幅，即 $\dot{V}_f = \dot{V}_i$ 或

$$T(\mathrm{j}\omega_{osc}) = 1 \tag{5-1-2}$$

则当环路闭合后，调谐放大器必将输出角频率为 ω_{osc} 的正弦振荡电压 $\dot{V}_o$，而它所需的输入电压 $\dot{V}_i$ 则全部由反馈电压 $\dot{V}_f$ 提供，无须外加输入电压。因而，式(5-1-2)就是振荡器输出等幅持续振荡必须满足的平衡条件，又称为巴克豪森准则（Barkhausen Criterion）。

若令 $T(\mathrm{j}\omega_{osc}) = T(\omega_{osc})\mathrm{e}^{\mathrm{j}\varphi_T(\omega_{osc})}$，则式(5-1-2)又可写成

$$T(\omega_{osc}) = 1 \tag{5-1-3}$$

$$\varphi_T(\omega_{osc}) = 2n\pi, \quad n = 0,1,2,\cdots \tag{5-1-4}$$

其中，式(5-1-3)称为振幅平衡条件，式(5-1-4)称为相位平衡条件。

例如，在图 5-1-1 的振荡电路中，由于共发放大器的反相放大作用（$\dot{V}_o$ 与 $\dot{V}_i$ 反相），因此，要保证 $\dot{V}_f$ 与 $\dot{V}_i$ 同相，满足相位平衡条件，就必须要求 $\dot{V}_f$ 与 $\dot{V}_o$ 反相。为此，变压器的初次级绕组必须有正确的绕向，如图中所标注的同名端。

2. 起振条件

实际上，满足平衡条件只是说明闭合环路能够维持等幅持续振荡，而没有说明该等幅持续振荡能否在接通电源后从无到有地建立起来，因而还要进一步讨论它的起振条件。从对图 5-1-1 所示电路的讨论可见，振荡器接通电源后能够从小到大地建立起振荡的条件是

$$\dot{V}_f > \dot{V}_i \tag{5-1-5}$$

或

$$\begin{cases} T(\omega_{osc}) > 1 \\ \varphi_T(\omega_{osc}) = 2n\pi, \quad n = 0,1,2,\cdots \end{cases} \tag{5-1-6}$$

这就是反馈振荡器的起振条件。其中，$T(\omega_{osc}) > 1$ 称为振幅起振条件，$\varphi_T(\omega_{osc}) = 2n\pi$ 称为相位起振条件。

总之，作为反馈振荡器，既要满足起振条件，又要满足平衡条件。为此，电源接通后，环路增益的模值 $T(\omega_{osc})$ 必须具有随振荡电压振幅 $\dot{V}_i$ 增大而下降的特性，如图 5-1-3 所示。环路增益的相角 $\varphi_T(\omega_{osc})$ 则必须维持在 $2n\pi$ 上（严格说来，振荡电压由小到大的建立过程中，由于管子的非线性特性，振荡频率是有变化的，不过这种变化很小，可忽略）。这样，起振时，$T(\omega_{osc}) > 1$，$\dot{V}_i$ 迅速增长，而后 $T(\omega_{osc})$ 下降，$\dot{V}_i$ 的增长速度变慢，直到 $T(\omega_{osc}) = 1$ 时，

$\dot{V}_i$ 停止增长，振荡器进入平衡状态，在相应的平衡振幅 V_{iA} 上维持等幅振荡。

为了获得图 5-1-3 所示特性，环路中必须包含非线性环节，在大多数振荡电路中，这个非线性环节是由主网络放大器(指调谐放大器)的非线性放大特性实现的。例如，在图 5-1-1 所示电路中，当电源刚接通时，$\dot{V}_i$ 很小，因而，放大器为小信号工作，其增益较大，相应的 $T(\omega_{osc})$ 为大于 1 的水平线。当 $\dot{V}_i$ 增大到一定数值后，放大器进入大信号工作。正如第 3 章指出的，由于电压传输特性的非线性，放大器增益将随 $\dot{V}_i$ 增大而减小，相应的 $T(\omega_{osc})$ 也就随 $\dot{V}_i$ 增大而下降，符合图 5-1-3 所示的特性。

5.1.2 稳定条件

振荡电路不可避免地受到电源电压、温度、湿度等外界因素变化的影响。这些变化将引起管子和回路参数的变化。同时，振荡电路内部存在着固有噪声，尽管它是起振时的原始输入电压，但是，进入平衡状态后却叠加在振荡电压上，引起振荡电压振幅及其相移的起伏波动。所有这些都将造成 $T(\omega_{osc})$ 和 $\varphi_T(\omega_{osc})$ 变化，从而破坏已维持的平衡条件。如果通过放大和反馈循环，振荡器越来越远离原来的平衡状态，从而导致振荡器停振或突变到新的平衡状态，则表明原来的平衡状态是不稳定的。反之，如果通过放大和反馈的反复循环，振荡器能够产生回到原平衡状态的趋势，并在原平衡附近建立新的平衡状态；且当这些变化的因素消失以后，又能恢复到原平衡状态，则表明原平衡状态是稳定的。在稳定的平衡状态下，振荡器的振荡幅度和振荡频率虽然受到外界因素变化和内部噪声的影响而稍有变化，但不会导致停振或突变。

在日常生活中，也会遇到类似的情况。例如，不倒翁放在桌子上处于平衡状态，当有外力使它倾斜时，不倒翁总是具有恢复到原平衡状态的趋势；而当外力消失后又恢复到原平衡状态，因而这种平衡状态是稳定的。又如，一个小球放在球体上，处于平衡状态，当稍受冲击时，小球就会立即滚下球体，因而这种平衡状态是不稳定的。

可见，为了产生等幅持续的振荡，振荡器还必须满足稳定条件，保证所处平衡状态是稳定的。其稳定条件也包含两方面：振幅稳定条件和相位(频率)稳定条件。

1. 振幅稳定条件

事实上，在具有图 5-1-3 所示环路增益特性的环路中，不仅满足了振幅起振和振幅平衡条件，还满足了振幅稳定条件。例如，若某种原因使 $V_i > V_{iA}$，则由于 $T(\omega_{osc})$ 减小，因而通过每次放大和反馈后，V_i 将逐渐减小，最后在新的平衡值 V'_{iA} 上重新满足平衡条件。反之，若某种原因使 $V_i < V_{iA}$，则由于 $T(\omega_{osc})$ 增大，因而通过每次放大和反馈后，V_i 将逐渐增大，最后在新的平衡值上重新满足平衡条件。

如果环路增益特性如图 5-1-4 所示，则振荡器存在着两个平衡点 A 和 B，其中，A 点是稳定的，而由于 $T(\omega_{osc})$ 有随 V_i 增大而增加的特性，B 点是不稳定的。例如，若某种原因使 $V_i > V_{iB}$，则 $T(\omega_{osc})$ 随之增大，势必使 V_i 进一步增大，从而更偏离平衡点 B，最后到达平衡点 A；反之，若某种原因使 $V_i < V_{iB}$，则 $T(\omega_{osc})$ 随之减小，从而进一步加速 V_i 减小，直到停止振荡。在这种振荡器中，由于不满足振荡起振条件，因而必须外加大的电冲击(如用手拿金属棒接触基极)，产生大于 V_{iB} 的起始扰动电压才能进入平衡点 A，产生持续等幅振荡。

通常将这种依靠外加冲击而产生振荡的方式称为硬激励。相应地,将电源接通后自动进入稳定平衡状态的方式称为软激励。

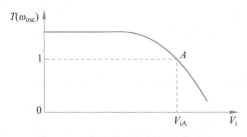

图 5-1-3 满足起振和平衡条件时的
环路增益特性

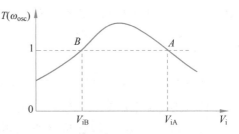

图 5-1-4 硬激励工作的环路增益特性

通过上述讨论可见,要使平衡点稳定,$T(\omega_{\mathrm{osc}})$ 必须在 V_{iA} 附近具有负斜率变化,即随 V_{i} 增大而下降的特性,数学表示为

$$\left.\frac{\partial T(\omega_{\mathrm{osc}})}{\partial V_{\mathrm{i}}}\right|_{V_{\mathrm{iA}}} < 0 \tag{5-1-7}$$

且这个斜率越陡,表明 V_{i} 的变化而产生的 $T(\omega_{\mathrm{osc}})$ 变化越大,这样,只需很小的 V_{i} 变化就可抵消外界因素引起 $T(\omega_{\mathrm{osc}})$ 的变化,使环路重新回到平衡状态,因而外界因素变化引起振荡振幅的波动也就越小。

2. 相位(频率)稳定条件

如前所述,振荡器满足相位平衡条件,即 $\varphi_{\mathrm{T}}(\omega_{\mathrm{osc}}) = 0$,表明每次放大和反馈后的电压(角频率为 ω_{osc})与原输入电压同相。现若由于某种原因(如温度、湿度等外界环境因素变化)使 $\varphi_{\mathrm{T}}(\omega_{\mathrm{osc}}) > 0$,则通过每次放大和反馈后的电压相位都将超前原输入电压相位。由于正弦电压的角频率是瞬时相位对时间的导数值(即 $\omega = \partial\varphi/\partial t$),因此,这种相位的不断超前表明振荡器的振荡角频率将高于 ω_{osc}。反之,若由于某种原因使 $\varphi_{\mathrm{T}}(\omega_{\mathrm{osc}}) < 0$,则由于每次放大和反馈后的电压相位都要滞后于原输入电压相位,因而振荡角频率必将低于 ω_{osc}。

如果 $\varphi_{\mathrm{T}}(\omega_{\mathrm{osc}})$ 具有随 ω 增加而减小的特性,如图 5-1-5 所示,则必将阻止上述频率的变化。例如,若由于某种原因导致频率高于原振荡频率,则由于 $\varphi_{\mathrm{T}}(\omega)$ 随之减小,V_{f} 超前 V_{i} 的趋势必受到阻止,因而频率的增加也就受到了阻止,反之亦然。结果它们通过不断地放大和反馈,最后都将在原振荡频率附近(设为 ω'_{osc})达到新的平衡,使 $\varphi_{\mathrm{T}}(\omega'_{\mathrm{osc}}) = 0$。反之,假如 $\varphi_{\mathrm{T}}(\omega)$ 随频率增大而增大,则不仅不会阻止振荡频率的增大,反而会加速振荡频率的增大,就无法实现新的相位平衡。

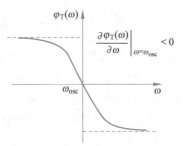

图 5-1-5 满足相位稳定条件的
$\varphi_{\mathrm{T}}(\omega)$特性

通过上述讨论可知,要使振荡器的相位平衡条件稳定,$\varphi_{\mathrm{T}}(\omega)$ 必须在 ω_{osc} 附近具有负斜率变化,即随 ω 增大而下降的特性,数学表示为

$$\left.\frac{\partial\varphi_{\mathrm{T}}(\omega)}{\partial\omega}\right|_{\omega=\omega_{\mathrm{osc}}} < 0 \tag{5-1-8}$$

且这个斜率越陡,表明振荡频率变化而产生的 $\varphi_{\mathrm{T}}(\omega)$ 变化越大,这样,只需很小的振荡频率变化就可抵消外界因素变化引起 $\varphi_{\mathrm{T}}(\omega)$ 的变化,因而外界因素变化引起振荡频率的波动也就越小。式(5-1-8)就是振荡器的相位(频率)稳定条件。

现以图 5-1-1 所示的变压器耦合振荡电路为例,简要说明实际电路是如何满足相位稳定条件的。

在该电路中,$\varphi_{\mathrm{T}}(\omega)$ 由两部分组成:放大器输出电压 $\dot{V}_{\mathrm{o}}$ 对输入电压 $\dot{V}_{\mathrm{i}}$ 的相移 $\varphi_{\mathrm{A}}(\omega)$ 和反馈网络反馈电压 $\dot{V}_{\mathrm{f}}$ 对 $\dot{V}_{\mathrm{o}}$ 的相移 $\varphi_{\mathrm{f}}(\omega)$,即 $\varphi_{\mathrm{T}}(\omega)=\varphi_{\mathrm{A}}(\omega)+\varphi_{\mathrm{f}}(\omega)$。其中,$\varphi_{\mathrm{A}}(\omega)$ 除放大管相移外,主要是并联谐振回路的相移 $\varphi_{\mathrm{Z}}(\omega)$,它在谐振频率附近随 ω 的变化较快,相比之下 $\varphi_{\mathrm{f}}(\omega)$ 随 ω 变化要缓慢得多,可近似认为它是与 ω 无关的常数。因此,$\varphi_{\mathrm{Z}}(\omega)$ 随 ω 的变化特性可代表 $\varphi_{\mathrm{T}}(\omega)$ 随 ω 的变化特性。一个并联谐振回路如图 5-1-6(a)所示,它的相频特性可近似表示为

$$\varphi_{\mathrm{Z}}(\omega) = -\arctan \frac{2(\omega - \omega_0)}{\omega_0}Q_{\mathrm{L}} \tag{5-1-9}$$

式中,ω_0 和 Q_{L} 分别为回路的谐振角频率和有载品质因数。相应画出的相频特性曲线如图 5-1-6(b)所示。可见,在实际振荡电路中,是依靠具有负斜率相频特性的谐振回路来满足相位稳定条件的,且 Q_{L} 越大,$\varphi_{\mathrm{Z}}(\omega)$ 随 ω 增加而下降的斜率就越大,振荡器的频率稳定度也就越高。

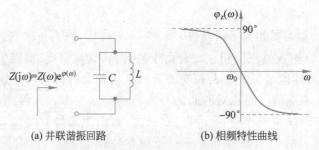

(a) 并联谐振回路　　　　　(b) 相频特性曲线

图 5-1-6　谐振回路的相频特性曲线

5.1.3　基本组成及其分析方法

综上所述,要产生稳定的正弦振荡,振荡器必须满足振荡的起振条件、平衡条件和稳定条件,它们是缺一不可的。因此,在主网络和反馈网络组成的闭合环路中,必须包含可变增益放大器和相移网络。前者应提供足够的增益,且其值具有随输入电压增大而减小的特性;而后者应具有负斜率变化的相频特性,且为环路提供合适的相移,保证环路在振荡频率上的相移为零(或 $2n\pi$)。

各种反馈振荡电路的区别就在于可变增益放大器和相移网络的实现电路不同。常用的可变增益放大器有晶体三极管放大器、场效应管放大器、差分对管放大器和集成运放等。它们的可变增益特性有两种实现方法:一种是利用放大管固有的非线性,这种方法称为内稳幅,图 5-1-1 就属于内稳幅的电路;另一种是保持放大器线性工作,而另外插入非线性环节,共同组成可变增益放大器,这种方法称为外稳幅,下面将结合具体电路进行介绍。常用的相移网络有 LC 谐振回路、RC 相移和选频网络、石英晶体谐振器等,它们都可具有负斜率变化

的相频特性。目前应用最广的是下列 3 种振荡器：采用 LC 谐振回路的 LC 振荡器、采用石英晶体振荡器的晶体振荡器、采用 RC 移相网络或 RC 选频网络的 RC 振荡器。

可见，任何反馈振荡器都是含有电抗元件的非线性闭环系统，借助计算机，可对它们进行近似数值分析。在工程上，目前还广泛采用下列的近似分析方法。

首先，检查振荡电路是否包含可变增益放大器和相频特性具有负斜率变化的相移网络，闭合环路是否是正反馈。

其次，分析起振条件。起振时，放大器为小信号线性放大工作，可以用小信号等效电路分析方法导出 $T(j\omega)$，并由此求出起振条件以及由起振条件决定电路参数及相应的振荡频率。

如果实际振荡电路合理，又满足起振条件，振荡器就能进入稳定的平衡状态。进入平衡状态后，相应的振荡电压振幅一般通过实验确定。

最后，分析振荡器的频率稳定度，并得出改进措施。

5.2 LC 正弦波振荡器

采用 LC 谐振回路作为相移网络的 LC 正弦波振荡器有各种实现电路，目前应用最广的是互感耦合振荡电路、三端式振荡电路等。

5.2.1 互感耦合振荡器

微视频

互感耦合振荡器(或变压器反馈振荡器)有 3 种形式：调集电路、调发电路和调基电路，这是根据振荡回路是在集电极、发射极或基极来区分的。图 5-2-1(a)所示为调集振荡器电路，图 5-2-1(b)、(c)分别为调发、调基振荡器电路。为了满足产生自激的相位平衡条件，图中用"·"示出了同名端，接线时必须注意。由于基极和发射极之间的输入阻抗比较低，为了避免过多地影响回路的 Q 值，故在图 5-2-1(b)、(c)这两个电路中，晶体管与振荡回路作部分耦合。

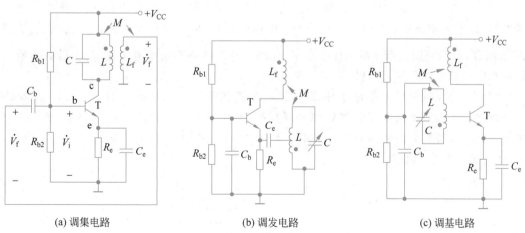

(a) 调集电路   (b) 调发电路   (c) 调基电路

图 5-2-1 互感耦合调集、调发、调基振荡电路

调集电路又分为共发射和共基两种类型，图 5-2-1(a)为共发射调集电路。调集电路在高频输出方面比其他两种电路稳定，而且幅度较大，谐波成分较小。调基电路振荡频率在较

宽的范围改变时,振幅比较平稳。

从前面的分析中可见,振荡器必须满足振幅和相位平衡条件,才能产生等幅的正弦振荡。对于互感耦合振荡器,正确选择同名端,只要适当调节互感量 M,并保证一定的偏置,使得晶体管的跨导 g_m 达到一定值以满足振荡的振幅条件;正确选择同名端的位置可使相位满足正反馈条件。下面从相位平衡条件和振幅起振条件出发对互感耦合振荡电路进行分析,确定电路工作须达到的要求。

图 5-2-2 为图 5-2-1 振荡电路的交流通路。对于图 5-2-2(a)的电路,假设输入端(基极)的振荡信号电压极性为正,由于放大器为共发射极调谐放大器,集电极的振荡信号电压与基极端的电压相位相反,因而同名端的信号电压为正,故反馈电压 $\dot{V}_f$ 与原输入电压 $\dot{V}_i$ 同相,所以该调集电路满足相位平衡条件。

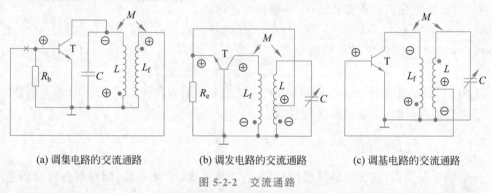

(a) 调集电路的交流通路　　　　(b) 调发电路的交流通路　　　　(c) 调基电路的交流通路

图 5-2-2　交 流 通 路

对于图 5-2-2(b)的电路,假设输入端(发射极)的振荡信号电压极性为正,引起集电极电流减小,在集电极电感线圈中产生感应电动势,同名端的电压极性为负,则通过互感 M 的耦合反馈到发射极的电压 $\dot{V}_f$ 的极性为正,与原输入信号 $\dot{V}_i$ 同相,所以该调发电路满足相位平衡条件。

对于图 5-2-2(c)的电路,假设输入端(基极)振荡信号电压的极性为正,引起集电极电流的增加,该电流使得集电极的电感线圈产生感应电动势,同名端的电压极性为正,通过互感 M 的耦合,在回路两端产生的电压上负下正,因而基极得到的反馈电压 $\dot{V}_f$ 与 $\dot{V}_i$ 同相,所以该调基电路满足相位平衡条件。

如果电路又同时满足振幅条件,就可以产生正弦振荡了。下面仅对图 5-2-2(a)电路进行分析。设工作频率远小于晶体管的特征频率,忽略其内部反馈的影响,用平均参数画出图 5-2-2(a)电路的大信号等效电路,如图 5-2-3 所示。其中,r 为电感线圈中的损耗电阻,G_m、G_{oe}、G_{ie} 为平均参数。

$\dot{V}_o$ 的表达式为

$$\dot{V}_o = \frac{-G_m \dot{V}_i}{G_{oe} + j\omega C + p^2 G_{ie} + 1/(r + j\omega L)} \tag{5-2-1}$$

故

$$\dot{A}_v = \frac{\dot{V}_o}{\dot{V}_i} = -\frac{G_m}{G_\Sigma + j\omega C + 1/(r + j\omega L)} \tag{5-2-2}$$

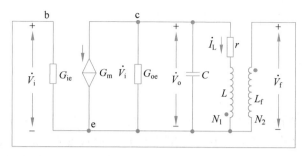

图 5-2-3 大信号等效电路

式中，$G_\Sigma = G_{oe} + p^2 G_{ie}$，$p = \dfrac{N_2}{N_1}$。

而

$$\dot{B}_v = \frac{\dot{V}_f}{\dot{V}_o} = \frac{-j\omega M \dot{I}_L}{(r + j\omega L)\dot{I}_L} = \frac{-j\omega M}{r + j\omega L} \qquad (5\text{-}2\text{-}3)$$

根据巴克豪森准则，$\dot{A}_v \dot{B}_v = 1$，即

$$\dot{A}_v \dot{B}_v = \frac{G_m}{G_\Sigma + j\omega C + 1/(r + j\omega L)} \cdot \frac{j\omega M}{r + j\omega L} = 1 \qquad (5\text{-}2\text{-}4)$$

可得

$$\begin{cases} (rG_\Sigma + 1 - \omega^2 LC) + j\omega(LG_\Sigma + rC - MG_m) = 0 \\ \omega(LG_\Sigma + rC - MG_m) + j(\omega^2 LC - 1 - rG_\Sigma) = 0 \end{cases} \qquad (5\text{-}2\text{-}5)$$

即

$$\begin{cases} 1 + rG_\Sigma - \omega^2 LC = 0 \\ LG_\Sigma + rC - MG_m = 0 \end{cases} \qquad (5\text{-}2\text{-}6)$$

解上述方程组得

$$\begin{cases} \omega = \dfrac{1}{\sqrt{LC}}\sqrt{rG_\Sigma + 1} \\ G_m = \dfrac{LG_\Sigma + rC}{M} \end{cases} \qquad (5\text{-}2\text{-}7)$$

起振时，应用微变参数代替平均参数，因此互感耦合振荡器的起振条件为

$$g_m > (g_m)_{\min} = \frac{Lg_\Sigma + rC}{M}$$

上式说明，r 越大，M 越小，电路起振所需要的跨导 g_m 就越大。当 $M = 0$ 时，起振需要的跨导 g_m 为 ∞，这表明电路已不再能产生振荡了。

振荡频率是振荡器的重要参数，由式(5-2-7)可以看出振荡器的振荡频率和晶体管的参数有关。式中只表示出与晶体管的输入输出电导有关，实际上当振荡频率较高时，管子的极间电容对高频振荡频率也有较大影响，极间电容又与温度有关，这不利于提高振荡器的频率稳定性。

互感耦合振荡器在调整反馈（改变 M）时，基本上不影响振荡频率。但由于分布电容的

存在,在频率较高时,很难做出稳定性高的变压器。因此,它们的工作频率不宜过高,一般应用于中、短波波段。

微视频

微视频

微视频

5.2.2　三端式振荡器

1. 电路组成法则

图 5-2-4 给出了两种基本类型三端式振荡器的原理电路(交流通路)。图 5-2-4(a)所示为电容三端式电路,又称为考毕兹电路,它的反馈电压取自由 C_1 和 C_2 组成的分压器,也可称为电容反馈振荡电路。图 5-2-4(b)所示为电感三端式电路,又称为哈脱莱电路或电感反馈式振荡电路,它的反馈电压取自由 L_1 和 L_2 组成的分压器,它们的共同特点是交流通路中三极管的 3 个电极与谐振回路的 3 个引出端点相连接。其中,与发射极相接的为两个同性质电抗,而另一个(接在集电极与基极间)为异性质电抗。可以证明,凡是按这种规定连接的三端式振荡电路,必定满足相位平衡条件,实现正反馈。因而,这种规定成为三端式振荡电路的组成法则,利用这个法则,可以判断三端式振荡电路的连接是否正确。

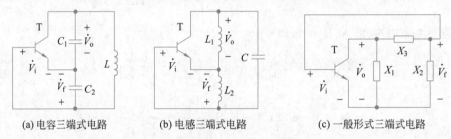

(a) 电容三端式电路　　　　(b) 电感三端式电路　　　　(c) 一般形式三端式电路

图 5-2-4　三端式振荡器的原理电路

为了便于证明,将三端式电路画成如图 5-2-4(c)所示的一般形式电路。如果忽略三极管输入和输出阻抗,且回路品质因数足够高,则当回路谐振,即 $X_1+X_2+X_3\approx 0$ 时,回路呈纯电阻。因而,根据图中规定的电压正方向,放大器的输出电压 $\dot{V}_o$ 与其输入电压 $\dot{V}_i$ 反相,而反馈电压 $\dot{V}_f$ 又是 $\dot{V}_o$ 在 X_3、X_2 支路中分配在 X_2 上的电压,即

$$\dot{V}_f = \frac{\mathrm{j}X_2}{\mathrm{j}(X_2+X_3)}\dot{V}_o \approx -\frac{X_2}{X_1}\dot{V}_o$$

为了满足相位平衡条件,$\dot{V}_f$ 必须与 $\dot{V}_o$ 反相。因而由上式可见,X_2 必须与 X_1 为同性质电抗,再由 $X_1+X_2+X_3\approx 0$ 可知,X_3 应为异性质电抗。这时,振荡器的振荡频率就是谐振回路的谐振频率。

如果考虑三极管输入和输出阻抗的影响,那么上述组成法则仍成立,不同的只是在这种情况下,$\dot{V}_f$ 与 $\dot{V}_o$ 已不再是反相,而是在 $-\pi$ 上附加了一个相移,因而,为了满足相位平衡条件,$\dot{V}_o$ 对 $\dot{V}_i$ 的相移也应在 $-\pi$ 上附加数值相等、符号相反的相移。所以,振荡器的振荡频率已不是简单地等于回路的固有谐振频率,而是稍有偏离。

2. 三端式振荡器电路

图 5-2-5 给出了两种电容三端式振荡器电路。图中,R_{b1}、R_{b2} 和 R_e 为分压式偏置电阻,C_c、C_b 和 C_e 为旁路和隔直流电容,R_c 为集电极直流负载电阻,R_L 为输出负载电阻,L、C_1 和 C_2 为并联谐振回路。两种电路的区别仅是三极管交流接地的电极不同。在图 5-2-5(a)

电路中,三极管发射极通过 C_e 交流接地,因而 C_2 上反馈到发射结的电压必须加到三极管基极上;在图 5-2-5(b)电路中,三极管基极通过 C_b 交流接地,因而 C_2 上反馈到发射结的电压必须加到三极管发射极上。

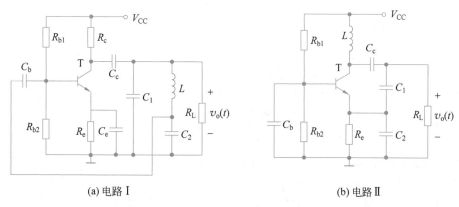

(a) 电路 I   (b) 电路 II

图 5-2-5 电容三端式振荡器电路

就两种电路的交流通路而言,如图 5-2-6 所示,不论三极管哪个电极交流接地,相移网络的 3 个端点与三极管之间的连接满足上述电路组成法则,即与发射极相连的是两个同性质的容性电抗,不与发射极相连的是性质相异的电抗。

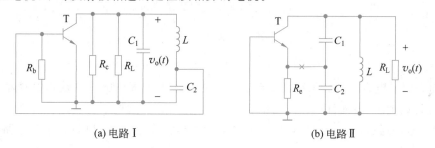

(a) 电路 I   (b) 电路 II

图 5-2-6 对应图 5-2-5 电路的交流通路

电路中,作为可变增益器件的三极管,必须由偏置电路设置合适的静态工作点,以保证起振时工作在放大区,提供足够的增益,满足振幅起振条件。起振后,振荡振幅增长,直到三极管开始呈现非线性放大特性时,放大器的增益将随振荡振幅增大而减小。同时,偏置电路产生的自给偏置效应又进一步加速放大器增益的下降。

为了说明这个问题,以图 5-2-5(b)所示电路为例,画出它的直流偏置电路,如图 5-2-7(a)所示,$V_{BB}=V_{CC}R_{b2}/(R_{b1}+R_{b2})$,$R_b=R_{b1}R_{b2}/(R_{b1}+R_{b2})$。由图可见,起振时,加在发射结上的偏置电压 V_{BE} 即为静态偏置电压 $V_{BEQ}=V_{BQ}-V_{EQ}$,其中,$V_{BQ}=V_{BB}-I_{BQ}R_b$,$V_{EQ}=I_{EQ}R_e$,当 v_i 增大到振荡管具有非线性放大特性时,v_i 的一部分进入截止区,如图 5-2-7(b)所示。振荡管的集电极电流(和相应的基极电流)已不再是正弦波,而是失真的脉冲波,因而,它们的平均值 $I_{c0}(I_{b0})$ 将大于静态值,且随 v_i 增大而增大,结果是 $V_{B0}=V_{BB}-I_{b0}R_b$ 减小且 $V_{E0}=I_{e0}R_e$ 增大,相应的 $V_{BE0}=V_{B0}-V_{E0}$ 减小。可见,振荡振幅增大时,加在发射结上的偏置电压将自静态值向截止方向移动,导致放大器增益即环路增益进一步下降,从而进一步提高了振荡振幅稳定性,如图 5-2-8 中虚线所示。图中,各条实线为偏置恒定时的环路增益特性。

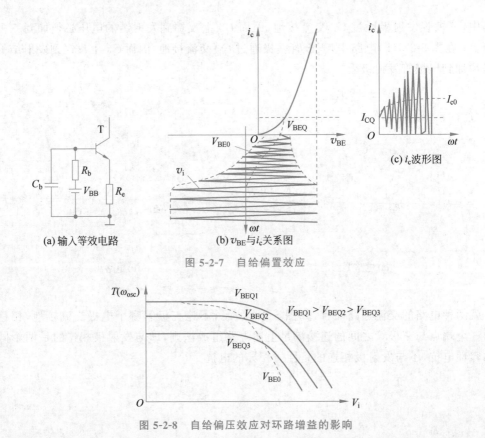

图 5-2-7　自给偏置效应

图 5-2-8　自给偏压效应对环路增益的影响

上面介绍了电容三端式振荡器电路。用同样方法也可画出电感三端式振荡器电路,如图 5-2-9 所示,图中,各元件的作用与电容三端式电路相同,这里不再赘述。需要注意的是,电路中 L_2 必须通过隔直流电容(C_b 或 C_e)接到基极或发射极上,以防止偏置电路(R_{b2} 或 R_e)被 L_2 短路。

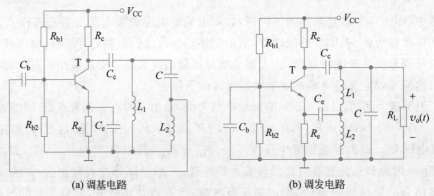

图 5-2-9　电感三端式振荡器电路

两类三端式振荡电路各有其优点和缺陷。其中,电感反馈振荡电路的优点是:两个电感之间存在互感,故容易起振;振荡频率可以通过改变电容的参数得到调整,并且不影响电路的反馈系数。其振荡波形不及电容反馈式振荡器的振荡波形,原因是反馈支路为感性支路,对高次谐波呈现高阻抗,形成对 LC 回路中高次谐波的较强反馈,使波形失真;振荡频率较高时,两个电感上的分布电容和晶体管的极间电容均与电感并联,使反馈系数随频率变化而改变,工作频率越高,分布参数的影响也越严重,可能使反馈系数减小到达不到起振条件。

与电感反馈振荡电路相比,电容反馈振荡电路的优点是输出波形较好,因为反馈电容对于高次谐波呈现为小阻抗,高次谐波形成的反馈分量很小,波形接近于正弦波;其次,电路中的分布电容、晶体管极间电容均是与电容并联,使回路总电容变大,不稳定参数的影响相对减弱,从而可以提高频率稳定度。当工作频率较高时,需要的电容量很小,甚至可以利用晶体管的输入和输出电容作为回路电容,这也使得电容反馈振荡电路适于工作在较高频率段。这种振荡电路也存在一个缺点:若调整其中一个电容值改变振荡频率时,反馈系数也会改变。不过,这个影响可以通过在电感支路加上可变电容来解决,保持影响反馈系数的两个电容不变,调整可变电容,就能单独调整振荡频率而不影响反馈系数。

因此,尽管电感反馈式振荡电路的工作频率也能达到其高频波段,但在这个波段优先选用电容反馈式振荡电路。

3. 电容三端式振荡电路的起振条件

推导环路增益 $T(\mathrm{j}\omega)$ 时,应将闭合环路断开。断开点如何选择并不重要,不同断开点导出的 $T(\mathrm{j}\omega)$ 表示式都是一样的,断开点的选择一般以便于分析为主。

现以图 5-2-6(b)所示电路为例,在"×"处断开,断开的等效电路应考虑断开点左右电路的相互影响。未断开的电路中,C_2 两端电压为反馈电压,作放大器的发射极和基极之间的输入信号;发射结和 R_e 的并联电路可视为部分接入谐振回路的阻抗。将电路断开后,应在断开点的左面加环路的输入电压 $V_\mathrm{i}(\mathrm{j}\omega)$;而右面应接入自断开点向左看进去的阻抗 Z_i,如图 5-2-10(a)所示。图中 R_p 是 L、C_1、C_2 并联谐振回路的固有谐振电阻,表示为

$$R_\mathrm{p} \approx \omega L Q_0$$

式中,Q_0 为回路的固有品质因数。

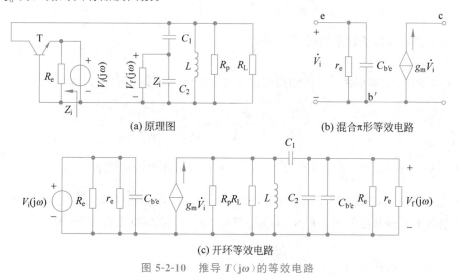

(a) 原理图　　　(b) 混合 π 形等效电路

(c) 开环等效电路

图 5-2-10　推导 $T(\mathrm{j}\omega)$ 的等效电路

由图 5-2-10 可见,环路在"×"处断开后,三极管接成共基组态,将它用混合 π 形等效电路表示。当振荡频率远小于管子的特征频率 f_T 时,为了简化分析,忽略 $r_{\mathrm{b'b}}$、r_ce 和 $C_{\mathrm{b'c}}$,得到的简化等效电路如图 5-2-10(b)所示。可见,输入阻抗 $Z_\mathrm{i}=R_\mathrm{e}//r_\mathrm{e}//(1/\mathrm{j}\omega C_{\mathrm{b'e}})$,其中,$r_\mathrm{e}=26\mathrm{mV}/I_\mathrm{EQ}$,因而画出推导 $T(\mathrm{j}\omega)$ 的等效电路如图 5-2-10(c)所示。

令 $R'_L = 1/g'_L = R_L /\!/ R_p$，$R_i = 1/g_i = R_e /\!/ r_e$，$C'_2 = C_2 +$
$C_{b'e}$，且设 $Z_1 = \dfrac{1}{j\omega C_1}$，$Z_2 = \dfrac{1}{g_i + j\omega C'_2}$ 及 $Z_3 = \dfrac{1}{g'_L + 1/j\omega L}$，则由
图 5-2-11 求得反馈电压 $V_f(j\omega)$ 为

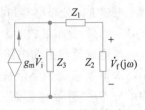

图 5-2-11　简化电路

$$V_f(j\omega) = \frac{g_m V_i(j\omega)}{\dfrac{1}{Z_3} + \dfrac{1}{Z_1 + Z_2}} \frac{Z_2}{Z_1 + Z_2}$$

所以

$$T(j\omega) = \frac{V_f(j\omega)}{V_i(j\omega)} = \frac{g_m}{\dfrac{1}{Z_2} + \dfrac{1}{Z_3} + \dfrac{Z_1}{Z_2 Z_3}} \tag{5-2-8}$$

将 Z_1、Z_2、Z_3 表达式代入式(5-2-8)，经整理得

$$T(j\omega) = \frac{g_m}{A + jB} = T(\omega) e^{j\varphi_T(j\omega)} \tag{5-2-9}$$

其中，$T(\omega) = \dfrac{g_m}{\sqrt{A^2 + B^2}}$，$\varphi_T(j\omega) = -\arctan\dfrac{B}{A}$。$A = g'_L + g_i + g'_L\dfrac{C'_2}{C_1} - \dfrac{g_i}{\omega^2 L C_1}$，$B = \omega C'_2 -$

$\dfrac{1}{\omega C_1} g_i g'_L - \dfrac{C'_2}{\omega L C_1} - \dfrac{1}{\omega L}$。

根据 $\varphi_T(\omega_{osc}) = 0$（即 $B = 0$）和 $T(\omega_{osc}) > 1$（即 $g_m > A$）分别求得电容三端式振荡器的相位及振幅起振条件为

$$\omega_{osc}^2 L C_1 C'_2 - C_1 - C'_2 - L g_i g'_L = 0 \tag{5-2-10}$$

$$g_m > g'_L\left(1 + \frac{C'_2}{C_1}\right) + g_i\left(1 - \frac{1}{\omega_{osc}^2 L C_1}\right) \tag{5-2-11}$$

下面对上述起振条件进行简要的讨论。

1）振荡角频率 ω_{osc}

振荡器的振荡角频率 ω_{osc} 由相位起振条件确定。求解式(5-2-10)，得

$$\omega_{osc} = \sqrt{\frac{1}{LC} + \frac{g_i g'_L}{C_1 C'_2}} = \omega_0 \sqrt{1 + \frac{g_i g'_L}{\omega_0^2 C_1 C'_2}} \tag{5-2-12}$$

式中，$C = \dfrac{C_1 C'_2}{C_1 + C'_2}$，$\omega_0 = \dfrac{1}{\sqrt{LC}}$ 分别为回路的总电容和固有谐振角频率。

上式表明，电容三端式振荡器的振荡角频率 ω_{osc} 不仅与 ω_0 有关，还与 g_i、g'_L 即回路固有谐振电阻 R_P、外接电阻 R_L 和 R_i 有关，且 $\omega_{osc} > \omega_0$。在实际电路中，一般满足

$$\omega_0^2 C_1 C'_2 \gg g_i g'_L$$

因此，工程估算时，可近似认为

$$\omega_{osc} \approx \omega_0 = \frac{1}{\sqrt{LC}} \tag{5-2-13}$$

2）振荡起振条件的简化

工程估算时，令 $\omega = \omega_{osc} \approx \omega_0$，代入式(5-2-11)，振荡起振条件简化为

$$g_m > g'_L \left(\frac{C_1 + C'_2}{C_1} \right) + g_i \left(\frac{C_1}{C_1 + C'_2} \right) \tag{5-2-14}$$

设

$$p = \frac{C_1}{C_1 + C'_2}$$

p 称为电容分压比,将式(5-2-14)改写为

$$g_m > \frac{1}{p} g'_L + p g_i \tag{5-2-15}$$

或

$$p \frac{g_m}{g'_L + p^2 g_i} > 1 \tag{5-2-16}$$

若 $g_i \gg \omega C'_2$,则由图 5-2-10(c)可见,$p^2 g_i$ 便是 g_i 经电容分压器折算到集电极上的电导值。因而回路谐振时集电极上的总电导为 $(g'_L + p^2 g_i)$,g_m 除以这个总电导值就是回路谐振时放大器的电压增益 $A_v(\omega_0)$,而 p 则是反馈网络(由 C_1 和 C'_2 组成)的反馈系数 B_v,这样,式(5-2-16)又可表示为

$$A_v(\omega_0) B_v > 1$$

上式表明,要满足振幅起振条件,应增大 $A_v(\omega_0)$ 和 B_v。不过,增大 B_v(即 p),$p^2 g_i$ 增大,必将造成 $A_v(\omega_0)$ 减小;反之,减小 B_v,虽能提高 $A_v(\omega_0)$,但也不能增大 $T(\omega_0)$。因此,要增大 $T(\omega_0)$,p 取值应适中。再则,提高三极管集电极静态电流 I_{CQ},可以增大 g_m,从而提高 $A_v(\omega_0)$,但是,I_{CQ} 不宜过大,否则,$g_i \approx \frac{\alpha}{r_e} = g_m$ 会过大,造成回路有载品质因数过低,谐波分量影响加大,降低振荡频率稳定性。一般 I_{CQ} 取值为 $1 \sim 5\text{mA}$。实践表明,若选用的振荡管,其 f_T 大于振荡频率 5 倍以上,R_L 又不太小(大于 $1\text{k}\Omega$),且 p 取值适中,一般都能满足振幅起振条件。

顺便指出,若将图 5-2-6(b)所示闭合环路在基极处开断,如图 5-2-12(a)所示,则可看到,三极管接成共发组态,相应的开环等效电路如图 5-2-12(b)所示,图中,$g_{ie} = \frac{1}{R_e} + \frac{1}{r_{b'e}}$,$g'_L = \frac{1}{R_p} + \frac{1}{R_L}$。

用工程估算法将 g_{ie} 和 g'_L 折算到集射极间,分别为 $(C_1/C'_2)^2 g_{ie}$ 和 $[(C_1+C'_2)/C'_2]^2 g'_L$,如图 5-2-12(c)所示。由图求得放大器在回路谐振时的增益为

$$A_v(\omega_0) = -\frac{g_m}{[(C_1+C'_2)/C'_2]^2 g'_L + (C_1/C'_2)^2 g_{ie}} \tag{5-2-17}$$

反馈系数为

$$B_v = \frac{-1/\omega_0 C'_2}{\omega_0 L - 1/\omega_0 C'_2} = -\frac{C_1}{C'_2} \tag{5-2-18}$$

因而振幅起振条件为

$$g_m > \left(\frac{C'_2}{C_1} \right) \left[\left(\frac{C_1+C'_2}{C'_2} \right)^2 g'_L + \left(\frac{C_1}{C'_2} \right)^2 \left(\frac{1}{R_2} + \frac{1}{r_{b'e}} \right) \right] \tag{5-2-19}$$

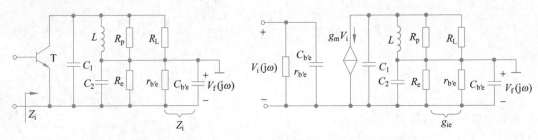

(a) 基极处断开原理图   (b) 开环等效电路图

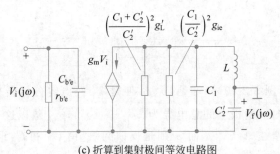

(c) 折算到集射极间等效电路图

图 5-2-12　在基极处断开的等效电路

将 $r_{b'e}=(1+\beta)r_e$，$g_m=\alpha/r_e$，$\beta=\alpha/(1-\alpha)$ 分别代入式（5-2-15）和式（5-2-19），经整理，它们都可变换为同一表达式，即

$$g_m > \frac{\alpha(C_1+C_2')^2}{[\alpha(C_1+C_2')-C_1]C_1}g_L' + \frac{\alpha C_1}{\alpha(C_1+C_2')-C_1}\frac{1}{R_e} \tag{5-2-20}$$

当 $\alpha \approx 1$ 时，上式简化为

$$g_m > \frac{(C_1+C_2')^2}{C_1 C_2'}g_L' + \frac{C_1}{C_2'}\frac{1}{R_e} \tag{5-2-21}$$

可见，正如本小节开始提到的，闭合环路不论何处断开，它们的振幅起振条件都是一样的。不过，断开点不同，放大器的组态和反馈网络的组成就不同，相应的放大器增益和反馈系数也就不同。

4. 用工程估算法求起振条件

通过上述讨论可知，采用工程估算法可以大大简化起振条件的分析过程。分析步骤可归纳如下。

（1）将闭合环路断开，画出推导 $T(j\omega)$ 的开环等效电路；

（2）求出谐振回路的固有谐振角频率 ω_0，并令 $\omega_{osc} \approx \omega_0$；

（3）将接在谐振回路各部分的电导（或电阻）折算到集电极上，分别求出放大器回路谐振时的增益和反馈系数，便可得到振幅起振条件。

5.2.3　LC 正弦波电路的分析举例

在结束本节前，为了便于理解本节讨论的内容，下面举几个实例。

例 5-2-1　试判断图 5-2-13（a）所示交流通路能否满足相位平衡条件。

解　若 LC_3 串联支路呈感性，则该电路符合三端式电路组成法则，即与发射极连接的为 C_1 和 C_2，而不与发射极连接的为感性电抗。可以满足相位平衡条件，因此，振荡频率必

定高于 LC_3 支路的串联谐振频率(高于谐振频率时,串联支路呈感性)。工程估算时,其振荡频率近似为

$$\omega_{osc} \approx \omega_0 = 1/\sqrt{LC}$$

其中,C 是 C_1、C_2、C_3 的串联电容值。若设 C_3 远小于 C_1 和 C_2,则 $C \approx C_3$,这个电路就是下面将要介绍的克拉泼(Clapp)振荡电路,它是电容三端式电路的改进电路。

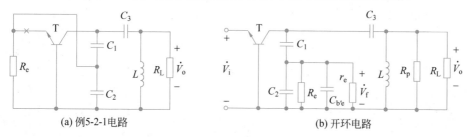

图 5-2-13　例 5-2-1 电路及其开环电路

例 5-2-2　试求例 5-2-1 电路的振幅起振条件。

解　在"×"处断开,得到如图 5-2-13(b)所示的开环电路。将它与电容三端式电路(图 5-2-10)比较,可以看到,反馈网络的反馈系数保持不变,仍为 $p = C_1/(C_1 + C_2')$,$C_2' = C_2 + C_{b'e}$,不同的仅是 $R_L'(R_L // R_p)$ 需要通过 C_3 和 $C_{12} = C_1 C_2'//(C_1 + C_2')$ 的电容分压网络折算到集电极上,折算后的数值为 $p_2^2 R_L'$(或 g_L'/p_2^2),其中 $p_2 = C_3/(C_3 + C_{12})$,因此,该电路的振幅起振条件为

$$\frac{g_m}{g_L'/p_2^2 + p^2 g_i} p > 1$$

其中,$g_i = 1/r_e$。

例 5-2-3　图 5-2-14(a)所示为三回路振荡器的交流通路,图中,f_{01}、f_{02}、f_{03} 分别为 3 个回路的固有谐振频率,试写出它们之间能满足相位平衡条件的两种关系式,并指出两种情况下振荡频率处在什么范围内。

解　已知串联谐振回路和并联谐振回路在忽略回路损耗时的电抗特性曲线分别如图 5-2-14(b)和(c)所示。由图可见,在串联谐振电路中,$\omega > \omega_0$ 时,$X > 0$,呈感性;$\omega < \omega_0$ 时,$X < 0$,呈容性。在并联谐振电路中,$\omega > \omega_0$ 时,$X < 0$,呈容性;$\omega < \omega_0$ 时,$X > 0$,呈感性。

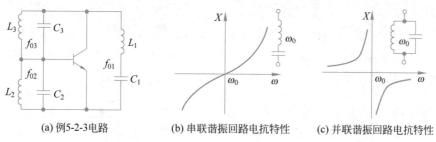

图 5-2-14　例 5-2-3 电路及串联和并联谐振回路的电抗特性曲线

根据上述电抗特性曲线,对于图 5-2-14(a)所示电路,要满足三端式组成法则,发射极接的两个回路应该呈相同阻抗特性,可有下列两种情况。

(1) 构成电容三端式电路时,要求 $L_1 C_1$ 回路和 $L_2 C_2$ 回路均呈容性失谐,$L_3 C_3$ 回路

呈感性失谐，若振荡频率为 f_{osc}，则应满足 $f_{01}>f_{osc}$，$f_{02}<f_{osc}$，$f_{03}>f_{osc}$。

（2）构成电感三端式电路时，要求 L_1C_1 回路和 L_2C_2 回路均呈感性失谐，L_3C_3 回路呈容性失谐。同理，应满足 $f_{01}<f_{osc}$，$f_{02}>f_{osc}$，$f_{03}<f_{osc}$。

例 5-2-4 试判断图 5-2-15(a)所示场效应管振荡电路能否满足相位平衡条件，如果不能，试改正。

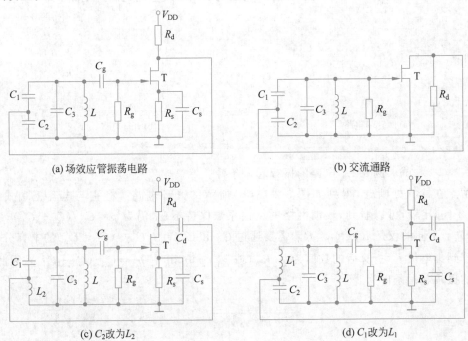

图 5-2-15 例 5-2-4 电路

解 用场效应管取代三极管，三端式电路组成法则不变，即与源极相连的为同性质电抗，不与源极相连的为异性电抗。

首先画出交流通路，如图 5-2-15(b)所示。由图可见，若 LC_3 并联回路呈感性，则与源极相连的两个电抗为异性，不符合组成法则。又若 LC_3 并联回路呈容性，则与场效应管3 个极连接的电抗均为容性，也同样不符合组成法则，因此，这个电路不满足相位平衡条件，不能振荡。

为了改正这个电路，可将 C_2 改为电感 L_2，如图 5-2-15(c)所示，这时，LC_3 回路应呈感性。也可将 C_1 改为电感 L_1，如图 5-2-15(d)所示，这时，LC_3 回路应呈容性。不过，无论采用哪种改正方法，都必须串接隔直流电容 C_d，以防止漏极直流短路。

5.3 振荡器的频率稳定度

频率稳定度是振荡器的重要性能指标之一，其定义为：在规定时间内，规定的温度、湿度、电源电压等变化范围内振荡频率的相对变化量。按规定时间的长短不同，频率稳定度（简称频稳度）有长期、短期和瞬时之分。长期频率稳定度是指一天以上乃至几个月内因元器件老化而引起振荡频率的相对变化量；短期频率稳定度是指一天内因温度、湿度、电源电压等外界因素变化而引起振荡频率的相对变化量；瞬时频率稳定度（又称秒级频率稳定度）是指电路内部噪声引起振荡频率的相对变化量。

通常所讲的频率稳定度一般指短期频率稳定度。若将规定时间划分为 n 个等间隔，各间隔内实测的振荡频率分别为 $f_1,f_2,\cdots,f_n$，则当振荡频率规定为 f_{osc}（称为标称频率）时，短期频率稳定度的定义为

$$\frac{\Delta f_{osc}}{f_{osc}}=\lim_{n\to\infty}\sqrt{\frac{1}{n}\sum_{i=1}^{n}\left[\frac{(\Delta f_{osc})_i}{f_{osc}}-\overline{\frac{\Delta f_{osc}}{f_{osc}}}\right]^2} \tag{5-3-1}$$

式中，$(\Delta f_{osc})_i=f_i-f_{osc}$ 为第 i 个时间间隔内实测的绝对频差。

绝对频差的平均值称为绝对频率准确度，见式（5-3-2）。显然，$\overline{\Delta f_{osc}}$ 越小，频率准确度就越高。

$$\overline{\Delta f_{osc}}=\lim_{n\to\infty}\frac{1}{n}\sum_{i=1}^{n}(f_i-f_{osc}) \tag{5-3-2}$$

对频率稳定度的要求视用途而异。用于中波广播电台发射机的频率稳定度为 10^{-5} 数量级，电视发射机为 10^{-7} 数量级，普通信号发生器为 $(10^{-4}\sim10^{-5})$ 数量级，高精度信号发生器为 $10^{-7}\sim10^{-9}$ 数量级。

5.3.1　提高频率稳定度的基本措施

在讨论提高频率稳定度的措施时，有必要先分析外界因素如何影响振荡频率的变化。这里主要对 LC 振荡器的频率稳定度进行讨论。

1. 频率稳定度的定性分析

前面已指出，振荡频率是根据相位平衡条件即 $\varphi_T(\omega_{osc})$ 确定的，而 $\varphi_T(\omega)$ 是由主网络相移 $\varphi_A(\omega)$ 和反馈网络相移 $\varphi_f(\omega)$ 两部分组成的，其中，$\varphi_A(\omega)$ 主要取决于并联谐振回路的相移 $\varphi_Z(\omega)$，它在谐振频率附近随 ω 的变化十分剧烈，而 $\varphi_f(\omega)$ 随 ω 的变化相对要缓慢得多，可近似认为它是与频率无关的常数，并用 φ_f 表示，这样，相位平衡条件就可写成

$$\varphi_T(\omega_{osc})=\varphi_Z(\omega)+\varphi_f=0 \tag{5-3-3}$$

其中

$$\varphi_Z(\omega)=-\arctan Q_L\frac{2(\omega-\omega_0)}{\omega_0} \tag{5-3-4}$$

根据上述相位平衡条件，振荡角频率 ω_{osc} 就是 $\varphi_Z(\omega)$ 曲线与高度为 $-\varphi_f$ 平线相交点所对应的角频率，如图 5-3-1 所示。根据式（5-3-3）和式（5-3-4）可见，影响振荡频率的参数是 ω_0、Q_L 和 φ_f，因此，讨论频率稳定度就是分析外界因素变化是如何通过这 3 个参数影响振荡频率变化的。

若外界因素（温度、湿度等）变化使 LC 谐振回路的 L 和 C 变化，从而使其谐振角频率 ω_0 产生 $\Delta\omega_0$ 的变化，则 $\varphi_Z(\omega)$ 曲线的形状不变，仅是沿横坐标轴平移 $\Delta\omega_0$，如图 5-3-1(a) 所示。可得出以下结论。

(1) 由此引起振荡频率的变化量实际上就是回路谐振频率的变化量，即 $\Delta\omega_{osc}=\Delta\omega_0$。

(2) 若外界因素变化引起负载和管子参数变化，从而使谐振回路的 Q_L 增加 ΔQ_L，则 $\varphi_Z(\omega)$ 曲线变陡，如图 5-3-1(b) 所示。可见，ΔQ_L 引起振荡频率的变化量与 φ_f 大小有关，φ_f

越大，$\varphi_Z(\omega)$ 曲线在交点上的斜率越小，同样的 ΔQ_L 引起的振荡频率变化量就越大，即 $\Delta\omega'_{osc} > \Delta\omega_{osc}$。

（3）若外界因素变化使 φ_f 产生 $\Delta\varphi_f$ 的变化，则 $\varphi_Z(\omega)$ 曲线形状不变，而交点移动，如图 5-3-1(c) 所示。$\Delta\varphi_f$ 引起振荡频率的变化与 φ_f 和 Q_L 的大小有关。φ_f 越大，$\varphi_Z(\omega)$ 曲线在相交点上的斜率就越小，因而，同样的 $\Delta\varphi_f$ 引起振荡频率的变化量也就越大（$\Delta\omega_{osc2} > \Delta\omega_{osc1}$）。同理，$Q_L$ 越大，$\varphi_Z(\omega)$ 曲线越陡，因而，$\Delta\varphi_f$ 引起振荡频率的变化量就越小（$\Delta\omega'_{osc1} < \Delta\omega_{osc1}$，$\Delta\omega'_{osc2} < \Delta\omega_{osc2}$）。

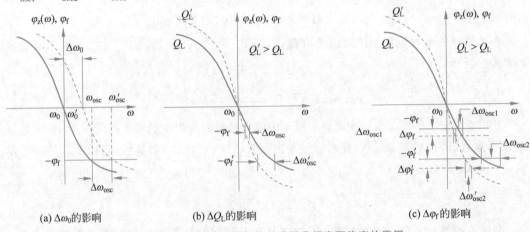

(a) $\Delta\omega_0$ 的影响　　　　(b) ΔQ_L 的影响　　　　(c) $\Delta\varphi_f$ 的影响

图 5-3-1　由相位平衡条件说明振荡频率不稳定的原因

综上所述，为提高 LC 振荡器的频率稳定度，可采取如下基本措施。一是减小 $\Delta\omega_0$、ΔQ_L 和 $\Delta\varphi_f$，尤其是 $\Delta\omega_0$，为此，必须减小外界因素的变化以及外界因素变化引起 ω_0、Q_L、φ_f 的变化，即 ω_0、Q_L、φ_f 对外界因素变化的敏感度；二是减小 φ_f 和增大 Q_L，目的是减小由 ΔQ_L 和 $\Delta\varphi_f$ 引起的频率变化量。

2. 提高频率稳定度的措施

1）减小外界因素的变化

影响振荡频率的外界因素有温度、湿度、大气压力、电源电压、周围磁场、机械振动以及负载变化等，其中温度的影响最严重。这些外界因素的变化一般是无法控制的，但可以设法减小它们作用在振荡器上的变化。例如，采用减振装置来减小作用在振荡器上的机械振动；将振荡器或其中的回路元件置于恒温槽内来减小温度的变化；采用密封工艺来减小作用在振荡器上的湿度和大气压力的变化；采用高稳定的稳压电源来减小电源的变化；采用屏蔽罩来减小加在振荡器周围磁场的变化；在振荡器与不稳定负载之间插入跟随器来减小加在振荡器上负载的变化等。

2）提高振荡回路标准性

振荡回路标准性是指振荡回路在外界因素变化时保持固有谐振角频率 ω_0 不变的能力。回路标准性越高，外界因素变化引起的 $\Delta\omega_0$ 就越小，若设外界因素变化引起回路电感 L 和回路电容 C 的变化量分别为 ΔL 和 ΔC，相应产生的回路谐振角频率变化量为 $\Delta\omega_0$，则

$$\omega_0 + \Delta\omega_0 = \frac{1}{\sqrt{(L+\Delta L)(C+\Delta C)}} = \omega_0 \left[\left(1+\frac{\Delta L}{L}\right)\left(1+\frac{\Delta C}{C}\right)\right]^{-\frac{1}{2}}$$

将上式展开，忽略高阶小量，简化为

$$\omega_0 + \Delta\omega_0 \approx \omega_0\left(1 - \frac{1}{2}\frac{\Delta L}{L}\right)\left(1 - \frac{1}{2}\frac{\Delta C}{C}\right) \approx \omega_0 - \frac{1}{2}\omega_0\frac{\Delta L}{L} - \frac{1}{2}\omega_0\frac{\Delta C}{C}$$

由此求得 $\Delta\omega_0$ 的近似表示式为

$$\Delta\omega_0 \approx -\frac{1}{2}\omega_0\left(\frac{\Delta L}{L} + \frac{\Delta C}{C}\right) \tag{5-3-5}$$

式(5-3-5)表明,为了提高回路标准性,必须减小 L 和 C 的相对变化量。在 L 和 C 中,除了外加的集总电感和电容以外,还包括元件和引线的分布电容和分布电感以及管子的极间电容等寄生参量。因而,减小 L 和 C 的相对变化量的措施是:采用高稳定的集总电感和电容器、减小不稳定的寄生参量及其在 L 和 C 中的比重以及采用温度补偿等。

采用温度补偿是提高回路标准性的一个十分有效的方法。回路电感和部分寄生参量的温度系数一般均为正值(所谓温度系数是指温度变化1℃时引起电感量或电容量的相对变化量)。如果选用温度系数为负值的陶瓷电容器,而且具有合适的负温度系数值,就能补偿电感和部分寄生参量的正温度系数变化,从而使回路谐振频率的相对变化量大大减小。

缩短引线采用机械强度高的引线且安装牢靠或采用贴片元器件都是减小分布电容和分布电感及其变化量的有效方法。

增加回路总电容,减小管子与回路之间的耦合,均能有效地减小管子极间电容(这些电容往往是不稳定的)在总电容中的比重,也可有效地减小管子输入和输出电阻以及它们的变化量对振荡回路 Q_L 的影响。必须指出,增加回路总电容是有限的。当频率一定时,增加回路总电容势必减小回路电感。实际制作电感线圈时,电感量过小,线圈的固有品质因素 Q_0 就不易做高,相应的 Q_L 也就不能高,这样反而不利于频率稳定度的提高。因此,一般都采用减小管子与回路间耦合的方法。下面介绍的克拉泼和西勒振荡电路就是采用这种方法设计出来的高频率稳定度振荡器。

5.3.2 改进型电容三端式振荡电路

1. 克拉泼振荡电路

如例 5-2-1 所述,克拉泼电路是采用电容三端式振荡器的改进型电路,图 5-3-2 所示为它的实际电路和相应的交流通路。由图可知,克拉泼电路与电容三端式电路的差别,仅在回路中多加一个与 C_1、C_2 相串接的电容 C_3。通常 C_3 取值较小,满足 $C_3 \ll C_1$,$C_3 \ll C_2$,这样回路总电容 C 主要取决于 C_3。而回路中的不稳定电容主要是三极管的极间电容 C_{ce}、C_{be}、

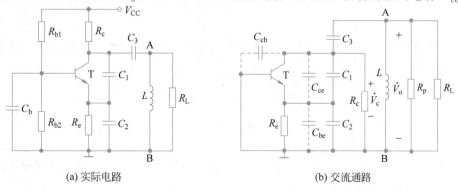

(a) 实际电路　　　　　　　　　　(b) 交流通路

图 5-3-2　克拉泼振荡电路

C_{cb}，它们又都直接并接在 C_1、C_2 上，不影响 C_3 值，结果是减小了这些不稳定电容对振荡频率的影响，且 C_3 越小，这种影响就越小，回路标准性也就越高。实际情况下，克拉泼电路的频率稳定度大体上比普通电容三端式电路高一个数量级，达到 $10^{-4} \sim 10^{-5}$。

不过，由例 5-2-2 可见，接入 C_3 后，虽然反馈系数不变，但是接在 A、B 两端的电阻 $R'_L = (R_L // R_p)$ 折算到振荡管集-基间的数值（设为 R''_L）减小，其值为

$$R''_L \approx p_2^2 R'_L = \left(\frac{C_3}{C_3 + C_{12}} \right)^2 R'_L$$

式中，C_{12} 是 C_1、C_2 和包括各极间电容在内的总电容。因而，放大器的增益即环路增益将相应减小。显然，C_3 越小，环路增益就越小。可见，在这种振荡电路中，用减小 C_3 来提高回路标准性是以牺牲环路增益为代价的。如果 C_3 取值过小，振荡器就会不满足振幅起振条件而停振。

2. 西勒振荡电路

西勒振荡器的实用电路及其交流通路如图 5-3-3 所示。它的主要特点是在克拉泼电路的基础上与电感并联一个可调电容 C_4，而 C_1、C_2、C_3 均为固定电容，并且仍满足条件 $C_3 \ll C_1$，$C_3 \ll C_2$，而电容 C_4 一般与 C_3 同量级，因此回路总电容近似为

$$C_\Sigma \approx C_3 + C_4$$

振荡频率近似为

$$\omega_{osc} \approx \frac{1}{\sqrt{L(C_3 + C_4)}} \tag{5-3-6}$$

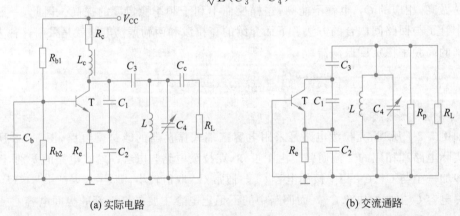

(a) 实际电路　　　　　　　　　　　　　　(b) 交流通路

图 5-3-3　西勒振荡电路

西勒电路保持了克拉泼电路频率稳定度高的优点，而且适合做波段振荡器。由于放大器的等效负载为

$$R''_L \approx p_2^2 R'_L = \left(\frac{C_3}{C_3 + C_{12}} \right)^2 Q_L \omega_{osc} L$$

可以看出，在电路其他参数一定时，随着频率升高，R''_L 与 ω_{osc} 成正比，似乎电压增益 A_v 将随 ω_{osc} 升高而增大。实际上，由于 ω_{osc} 升高，晶体管的 g_m 将有所下降，因此可近似认为放大器增益在波段范围内不变。所以，在利用 C_4 改变振荡频率时，输出振荡电压幅度能保持基本稳定，并且频率调节也比较方便。

与克拉泼电路相比，作为波段振荡器时，克拉泼电路的波段覆盖系数 $K = f_{oscmax} /$

f_{oscmin},只有 1.1~1.2,而西勒电路的波段覆盖系数 K 可达到 1.6~1.8,因此得到广泛应用。

5.4 晶体振荡器

LC 振荡器的频率稳定度只能达到 $10^{-3} \sim 10^{-5}$ 数量级,如果要求频率稳定度超过 10^{-5} 数量级,就必须采用晶体振荡器。晶体振荡器是用石英谐振器控制和稳定振荡频率的振荡器。下面先介绍石英谐振器的电特性。

5.4.1 石英谐振器的电特性

石英谐振器是利用石英晶体(二氧化硅)的压电效应而制成的一种谐振器件。它的内部结构如图 5-4-1 所示。在一块石英片的两面涂上银层作为电极,两电极各自焊出的引线固定在管脚上。石英片是从石英晶体柱上切割下来的,它是一种弹性体,有一固有振动频率,其值与石英片的形状、尺寸和切型(即从石英晶体柱的哪个方位上切割下来)有关,而且十分稳定,它的温度系数(温度变化 1℃引起固有振动频率的相对变化量)均在 10^{-6} 或更高的数量级上。实践表明,振动频率的温度系数与切型有关。某些切型的石英片(GT 型和 AT 型)的温度系数在很宽范围内均趋于零,而其他切型的石英片,只在某一特定温度附近的小范围内才趋于零,通常将这个特定温度称为拐点温度。若要将晶体置于恒温槽内,槽内温度就应控制在这个拐点温度上。

图 5-4-1 石英谐振器的内部结构

石英片的振动具有多谐性,除基频振动外,还有奇次谐波的泛音振动。一个石英谐振器,既可利用基频振动,又可利用泛音振动,前者称为基频晶体,后者称为泛音晶体。泛音晶体一般利用三次和五次的泛音振动,而很少采用九次以上的泛音振动。

若对石英片施加外力使其发生机械形变(伸张或压缩),则两个电极上就会产生符号相反、数值相等的电荷,其值与形变的大小成正比。反之,当两个电极上施加电压时,石英片产生机械变形,形变的大小与两电极间的电场强度成正比,通常将这种机和电的相互转换效应称为压电效应。

将石英谐振器接到振荡器的闭合环路中,利用它的固有振动频率,就能有效地控制和稳定振荡频率。例如,在外力冲击下,石英片受激产生固有频率的振动,由于压电效应,两电极上就会产生相同频率的交变电荷及相应的交变电压,经反馈和放大后又以同相位加到石英片的两极上,以维持石英片的机械振动。这样,振荡器的振荡频率就被控制和稳定在石英片的机械振动频率上。它的频率稳定度可达到 10^{-5} 或更高数量级。

石英谐振器的电路符号如图 5-4-2(a)所示。从电的观点来看,当外加交变电压与石英片的机械振动发生共振时，石英片两电极上的交变电荷量最大，也就是通过石英片的交变电流最大，因而具有串联谐振的特性。可用图 5-4-2(b)所示的串联谐振电路等效它的电特性。图中，L_{q1}、C_{q1}、r_{q1} 等效它的基频谐振特性，L_{q3}、C_{q3}、r_{q3} 等效它的三次泛音的谐振特性，C_0 表示石英谐振器的静态电容和支架、引线等分布电容之和。其中，静态电容是以石英片为介质，两个电极为极板而形成的电容，它是 C_0 的主要成分。若作为基频晶体，石英谐振器的等效电路简化为图 5-4-2(c)所示电路，图中，为了便于书写，省略了各串联元件的下标"1"。

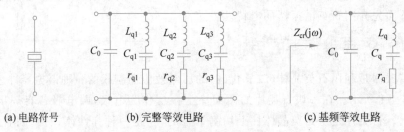

(a) 电路符号   (b) 完整等效电路   (c) 基频等效电路

图 5-4-2 石英谐振器的等效电路

表 5-4-1 列出了几种常用石英谐振器的性能和参数。可见，石英谐振器具有很大的 L_q（几十毫亨），很小的 C_q（10^{-2} pF 以下）和很高的 Q_q（10^5 以上），并且它们的数值是极其稳定的。其次，C_0 远大于 C_q，因而接成晶体振荡电路时，外电路对晶体电特性的影响便显著减小。这种情况如同上述克拉泼电路中利用 C_1、C_2 远大于 C_3 来减小管子（晶体管结电容等）对回路谐振频率的影响。可见，将石英谐振器作为谐振器的谐振回路，就会有很高的回路标准性，因而有很高的频率稳定度。

表 5-4-1 几种常用石英谐振器的性能和参数

频率范围/MHz	型　号	频率稳定度/d	温度系数$\frac{\Delta f}{f}$/℃	L_q/H	C_q/pF
5	JA8	5×10^{-9}	$<1\times10^{-7}$	0.08	0.013
20～45	B04	5×10^{-9}	$<1\times10^{-7}$	0.08	0.0001
90～130	B04/L	5×10^{-9}	$<1\times10^{-7}$	依照频率定	

频率范围/MHz	r_q/Ω	C_0/pF	Q_q	负载电容/pF	振动方式
5	≤10	5	$\geq5\times10^4$	30,50,∞	基　频
20～45	40	4.5	$\geq5\times10^4$	30,50,∞	三次泛音
90～130	依照频率定		$\geq5\times10^4$	30,50,∞	九次泛音

若忽略 r_d，则晶体两端呈现的阻抗为纯电抗，其值近似为

$$Z_{cr}(j\omega) \approx jX_{cr} = -j\frac{1}{\omega C_0}\frac{1-(\omega_s/\omega)^2}{1-(\omega_p/\omega)^2} \tag{5-4-1}$$

式中

$$\omega_s = \frac{1}{\sqrt{L_q C_q}}, \quad \omega_p = \frac{1}{\sqrt{L_q \dfrac{C_q C_0}{C_q+C_0}}} \tag{5-4-2}$$

根据上式画出晶体的电抗曲线如图 5-4-3 所示。由图可见，在 $\omega_s \sim \omega_p$ 的频率范围内，

X_{cr} 为正值,呈感性;而在其他频段内,X_{cr} 均为负值,呈容性。在 ω_s 上,$X_{cr}=0$,具有串联谐振特性,相应的 ω_s 称为串联谐振角频率;在 ω_p 上,$X_{cr}\to\infty$,具有并联谐振特性,相应的 ω_p 称为并联谐振角频率。

将式(5-4-2)中的 ω_p 表达式改写为

$$\omega_p = \frac{1}{\sqrt{L_q C_q}}\sqrt{1+\frac{C_q}{C_0}} \approx \omega_s\left(1+\frac{1}{2}\cdot\frac{C_q}{C_0}\right) \tag{5-4-3}$$

或

$$\frac{\omega_p-\omega_s}{\omega_s} \approx \frac{1}{2}\cdot\frac{C_q}{C_0} \tag{5-4-4}$$

由表 5-4-1 可见,C_q/C_0 值很小,因而,由式(5-4-4)求得 ω_p 与 ω_s 的间隔也很小。例如,5MHz 的晶体,$C_q/C_0=2.6\times10^{-3}$,相应求得 $f_p-f_s\approx6.5\text{kHz}$。

在实际振荡电路中,晶体两端往往并接有电容 C_L,如图 5-4-4 所示,在这种情况下,晶体等效电路中的并接电容为 C_0+C_L,相应的并联谐振频率由 f_p 减小到 f_N,其值为

$$f_N \approx f_s\left(1+\frac{1}{2}\cdot\frac{C_q}{C_0+C_L}\right) \tag{5-4-5}$$

显然,C_L 越大,f_N 就越靠近 f_s。称 C_L 为晶体的负载电容(通常,基频晶体规定 C_L 为 30pF 或 50pF),标在晶体外壳上的振荡频率(或称晶体标称频率)就是并接 C_L 后的 f_N 值。晶体振荡器的基频与其构造相关,频率范围小到几十千赫兹,大的达到近百兆赫兹,广泛应用于各种电子设备中,实现频率控制和频率选择。

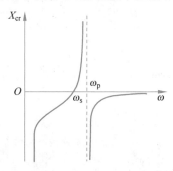

图 5-4-3 晶体的阻抗曲线

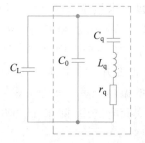

图 5-4-4 并联 C_L 后晶体的等效电路

5.4.2 晶体振荡电路

根据晶体在振荡电路中的不同作用,晶体振荡器有并联型电路和串联型电路之分。晶体工作在略高于 f_s 呈感性的频段内,用来作为三端式电路中的回路电感,相应构成的振荡电路称为并联型晶体振荡电路。晶体工作在 f_s 上,等效为串联谐振电路,用作高选择性的短路元件,相应构成的振荡电路称为串联型晶体振荡电路,广泛用在集成电路中。必须强调指出,晶体只能工作在上述两种方式,而不能工作在低于 f_s 和高于 f_p 呈容性的频段内,否则,频率稳定度将明显下降。

1. 并联型晶体振荡电路

并联型晶体振荡电路是从三端式振荡电路变换而来的,构成实际电路时,必须符合三端式

电路的组成法则。目前应用最广的是类似电容三端式的皮尔斯振荡电路,如图 5-4-5(a)所示。图中,R_{b1}、R_{b2} 和 R_e 构成分压式偏置电路,L_c 为高频扼流圈,C_b 为旁路电容,C_c 为耦合电容。相应的交流通路如图 5-4-5(b)所示,其中,晶体用等效电路表示,可以看出,它与克拉泼电路十分类似(C_q 类似于 C_3),利用晶体的极高 Q_q 和极小 C_q(这两者是 LC 谐振电路无法比拟的),便可获得很高的频率稳定度。

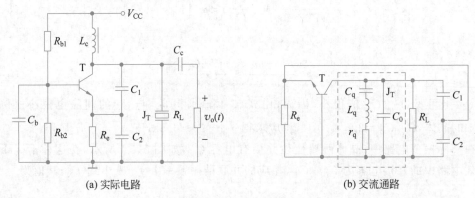

(a) 实际电路　　　　　　　　　　　　　(b) 交流通路

图 5-4-5　皮尔斯振荡电路

在上述电路中,C_1 和 C_2 的串接电容直接并接在晶体两端,是晶体的负载电容。如果其值等于晶体规定的数值,那么振荡电路的振荡频率就是晶体的标称频率。实际上,由于生产工艺的不一致性以及老化等原因,振荡器的振荡频率往往与晶体标称频率稍有偏差。因而,在振荡频率准确度要求很高的场合(如精密测时、测频装置),振荡电路中必须设置频率微调元件。图 5-4-6 给出了一个实用电路。图中,C_4 为微调电容,用来改变并接在晶体上的负载电容,从而改变振荡器的振荡频率。不过,频率调节范围是很小的。在实际电路中,除采用微调电容外还可采用微调电感。

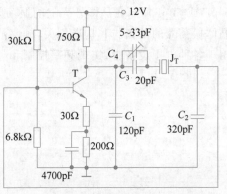

图 5-4-6　采用微调电容的晶体振荡器

在频率稳定度要求很高的场合,可将晶体或整个振荡器置于恒温槽内,并将槽内温度控制在晶体拐点温度附近。采用这种措施的振荡电路,其频率稳定度可提高到 10^{-10} 数量级。

此外,还可采用变容管的温度补偿电路,如图 5-4-7 所示。图中,T_1 管接成皮尔斯晶体振荡器,T_2 管为共射放大器,T_3 管为射极跟随器。虚线框为温度补偿电路,它是由 R_1、R_2、R_{t1} 和 R_{t2}、R_3 构成的电阻分压器,其中,R_{t1} 和 R_{t2} 为阻值随周围温度变化的热敏电阻,该电路的作用是使 R_{t2} 和 R_3 上的分压值 V_t 反映周围温度的变化。将 V_t 加到与晶体相串接的变容管上,控制变容管电容量变化来补偿因温度变化引起振荡频率的变化。如果 V_t 的温度特性与晶体的温度特性相匹配,振荡器的频率稳定度就可提高 $1\sim2$ 个数量级。

上面讨论了基频晶体振荡电路。如果采用泛音晶体组成振荡电路,则须考虑抑制基波和低次泛音振荡问题。为此,可将皮尔斯电路中的 C_1 用 LC_1 谐振电路取代,如图 5-4-8 所

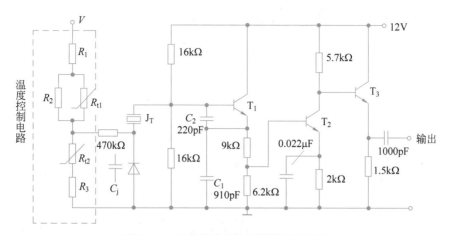

图 5-4-7　温度补偿晶体振荡器实用电路

示。假设晶体为五次泛音晶体,标称频率为 5MHz,为了抑制
基波和三次泛音的寄生振荡,LC_1 回路应调谐在三次和五次
泛音频率之间,如 3.5MHz。这样,在 5MHz 频率上,LC_1 回
路呈容性,振荡电路符合组成法则。而对于基频和三次泛音频
率来说,LC_1 回路呈感性,电路不符合组成法则,因而不能在
这些频率上振荡。至于七次及以上的泛音频率,LC_1 回路虽
呈容性,但其等效电容量过大,致使电容分压比 n 过小,不满足
振幅起振条件,因而也不能在这些频率上振荡。

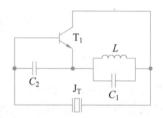

图 5-4-8　泛音晶体振荡器的
交流通路

2. 串联型晶体振荡电路

图 5-4-9 给出了集成晶体振荡电路 XK76 的内部电路,图中,T_1、T_2 管和外接晶体构成
正反馈放大器,当晶体串联谐振等效为短路元件时,不仅满足相位平衡条件,而且反馈也最
强,满足振幅起振条件,因而振荡器在晶体串联谐振频率 f_s 上起振。而当偏离串联谐振频
率时,晶体呈现的阻抗值迅速增大,导致反馈显著减弱,不能满足起振条件(振幅和相位)。
可见,这种振荡器的振荡频率受晶体串联谐振频率的控制,具有很高的频率稳定度。电路
中,T_3 管为共集放大器,T_4 和 T_5 管为共发放大器。

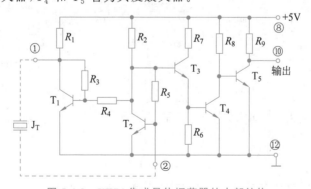

图 5-4-9　XK76 集成晶体振荡器的内部结构

图 5-4-10 所示为另一种串联型晶体振荡器电路。由图可见,当晶体串联谐振,等效为
短路元件时,电路符合三端式组成法则,为电容三端式电路。而当偏离串联谐振时,晶体阻
抗迅速增大,电路不能振荡。因此,这种振荡器的振荡频率主要取决于晶体的串联谐振频

率。为了减小 L、C_1、C_2、C_3 回路对频率稳定度的影响，一般都将它调谐在晶体串联谐振频率附近。

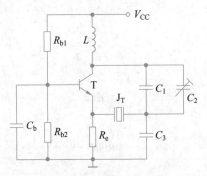

图 5-4-10　串联型晶体振荡器电路

5.5　RC 正弦波振荡器

微视频

采用 RC 电路作为移相网络和选频网络的振荡器统称为 RC 正弦波振荡器，主要工作在几十千赫兹以下的低频段。移相网络有 RC 导前移相电路、RC 滞后移相电路和 RC 串并联选频电路，它们的电路结构及相应的频率特性曲线如图 5-5-1 所示。

图 5-5-1　RC 移相电路

由图 5-5-1 可见，前两种移相电路均具有单调变化的幅频特性。当 $\omega = \omega_0 = 1/RC$ 时，$A(\omega_0) = 1/\sqrt{2}$，$\varphi(\omega_0) = \pm 45°$，而当 ω 偏离 ω_0 时，$A(\omega)$ 在 $0 \sim 1$ 的范围内变化，$\varphi(\omega)$ 在 $0° \sim 90°$ 或 $-90° \sim 0°$ 范围内变化。其中，$A(\omega) \to 1$ 时，$\varphi(\omega) \to 0°$；$A(\omega) \to 0$ 时，$\varphi(\omega) \to \pm 90°$。第三种电路具有类似 LC 谐振电路的选频特性。当 $\omega = \omega_0 = 1/RC$ 时，$A(\omega_0) = 1/3$，$\varphi(\omega) =$

$0°$。而当 ω 偏离 ω_0 时，$A(\omega_0)$ 减小，并趋于零；$\varphi(\omega)$ 向正负方向增大，并趋于 $\pm 90°$。通常，将前两种电路构成的振荡器称为 RC 移相振荡器，第三种电路构成的振荡器称为串并联 RC 振荡器。

5.5.1　移相式振荡电路

移相式振荡器电路由一个反相输入比例电路和 3 节 RC 移相电路组成，如图 5-5-2 所示。图 5-5-2(a)所示为采用导前移相网络构成的 RC 移相振荡器电路，由图可见，集成运放必须接成反相放大器，提供 $-180°$ 相移，这样，当 RC 导前移相网络提供 $180°$ 相移时，环路便满足了相位平衡条件。根据图 5-5-1 可知，一节 RC 电路实际能够提供的最大相移小于 $90°$（因为当相移趋近 $90°$ 时，增益已趋于 0），因而至少要 3 节 RC 电路才能提供 $180°$ 相移。

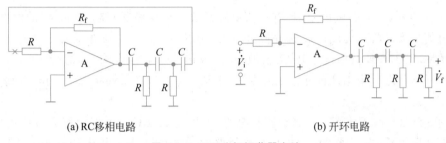

(a) RC移相电路　　　　　　　　　　　　(b) 开环电路

图 5-5-2　RC 移相振荡器电路

将图 5-5-2(a)电路在"×"处开断，断开点的右端加 $\dot{V}_i$，左端接集成反相放大器的输入电阻（对于理想集成运放，其值等于 R），得到如图 5-5-2(b)所示的开环电路。通过推导，并经整理得环路增益为

$$T(\mathrm{j}\omega) = -\frac{R_f}{R} \cdot \frac{\omega^3 R^3 C^3}{\omega^3 R^3 C^3 - 5\omega RC - \mathrm{j}(6\omega^2 C^2 R^2 - 1)} \tag{5-5-1}$$

由式(5-5-1)求得振荡器的振荡角频率 ω_{osc} 和振幅起振条件分别为

$$\omega_{osc} = \frac{1}{\sqrt{6}\,RC} \tag{5-5-2}$$

$$\frac{R_f}{R} > 29 \tag{5-5-3}$$

由于 RC 相移电路的选择特性不理想，因而它的输出波形失真大，频率稳定度低，只能用在性能不高的设备中。

5.5.2　文氏电桥振荡器

RC 串并联网络振荡器电路用以产生低频正弦波信号，是一种使用十分广泛的 RC 振荡电路。振荡电路的原理如图 5-5-3(a)所示。由图可见，集成运放接成同相放大器，RC 串并联网络起到相移和选频的作用，当 $\omega_{osc} = \omega_0 = 1/RC$ 时，RC 串并联电路提供零相移，环路满足相位平衡条件。在这个频率上，振荡器的环路增益为

$$T(\omega_0) = \frac{1}{3} \cdot \frac{R_t + R_1}{R_1} \tag{5-5-4}$$

R_t、R_1 构成同相放大器的负反馈网络。从式(5-5-4)中可见，选取 R_t 和 R_1 值，使 $R_t >$

$2R_1$，即 $T(\omega_0)>1$，就可满足振幅起振条件。

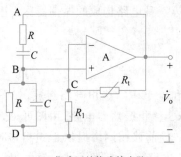

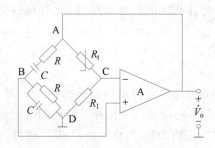

(a) 集成运放构成的电路   (b) 改画成文氏电桥形式的电路

图 5-5-3   外稳幅文氏电桥振荡器

图 5-5-3 中，R_t 为热敏电阻，具有负值温度系数。当振荡器刚起振时，R_t 的温度最低，相应的阻值最大，因而，集成运放的增益也最大，使 $T(\omega_0)>1$。随着振荡振幅增大，R_t 上消耗的功率增大，致使其温度上升，阻值减小，集成运放增益相应减小，直到 $T(\omega_0)=1$，振荡器进入平衡状态。采用这种外稳幅的方法，集成运放可以在线性状态下工作，有利于改善振荡电压波形。

将图 5-5-3(a) 改画成图 5-5-3(b) 所示电路，可以看到，RC 串并联电路和集成运放反馈电阻构成文氏电桥，振荡器的输出电压加到桥路的对角线端 AD，并从另一对角线端 BC 取出电压加到集成运放输入端，因此，又将这种电路称为文氏电桥振荡器。当 $\omega=\omega_0$ 时，桥路平衡，振荡器进入稳定的平衡状态，产生等幅的持续振荡。

5.5.3 双 T 选频网络振荡电路

我们已经知道，由 RC 元件组成的双 T 网络具有选频特性，因此可以利用这个特点组成正弦波振荡电路。双 T 网络振荡电路的原理电路如图 5-5-4 所示。

若双 T 网络元件的参数如图 5-5-4 所示，即两个电阻 R 之间的电容的容值为 $2C$，而两个电容 C 之间的电阻为 R_3，但 R_3 应略小于 $R/2$，此时双 T 网络振荡电路的振荡频率比 $1/2\pi RC$ 稍高，可近似表示为 $f_{osc}\approx 1/5RC$。当 $f=f_{osc}$ 时，双 T 网络的相位移 $\varphi_f=180°$，

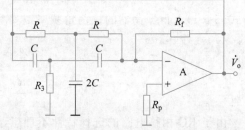

图 5-5-4   双 T 网络振荡器

而反向输入比例电路的相位移 $\varphi_A=180°$，因此能够满足振荡的相位平衡条件。因为此时选频网络的幅频特性的值很低，为了同时满足振幅平衡条件，放大电路的放大倍数必须足够大，以便达到起振条件。

由于双 T 网络本身比 RC 串并联网络具有更好的选频特性，因此双 T 网络振荡电路输出信号的频率稳定性较高，输出波形的非线性失真较小，所以双 T 网络振荡电路得到了比较广泛的应用。其缺点是频率调节比较困难，因此，比较适用于产生单一频率的正弦波信号。

3 种 RC 振荡电路的振荡频率均与电阻和电容的乘积成反比，如果需要产生振荡频率

很高的正弦波信号,势必要求电阻或电容的值很小,这在制造上和电路实现上将有较大的困难,因此,RC振荡器一般用来产生几赫兹到几百千赫兹的低频信号。

5.6　振荡器电路实例

微视频

以上讨论的多为振荡器的原理电路,实际上振荡器在应用时,除了满足必要的振荡条件,还须考虑许多实际问题,如馈电线路的合理性、改变频率的方法、信号的输出方式、提高振幅稳定和频率稳定的措施等。下面给出常见的应用电路并加以说明。

5.6.1　差分对管振荡电路

在集成电路振荡器中,广泛采用如图5-6-1(a)所示的差分对管振荡电路,T_1和T_2为差分对管,其中T_2管集电极外接的LC回路调谐在振荡频率上,并将其上的输出电压直接加到T_1管的基极上,形成正反馈。图5-6-1(b)是图5-6-1(a)电路的交流通路。图5-6-1(b)中R_{EE}为恒流源I_0的交流等效电阻。可见,这是一个共集-共基反馈电路。由于共集电路与共基电路均为同相放大电路,只要负载R_L的值足够大,环路电压增益可调至大于1。根据瞬时极性法判断,在T_1管基极断开,有$v_{b1} \uparrow \rightarrow v_{e1}(v_{e2}) \uparrow \rightarrow v_{c2} \uparrow \rightarrow v_{b1} \uparrow$,所以是正反馈,满足相位平衡条件。在振荡频率点处,并联LC回路阻抗最大,正反馈电压$v_f(v_o)$最强,且满足相应的稳定条件。综上所述,此振荡器电路能正常工作。

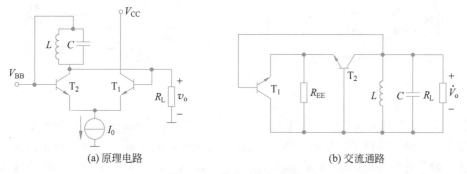

(a) 原理电路　　　　　　　　　　　(b) 交流通路

图 5-6-1　差分对管振荡器

直流电压V_{BB}又通过LC谐振回路(对直流近似短路)加到T_1管基极上,为两管提供等值的基极偏置电压。同时,V_{BB}又作为T_2管的集电极电源电压,这样,就会使得T_2管的集电极和基极直流同电位。因此,必须限制LC谐振回路两端的振荡电压振幅(一般在200mV左右),防止T_2管饱和导通。

差分对管是依靠一管趋向截止而使其差模传输特性进入平坦区的,因此,这种振荡器是由振荡管进入截止区(而不是饱和区)来实现内稳幅的,这就保证了回路有较高的有载品质因数,有利于提高频率稳定度。此外,在实际电路中,通常采用负反馈的方法控制恒流源I_0的值来进一步改进稳幅作用,并限制振荡电压振幅。

5.6.2　压控振荡器

在各种频率合成器中,广泛使用着一种可变频率振荡器,即所谓的压控振荡器(VCO)。

它是用反向偏置的变容二极管来取代改进型电容三端式电路中的 C_3 或电路中的 C_4 振荡电路。通过改变变容二极管的偏置电压来改变二极管的结电容，从而达到改变振荡器的振荡频率的目的。变容二极管上的直流可控电压若是从比较振荡频率和标准参考频率的相位比较器（鉴相器）取得，则这种振荡器就是锁相环中的压控振荡器（将在第9章中介绍）。

频率合成器中对压控振荡器的要求是：有一定的波段覆盖范围；控制电压与振荡频率尽可能呈线性关系；有足够大的压—频增益系数（$K = f/V$）以及较高的短期频率稳定度和纯净的频谱。

由前所述，克拉泼电路和西勒电路都有较好的频率稳定度和较纯净的输出频谱，并有一定的波段覆盖范围，因此，压控振荡器大多采用这种电路形式。图 5-6-2 为某单边带电台频率合成器中所用的 55～65MHz 压控振荡器实际线路。

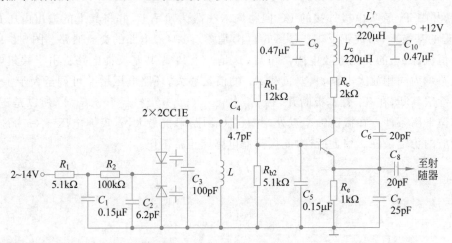

图 5-6-2   55～65MHz 压控振荡器电路

将图 5-6-2 中的变容二极管等效为回路可变电容时，显然，该电路就是西勒电路。为了获得纯净的频谱和高稳定的振荡频率，振荡管应选用噪声系数低、f_T 较高和 β 值较大的硅高频管。为了减少负载影响，采用松耦合输出至射随器。图中把两个变容二极管背靠背地串联连接，是为了使变容二极管的总电容不受回路两端的交流信号的影响，从而减小了寄生调制。当然，这样连接的电路其压控灵敏度也相应有所降低。为了提高回路的 Q 值，在回路电感线圈中采用镍锌磁芯，使其在工作频率下线圈的空载 Q 值高达 200 以上。实践证明，在这种电路中，影响回路 Q 值的另一个重要因素是变容二极管的反向电流引入额外的回路损耗，从而降低回路的 Q 值，使振荡器频率稳定度下降和噪声增大，因此，应选用反向电流小的变容二极管。另外，变容二极管的偏压较小时，损耗也会增加，所以要避免工作在零偏置附近，更不应工作到正向导电区。这就要求回路振荡幅度不能过大，并尽量提高最低控制电平。图中的 L' 和 C_9、C_{10} 是去耦滤波元件，它们是为了防止其他电路的噪声干扰信号经电源串入而产生寄生调制，另外采用优良的稳压电源和严格的电磁屏蔽措施，以及振荡管工作点的选择与稳定等，这些都与提高压控振荡器质量指标有着密切关系，必须给予足够的重视。

5.6.3　运放振荡器

用运算放大器代替晶体管可以组成运放振荡器,图 5-6-3 是电感三端式运放振荡器。其振荡频率为

$$f_0 = \frac{1}{2\pi\sqrt{(L_1 + L_2 + 2M)C}}$$

运放三端式电路的组成原则与晶体管三端式电路的组成原则相似,即同相输入端连接的是同性质电抗元件,反相输入端与输出端之间是异性质电抗元件。图 5-6-4 是晶体运放振荡器,图中晶体管等效为一个电感元件,可见这是皮尔斯电路。

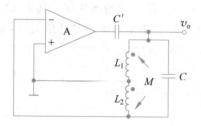

图 5-6-3　运放电感三端式振荡器

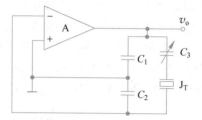

图 5-6-4　运放皮尔斯电路

运放振荡器电路简单,调整容易,但工作频率受运放上限截止频率的限制。

5.6.4　单片集成振荡器电路

E1648 是由差分对管振荡电路构成的集成振荡器,单片集成振荡器 E1648 是 ECL 中规模集成电路,其内部电路图如图 5-6-5 所示。

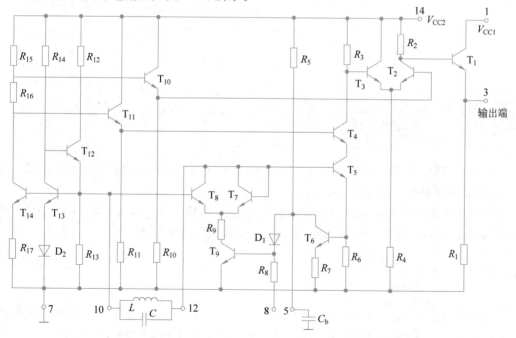

图 5-6-5　单片集成振荡器 E1648 内部电路图

电路由 3 部分组成:差分对管振荡电路、放大电路和偏置电路。T_6、T_7、T_8、T_9 管与 10 脚、12 脚之间外接 LC 回路组成差分对管振荡电路,其中 T_9 管为可控恒流源。振荡信号由 T_7 管基极取出,经两级放大电路和一级射随后,从 3 脚输出。第一级放大电路由 T_5 和 T_4 管组成共射-共基级联放大器,第二级由 T_2 和 T_3 管组成单端输入、单端输出的差分放大器,T_1 管作射随器。偏置电路由 $T_{10} \sim T_{14}$ 管组成,其中 T_{11} 与 T_{10} 管分别为两级放大电路提供偏置电压,$T_{12} \sim T_{14}$ 管为差分对管振荡电路提供偏置电压。T_{12} 与 T_{13} 管组成互补稳定电路,稳定 T_8 基极电位。若 T_8 基极电位受到干扰而升高,则有 v_{b8}(v_{b13})升高,v_{c13}(v_{b12})降低,v_{e12}(v_{b8})降低,这一负反馈作用使 T_8 基极电位保持恒定。

T_5 管除作为放大器外,还用作射极跟随器,将振荡电压加到 T_6 管基极上,T_6 和 D_1 管构成控制电路,用来控制 T_9 管的电流 I_0,以进一步提高振荡器的稳幅性能。其中,C_b 为高频滤波电容。例如,因某种原因使振荡电压振幅增大,T_6 管集电极电流脉冲增大,该脉冲电流平均分量也随之增大,导致 T_6 管集电极平均电位下降,通过 D_1 管加到 T_9 管基极,使 T_9 管电流 I_0 减小,从而阻止了振荡电压振幅的增大。反之亦然。

图 5-6-6 所示为利用 E1648 组成的正弦波振荡器。振荡频率为

$$f_{osc} = \frac{1}{2\pi\sqrt{L_1(C_1 + C_i)}}$$

其中,$C_i \approx 6\text{pF}$ 是 10 脚和 12 脚之间的输入电容。E1648 的最高振荡频率可达 225MHz。E1648 有 1 脚与 3 脚两个输出端。由于 1 脚和 3 脚分别是片内 T_1 管的集电极和发射极,因此 1 脚输出电压的幅度可大于 3 脚的输出。当然,L_2C_2 回路应调谐在振荡频率 f_{osc} 上。

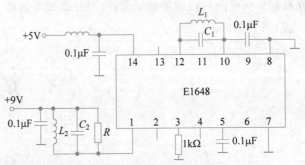

图 5-6-6 E1648 组成的正弦振荡器

如果 10 脚与 12 脚外接包括变容二极管在内的 LC 元件,则可以构成压控振荡器。显然,利用 E1648 也可以构成晶体振荡器。

如果需要输出方波电压,应在引出端 5 外接正电压,使 I_0 增大,从而增大振荡电路的输出振荡振幅,而后通过 T_2、T_3 的差放电路,将它变换为方波电压。

▌ 5.7 本章小结 ◆

振荡器广泛应用在各种电子设备中,正弦波振荡器是无线通信系统中的重要组成部分,对于作为参考信号源的振荡器,主要的要求是振荡频率和幅度的准确性和稳定性。

反馈振荡器是应用最广的一类振荡器,反馈型的正弦波振荡器要产生稳定的正弦波,电

路应满足起振条件、平衡条件和稳定条件,这几个振荡条件都包含幅度和相位两方面。要满足振荡要求,反馈振荡器应包含可变增益放大器和相移网络。前者提供足够的增益,具有增益随信号增大而减小的特性;后者给环路提供合适的相移,形成正反馈,具有负斜率变化的相移特性。

各种类型反馈振荡器的区别在于采用了不同的放大器和相移网络,根据常用的相移网络区分,有 LC 正弦波振荡器、RC 正弦波振荡器和晶体振荡器。

LC 正弦波振荡器有变压器耦合振荡电路、晶体管三端式振荡电路和差分对管振荡电路形式,其中三端式电路应用较广。为满足振荡的相位关系,有电感三端式和电容三端式两种结构类型,其中电容三端式振荡器产生的波形更好。振荡频率的稳定性与频率选择电路的参数的标准性、选频回路的品质因数、电源的稳定程度、温度等外界不稳定环境参数相关,可通过选择合适的电路形式(克拉泼振荡器或西勒振荡器)和采取相应改进措施(高标准性 L 和 C、稳压源、防震动装置、恒温装置等)提高频率稳定性。

晶体振荡器采用了性能稳定的晶体谐振器,能得到频率稳定的正弦信号,在振荡电路中应用广泛。晶体谐振器有特殊的谐振特性,存在串联谐振频率和并联谐振频率,这两个值非常接近,在两个谐振频率之间晶体呈电感特性,振荡电路中晶体工作在这个区域。利用晶体的谐振特性,可构成串联型晶体振荡器,晶体在电路中可以等效为高品质因数的电感;也可以构成并联型晶体振荡器,晶体在电路中等效为短路线。晶体还能产生基频和泛音频率振荡,可构成基频晶振电路和泛音晶振电路。

LC 振荡器和晶体振荡器能产生较高频率的正弦波,选择 RC 相移网络构成的 RC 振荡器主要用来产生几十千赫兹以下的振荡信号。其相移网络有 RC 超前相移网络、RC 滞后相移网络和 RC 串并联相移网络。RC 相移网络的选频特性不理想,其输出波形易失真,频率稳定度低,常应用在性能不高的设备中。

习题 5

5-1　若反馈振荡器满足起振和平衡条件,则必然满足稳定条件,这种说法是否正确? 为什么?

5-2　一反馈振荡器,欲减小因温度变化而使平衡条件受到破坏,从而引起振荡振幅和振荡频率的变化,应增大 $\left|\dfrac{\partial T(\omega_{osc})}{\partial V_i}\right|$ 和 $\left|\dfrac{\partial \varphi_T(\omega)}{\partial \omega}\right|$,为什么? 试描述通过自身调节建立新平衡状态的过程(振幅和相位)。

5-3　题 5-3 图表示三回路振荡器的交流等效电路,假定有以下 6 种情况,即:

(1) $L_1C_1 > L_2C_2 > L_3C_3$;

(2) $L_1C_1 < L_2C_2 < L_3C_3$;

(3) $L_1C_1 = L_2C_2 = L_3C_3$;

(4) $L_1C_1 = L_2C_2 > L_3C_3$;

(5) $L_1C_1 < L_2C_2 = L_3C_3$;

(6) $L_2C_2 < L_3C_3 < L_1C_1$。

试问哪几种情况可能振荡? 等效为哪种类型的振荡电路? 其振荡频率与各回路的固有谐振

频率之间有什么关系？

5-4 在一个由主网络和反馈网络组成的闭合环路中，如题 5-4 图所示，$T(j\omega)$ 是如何确定的？试写出满足振荡器三条件时 $T(\omega_{osc})$、$\varphi_T(\omega_{osc})$ 与二网络之间的关系式。

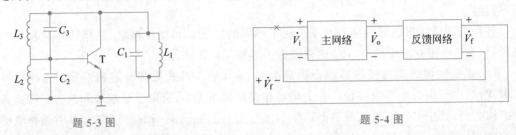

题 5-3 图　　　　　　　　　　　　　　　题 5-4 图

5-5 试判断题 5-5 图所示交流通路中，哪些可能产生振荡，哪些不能产生振荡，若能产生振荡，请说明属于哪种振荡电路。

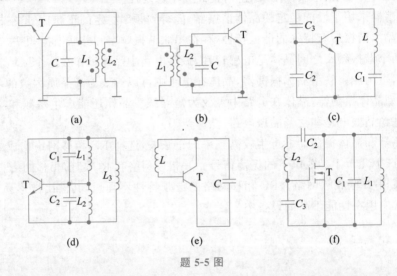

题 5-5 图

5-6 试画出题 5-6 图所示各振荡器的交流通路，并判断哪些电路可能产生振荡，哪些电路不能产生振荡。图中，C_b、C_c、C_d、C_e 为交流旁路电容或隔直流电容，L_c 为高频扼流圈，偏置电阻 R_{b1}、R_{b2} 和 R_g 不计。

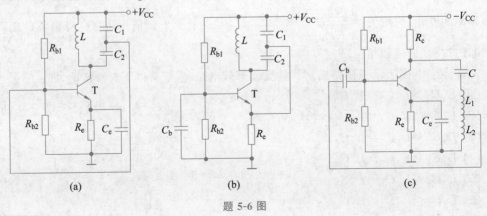

题 5-6 图

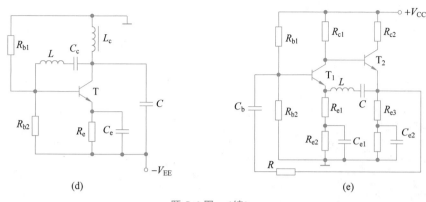

题 5-6 图 （续）

5-7　试改正题 5-7 图所示各振荡电路中的错误,并指出电路类型。图中 C_b、C_d、C_e 均为旁路电容或隔直流电容,L_c、L_e、L_s 均为高频扼流圈。

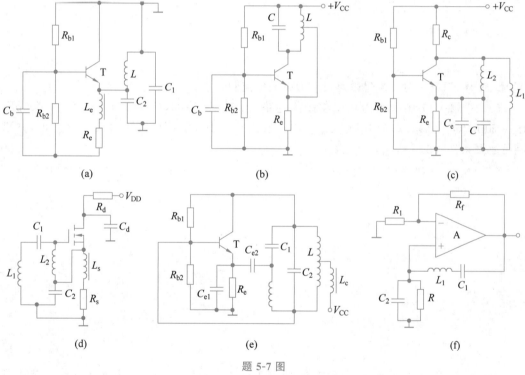

题 5-7 图

5-8　题 5-8 图所示为场效应管电感三端式振荡电路,若管子的极间电容和 R_g 不计,试计算振荡频率,并导出振幅起振条件。图中 C_g、C_d、C_s 为交流旁路电容和隔直流电容。

5-9　试运用反馈振荡原理,分析题 5-9 图所示各交流通路能否振荡。

5-10　在题 5-10 图所示的电容三端式振荡电路中,已知 $L = 0.5\mu H$, $C_1 = 51pF$, $C_2 = 3300pF$, $C_3 = 12 \sim 250pF$, $R_L = 5k\Omega$, $g_m = 30mS$, $C_{b'e} = 20pF$, β 足够大, $Q_0 = 80$,试求能够起振的频率

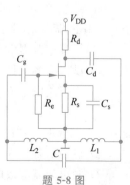

题 5-8 图

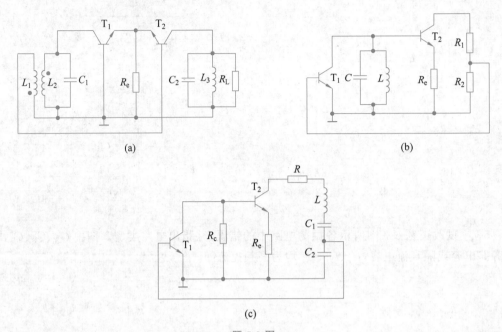

(a)

(b)

(c)

题 5-9 图

范围。图中 C_b、C_c 对交流呈短路，L_e 为高频扼流圈。

5-11 题 5-11 图所示为克拉泼振荡电路，已知 $L=2\mu H$，$C_1=1000pF$，$C_2=4000pF$，$C_3=70pF$，$Q_0=100$，$R_L=15k\Omega$，$C_{b'e}=10pF$，$R_e=500\Omega$，试估算振荡角频率 ω_{osc} 值，并求满足起振条件时的 I_{EQmin}，设 β 很大。

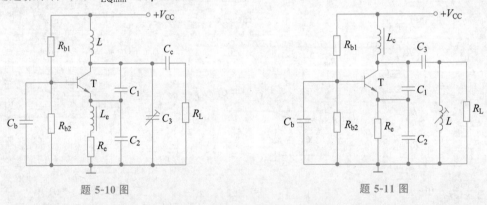

题 5-10 图

题 5-11 图

5-12 在题 5-11 图所示电路中，若调整工作点，使 $I_{EQ}=5mA$，并将 C_3 分别减小到 60pF、40pF，调节 L 使 ω_{osc} 不变，试问电路能否振荡？

5-13 某振荡器电路如题 5-13 图所示。

(1) 试说明各元件的作用。

(2) 当回路电感 $L=1.5\mu H$ 时，要使振荡频率为 49.5MHz，则 C_4 应调到何值？

5-14 题 5-14 图表示某调幅通信机的主振器电路，其中 $L_2 \gg L_1(L_1 \approx 0.3\mu H)$，$C_3$、$C_4$ 分别为不同温度系数的电容。

(1) 试说明各元件的主要作用。

(2) 画出交流等效电路。

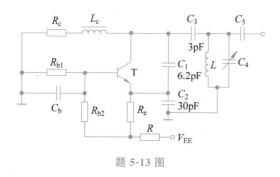

题 5-13 图

（3）分析该电路的特点。

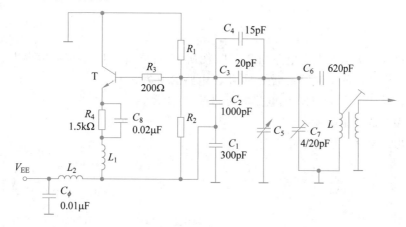

题 5-14 图

5-15 题 5-15 图（a）、（b）分别为 10MHz 和 25MHz 的晶体振荡器，试画出交流等效电路，说明晶体在电路中的作用，并计算反馈系数。

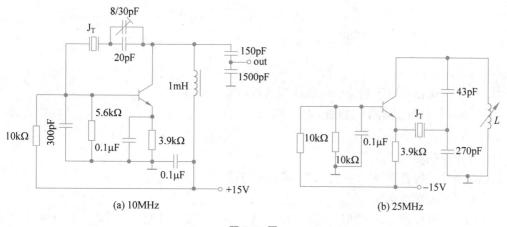

题 5-15 图

5-16 晶体振荡电路如题 5-16 图所示，已知 $\omega_1 = 1/\sqrt{L_1 C_1}$，$\omega_2 = 1/\sqrt{L_2 C_2}$，试分析电路能否产生正弦波振荡，若能振荡，试写出 ω_{osc} 与 ω_1、ω_2 之间的关系。

5-17 在题 5-17 图所示晶体振荡电路中，试分析晶体的作用。已知晶体与 C_{L} 构成并联谐振回路，其谐振电阻 $R_{\mathrm{p}} = 80\mathrm{k\Omega}$，$R_{\mathrm{f}}/R_1 = 2$，试问：为满足起振条件，$R$ 应小于何值？设集成运放是理想的。

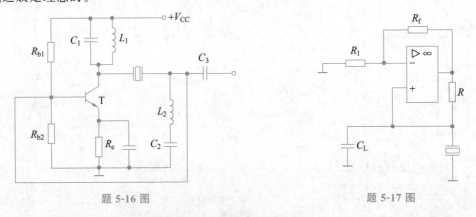

题 5-16 图　　　　　　　　　　　　　　题 5-17 图

5-18　已知石英晶体振荡电路如题 5-18 图所示,石英晶体 J_T 的标称频率为 7MHz。

(1) 画出振荡器的交流等效电路,并指出电路的振荡形式。

(2) 若把晶体换为 1MHz,该电路能否起振,为什么?

(3) 求振荡器的振荡频率。

(4) 给出该电路采用的稳频措施。

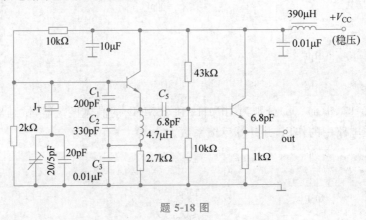

题 5-18 图

5-19　试画出具有下列特点的晶体振荡器电路。

(1) 采用 NPN 型晶体三极管。

(2) 晶体作为电感元件。

(3) 正极接地的直流电源供电。

(4) 晶体三极管集-射极间为 LC 并联谐振回路。

(5) 发射极交流接地。

5-20　试判断题 5-20 图所示的各 RC 振荡电路中,哪些可能振荡,哪些不能振荡,并改正错误。图中,C_b、C_c、C_e 对交流呈短路。

5-21　题 5-21 图(a)所示为采用灯泡稳幅器的文氏电桥振荡器,图(b)为采用晶体二极管稳幅的文氏电桥振荡器,试指出集成运放放大器输入端的极性,并将它们改画成电桥形式的电路,指出如何实现稳幅。

5-22　试求题 5-22 图所示串并联移相网络振荡器的振荡角频率 ω_{osc} 及维持振荡所需

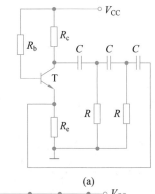

(a)

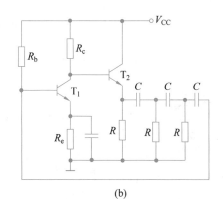

(b)

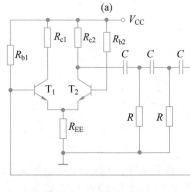

(c)

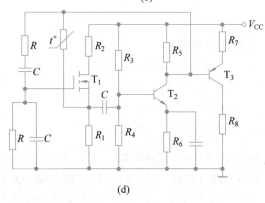

(d)

题 5-20 图

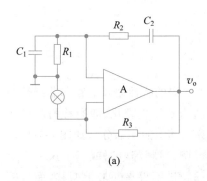

(a)

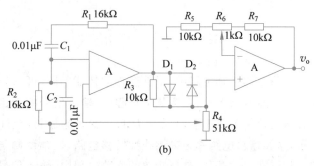

(b)

题 5-21 图

R_f 最小值 R_{fmin} 的表达式。已知：

（1）$C_1=C_2=0.5\mu F, R_1=5k\Omega, R_2=10k\Omega$；

（2）$R_1=R_2=10k\Omega, C_1=0.01\mu F, C_2=0.1\mu F$。

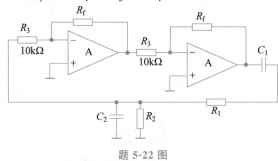

题 5-22 图

第6章 频谱线性搬移电路的分析方法

CHAPTER 6

本章主要内容：

- 频谱搬移电路的一般分析方法。
- 线性时变电路分析法。
- 二极管开关频谱变换电路。
- 差分对频谱变换电路。

在通信系统中，频谱搬移电路是最基本的电路单元。振幅调制与解调、频率调制与解调、相位调制与解调、混频等电路，都属于频谱搬移电路。它们的共同特点是将输入信号的频谱进行特定的变换，获得满足所需频谱的输出信号。本章主要讨论频谱线性搬移电路的分析方法。

6.1 频谱搬移电路的一般分析方法

微视频

在频谱的搬移电路中，根据搬移的特征不同，可以分为频谱的线性搬移电路和非线性搬移电路。从频域上看，在搬移的过程中，输入信号的频谱结构不发生变化，即搬移前后各频率分量的比例关系不变，只是在频域上简单地搬移(允许只取其中的一部分)，如图 6-1-1(a)所示，这类搬移电路称为频谱线性搬移电路，振幅调制与解调、混频等电路就属于这一类电路。频谱非线性搬移，是在频谱的搬移过程中，输入信号的频谱不仅在频域上搬移，而且频谱结构也发生了变化，如图 6-1-1(b)所示，频率调制与解调、相位调制与解调等电路就属于这一类电路。

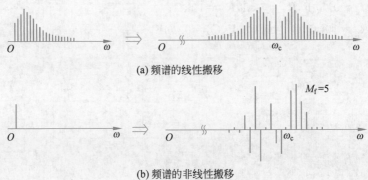

(a) 频谱的线性搬移

(b) 频谱的非线性搬移

图 6-1-1 频谱搬移示意图

6.1.1　电路线性与非线性的基本特征

在电子线路基础的分析中我们已经知道,线性电路在放大信号的过程中不会产生新的频率分量,只有当电路出现非线性失真时才会产生新的频率分量。可见,要产生新的频率分量,必须使器件工作在非线性状态。频谱搬移就是在频域中产生新的频率成分,也就是说,在大多数情况下输出信号的频率分量都是输入信号中不曾含有的,因此,频谱的搬移必须用非线性电路来完成,其存在频谱搬移的核心就是器件的非线性。与线性电路相比,非线性电路涉及的概念多,分析方法也不同。非线性器件的主要特点是它的参数(如电阻、电容、有源器件中的跨导、电路的放大倍数等)随电路中的电流或电压变化,器件的电流、电压间不是线性关系。因此,大家熟知的线性电路的分析方法已不适合非线性电路(特别是线性电路分析中的齐次性和叠加性),必须另辟非线性电路分析方法。

6.1.2　非线性器件相乘作用的一般分析

大多数非线性器件的伏安特性,均可用幂级数、超越函数和多段折线 3 类函数逼近。在分析方法上,可以采用幂级数展开分析法对非线性器件的伏安特性进行逼近。

一般而言,非线性器件的伏安特性,可用下面的非线性函数来表示。

$$i = f(v) \tag{6-1-1}$$

式中,v 为加在非线性器件上的电压。一般情况下,$v = V_Q + v_1 + v_2$,其中 V_Q 为静态工作点电压,v_1 和 v_2 为两个输入电压。采用幂级数逼近时其展开式为

$$i = a_0 + a_1(v_1 + v_2) + a_2(v_1 + v_2)^2 + \cdots + a_n(v_1 + v_2)^n + \cdots$$
$$= \sum_{n=0}^{\infty} a_n (v_1 + v_2)^n \tag{6-1-2}$$

式中,$a_n(n=0,1,2,\cdots)$ 为各次幂项的系数,由下式确定。

$$a_n = \frac{1}{n!} \frac{d^n f(v)}{dv^n} \bigg|_{v=V_Q} = \frac{1}{n!} f^n(V_Q) \tag{6-1-3}$$

式(6-1-3)中,$n! = n \cdot (n-1) \cdot (n-2) \cdots 1$。由于

$$(v_1 + v_2)^n = \sum_{m=0}^{n} \frac{n!}{m!(n-m)!} v_1^{n-m} v_2^m \tag{6-1-4}$$

所以,式(6-1-2)又可写为

$$i = \sum_{n=0}^{\infty} \sum_{m=0}^{n} a_n \frac{n!}{m!(n-m)!} v_1^{n-m} v_2^m \tag{6-1-5}$$

先来分析一种最简单的情况,令 $v_2 = 0$,即只有一个输入信号,且 $v_1 = V_{1m}\cos\omega_1 t$,代入式(6-1-2),有

$$i = \sum_{n=0}^{\infty} a_n v_1^n = \sum_{n=0}^{\infty} a_n v_{1m}^n (\cos\omega_1 t)^n \tag{6-1-6}$$

利用三角公式

$$\cos^n x = \begin{cases} \dfrac{1}{2^n}\left[\mathrm{C}_n^{m/2} + \displaystyle\sum_{k=0}^{\frac{n}{2}-1}\mathrm{C}_n^k\cos(n-2k)x\right], & n \text{ 为偶数} \\[4mm] \dfrac{1}{2^{n-1}}\displaystyle\sum_{k=0}^{\frac{n}{2}-1}\mathrm{C}_n^k\cos(n-2k)x, & n \text{ 为奇数} \end{cases} \tag{6-1-7}$$

则式(6-1-6)变为

$$i = \sum_{n=0}^{\infty} b_n v_{1\mathrm{m}}^n \cos n\omega_1 t \tag{6-1-8}$$

式中，b_n 为 a_n 和 $\cos n\omega_1 t$ 的分解系数的乘积。由上式可以看出，当单一频率信号作用于非线性器件时，在输出电流中不仅包含了输入信号的频率分量 ω_1，还包含了该频率分量的各次谐波分量 $n\omega_1(n=2,3,\cdots)$，这些谐波分量就是非线性器件产生的新的频率分量。在放大器中，由于工作点选择不当，工作到了非线性区，或输入信号的幅度超过了放大器的动态范围，就会产生这种非线性失真——输出信号中将产生输入信号频率的谐波分量，使输出波形失真。当然，这种电路可以用作倍频电路，在输出端加一窄带滤波器，就可根据需要获得输入信号频率的倍频信号。

从上面的分析中可以看出，当只加一个输入信号时，只能得到输入信号频率的基波分量和各次谐波分量，但不能获得任意频率的信号，当然也不能完成频谱在频域上的任意搬移。因此，还需要另加一个频率的信号，才能完成频谱任意搬移的功能。为分析方便，我们把 v_1 称为输入信号，把 v_2 称为参考信号或控制信号。一般情况下，v_1 为要处理的信号，它占据一定的频带；而 v_2 为一单频信号。从电路的形式看，线性电路(如放大器、滤波器等)、倍频器等都是四端(或双端口)网络，有一个输入端口和一个输出端口；而频谱搬移电路一般情况下有两个输入端口和一个输出端口，因而是六端(三端口)网络。

当两个信号 v_1 和 v_2 作用于非线性器件时，通过非线性器件的作用，由式(6-1-5)可以看出，输出电流中不仅有两个输入电压的分量($n=1$ 时)，还存在着大量的乘积项 $v_1^{n-m}v_2^m$。在第 7 章的振幅调制与解调、混频电路将指出要完成这些功能，关键在于这两个信号的乘积项($2a_1v_1v_2$)。它是由二次方项产生的。除了完成这些功能所需的二次方项以外，还有大量不需要的项必须去掉，因此，频谱搬移电路必须具有频率选择功能。在实际的电路中，这个选择功能是由滤波器来实现的，如图 6-1-2 所示。

图 6-1-2　频谱搬移电路实现的框图

若作用在非线性器件上的两个电压均为余弦信号，即 $v_1 = V_{1\mathrm{m}}\cos\omega_1 t$，$v_2 = V_{2\mathrm{m}}\cos\omega_2 t$，将式(6-1-7)和三角函数的积化和差公式[式(6-1-9)]代入式(6-1-5)进行计算。

$$\cos x \cos y = \frac{1}{2}\cos(x-y) + \frac{1}{2}\cos(x+y) \tag{6-1-9}$$

不难看出，i 中将包含由下列通式表示的无限多个频率组合分量。

$$\omega_{p,q} = |\pm p\omega_1 \pm q\omega_2| \tag{6-1-10}$$

式中，$p,q = 0,1,2,\cdots$，我们把 $p+q$ 称为组合分量的阶数。其中，$p=1,q=1$ 的频率分量 $\omega_{1,1} = |\pm\omega_1\pm\omega_2|$ 是由二次项产生的。在大多数情况下，其他分量是不需要的。这些频率

分量产生的规律是：凡是 $p+q$ 为偶数的组合分量，均是由幂级数中 n 为偶数且大于或等于 $p+q$ 的各次方项产生的；凡是 $p+q$ 为奇数的组合分量，均是由幂级数中 n 为奇数且大于或等于 $p+q$ 的各次方项产生的。当 V_{1m} 和 V_{2m} 幅度较小时，它们的强度都将随着 $p+q$ 的增大而减小。

综上所述，当多个信号作用于非线性器件时，由于器件的非线性特性，其输出不仅包含了输入信号的频率分量，还有输入信号频率的各次谐波分量 $(p\omega_1, q\omega_2, r\omega_3, \cdots)$ 以及输入信号频率的组合分量 $(\pm p\omega_1, \pm q\omega_2, \pm r\omega_3, \cdots)$。在这些频率分量中，只有很少的项是完成某一频谱搬移功能所需要的，其他绝大多数分量是不需要的。因此，频谱搬移电路必须具有选频功能，以滤除不必要的频率分量，减少输出信号的失真。大多数频谱搬移电路所需的是非线性函数展开式中的平方项，或者说，是两个输入信号的乘积项。因此，在实际中如何实现接近理想的乘法运算，减少无用的组合频率分量的数目和强度，就成为人们追求的目标，一般可从以下 3 方面考虑。

（1）从非线性器件的特性考虑。例如，选用具有平方律特性的场效应管作为非线性器件；选择合适的静态工作点电压 V_Q 使非线性器件工作在特性接近平方律的区域。

（2）从电路考虑。例如，采用多个非线性器件组成平衡电路，抵消一部分无用组合频率分量。

（3）从输入信号的大小考虑。例如，减小 v_1 和 v_2 的振幅，以便有效地减小高阶相乘项及其产生的组合频率分量的强度。下面将要介绍的差分对电路采用这种措施后，就可等效为一个模拟乘法器。

上面的分析是对非线性函数用泰勒级数展开后完成的，用其他函数展开，也可以得到类似的结果。

6.2　线性时变电路分析法

微视频

前面分析了非线性器件相乘作用的一般分析方法，通过选取信号的大小，在一定的条件下，可将非线性电路等效为线性时变电路。

对于式(6-1-1)，在 $V_Q + v_1$ 上对 v_2 用泰勒级数展开，有

$$i = f(V_Q + v_1 + v_2) = f(V_Q + v_1) + f'(V_Q + v_1)v_2 + \frac{1}{2!}f''(V_Q + v_1)v_2^2 + \cdots + \frac{1}{n!}f^{(n)}(V_Q + v_1)v_2^n \tag{6-2-1}$$

与式(6-1-5)相对应，有

$$\begin{cases} f(V_Q + v_1) = \displaystyle\sum_{n=0}^{\infty} a_n v_1^n \\[2mm] f'(V_Q + v_1) = \displaystyle\sum_{n=1}^{\infty} n a_n v_1^{n-1} \\[2mm] f''(V_Q + v_1) = \displaystyle\sum_{n=2}^{\infty} \frac{n!}{(n-2)!} a_n v_1^{n-2} \\[1mm] \vdots \end{cases} \tag{6-2-2}$$

若 v_2 足够小，可以忽略式(6-2-1)中 v_2 的二次方及其以上各次方项，则该式化简为

$$i = f(V_Q + v_1) + f'(V_Q + v_1)v_2 \tag{6-2-3}$$

式中，$f(V_Q + v_1)$ 和 $f'(V_Q + v_1)$ 是与 v_2 无关的系数，但是它们都是 v_1 的非线性函数，随时间而变化，故称为时变系数或时变参量。其中，$f(V_Q + v_1)$ 是当输入信号 $v_2 = 0$ 时的电流，称为时变静态电流(所谓静态是指 $v_2 = 0$ 时的工作状态)，用 $I_0(v_1)$ 表示；$f'(V_Q + v_1)$ 是增量电导在 $v_2 = 0$ 时的数值，称为时变增量电导，用 $g(v_1)$ 表示。则式(6-2-3)又可表示为

$$i = I_0(v_1) + g(v_1)v_2 \tag{6-2-4}$$

由式(6-2-4)可知，器件的输出电流 i 与输入电压 v_2 的关系是线性的，类似于线性器件；但是它们的系数是时变的。因此，将式(6-2-4)描述的工作状态称为线性时变工作状态，具有这种关系的电路称为线性时变电路。

当 $v_1 = V_{1m}\cos\omega_1 t$ 时，$g(v_1)$ 将是角频率为 ω_1 的周期性函数，其傅里叶级数展开式为

$$g(v_1) = g(V_{1m}\cos\omega_1 t) = g_0 + g_1\cos\omega_1 t + g_2\cos2\omega_1 t + \cdots \tag{6-2-5}$$

式中：

$$\begin{cases} g_0 = \dfrac{1}{2\pi}\displaystyle\int_{-\pi}^{+\pi} g(v_1)\,\mathrm{d}\omega_1 t \\[3mm] g_n = \dfrac{1}{\pi}\displaystyle\int_{-\pi}^{+\pi} g(v_1)\cos n\omega_1 t\,\mathrm{d}\omega_1 t \end{cases} \tag{6-2-6}$$

将式(6-2-5)与 v_2 相乘，且设 $v_2 = V_{2m}\cos\omega_2 t$，则产生组合频率分量的频率通式为 $|\pm p\omega_1 \pm \omega_2|$，与式(6-1-10)比较，消除了 p 为任意值，$q = 0$ 和 $q > 1$ 的众多分量。同时，构成频谱搬移电路时，在 $|\pm p\omega_1 \pm \omega_2|$ 的组合频率分量中，由于无用分量与所需有用分量之间的频率间隔很大，因而很容易用滤波器滤除无用分量，取出所需的有用分量。例如，构成振幅调制电路时，$v_1(t) = v_c(t) = V_{cm}\cos\omega_c t$，$v_2(t) = v_\Omega(t) = V_{\Omega m}\cos\Omega t$，且 $\omega_c \gg \Omega$。其中有用分量为 $\omega_c \pm \Omega$ 的上、下边频分量，而其他无用分量的频率($2\omega_c \pm \Omega$，$3\omega_c \pm \Omega$，$\cdots$)均远离上、下边频分量。不存在 $\omega_c \pm 2\Omega$、$\omega_c \pm 3\Omega$ 等靠近上、下边频的失真边带分量。又如，构成混频器时，$v_1(t) = v_L(t) = V_{Lm}\cos\omega_L t$，$v_2(t) = v_s(t) = V_{sm}\cos\omega_c t$，且 $\omega_L - \omega_c = \omega_I$。其中，除有用中频 ω_I 分量外，其他都是远离 ω_I 的无用分量，不存在角频率接近 ω_I 的组合频率分量。

6.3 二极管开关频谱变换电路

微视频

微视频

二极管电路广泛应用于通信设备中，特别是平衡电路和环形电路。它们具有电路简单、噪声低、组合频率分量少、工作频带宽等优点。如果采用肖特基表面势垒二极管(或称热载流子二极管)，它的工作频率可扩展到微波波段。目前已有极宽工作频段(从几十兆赫兹到几千兆赫兹)的环形混频器组件供应市场，而且它的应用已远远超出了混频的范围，作为通用组件，它可广泛应用于振幅调制与解调、混频及实现其他的功能。二极管电路的主要缺点是无增益。

6.3.1 单二极管电路

单二极管的原理电路如图 6-3-1 所示，输入信号 v_2 和控制信号(参考信号)v_1 相加作用

在非线性器件二极管上。从二极管的导通过程可见,其伏安特性的非线性具有频率变换作用,使流过二极管的电流中包含有各种组合频率分量,LC 并联谐振回路为输出负载取出所需的频率分量,就完成了某一频谱的线性搬移功能。下面对图 6-3-1 所示单二极管电路的频谱线性搬移功能进行分析。

在二极管电路中,当 $v_1 = V_{1m}\cos\omega_1 t$,$V_{1m}$ 足够大,轮流工作在管子的导通区和截止区时,可以认为管子导通后特性的非线性相对于单向导电性来说是次要的,因而它的伏安特性可合理地用自原点转折的两段折线逼近,导通区折线的斜率为 $g_D = 1/r_d$,如图 6-3-2 所示。这样,在 v_1 作用下,$I_0(v_1) = I_0(t)$ 为半周余弦脉冲序列,$g(v_1) = g(t)$ 为矩形脉冲序列。

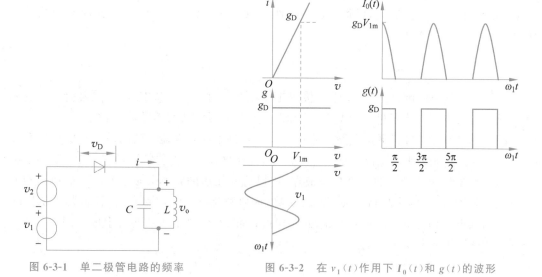

图 6-3-1　单二极管电路的频率　　　　图 6-3-2　在 $v_1(t)$ 作用下 $I_0(t)$ 和 $g(t)$ 的波形
　　　　　　变换作用

现引入 $K_1(\omega_1 t)$ 代表图 6-3-3 所示高度为 1 的单向周期性方波,称为单向开关函数,它的傅里叶级数展开式为

$$K_1(\omega_1 t) = \frac{1}{2} + \frac{2}{\pi}\cos\omega_1 t - \frac{2}{3\pi}\cos 3\omega_1 t + \cdots$$

$$= \frac{1}{2} + \sum_{n=1}^{\infty}(-1)^{n-1}\frac{2}{(2n-1)\pi}\cos(2n-1)\omega_1 t \tag{6-3-1}$$

则 $I_0(t)$ 和 $g(t)$ 可分别表示为

$$I_0(t) = I_0(v_1) = I_0(V_{1m}\cos\omega_1 t) = g_D v_1 K_1(\omega_1 t) \tag{6-3-2}$$

$$g(t) = g(v_1) = g_D K_1(\omega_1 t) \tag{6-3-3}$$

在忽略输出电压 v_o 的反作用后,图 6-3-1 可简化成图 6-3-4(a)所示的形式,当 v_2 足够小时,根据式(6-2-4),通过二极管的电流 i 为

$$i = I_0(t) + g(t)v_2 = g_D(v_1 + v_2)K_1(\omega_1 t) \tag{6-3-4}$$

根据式(6-3-4),可画出二极管的等效电路,如图 6-3-4(b)所示。图中,二极管用开关等效,开关受 $v_1(t)$ 控制,按角频率 ω_1 周期性地启闭,闭合时的导通电阻为 r_d。

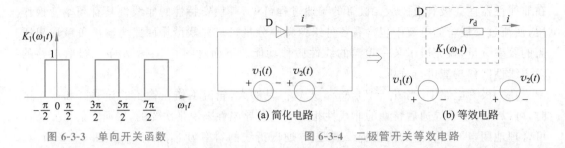

图 6-3-3　单向开关函数　　　　图 6-3-4　二极管开关等效电路

可见,二极管用受 $v_1(t)$ 控制的开关等效是线性时变工作状态的一个特例,它除了 v_2 足够小外,还要求 v_1 足够大,以致二极管特性可用在原点处转折的两段折线逼近,通常将这种状态称为开关工作状态。

6.3.2　二极管平衡电路

在图 6-3-4(a)所示电路中,由于二极管工作在线性时变工作状态,因而二极管产生的频率分量大大减少了。为了进一步减少组合频率分量,可采用二极管平衡电路。

图 6-3-5(a)是二极管平衡电路的原理电路。它是由两个性能一致的单二极管电路及变压器 T_{r1}、T_{r2} 接成的平衡电路。图 6-3-5(a)中,控制电压 v_1 加在变压器 T_{r1}、T_{r2} 的中心抽头之间。输出变压器 T_{r2} 的次级接滤波器,用以滤除无用的频率分量。从 T_{r2} 次级向右看的负载电阻为 R_L。为了分析方便,设变压器线圈匝数比 $N_1 : N_2 = 1 : 1$,因此加给 D_1、D_2 两管的输入电压均为 v_2,其大小相等,方向相反;而 v_1 是同相加到两管上的。图 6-3-5(a)可等效成图 6-3-5(b)所示的电路。

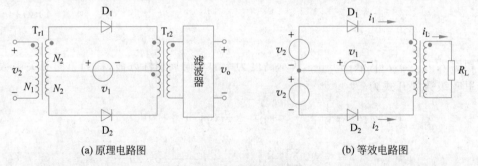

(a) 原理电路图　　　　　　　(b) 等效电路图

图 6-3-5　二极管平衡电路

与单二极管电路的条件相同,二极管处于大信号工作状态,即 $V_{1m} \gg 0.5\text{V}$。这样,二极管的伏安特性可用折线近似,管子工作在截止和导通两种状态。$V_{1m} \gg V_{2m}$,二极管通断主要受 v_1 的控制。若忽略输出电压的反作用,则加到两个二极管上的电压 v_{D1}、v_{D2} 为

$$\begin{cases} v_{D1} = v_1 + v_2 \\ v_{D2} = v_1 - v_2 \end{cases} \tag{6-3-5}$$

由于加到两个二极管上的控制电压 v_1 是同相的,因此两个二极管的导通、截止时间是相同的,其时变电导也是相同的。由此可得流过两管的电流 i_1、i_2 分别为

$$\begin{cases} i_1 = g(t)v_{D1} = g_D K_1(\omega_1 t)(v_1 + v_2) \\ i_2 = g(t)v_{D2} = g_D K_1(\omega_1 t)(v_1 - v_2) \end{cases} \tag{6-3-6}$$

i_1、i_2 在 T_{r2} 次级产生的电流分别为

$$\begin{cases} i_{L1} = \dfrac{N_1}{N_2} i_1 = i_1 \\ i_{L2} = \dfrac{N_1}{N_2} i_2 = i_2 \end{cases} \tag{6-3-7}$$

两电流在 T_{r2} 次级流动的方向相反,故通过负载的总电流 i_L 应为

$$i_L = i_{L1} - i_{L2} = i_1 - i_2 \tag{6-3-8}$$

将式(6-3-6)代入式(6-3-8),有

$$i_L = 2g_D K_1(\omega_1 t) v_2 \tag{6-3-9}$$

考虑 $v_2 = V_{2m}\cos\omega_2 t$,代入式(6-3-9)可得

$$i_L = g_D V_{2m}\cos\omega_2 t + \frac{2}{\pi}g_D V_{2m}\cos(\omega_1+\omega_2)t + \frac{2}{\pi}g_D V_{2m}\cos(\omega_1-\omega_2)t -$$
$$\frac{2}{3\pi}g_D V_{2m}\cos(3\omega_1+\omega_2)t - \frac{2}{3\pi}g_D V_{2m}\cos(3\omega_1-\omega_2)t + \cdots \tag{6-3-10}$$

可以看出,输出电流 i_L 中的频率分量有:

(1) 输入信号的频率分量 ω_2;

(2) 控制信号 v_1 的奇次谐波分量与输入信号 v_2 的频率 ω_2 的组合分量 $(2n+1)\omega_1 \pm \omega_2 (n=0,1,2,\cdots)$。

与单二极管电路相比较,v_1 的基波分量和偶次谐波分量被抵消掉了,二极管平衡电路输出电流中的组合频率分量又进一步地减少了。这是不难理解的,因为控制电压 v_1 同相加于 D_1、D_2 的两端,当电路完全对称时,两个相等的 ω_1 分量在 T_{r2} 中产生的磁通互相抵消,在次级输出负载上不再有 ω_1 及其偶次谐波分量。

当考虑 R_L 的反映电阻对二极管电流的影响时,要用包含反映电阻的总电导来代替 g_D。如果 T_{r2} 次级所接负载为宽带电阻,则初级两端的反映电阻为 $4R_L$。对 i_1、i_2 各支路的电阻为 $2R_L$。此时用总电导

$$g = \frac{1}{r_D + 2R_L} \tag{6-3-11}$$

来代替式(6-3-10)中的 g_D,$r_D = 1/g_D$。当 T_{r2} 所接负载为选频网络时,其所呈现的电阻随频率变化。

在上面的分析中,假设电路是理想对称的,因而可以抵消一些无用分量,但实际上很难做到这点。例如,两个二极管特性不一致,i_1 和 i_2 中的 ω_1 电流值将不同,致使 ω_1 及其偶次谐波分量不能完全抵消。变压器不对称也会造成这个结果。很多情况下,不需要有控制信号输出,但由于电路不可能完全平衡,从而形成控制信号的泄漏,一般要求泄漏的控制信号频率分量的电平要比有用的输出信号电平至少低 20dB 以上。为减少这种泄漏,以满足实际运用的需要,首先要保证电路的对称性,一般采用如下办法。

(1) 选用特性相同的二极管;用小电阻与二极管串接,使二极管等效正、反向电阻彼此接近,但串接电阻后会使电流减小,所以阻值不能太大,一般为几十至上百欧。

(2) 变压器中心抽头要准确对称,分布电容及漏感要对称,可以采用双线并绕法绕制变压器,并在中心抽头处加平衡电阻。同时,还要注意两线圈对地分布电容的对称性。为了防

止杂散电磁耦合影响对称性，可以采取屏蔽措施。

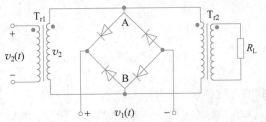

图 6-3-6 二极管桥式斩波电路

（3）为改善电路性能，应使二极管工作在理想开关状态，管子的通断只取决于控制电压 v_1，而与输入电压 v_2 无关。为此，要选择开关特性好的二极管，如热载流子二极管，控制电压要远大于输入电压，一般要大 10 倍以上。

图 6-3-6 为平衡电路的另一种形式，称为二极管桥式斩波电路。这种电路应用较多，因为它不需要具有中心抽头的变压器，4 个二极管接成桥路，控制电压直接加到二极管上。当 $v_1 > 0$ 时，4 个二极管同时截止，v_2 直接加到 T_{r2} 上；当 $v_1 < 0$ 时，4 个二极管导通，A、B 两点短路，无输出。故

$$v_{AB} = K_1(\omega_1 t)v_2 \tag{6-3-12}$$

由于 4 个二极管接成桥形，若二极管特性完全一致，A、B 端无 v_1 的泄漏。

6.3.3 二极管环形电路

图 6-3-7(a) 为二极管环形电路。与二极管平衡电路相比，只是多接了两只二极管 D_3 和 D_4，4 只二极管方向一致，组成一个环路，因此称为二极管环形电路。控制电压 v_1，正向的加到 D_1、D_2 两端，反向的加到 D_3、D_4 两端，随控制电压 v_1 的正负变化，两组二极管交替导

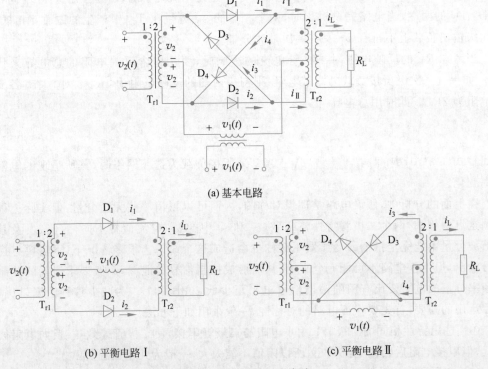

(a) 基本电路

(b) 平衡电路 I　　　　　　　　　　　(c) 平衡电路 II

图 6-3-7 二极管环形电路

通和截止。当 $v_1 \geqslant 0$ 时,D_1、D_2 导通,D_3、D_4 截止;当 $v_1 < 0$ 时,D_1、D_2 截止,D_3、D_4 导通。在理想情况下,它们互不影响,因此,二极管环形电路是由两个平衡电路组成:D_1 与 D_2 组成平衡电路 I,D_3 与 D_4 组成平衡电路 II,分别如图 6-3-7(b)、(c)所示。因此,二极管环形电路又称为二极管双平衡电路。

二极管环形电路的分析条件与单二极管电路和二极管平衡电路相同。平衡电路 I 与前面分析的电路完全相同。根据图 6-3-7(a)中电流的方向,平衡电路 I 和 II 在负载 R_L 上产生的总电流为

$$i_L = i_{L1} + i_{L2} = (i_1 - i_2) + (i_3 - i_4) \tag{6-3-13}$$

式(6-3-13)中 i_{L1} 为平衡电路 I 在负载 R_L 上的电流,前面已得

$$i_{L1} = 2g_D K_1(\omega_1 t) v_2 \tag{6-3-14}$$

i_{L2} 为平衡电路 II 在负载 R_L 上产生的电流。由于 D_3、D_4 在控制信号 v_1 的负半周内导通,其开关函数与 $K_1(\omega_1 t)$ 相差 $T_1/2$,$T_1 = 2\pi/\omega_1$。又因 D_3 上所加的输入电压 v_2 与 D_1 上的极性相反,D_4 上所加的输入电压 v_2 与 D_2 上的极性相反,所以 i_{L2} 表示为

$$i_{L2} = -2g_D K_1 \left[\omega_1 \left(t - \frac{T_1}{2} \right) \right] v_2 = -2g_D K_1(\omega_1 t - \pi) v_2 \tag{6-3-15}$$

将式(6-3-14)、式(6-3-15)代入式(6-3-13),输出总电流 i_L 为

$$i_L = 2g_D [K_1(\omega_1 t) - K_1(\omega_1 t - \pi)] v_2 = 2g_D K_2(\omega_1 t) v_2 \tag{6-3-16}$$

式(6-3-16)中,$K_2(\omega_1 t)$ 称为双向开关函数,为了进一步展开讨论,图 6-3-8 给出了 $K_1(\omega_1 t)$、$K_1(\omega_1 t - \pi)$ 及 $K_2(\omega_1 t)$ 的波形。

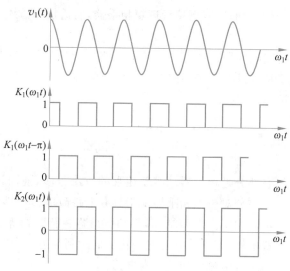

图 6-3-8 二极管环形电路开关函数的波形

由图 6-3-8 可见,$K_1(\omega_1 t)$、$K_1(\omega_1 t - \pi)$ 为单向开关函数,$K_2(\omega_1 t)$ 为双向开关函数,且有

$$K_2(\omega_1 t) = K_1(\omega_1 t) - K_1(\omega_1 t - \pi) = \begin{cases} 1, & v_1 \geqslant 0 \\ -1, & v_1 \leqslant 0 \end{cases} \tag{6-3-17}$$

$$K_1(\omega_1 t) + K_1(\omega_1 t - \pi) = 1 \tag{6-3-18}$$

由此可得 $K_1(\omega_1 t - \pi)$、$K_2(\omega_1 t)$ 的傅里叶级数为

$$K_1(\omega_1 t - \pi) = 1 - K_1(\omega_1 t) = \frac{1}{2} - \frac{2}{\pi}\cos\omega_1 t +$$

$$\frac{2}{3\pi}\cos3\omega_1 t - \cdots(-1)^n \frac{2}{(2n+1)\pi}\cos(2n+1)\omega_1 t\cdots \quad (6\text{-}3\text{-}19)$$

$$K_2(\omega_1 t) = \frac{4}{\pi}\cos\omega_1 t - \frac{4}{3\pi}\cos3\omega_1 t - \cdots$$

$$= \sum_{n=1}^{\infty}(-n)^{n-1}\frac{4}{(2n-1)\pi}\cos(2n-1)\omega_1 t \quad (6\text{-}3\text{-}20)$$

当 $v_2 = V_{2m}\cos\omega_2 t$ 时，有

$$i_L = \frac{4}{\pi}g_D V_{2m}\cos(\omega_1 + \omega_2)t + \frac{4}{\pi}g_D V_{2m}\cos(\omega_1 - \omega_2)t -$$

$$\frac{4}{3\pi}g_D V_{2m}\cos(3\omega_1 + \omega_2)t - \frac{4}{3\pi}g_D V_{2m}\cos(3\omega_1 - \omega_2)t + \cdots \quad (6\text{-}3\text{-}21)$$

由式(6-3-21)可以看出，在环形电路中，输出电流 i_L 只有控制信号 v_1 的基波分量和奇次谐波分量与输入信号 v_2 的频率 ω_2 的组合频率分量 $(2n+1)\omega_1 \pm \omega_2(n=0,1,2,\cdots)$。在平衡电路的基础上，又消除了输入信号 v_2 的频率分量 ω_2，且输出的 $(2n+1)\omega_1 \pm \omega_2(n=0,1,2,\cdots)$ 的频率分量的幅度等于平衡电路的 2 倍。

环形电路 i_L 中无 ω_2 频率分量，这是两次平衡抵消的结果，每个平衡电路自身抵消 ω_1 及其谐波分量，两个平衡电路抵消 ω_2 分量。若 ω_1 较高，则 $3\omega_1 \pm \omega_2,5\omega_1 \pm \omega_2,\cdots$ 组合频率分量很容易滤除，故环形电路的性能更接近理想相乘器，而这是频谱线性搬移电路要解决的核心问题。

前述平衡电路中的实际问题同样存在于环形电路中，在实际电路中仍须采取措施加以解决。为了解决二极管特性参差不齐的问题，可将每臂用两个二极管并联，另一种更有效的办法是采用环形电路组件。

微视频

微视频

6.4 差分对频谱变换电路

频谱搬移电路的核心部分是相乘器。实现相乘的方法很多，前面讨论的频谱的变换电路就是典型的乘法电路。差分对模拟相乘器由于具有电路简单、易于集成、工作频率高等特点而得到广泛应用。它可以用于实现调制、解调、混频、鉴频及鉴相等。这种方法是利用一个电压控制差分对的偏置电流，使其跨导随之变化从而达到与另一个输入电压相乘的目的。这种电路的核心单元是一个带恒流源的差分对电路。

6.4.1 单差分对电路

基本的差分对电路如图 6-4-1 所示，差分对电路的可控信号有两个：一个为输入差模电压 v_1；另一个为电流源 I_0（图中采用输入电压 v_2 加以控制）。故可用输入信号和控制信号分别控制这两个通道。由于差分对输出的差值电流 i 与 I_0 为线性关系，所以将控制电流源的这个通道称为线性通道；输出差值电流 i 与差模输入电压 v_1 为非线性关系，所以将差模输入通道称为非线性通道。图 6-4-1 为差分对频谱搬移电路的原理图。

集电极负载为一滤波回路,滤波回路(或滤波器)的种类和参数可根据完成不同的功能进行设计,对输出频率分量呈现的阻抗为 R_L。恒流源 I_0 由 T_3 管提供,T_3 发射极接有大电阻 R_e,R_e 大则可削弱 T_3 的发射结非线性电阻的作用。由图 6-4-1 中可看到:

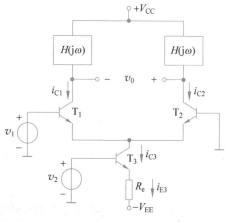

图 6-4-1　差分对频谱搬移的电路原理图

$$v_2 = v_{BE3} + i_{E3}R_e + (-V_{EE}) \quad (6\text{-}4\text{-}1)$$

忽略 v_{BE3} 后,得出

$$I_0(t) = i_{E3} = \frac{V_{EE}}{R_e} + \frac{v_2}{R_e} = I_0 + \frac{v_2}{R_e}, \quad I_0 = \frac{V_{EE}}{R_e}$$

$$(6\text{-}4\text{-}2)$$

电流源 I_0 受 v_2 控制,且它们之间呈线性关系,即

$$I_0(t) = A + Bv_2 \quad (6\text{-}4\text{-}3)$$

A 和 B 为常数,此处 $A = I_0 = \dfrac{V_{EE}}{R_e}$,$B = \dfrac{1}{R_e}$,则差分对管的输出差值电流为

$$i = i_{C1} - i_{C2} = I_0(t)\,\mathrm{th}\!\left(\frac{v_1}{2V_T}\right) = (A + Bv_2)\,\mathrm{th}\!\left(\frac{v_1}{2V_T}\right) \quad (6\text{-}4\text{-}4)$$

式中,$V_T = kT/q$,当 $T = 300\mathrm{K}$ 时,$V_T = 26\mathrm{mV}$。令 $x_1 = V_{1m}/V_T$,由于 $\mathrm{th}\!\left(\dfrac{x_1}{2}\cos\omega_1 t\right)$ 的傅里叶级数展开式为

$$\mathrm{th}\!\left(\frac{x_1}{2}\cos\omega_1 t\right) = \sum_{n-1}^{\infty} 2\beta_{2n-1}(x_1)\cos(2n-1)\omega_1 t \quad (6\text{-}4\text{-}5)$$

式中

$$\beta_{2n-1}(x_1) = \frac{1}{2\pi}\int_{-\pi}^{\pi}\mathrm{th}\!\left(\frac{x_1}{2}\cos\omega_1 t\right)\cos(2n-1)\omega_1 t\,\mathrm{d}\omega_1 t \quad (6\text{-}4\text{-}6)$$

$\beta_{2n-1}(x_1)$ 是 $(2n-1)$ 次谐波分量的分解系数。不同 x_1 值时,$\beta_1(x_1)$、$\beta_3(x_1)$、$\beta_5(x_1)$ 的数值见表 6-4-1。

表 6-4-1　$\beta_1(x_1)$、$\beta_3(x_1)$、$\beta_5(x_1)$ 数值表

x_1	$\beta_1(x_1)$	$\beta_3(x_1)$	$\beta_5(x_1)$
0.0	0.0000	0.0000	0.0000
0.5	0.1231	—	—
1.0	0.2356	-0.0046	—
1.5	0.3305	-0.0136	—
2.0	0.4058	-0.0271	—
2.5	0.4631	-0.0435	0.00226
3.0	0.5054	-0.0611	0.0097
4.0	0.5586	—	—
5.0	0.5877	-0.1214	0.0355
7.0	0.6112	-0.1571	0.0575

x_1	$\beta_1(x_1)$	$\beta_3(x_1)$	$\beta_5(x_1)$
10.0	0.6257	-0.1827	0.0831
∞	0.6366	-0.2122	0.1273

因而

$$\begin{cases} I_0(t) = A\,\mathrm{th}\!\left(\dfrac{qv_1}{2kT}\right) = 2A\displaystyle\sum_{n-1}^{\infty}\beta_{2n-1}(x_1)\cos(2n-1)\omega_1 t \\[4mm] g(t) = B\,\mathrm{th}\!\left(\dfrac{qv_1}{2kT}\right) = 2B\displaystyle\sum_{n-1}^{\infty}\beta_{2n-1}(x_1)\cos(2n-1)\omega_1 t \end{cases} \tag{6-4-7}$$

当 x_1 很大（$x_1 > 10$，即 $V_{1m} > 260\mathrm{mV}$）时，$\mathrm{th}\!\left(\dfrac{x_1}{2}\cos\omega_1 t\right)$ 趋于周期性方波，如图 6-4-2(a)所示，可近似用图 6-4-2(b)所示的双向开关函数 $K_2(\omega_1 t)$ 表示，即 $\mathrm{th}\!\left(\dfrac{x_1}{2}\cos\omega_1 t\right) \approx K_2(\omega_1 t)$。$K_2(\omega_1 t)$ 的傅里叶级数展开见式(6-3-20)。

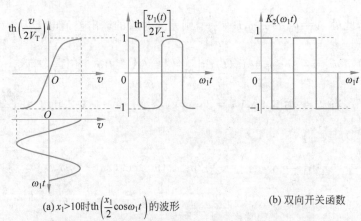

(a) $x_1 > 10$ 时 $\mathrm{th}\!\left(\dfrac{x_1}{2}\cos\omega_1 t\right)$ 的波形 　　(b) 双向开关函数

图 6-4-2　控制信号较大时双曲正切函数等效为开关函数

与晶体二极管不同，差分对管是由多个非线性器件组成的平衡式电路，v_1 和 v_2 分别加在不同器件的输入端，实现两个函数 $f_1(v_1)$ 和 $f_2(v_2)$ 相乘的特性。当工作在线性时变状态（包括开关状态）时，可以不必将 v_2 限制在很小的数值内，只要保证 I_0 受 v_2 的控制是线性的就可以了。

6.4.2　双差分对平衡调制器

1. 电路组成原理

图 6-4-3 所示为双差分对平衡调制器的原理电路。它由 3 组差分对管组成，上面两组差分对管 T_1、T_2 和 T_3、T_4 分别由 T_5、T_6 提供偏置电流。T_5、T_6 组成的差分对由恒流源 I_0 提供偏置。输入电压 v_1 交叉地加在 T_1、T_2 和 T_3、T_4 的输入端，输入电压 v_2 加在 T_5、T_6 的输入端。平衡调制器的输出电流 i_{I} 和 i_{II} 由上面两差分对输出电流合成。双端输出时，其值为

$$i = i_{\mathrm{I}} - i_{\mathrm{II}} = (i_1 + i_3) - (i_2 + i_4) = (i_1 - i_2) - (i_4 - i_3) \tag{6-4-8}$$

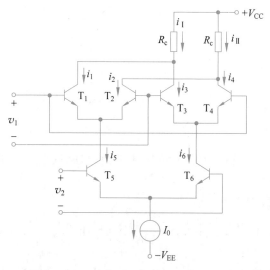

图 6-4-3　双差分对平衡调制器的原理电路

式(6-4-8)中，(i_1-i_2)是左边差分对管的输出差值电流；(i_4-i_3)是右边差分对管的输出差值电流。它们分别为

$$\begin{cases} i_1-i_2=i_5\,\text{th}\left(\dfrac{v_1}{2V_T}\right) \\[2mm] i_4-i_3=i_6\,\text{th}\left(\dfrac{v_1}{2V_T}\right) \end{cases} \tag{6-4-9}$$

故

$$i=(i_5-i_6)\,\text{th}\left(\frac{v_1}{2V_T}\right) \tag{6-4-10}$$

其中，(i_5-i_6)是 T_5、T_6 差分对管的输出差值电流，其值为

$$i_5-i_6=I_0\,\text{th}\left(\frac{v_2}{2V_T}\right) \tag{6-4-11}$$

因而

$$i=I_0\,\text{th}\left(\frac{v_1}{2V_T}\right)\text{th}\left(\frac{v_2}{2V_T}\right) \tag{6-4-12}$$

式(6-4-12)表明，双差分对平衡调制器不能实现 v_1 和 v_2 的相乘运算，仅提供了两个非线性函数(双曲正切)相乘的特性。

　　1)　$|v_1|\leqslant26\text{mV}$，$|v_2|\leqslant26\text{mV}$

　　当 $v\leqslant26\text{mV}$ 时，$v/2V_T\leqslant0.5$，有

$$\text{th}\left(\frac{v}{2V_T}\right)\approx\frac{v}{2V_T} \tag{6-4-13}$$

式(6-4-12)近似为

$$i=I_0\,\frac{v_1v_2}{4V_T^2} \tag{6-4-14}$$

2）$|v_2| \leqslant 26\text{mV}, 26\text{mV} < |v_1| \leqslant 260\text{mV}$

当 $v_2 \leqslant 26\text{mV}$ 时，式(6-4-12)简化为

$$i \approx \frac{I_0}{2V_T} v_2 \text{th}\left(\frac{v_1}{2V_T}\right) \tag{6-4-15}$$

实现线性时变工作状态。设 $v_1 = V_{1m}\cos\omega_1 t$，根据式(6-4-5)，将式(6-4-15)表示为

$$i \approx \frac{I_0}{V_T} v_2 \sum_{n-1}^{\infty} \beta_{2n-1}(x_1)\cos(2n-1)\omega_1 t \tag{6-4-16}$$

可见，线性时变工作时，利用差分对管平衡抵消原理，进一步抵消了 $q > 1, p$ 为偶数的众多组合频率分量。

3）$|v_2| \leqslant 26\text{mV}, |v_1| \geqslant 260\text{mV}$

当 $v_1 = V_{1m}\cos\omega_1 t, V_{1m} \geqslant 260\text{mV}$，即 $x_1 > 10$ 时，$\text{th}\left(\frac{x_1}{2}\cos\omega_1 t\right) \approx K_2(\omega_1 t)$，式(6-4-12)近似变换为

$$i \approx \frac{I_0}{2V_T} v_2 K_2(\omega_1 t) \tag{6-4-17}$$

实现开关工作，在上述 3 种工作特性中，都必须要求 v_2 为小值，这种要求将使它的使用范围受到限制。为此，在实际电路中，往往采用负反馈技术来扩展 v_2 的动态范围。下面先来讨论这个问题，以后再进一步讨论第一种工作特性中扩展 v_1 动态范围的问题，以实现大动态范围内 v_1 与 v_2 直接相乘的模拟相乘运算。

2. 扩展 v_2 的动态范围

图 6-4-4 所示为在 T_5、T_6 管发射极之间接入负反馈电阻 R_e 以扩展 v_2 动态范围的电路。为便于集成化，图中还将电流源 I_0 分成两个 $I_0/2$ 的电流源，由图可见：

$$v_2 = v_{BE5} + i_e R_e - v_{BE6} \tag{6-4-18}$$

其中，$v_{BE5} - v_{BE6} = V_T \ln(i_5/i_6)$，上式又可表示为

$$v_2 = i_e R_e + V_T \ln(i_5/i_6) \tag{6-4-19}$$

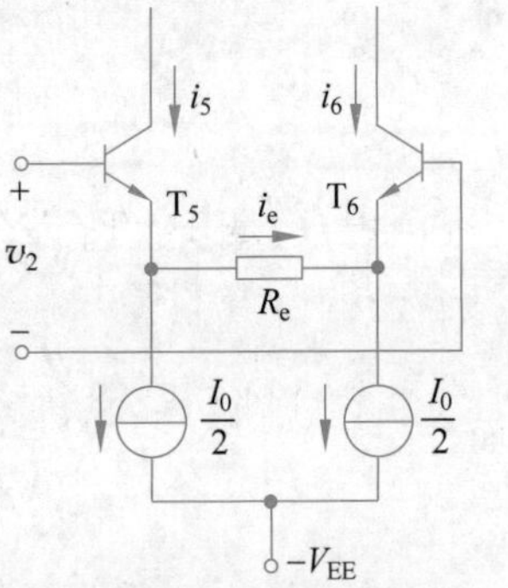

图 6-4-4 用 R_e 扩展 v_2 动态范围的电路

电路中 $i_5 \approx i_{E5} = I_0/2 + i_e$，$i_6 \approx i_{E6} = I_0/2 - i_e$，因而 $\ln(i_5/i_6) = \ln(1 + 2i_e/I_0) - \ln(1 - 2i_e/I_0)$，根据 $\ln(1+x) = x - \frac{1}{2}x^2 + \frac{1}{3}x^3 - \frac{1}{4}x^4 + \cdots$ 限制 x 的值，满足 $x = 2i_e/I_0 \leqslant 0.5$，即要求

$$i_e \leqslant \frac{I_0}{4} \tag{6-4-20}$$

则 x 的三次方及其以上各次方项可忽略(误差小于 10%)，$\ln(i_5/i_6) \approx 4i_e/I_0$，式(6-4-19)可简化为

$$v_2 = i_e R_e + \frac{4V_T i_e}{I_0} = i_e\left(R_e + 2\frac{V_T}{I_0/2}\right) = i_e(R_e + 2r_e) \approx i_e R_e \tag{6-4-21}$$

式中，$r_e = \dfrac{V_T}{I_0/2}$ 为 T_5、T_6 管发射结的动态电阻，通常满足 $R_e \gg 2r_e$，则

$$i_5 - i_6 = 2i_e = \frac{2v_2}{R_e + 2r_e} \approx \frac{2v_2}{R_e} \tag{6-4-22}$$

平衡调制器的输出差值电流为

$$i \approx (i_5 - i_6)\text{th}\left(\frac{v_1}{2V_T}\right) \approx \frac{2v_2}{R_e}\text{th}\left(\frac{v_1}{2V_T}\right) \tag{6-4-23}$$

根据式(6-4-20)和式(6-4-21),允许的最大动态范围为

$$-\left(\frac{1}{4}I_0 R_e + V_T\right) \leqslant v_2 \leqslant \left(\frac{1}{4}I_0 R_e + V_T\right) \tag{6-4-24}$$

例如,已知 $I_0 = 1\text{mA}$,$R_e = 1\text{k}\Omega$,则由式(6-4-24)求得 v_2 的最大动态范围为(−276mV,+276mV),可见比不接 R_e 时扩大了 10 倍以上。

6.4.3 XFC1596 集成平衡调制器

图 6-4-5 所示为 XFC1596 的内部电路(虚线方框)及构成平衡调制器的外接电路。图中,端⑤到地的外接 6.8kΩ 电阻用来设定电流源 T_7、T_8 的电流 $I_0/2$,端②与③之间的外接 1kΩ 电阻用来扩展 v_2 的动态范围,端⑥和⑨上的外接 3.9kΩ 电阻为两输出端的负载电阻。

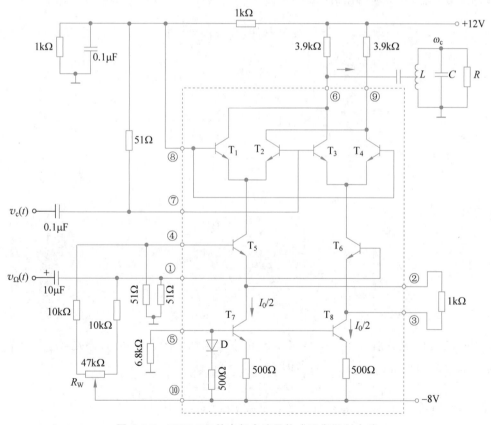

图 6-4-5 XFC1596 的内部电路及构成平衡调制电路

平衡调制器为 3 层晶体管的电路结构,应用时,它的最高层和中间层三极管的基极均须外加偏置电压。其中,$T_1 \sim T_4$ 管的基极偏压由 +12V 电源经两个 1kΩ 电阻分压供给,T_5、T_6 管的基极偏压由 −8V 电源通过 47kΩ 电位器分别经 10kΩ 和 51Ω 电阻分压后供给。

作为双边带调制电路时，载波信号 $v_c(t)$ 通过 $0.1\mu F$ 耦合电容加到端⑦，而端⑧通过 $0.1\mu F$ 电容交流接地，调制信号 $v_\Omega(t)$ 通过 $10\mu F$ 电容加到端①。输出电压取自端⑥，并经 $0.1\mu F$ 耦合电容加到调谐于 ω_c 的谐振回路上。平衡调制器的工作特性取决于载波信号幅值 V_{cm}。当 $V_{cm} \geqslant 260 mV$ 时，工作在开关状态，这时，电路增益不受 V_{cm} 大小的影响。

在电路完全对称的情况下，移去 $v_\Omega(t)$，仅有 $v_c(t)$ 作用时，由于 $i_5 = i_6$，输出载波电流应为零。实际电路并非完全对称，因此电路中必须设置电位器 R_W，调节 R_W，使输出载波电流趋于零。

单电源供电，即端⑩接地时，为了设定 I_0，端⑤上的外接电阻不能直接接地，而应接到电源电压 V_{CC} 上。

6.4.4 双差分对模拟相乘器

1. 电路组成原理

如前所述，作为通用的模拟相乘器，还必须同时扩展 v_1 的动态范围，为此，可在上述平衡调制器电路中增加图 6-4-6 所示由 $T_7 \sim T_{10}$ 组成的补偿电路。图中 T_7、T_8 是将集-基极短接的差分对管，它的输出差值电流为

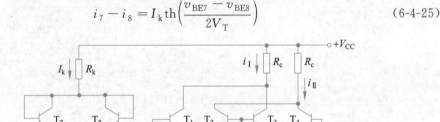

$$i_7 - i_8 = I_k \operatorname{th}\left(\frac{v_{BE7} - v_{BE8}}{2V_T}\right) \tag{6-4-25}$$

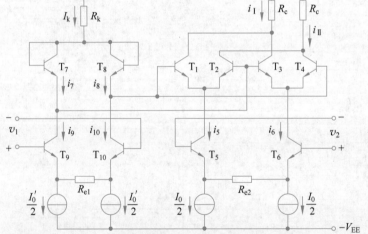

图 6-4-6　模拟乘法器原理电路图

同时，T_7、T_8 又分别与 T_1、T_2 和 T_3、T_4 的发射结构成闭合环路，且满足：$v_{BE7} + v_{BE2} = v_{BE8} + v_{BE1}$，$v_{BE7} + v_{BE3} = v_{BE8} + v_{BE4}$，即

$$v_{BE7} - v_{BE8} = v_{BE1} - v_{BE2} = v_{BE4} - v_{BE3} \tag{6-4-26}$$

因而 T_1、T_2 和 T_3、T_4 两组差分对管的输出差值电流分别为

$$i_1 - i_2 = I_5 \operatorname{th}\left(\frac{v_{BE1} - v_{BE2}}{2V_T}\right) = i_5 \frac{i_7 - i_8}{I_k} \tag{6-4-27}$$

$$i_4 - i_3 = I_6 \operatorname{th}\left(\frac{v_{BE4} - v_{BE3}}{2V_T}\right) = i_6 \frac{i_7 - i_8}{I_k} \tag{6-4-28}$$

双差分对管的输出差值电流为

$$i = (i_1 - i_2) - (i_4 - i_3) = \frac{(i_5 - i_6)(i_7 - i_8)}{I_k} \tag{6-4-29}$$

通过上述分析可见，T_7、T_8 和 $T_1 \sim T_4$ 共同构成两个差值电流$(i_5 - i_6)$和$(i_7 - i_8)$相乘的电路。

T_9、T_{10}、R_{e1} 构成与 T_5、T_6、R_{e2} 相同的电压—电流线性变换电路，它们各自将输入电压 v_1 和 v_2 在限定的范围内线性地变换为输出差值电流。

$$i_9 - i_{10} \approx \frac{2v_1}{R_{e1} + 4V_T/I_0'} \approx \frac{2v_1}{R_{e1}} \tag{6-4-30}$$

$$i_5 - i_6 \approx \frac{2v_2}{R_{e2} + 4V_T/I_0} \approx \frac{2v_2}{R_{e2}} \tag{6-4-31}$$

且

$$\begin{cases} -\left(\frac{1}{4}I_0'R_{e1} + V_T\right) \leqslant v_1 \leqslant \left(\frac{1}{4}I_0'R_{e1} + V_T\right) \\ -\left(\frac{1}{4}I_0R_{e2} + V_T\right) \leqslant v_2 \leqslant \left(\frac{1}{4}I_0R_{e2} + V_T\right) \end{cases} \tag{6-4-32}$$

若忽略 $T_1 \sim T_4$ 的基极电流，则 $i_9 - i_{10} \approx i_7 - i_8$，式(6-4-29)便可变换为

$$i = \frac{4v_1v_2}{I_0'R_{e1}R_{e2}} \tag{6-4-33}$$

当相乘器两输出端接有直流负载电阻 R_c 时，输出差值电压为

$$v_o = (i_I - i_{II})R_c = iR_c = \frac{4R_c}{I_0'R_{e1}R_{e2}}v_1v_2 = A_Mv_1v_2 \tag{6-4-34}$$

式中，A_M 为相乘器的相乘增益，单位为 $1/V$。

2. 集成模拟相乘器

集成模拟相乘器是通用的集成器件，广泛应用于信号处理、通信、自动控制等领域，它的电路符号如图 6-4-7(a)所示，有两个输入端口（x 和 y），输入电压分别为 v_x 和 v_y；一个输出端口，输出电压为 v_o，在理想情况下，它们之间的关系为

$$v_o = A_Mv_xv_y \tag{6-4-35}$$

其中，v_x 和 v_y 的极性是任意的，可正可负，如图 6-4-7(b)所示，因而又将这种相乘器称为四象限相乘器。且当任一输入电压为 0($v_x=0$ 或 $v_y=0$ 或 $v_x=v_y=0$)时输出电压为 0($v_o=0$)，任一输入电压为恒值($v_x=V_{REF}$ 或 $v_y=V_{REF}$)时，输出电压与另一输入电压之间呈线性关系，即

$$\begin{cases} v_o = A_MV_{REF}v_x \\ v_o = A_MV_{REF}v_y \end{cases} \tag{6-4-36}$$

类似于线性放大器，其增益受 V_{REF} 控制，构成可控增益放大器。

由于电路中存在着固有的不对称性和非线性，实际模拟相乘器存在着如下的偏差。

一是由失调而产生的偏差，包括：$v_x=v_y=0$ 时 $v_o \neq 0$，相应的输出电压 V_{00} 称为输出失调电压；$v_x=0$，$v_y \neq 0$ 时 $v_o \neq 0$，说明 x 输入端存在着输入失调电压 V_{XI0}，因而 $v_o = A_MV_{XI0}v_y$，造成 v_y 馈通到输出端，当 v_y 为规定值时，相应的输出电压称为 y 馈通误差

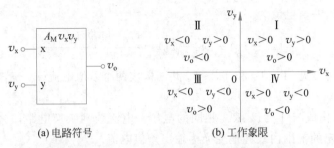

| (a) 电路符号 | (b) 工作象限 |

图 6-4-7　模拟乘法器的电路符号与工作象限

E_{YF}；同理，由于 y 输入端存在着输入失调电压 V_{YI0}，因而造成 $v_y = 0$，$v_x \neq 0$ 时 $v_o \neq 0$，当 v_x 为规定值时，相应的输出电压称为 x 馈通误差 E_{XF}。

二是由相乘特性非理想而产生的偏差，包括：当 v_x 和 v_y 均为最大值时，实际输出电压与理想值之间的最大相对偏差，称为总误差 E_Σ；当 v_x（或 v_y）为最大值时，v_o 随 v_y（或 v_x）变化特性非线性而产生的最大相对偏差，称为非线性误差 E_{NL}。

此外，集成模拟相乘器的性能还受到电路动态特性的限制，包括小信号带宽 $BW_{0.7}$、转移速度 S_R、全功率带宽 BW_p、建立时间 t_{set} 等。其中，$BW_{0.7}$ 是将相乘器接成小信号放大器（一输入端加恒定电压，另一输入端加小信号正弦电压）时增益下降 3dB 所对应的频率；其他 3 个是将相乘器接成单位增益放大器，输入大信号时定义的参数，它们的含义与集成运放类似，这里不再赘述。

双差分集成模拟相乘器的早期产品是 BG314，图 6-4-8 给出了其内部结构图，图中，T_7、T_8 和 $T_1 \sim T_4$ 管为电流相乘器；T_9、T_{10} 和 T_5、T_6 管为电压-电流线性转换器，分别将 v_x

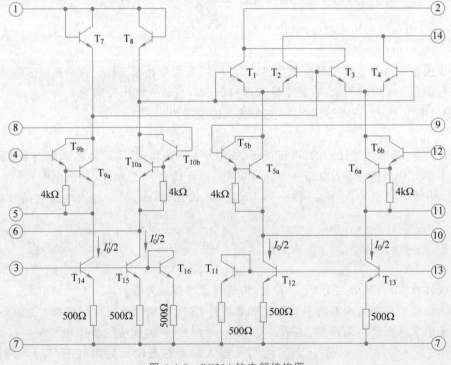

图 6-4-8　BG314 的内部结构图

和 v_y 变换为相应的差值电流；$T_{11} \sim T_{13}$ 和 $T_{14} \sim T_{16}$ 管为电流源电路，分别为 T_5、T_6 管和 T_9、T_{10} 管提供偏置电流 I_0、I_0'。端④、⑧和⑨、⑫为相乘器的两个输入端口（x_1、x_2 和 y_1、y_2）；端②和⑭为相乘器的输出端口，分别接直流负载电阻 R_c；端⑤、⑥和⑩、⑪分别接负反馈电阻 R_{e1} 和 R_{e2}；端③和⑬分别接电阻 R_3 和 R_{13}，用来设定电流 I_0' 和 I_0；端①接电阻 R_k，用来设定端①电位，以保证各管工作在放大区。为了方便使用，许多集成模拟相乘器已包含了设定 I_0' 和 I_0 的偏置电路、输出放大器、负反馈电阻等，如 AD834。图 6-4-9 给出其典型的应用电路。

随着集成工艺和电路技术的发展，目前已有系列产品问世，如超高精度的 AD734（总误差 $E_\Sigma < 0.1\%$）、超高频的 AD834（$BW_{0.7} > 500MHz$）等。

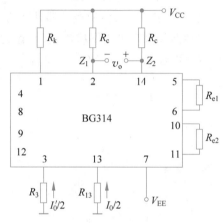

图 6-4-9　BG314 的典型应用电路图

6.5　本章小结

本章主要阐明了线性与非线性频谱搬移电路的一般分析方法，介绍了幂级数、泰勒级数、线性时变等电路的非线性分析方法，主要涉及在频域范围内实现信号频率的合成问题，也就是频谱的搬移问题，为下面两章的频率变换电路的理解提供理论指导。

从频率变换的角度进行讨论，如果希望输出信号的频率满足实际电路设定的频率关系，例如，要求实现两个输入信号"和"频率或"差"频率的输出信号，则希望输出电流与输入信号的电压之间满足平方率的关系；从器件的角度来考虑，可以用场效应管来实现，或者选择静态工作点，让输出电流与输入电压之间满足平方律关系；从电路的角度来考虑，可以选用对称性电路，使输出信号的频率成分尽可能大，其他不需要的信号的频率成分尽可能小；从信号的角度来考虑，可以让一个信号大，另一个信号小，使其工作于线性时变电路的状态。

从二极管电路的角度来讲，有单二极管电路、二极管平衡电路和二极管环形电路，本章分析了 3 种电路的频率变换的基本原理。从集成电路的角度来看，本章给出了差分对电路实现频率变换的基本原理，进一步对模拟乘法器的基本电路进行了探讨，给出了模拟乘法器的电压传输特性，实现频率变换的本质特征就是电路中必须包含模拟乘积单元。

习题 6

6-1 题 6-1 图是二极管 2AP12 的伏安特性曲线，设直流偏压 $V_D = 0.4V$，信号电压振幅最大不超过 $\Delta v = 0.2V$。试求该特性曲线在直流偏压附近的幂级数近似表示式。

6-2 设非线性元件的伏安特性曲线可用下式表示：

$$i = b_0 + b_1(v - V_D) + b_2(v - V_D)^2 + b_3(v - V_D)^3$$

加在该元件上的电压为 $v = V_D + V_{1m}\cos\omega_1 t + V_{2m}\cos\omega_2 t$，求通过元件的电流。

6-3 有一非线性器件在工作点的转移特性为 $i = b_0 + b_1 v_{be} + b_2 v_{be}^2$，式中，$v_{be} = v_0 + v_s = V_{0m}\cos\omega_0 t + V_{sm}\cos\omega_s t$，设 $V_{0m} \gg V_{sm}$，求该非线性器件作为变频器时的变频跨导 g_c。

6-4 若晶体管 D 的转移特性曲线如题 6-4 图所示，将它作为二次倍频器，为了使 i_c 中的二次谐波振幅达到最大值，应如何选取 V_{BB} 的数值？（V_{BB} 是直流偏压，设 V_{BZ} 和 V_{bm} 均固定不变）。

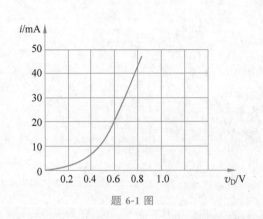

题 6-1 图

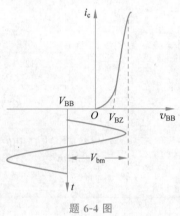

题 6-4 图

6-5 我们知道，通过电感 L（设为常量）的电流 i 与其上的电压 v 之间关系为 $v = L\dfrac{di}{dt}$，为什么说电感 L 是一个线性元件呢？如何理解？同样，对于线性电容 C 来说，有 $v = \dfrac{1}{C}\int i\,dt$，应如何理解它的"线性"？

6-6 若非线性元件伏安特性为 $i = b_0 + b_1 v + b_3 v^3$，能否用它进行变频、调幅和振幅检波？为什么？

6-7 二极管电路如题 6-7 图（a）所示，二极管 D 的伏安特性可用图（b）所示的折线来近似，当输入电压为 $v = V_m\cos\omega t$ 时，试求图（a）中电流 i 各频谱成分的大小。设 g、R_L、V_m 均已知。

6-8 题 6-8 图所示电路中的二极管 D_1、D_2，其伏安特性与题 6-7 图（b）的折线相同。试计算电流 i 各频谱成分的大小。设变压器的变压为 1:2。

6-9 同题 6-7，若输入电压为 $v = V_0(1 + m_a\sin\Omega t)\sin\omega_c t$，试计算电流 i 中各频谱成分的大小。

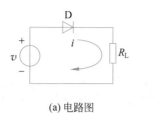
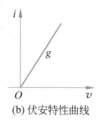

(a) 电路图　　　(b) 伏安特性曲线

题 6-7 图

6-10　题 6-10 图所示的电路中,设二极管 D_1 和 D_2 特性相同,都为 $i = kv^2$,k 为常数。试求输出电压 v_o 的表达式(v_1 和 v_2 均为已知)。

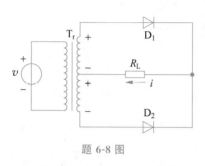

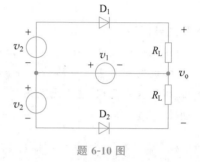

题 6-8 图　　　　　　　　　题 6-10 图

第7章 频谱线性变换电路

CHAPTER 7

本章主要内容：

- 频谱线性变换电路概述。
- 振幅调制及其实现电路。
- 混频的基本原理、电路与失真。
- 振幅检波电路。

7.1 频谱线性变换电路概述

振幅调制、振幅检波(解调)、混频电路都属于频谱的线性变换电路,或者说是频谱的线性搬移电路,是无线电通信与电子通信系统的重要组成部分。尽管振幅调制、解调和混频电路完成的功能、自身的特点和性能指标有所不同,但频谱搬移的特性是相同的,都是由模拟乘法器来实现的,即第 6 章中介绍的频谱线性搬移电路的分析方法。

振幅调制是由调制信号去控制载波的振幅,使已调制信号的振幅与调制信号之间保持为线性规律变化,而其他参数(频率和相位)不变。因此,它属于频谱的线性变化的范畴。振幅调制分为 4 种方式:普通的调幅方式(Amplitude Modulation,AM)、抑制载波的双边带调制(Double Side Band-Suppressed Carrier,DSB-SC)、抑制载波的单边带调制(Single Side Band-Suppressed Carrier,SSB-SC)和视频信号调制所用的残留边带调制(Vestigial Side Band-Suppressed Carrier,VSB-SC)。从频谱上看,振幅调制就是将调制信号的频谱从低频端线性地搬移到载频的两边,使搬移以后的谱线高度与原调制信号的谱线高度保持为线性关系。

混频是将已调制信号的中心频率转换为另一中心频率。在接收机中,为了使接收机具有广泛的适用性,需要将不同电台的中心频率变成固定的中频信号,以便接收机电路的优化与配置。混频不改变原调制信号的频谱结构,它也是一种频谱的线性变化电路。

从调幅波中将已调制信号恢复出调制信号的过程称为振幅解调,简称检波。从频谱上看,检波是将已调制信号的中心频率搬移到频率原点的过程,它也不改变调制信号的频谱结构,也属于频谱的线性搬移过程。

本章主要介绍振幅调制、解调与混频电路的基本原理、波形分析、性能特点和实际电路,在介绍和分析实际电路时,将直接引用第 6 章的结论。读者可以通过对比的方式,熟悉和掌握各种频谱线性搬移电路的形式和实现的方法。

微视频

7.2 振幅调制及其实现电路

7.2.1 普通调幅波电路的组成模型

振幅调制电路有两个输入信号,一个是输入调制信号 $v_\Omega(t)$,它含有需要传输的信息,另一个是输入高频等幅信号(又称载波信号) $v_c(t)=V_{cm}\cos\omega_c t=V_{cm}\cos2\pi f_c t$,其中 $\omega_c=2\pi f_c$ 为载波角频率,f_c 为载波频率。振幅调制电路的功能就是在它们的共同作用下产生所需的振幅调制信号 $v_o(t)$。

1. AM 组成模型

普通调幅波是载波信号的振幅在 V_{m0} 上下按调制信号规律变化的一种振幅调制信号,简称调幅信号,由下式表示:

$$v_o(t)=[V_{m0}+k_a v_\Omega(t)]\cos\omega_c t \tag{7-2-1}$$

式中,$V_{m0}=kV_{cm}$ 是未经调制的输出载波电压振幅,k 和 k_a 是取决于调幅电路的比例常数。为保证不失真,要求 $|k_a v_\Omega(t)|<V_{m0}$。

根据式(7-2-1)可知,在数学上,调幅电路的组成模型可由一个相加器和一个相乘器组成,如图 7-2-1 所示。图中,A_M 为相乘器的乘积常数,A 为相加器的加权系数,且 $A=k$,$A_M A V_{cm}=k_a$。

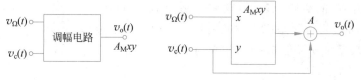

图 7-2-1 调幅电路的组成模型

2. 单音调制

假设 $v_\Omega(t)=V_{\Omega m}\cos\Omega t=V_{\Omega m}\cos2\pi Ft$,且 $f_c>F$(一般满足 $f_c\gg F$),则根据式(7-2-1),输出调幅电压为

$$v_o(t)=(V_{m0}+k_a V_{\Omega m}\cos\Omega t)\cos\omega_c t$$
$$=V_{m0}(1+m_a\cos\Omega t)\cos\omega_c t \tag{7-2-2}$$

式中,$m_a=k_a V_{\Omega m}/V_{m0}$ 是调幅信号的调幅系数,简称调幅度。相应的波形如图 7-2-2 所示。图 7-2-2 中,$V_{m0}(1+m_a\cos\Omega t)$ 是 $v_o(t)$ 的振幅,它反映调制信号的变化,称为调幅信号的包络。可见,在输入调制信号的一个周期内,调幅信号的最大振幅 V_{mmax} 为 $V_{m0}(1+m_a)$,最小振幅 V_{mmin} 为 $V_{m0}(1-m_a)$。

调幅度是表征调幅信号的重要参数,它的一般定义式为

$$m_a=\frac{V_{mmax}-V_{mmin}}{V_{mmax}+V_{mmin}}\times100\% \tag{7-2-3}$$

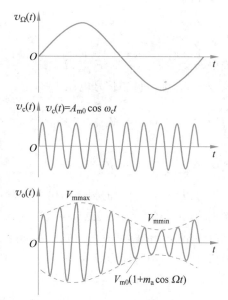

图 7-2-2 调幅信号的波形图

式中，V_{mmax} 和 V_{mmin} 分别是调幅信号电压的最大振幅和最小振幅。单音调制是它的特例。显然，m_a 必须小于或等于 1。否则，由式(7-2-2)可知，当 $m_a > 1$ 时，在 $\Omega t = \pi$ 附近，$v_o(t)$ 变为负值，如图 7-2-3(a)所示，它的包络已不能反映调制信号的变化而造成失真，通常将这种失真称为过调幅失真。

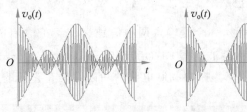

(a) 乘法器调制器中出现的失真　　　(b) 分立器件调制器中出现的失真

图 7-2-3　过调幅失真

不过，在实际调幅电路中，图 7-2-3(a)为乘法器构成的调制器中出现的失真；图 7-2-3(b)为分立器件构成的调制器中出现的失真。

将式(7-2-2)用三角函数展开，得

$$v_o(t) = V_{m0}\cos\omega_c t + m_a V_{m0}\cos\Omega t\cos\omega_c t = V_{m0}\cos\omega_c t +$$

$$\frac{1}{2}m_a V_{m0}\cos(\omega_c + \Omega)t + \frac{1}{2}m_a V_{m0}\cos(\omega_c - \Omega)t \tag{7-2-4}$$

式(7-2-4)表明，单音调制时调幅信号的频谱由 3 个频率分量组成：角频率为 ω_c 的载波分量、角频率分别为 $(\omega_c + \Omega)$ 和 $(\omega_c - \Omega)$ 的上、下边频分量，如图 7-2-4 所示。其中，上、下边频分量是由相乘器对 $v_\Omega(t)$ 和 $v_c(t)$ 相乘的产物。

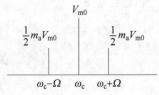

图 7-2-4　单音调制的频谱

3. 复杂音调制

进一步假设 $v_\Omega(t)$ 为非余弦的周期信号，其傅里叶级数展开式为

$$v_\Omega(t) = \sum_{n=1}^{n_{max}} v_{\Omega mn}\cos n\Omega t$$

式中，$n_{max} = \Omega_{max}/\Omega = F_{max}/F$，$\Omega_{max} = 2\pi F_{max}$ 为最高调制角频率，其值恒小于 ω_c，则根据式(7-2-1)，输出调幅信号电压为

$$v_o(t) = [V_{m0} + k_a v_\Omega(t)]\cos\omega_c t = \left[V_{m0} + k_a\sum_{n=1}^{n_{max}} v_{\Omega mn}\cos n\Omega t\right]\cos\omega_c t \tag{7-2-5}$$

其中，$k_a\sum\limits_{n=1}^{n_{max}} v_{\Omega mn}\cos n\Omega t\cos\omega_c t = \dfrac{k_a}{2}\sum\limits_{n=1}^{n_{max}} v_{\Omega mn}[\cos(\omega_c + n\Omega)t + \cos(\omega_c - n\Omega)t]$。

可以看到，$v_o(t)$ 的频谱结构中，除角频率为 ω_c 的载波分量外，还有由相乘器产生的角频率为 $(\omega_c \pm \Omega)$，$(\omega_c \pm 2\Omega)$，$\cdots$，$(\omega_c \pm n_{max}\Omega)$ 的上、下边频分量，它们的幅度与调制信号中相应频谱分量的幅度 $v_{\Omega mn}$ 成正比，或者说，这些上、下边频分量是将调制信号频谱不失真地搬移到 ω_c 两边而形成的，如图 7-2-5 所示。由图可见，调幅信号的频谱宽度 BW_{AM} 为调制信号频谱宽度的 2 倍，即

$$BW_{AM} = 2F_{max} \tag{7-2-6}$$

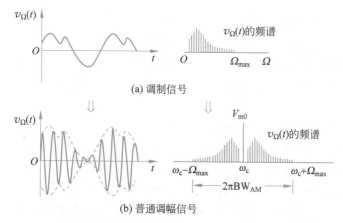

(a) 调制信号

(b) 普通调幅信号

图 7-2-5 复杂音调制的波形与频谱

总之，调幅电路组成模型中的相乘器对 $v_\Omega(t)$ 和 $v_c(t)$ 实现相乘运算的结果。反映在波形上是将 $v_\Omega(t)$ 不失真地转移到载波信号振幅上；反映在频谱上则是将 $v_\Omega(t)$ 的频谱不失真地搬移到 ω_c 的两边。

4. 调幅波的功率

再对调幅信号的功率进行分析。在单位电阻值上，单音调制时调幅信号电压在载波信号一个周期内的平均功率为

$$P(t) = \frac{1}{2\pi}\int_{-\pi}^{\pi} V_{m0}^2 (1 + m_a\cos\Omega t)^2 \cos^2\omega_c t\, \mathrm{d}\omega_c t$$

$$= \frac{1}{2} V_{m0}^2 (1 + m_a\cos\Omega t)^2 = P_0 (1 + m_a\cos\Omega t)^2 \qquad (7\text{-}2\text{-}7)$$

式中，$P_0 = V_{m0}^2/2$ 是载频电压分量产生的平均功率。式(7-2-7)表明，$P(t)$ 是时间的函数，当 $\Omega t = 0$ 时，$P(t)$ 最大，$P_{max} = P_0(1 + m_a)^2$；$\Omega t = \pi$ 时，$P(t)$ 最小，$P_{min} = P_0(1 - m_a)^2$。特别地，当 $m_a = 1$ 时，$P_{max} = 4P_0$，$P_{min} = 0$。

$P(t)$ 在一个调制信号周期内的平均功率为

$$P_{av} = \frac{1}{2\pi}\int_{-\pi}^{\pi} P(t)\,\mathrm{d}\Omega t = \frac{1}{2\pi}\int_{-\pi}^{\pi} P_0 (1 + m_a\cos\Omega t)^2 \,\mathrm{d}\Omega t$$

$$= P_0\left(1 + \frac{1}{2}m_a^2\right) = P_0 + P_{SB} \qquad (7\text{-}2\text{-}8)$$

式中，$P_{SB} = \dfrac{1}{2} m_a^2 P_0$ 是上、下边频电压分量产生的功率，每个边频分量的电压振幅为 $m_a V_{m0}/2$，相应产生的功率为 $\dfrac{1}{2}\left(\dfrac{m_a V_{m0}}{2}\right)^2 = \dfrac{1}{4} m_a^2 P_0$，上、下边带分量产生的功率之和即为 P_{SB}，称为边频功率，因而 P_{av} 是调幅信号中各频谱分量产生的平均功率之和。

例如，当 $m_a = 1$ 时，$P_{av} = 1.5P_0$ 或 $P_0 = 0.67P_{av}$。当 m_a 减小时，P_{av} 减小，而 P_0 不变，P_0 在 P_{av} 中的比重增大。$m_a = 0.3$ 时，$P_0 \approx 0.957 P_{av}$，占 P_{av} 的 95% 以上。

7.2.2 双边带和单边带调制电路组成模型

1. 双边带调制信号

从上述调幅信号的频谱结构可知，唯有其中上、下边频分量才反映调制信号的频谱结

构,而载频分量起着通过相乘器将调制信号频谱搬移到 ω_c 两边的作用,本身并不反映调制信号的变化。因此,从传输信息的观点来看,占有绝大部分功率的载频分量是无用的。如果在传输前将它抑制掉,那么就可在不影响传输信息的条件下,大大节省发射机的发射功率。这种仅传输两个边频的调制方式称为抑制载波的双边带调制,简称双边带调制,并表示为

$$v_o(t) = k_a v_\Omega(t)\cos\omega_c t \tag{7-2-9}$$

显然,它与普通调幅信号的区别就在于其载波电压振幅不是在 V_{m0} 上下按调制信号规律变化。这样,当调制信号 $v_\Omega(t)$ 进入负半周时,$v_o(t)$ 就变为负值,表明载波电压产生 $180°$ 相移。所以,当 $v_\Omega(t)$ 自正值或负值通过零值变化时,双边带调制信号的载波将出现 $180°$ 的相位突变,如图 7-2-6(a)所示。可见,双边带调制信号的包络已不再反映 $v_\Omega(t)$ 的变化,但是它仍保持频谱搬移的特性,如图 7-2-6(b)所示,因而仍是振幅调制波的一种,并可用相乘器作为双边带调制电路的组成模型,如图 7-2-6(c)所示,图中 $A_M V_{cm} = k_a$。

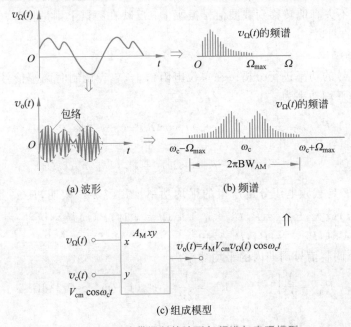

(a) 波形　　　　　　(b) 频谱

(c) 组成模型

图 7-2-6　双边带调制的波形与频谱与实现模型

2. 单边带调制信号

进一步观察双边带调制信号的频谱结构,可以发现,上边带和下边带都反映了调制信号的频谱结构,区别仅在于下边带反映的是调制信号频谱的倒置。这种区别对传输信息是无关紧要的。因此,从传输信息的观点来说,还可进一步将其中的一个边带抑制掉。这种仅传输一个边带(上边带或下边带)的调制方式称为单边带调制。它除了保持双边带调制波节省发射功率的优点外,还将已调信号的频谱宽度压缩一半,即

$$BW_{SSB} = F_{max} \tag{7-2-10}$$

由于上述优点,单边带调制已成为频道特别拥挤的短波无线电通信中最主要的一种调制方式。

单边带调制电路有两种实现模型。一种是由相乘器和带通滤波器组成,如图 7-2-7 所

示,称为滤波法。其中,相乘器产生双边带调制信号,而后由带通滤波器取出一个边带信号,抑制另一个边带信号,便得到所需的单边带调制信号。

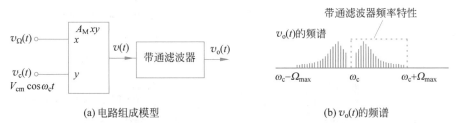

(a) 电路组成模型　　　　　　　　　　(b) $v_o(t)$的频谱

图 7-2-7　滤波法实现单边带模型与频谱

另一种模型是由两个相乘器、两个 90°相移器和一个相加器组成,如图 7-2-8 所示,称为相移法。若设 $v_\Omega(t)=V_{\Omega m}\cos\Omega t$,则由相乘器 I 产生的双边带调制信号为

$$v_{o1}(t)=A_M V_{\Omega m}V_{cm}\cos\Omega t\cos\omega_c t$$

$$=\frac{1}{2}A_M V_{\Omega m}V_{cm}\big[\cos(\omega_c+\Omega)t+\cos(\omega_c-\Omega)t\big] \tag{7-2-11}$$

由相乘器 II 产生的双边带调制信号为

$$v_{o2}(t)=A_M V_{\Omega m}V_{cm}\cos\Big(\Omega t-\frac{\pi}{2}\Big)\cos\Big(\omega_c t-\frac{\pi}{2}\Big)=A_M V_{\Omega m}V_{cm}\sin\Omega t\sin\omega_c t$$

$$=\frac{1}{2}A_M V_{\Omega m}V_{cm}\big[\cos(\omega_c-\Omega)t-\cos(\omega_c+\Omega)t\big] \tag{7-2-12}$$

将 $v_{o1}(t)$ 和 $v_{o2}(t)$ 相加,结果是上边带抵消,下边带叠加,输出为取下边带的单边带调制信号。而将 $v_{o1}(t)$ 和 $v_{o2}(t)$ 相减,结果是下边带抵消,上边带叠加,输出为取上边带的单边带调制信号,即

$$v_o(t)=\begin{cases}v_{o1}(t)-v_{o2}(t)=A_M V_{\Omega m}V_{cm}\cos(\omega_c+\Omega)t\\ v_{o1}(t)+v_{o2}(t)=A_M V_{\Omega m}V_{cm}\cos(\omega_c-\Omega)t\end{cases} \tag{7-2-13}$$

上面是以单音调制为例,论证了图 7-2-8 所示的组成模型。实际上,这个模型对复杂信号调制也是成立的。参见图 7-2-9(a),是相乘器 I 产生的双边带调制信号的频谱,图 7-2-9(b)是相乘器 II 产生的双边带调制信号的频谱,其中,$\hat v_\Omega(t)$ 表示 $v_\Omega(t)$ 中各频率分量均相移 90°后合成的信号。比较两个输出信号的频谱,它们的下边带是同极性的,而上边带是异极性的。因此,将它们相加或相减便得到取下边带或上边带的单边带调制信号。

7.2.3　振幅调制的电路实现

振幅调制又分为高电平调制和低电平调制。高电平调制是将功放与调制合二为一,调制后的信号不须再放大就可直接发送出去。许多广播发射机都采用这种调制,这种调制主要用于形成 AM 信号。低电平调制是将功放与调制分开,调制后的信号电平较低,还须经功率放大后达到一定的发射功率再发送出去,DSB、SSB 以及第 8 章介绍的调频(Frequency Modulation,FM)信号均采用这种方式。

对调制器的主要要求是调制效率高、调制线性范围大、失真要小等。

微视频

微视频

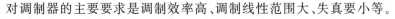

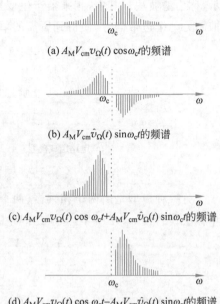

(a) $A_M V_{cm} v_\Omega(t) \cos\omega_c t$的频谱

(b) $A_M V_{cm} \hat{v}_\Omega(t) \sin\omega_c t$的频谱

(c) $A_M V_{cm} v_\Omega(t) \cos\omega_c t + A_M V_{cm} \hat{v}_\Omega(t) \sin\omega_c t$的频谱

(d) $A_M V_{cm} v_\Omega(t) \cos\omega_c t - A_M V_{cm} \hat{v}_\Omega(t) \sin\omega_c t$的频谱

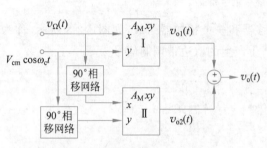

图 7-2-8　相移法实现单边带模型

图 7-2-9　相移法模型各点的频谱

1. AM 高电平调制电路

AM 信号的产生采用高电平调制和低电平调制两种方式完成。目前，AM 信号大都用于无线广播，因此多采用高电平调制方式。

在调幅发射机(如中波和短波广播发射机)中，一般采用高电平调制电路，它的优点是可以不必采用效率较低的线性功率放大器，这对提高发射机整机效率有利。对高电平调制电路提出的要求除了达到所需调制线性外，还应高效率地输出足够大的已调信号功率。为此，高电平调制电路广泛采用高效率的丙类谐振功率放大器。例如，根据谐振功率放大器的集电极调制特性，将调制信号加到集电极上，控制输出功率构成集电极调幅电路；根据谐振功率放大器的基极调制特性，将调制信号加到基极上，控制输出功率构成基极调幅电路。此外，为了提高调制线性，还将调制信号同时加到集电极和基极上构成复合调幅电路等。

集电极调幅电路如图 7-2-10 所示。图中，T_1 管为推动级，通过变压器耦合双调谐回路，将载波电压加到 T_2 管的基极；L_3 为高频扼流圈，T_2 管的输出端采用并馈方式并由 C_6、C_7、L_5 构成的 π 形匹配网络与负载相连，L_4 和 C_5 分别为高频扼流圈和隔直流电容；调制信号经变压器 T_r 加到集电极回路且与电源电压相串联。此时，集电极电源电压为

$$V_{CC}(t) = V_{CC0} + v_\Omega(t) = V_{CC0} + V_{\Omega m}\cos\Omega t \tag{7-2-14}$$

这里，$V_{CC0} = V_{CC}$。

由谐振功放的分析已知，当功率放大器工作于过压状态时，集电极电流的基波分量与集电极偏置电压呈线性关系。因此，要实现集电极调幅，应使 T_2 管工作在过压状态。图 7-2-11(a) 给出了集电极电流基波振幅 I_{cm1} 随 V_{CC} 变化的曲线，即集电极调幅时的静态调制特性，图 7-2-11(b) 画出了集电极电流脉冲及调制电路中各相应点的波形。

图 7-2-12 所示为基极调幅电路。图中载波电压通过变压器耦合和 L_2、C_1 构成的 L 形

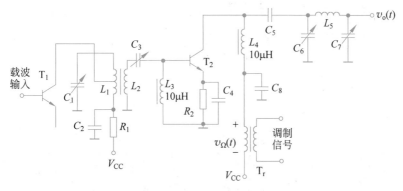

图 7-2-10 集电极高电平调制电路

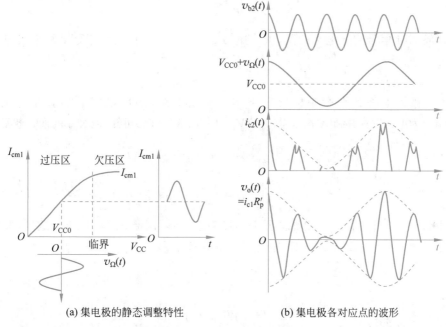

(a) 集电极的静态调整特性　　　　(b) 集电极各对应点的波形

图 7-2-11 集电极调制特性曲线与波形

网络加到晶体管基极上,调制信号通过变压器 T_r 和扼流圈 L_3 加到基极上,此时,基极的偏置电压为

$$V_{BB}(t) = V_{BB0} + v_\Omega(t) = V_{BB0} + V_{\Omega m}\cos\Omega t \qquad (7\text{-}2\text{-}15)$$

图 7-2-12 中,C_6、C_7、L_5 组成的 π 形网络为滤波匹配网络,C_2、C_4 为高频旁路电容,C_5 为耦合电容,L_4 为高频扼流圈。由式(7-2-15)可知,基极调幅与谐振功放的区别是基极偏压随调制信号电压变化。在分析高频功放的基极调制特性时已得出集电极电流基波分量振幅 I_{cm1} 随 V_{BB} 变化的曲线,根据这条静态调制特性曲线,将 V_{BB0} 设置在线性段的中点,当 $V_{BB}(t)$ 随 $v_\Omega(t)$ 变化时,I_{cm1} 将随之变化,从而得到已调幅信号。从调制特性看,为了使 I_{cm1} 受 $V_{BB}(t)$ 的控制明显,放大器应工作在欠压状态。

由于基极电路电流小,消耗功率小,故所需调制信号功率小,调制信号的放大电路比较简单,这是基极调幅的优点。但因其工作在欠压状态,集电极效率低是其一大缺点,一般只用于功率不大,对失真要求较低的发射机中,而集电极调幅效率较高,适用于较大功率的调

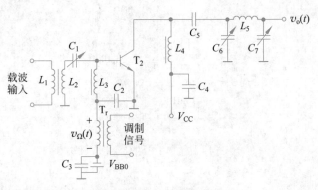

图 7-2-12 基极调制电路

幅发射机。

2. AM 低电平调制电路

要完成 AM 信号的低电平调制，可采用第 6 章介绍的频谱线性搬移电路来实现。下面介绍几种实现方法。

1）二极管电路

用单二极管电路和平衡二极管电路作为调制电路，都可以完成 AM 信号的产生，图 7-2-13(a) 为单二极管调制电路。当 $V_{cm} \gg V_{\Omega m}$ 时，由式 (6-3-2) 可知，流过二极管的电流 i_D 为

$$i_D = \frac{g_D}{\pi} V_{cm} + \frac{g_D}{2} V_{\Omega m} \cos\Omega t + \frac{g_D}{2} V_{cm} \cos\omega_c t +$$

$$\frac{g_D}{\pi} V_{cm} \cos(\omega_c - \Omega)t + \frac{g_D}{\pi} V_{cm} \cos(\omega_c + \Omega)t + \cdots \tag{7-2-16}$$

其频谱如图 7-2-13(b) 所示，输出滤波器 $H(j\omega)$ 对载波 ω_c 调谐，带宽为 $2F$。这样，最后的输出频率分量为 $\omega_c, \omega_c + \Omega$ 和 $\omega_c - \Omega$，输出信号是 AM 信号。

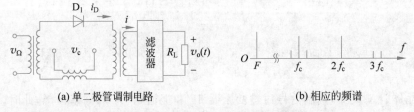

(a) 单二极管调制电路   (b) 相应的频谱

图 7-2-13 单二极管电路与频谱

对于二极管平衡调制器，在第 6 章的图 6-3-5 电路中，令 $v_1 = v_c$，$v_2 = v_\Omega$，且有 $V_{cm} \gg V_{\Omega m}$，产生的已调信号也为 AM 信号，读者可自己加以分析。

2）利用模拟乘法器产生普通调幅波

模拟乘法器是以差分放大器为核心构成的。在第 6 章中分析了差分电路的频谱线性搬移功能，对单差分电路，已得到双端差动输出电流 i 与差动输入电压 v_1 和恒流源（受 v_2 控制）的关系式，即

$$i = \left(I_0 + \frac{v_2}{R_e}\right) \text{th}\left(\frac{v_1}{2V_T}\right) \tag{7-2-17}$$

若用 v_c 替换 v_1，v_Ω 替换 v_2，则有

$$i = \left(I_0 + \frac{V_{\Omega m}}{R_e}\cos\Omega t\right)\mathrm{th}\left(\frac{V_{cm}}{2V_T}\cos\omega_c t\right)$$

$$= I_0(1 + m\cos\Omega t)[\beta_1(x)\cos\omega_c t + \beta_3(x)\cos3\omega_c t + \beta_5(x)\cos5\omega_c t + \cdots] \quad (7\text{-}2\text{-}18)$$

式中，$m = I_{\Omega m}/I_0(I_{\Omega m} = V_{\Omega m}/R_e)$，$x = V_{cm}/V_T$。若差分对管的集电极滤波回路的中心频率为 f_c，带宽为 $2F$，谐振阻抗为 R_L，则经滤波后的输出电压为

$$v_0 = I_0 R_L \beta_1(x)(1 + m\cos\Omega t)\cos\omega_c t \quad (7\text{-}2\text{-}19)$$

可见，输出信号为 AM 信号，这种情况下的差动传输特性及差动电流 i 的波形如图 7-2-14 所示。图 7-2-14(a)中实线为调制电压 $v_\Omega = 0$ 时的曲线，虚线表示 v_Ω 达正、负峰值时的特性，输出为 AM 信号，图示曲线和波形说明，在调制过程中，载波幅度较小，一般应为 $|V_{cm}| \leqslant 26\mathrm{mV}$，调制信号 $v_\Omega(t)$ 与载波信号在差分放大电路中，实现了理想的相乘作用，保证了调制的线性。

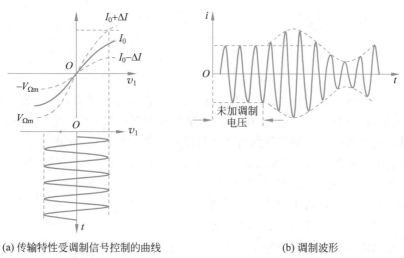

(a) 传输特性受调制信号控制的曲线　　　　　　(b) 调制波形

图 7-2-14　差分对调制器的输出

用双差分对电路或模拟乘法器也可得到 AM 信号。图 7-2-15 给出了用 MC1496 双差分对平衡调制器产生 AM 信号的实际电路。图中，IN1 为 $v_x(t)$ 端，高频载波信号 $v_c(t)$ 通过电容 C_2 加在 10 脚，8 脚则通过电容 C_4、C_1 高频接地；IN2 端为 $v_y(t)$ 端，调制信号 $v_\Omega(t)$ 通过 C_3 加在 1 脚，4 脚经 R_7 接地；调节电位器 R_{W1} 可改变直流电压 V_{AB}，实现 AM 调制。

当 $V_{AB} \neq 0$ 时，加入调制信号 $v_\Omega(t)$，将调制信号叠加上直流成分与载波相乘，可得到普通调幅波（AM 信号），在这种情况下改变 V_{AB} 的大小可调节调幅度 m_a 的值。电路要求 $|V_{cm}| \leqslant 26\mathrm{mV}$，$|V_{\Omega m}| \leqslant 100\mathrm{mV}$，调制信号幅度的大小应根据恒流源 I_0 的值以及 2、3 脚之间外接电阻的值来确定。14 脚接 $-8\mathrm{V}$ 的直流电压，R_{W2} 为载波输入端的平衡电位器。2、3 脚之间接有 $1\mathrm{k\Omega}$ 的电阻，以扩展调制信号的动态范围。MC1496 构成的调幅器从 6 脚单端输出，经过一射极跟随器 T 输出已调波信号。

此外，还可以利用集成高频放大器，可变跨导乘法器电路来产生 AM 信号。

3. DSB 双边带调制电路

DSB 信号的产生大都采用低电平调制。由于 DSB 信号将载波抑制，发送信号只包含两

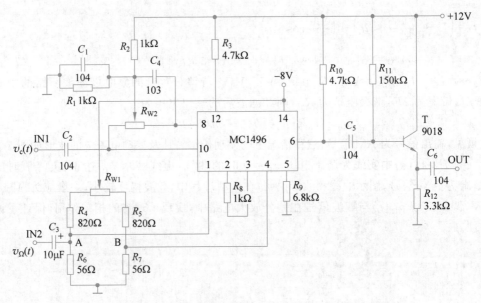

图 7-2-15　模拟乘法器调制输出 AM 信号

个带有信息的边带信号，因而其功率利用率较高。DSB 信号的获得，关键在于调制电路中的乘积项，故具有乘积项的电路均可作为 DSB 信号的调制电路。图 7-2-15 所示的由双差分对平衡调制器构成的振幅调制器就具有产生抑制载波的双边带信号的功能。

单二极管电路在载波频率附近能产生 AM 信号，不能产生 DSB 信号，在高次奇谐波频率附近能产生 DSB 信号（可以参考图 7-2-13 的频谱结构示意图），但是高次频率合成的效率不高，较少采用；要产生 DSB 信号，广泛采用二极管平衡电路和二极管环形电路。

在二极管平衡电路中，把调制信号 v_Ω 加到 v_2 处，载波 v_c 加到 v_1 处，并设置载波幅度远大于调制信号幅度，在大信号工作，这就构成图 7-2-16 的二极管平衡调制电路。由式(6-3-9)可得输出变压器的次级电流 i_L 为

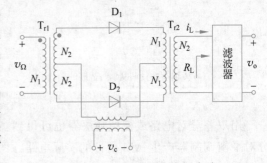

图 7-2-16　二极管平衡调制电路

$$i_L = 2g_D K_1(\omega_c t) v_\Omega$$

$$= g_D V_{\Omega m}\cos\Omega t + \frac{2}{\pi}g_D V_{\Omega m}\cos(\omega_c+\Omega)t + \frac{2}{\pi}g_D V_{\Omega m}\cos(\omega_c-\Omega)t -$$

$$\frac{2}{3\pi}g_D V_{\Omega m}\cos(3\omega_c+\Omega)t - \frac{2}{3\pi}g_D V_{\Omega m}\cos(3\omega_c-\Omega)t + \cdots \qquad (7\text{-}2\text{-}20)$$

i_L 中包含 F 分量和 $(2n+1)f_c \pm F(n=0,1,2,\cdots)$ 分量，若输出滤波器的中心频率为 f_c，带宽为 $2F$，谐振阻抗为 R_L，则输出电压为

$$v_o(t) = R_L\frac{2}{\pi}g_D V_{\Omega m}\cos(\omega_c+\Omega)t + R_L\frac{2}{\pi}g_D V_{\Omega m}\cos(\omega_c-\Omega)t$$

$$= 4V_{\Omega m}\frac{R_L g_D}{\pi}\cos\Omega t\cos\omega_c t \qquad (7\text{-}2\text{-}21)$$

二极管平衡调制器采用平衡方式,将载波抑制掉,从而获得抑制载波的 DSB 信号。平衡调制器的波形如图 7-2-17 所示,加在 D_1、D_2 上的音频信号电压 v_Ω 的相位不同(反相),故电流 i_1 和 i_2 仅音频包络反相。电流 $i_1 - i_2$ 的波形如图 7-2-17(c)所示。经高频变压器 T_{r2} 及带通滤波器滤除低频和($3\omega_c \pm \Omega$)等高频分量后,负载上得到 DSB 信号电压 $v_o(t)$,如图 7-2-17(d)所示。

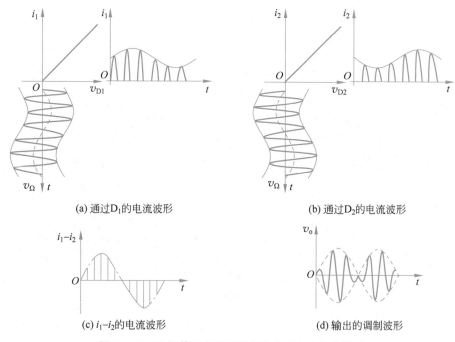

(a) 通过D_1的电流波形　　　　　　　　　(b) 通过D_2的电流波形

(c) $i_1 - i_2$的电流波形　　　　　　　　　(d) 输出的调制波形

图 7-2-17　二极管平衡调制器相关电压与电流的波形

对平衡调制器的主要要求是调制线性好、载漏小(输出端的残留载波电压要小,一般应比有用边带信号低 20dB 以上),同时希望调制效率高及阻抗匹配等。

一种实用的平衡调制器电路如图 7-2-18 所示。调制电压为单端输入,已调信号为单端输出,省去了中心抽头音频变压器和输出变压器。由图可见,由于两个二极管方向相反,故载波电压仍同相加于两管上,而调制电压反相加到两管上,流经负载电阻 R_L 的电流仍为两管电流之差,所以它的原理与基本的平衡电路相同。图中,C_1 对高频短路、对音频开路,因此 T_r 次级中心抽头为高频地电位。R_1、R_2 与二极管串联,同时用并联的可调电阻 R_W 来使两管等效正向电阻相同。C_2、C_3 用于平衡反向工作时两管的结电容。

为进一步减少组合分量,可采用双平衡调制器(环形调制器)。在第 6 章已得到双平衡调制器输出电流的表达式,在 $v_2 = v_\Omega$,$v_1 = v_c$ 的情况下,可将输出电流的表示式重写为

$$i_L = 2g_D K_2(\omega_c t) v_\Omega = 2g_D \left(\frac{4}{\pi}\cos\omega_c t - \frac{4}{3\pi}\cos 3\omega_c t + \cdots \right) V_{\Omega m}\cos\Omega t \quad (7\text{-}2\text{-}22)$$

经滤波后,有

$$v_o = \frac{8}{\pi} R_L g_D V_{\Omega m}\cos\Omega t \cos\omega_c t \quad (7\text{-}2\text{-}23)$$

从而可得 DSB 信号,其电路和波形如图 7-2-19 所示。

在二极管平衡调制电路(图 6-3-5 所示电路)中,调制电压 v_Ω 与载波 v_c 的注入位置与

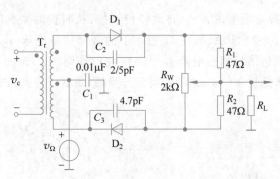

图 7-2-18　平衡调制器的一种实际线路

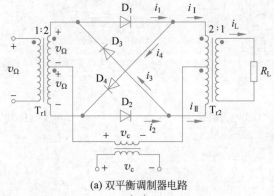

(a) 双平衡调制器电路

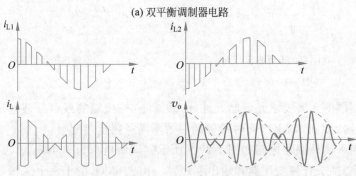

(b) 调制器中相应的电流电压波形

图 7-2-19　双平衡调制器的电路及波形

所要完成的调制功能有密切的关系。将 v_Ω 加到 v_2 处，v_c 加到 v_1 处，可以得到 DSB 信号，但两个信号的位置相互交换后，只能得到 AM 信号，而不能得到 DSB 信号，但在双平衡电路中，v_c、v_Ω 可任意加到两个输入端，完成 DSB 调制。

平衡调制器的一种等效电路是桥式调制器，同样也可以用两个桥路构成的电路等效一个环形调制器，如图 7-2-20 所示。载波电压对两个桥路是反相的。当 $v_c > 0$ 时，上桥路导通，下桥路截止；反之，当 $v_c < 0$ 时，上桥路截止，下桥路导通。调制电压反向加于两桥的另一对角线上，如果忽略晶体管输入阻抗的影响，则图中 $v_a(t)$ 为

$$v_a(t) = \frac{R_1}{R_1 + r_d} v_{\Omega m}(t) K_2(\omega_c t) \qquad (7\text{-}2\text{-}24)$$

因晶体管交流电流 $i_c = \alpha i_e \approx i_e = v_a(t)/R_e$，所以输出电压为

$$v_o(t) = -\frac{4}{\pi}\frac{R_L}{R_e}\frac{R_1}{R_1+r_d}V_{\Omega m}\cos\Omega t\cos\omega_c t \tag{7-2-25}$$

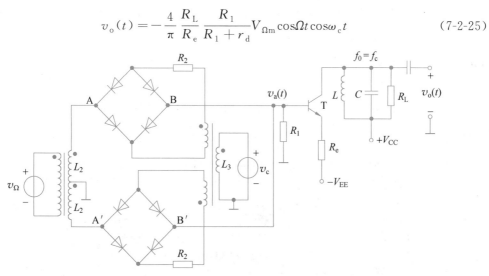

图 7-2-20　双桥构成的环形调制器

4. SSB 单边带调制电路

低电平调制电路主要用来实现双边带和单边带调制,除了要求电路的调制线性好,载波抑制能力也要强,而对功率和效率的要求则降到次要的地位。其中,载波抑制能力的强弱可用载漏表示,所谓载漏是指输出泄漏的载波分量低于边带分量的分贝数。显然,分贝数越大,载漏就越小。

要实现单边带调制,可利用前面介绍的各种相乘器构成性能优良的平衡调制器,通过边带滤波器,滤除其中一个边带,即可得到单边带信号。当然,还可采用移相法或移相修正法来得到所需的单边带信号。实用的单边带调制电路这里不再讨论。下面仅就它在滤波法单边带发射机中的应用进行介绍。

采用滤波法的技术难度与载波频率的高低密切相关。例如,假设调制信号的最低频率为100Hz,载波频率为2000kHz,则双边带调制信号的两个边频分别为2000.1kHz和1999.9kHz,两边频的间隔为 0.2kHz。当取上边频时,两边频的相对间隔为(0.2/2000.1)/100＝0.01%;若载波频率减小为50kHz,上、下边频间隔仍为 0.2kHz,则两边频的相对间隔为(0.2/50.1)/100＝0.4%。在相同带外衰减时,相对频率间隔越大,滤波器就越容易实现。

鉴于上述的原因,采用滤波法构成单边带发射机时,一般均在低载波频率上产生单边带信号,而后用混频器将载波频率提升到所需的载波频率上,如图 7-2-21(a)所示。假设调制信号的频谱分量为100～3000Hz,则相应各点的频谱如图 7-2-21(b)所示。由图可见,平衡调制器的载波频率取 100kHz,其输出端的上、下边带之间的频率间隔为 0.2kHz,相对频率间隔为 0.2%。第一混频器的本振频率取 2MHz,将带通滤波器取出的上边带频谱(100.1～103kHz)搬移到 2MHz 的两边,最小频率隔扩大到 200.2kHz(2100.1～1899.9kHz),相对频率间隔为 9.4%。第二混频器的本振频率取 26MHz,将带通滤波器取出的频谱(2100.1～2103kHz),搬移到 26MHz 的两边,频率间隔进一步扩大到 4200.2kHz(28100.1～23899.9kHz),相对频率间隔为 14.9%。因此,两个混频器的输出滤波器很容易取出所需分量,滤除无用分量。

在某些单边带发射机中,为了使接收机便于产生同步信号,还同时发射低功率的载波信号,称为导频信号,这个信号直接由 100kHz 的振荡信号通过图 7-2-21(a)中虚线方框所示的载波抑制器衰减 10～30dB 后叠加在单边带调制信号上。

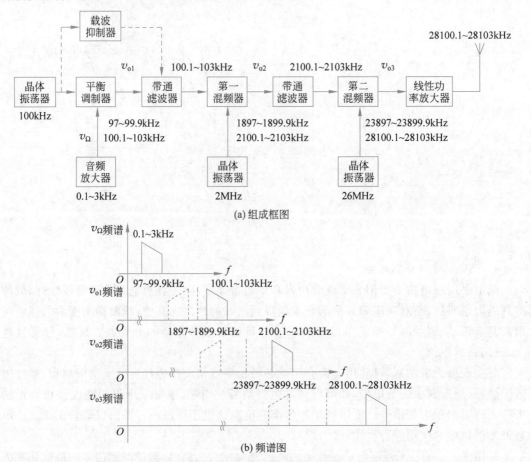

(a) 组成框图

(b) 频谱图

图 7-2-21　采用滤波法的单边带发射机的组成框图和频谱图

7.3　混频的基本原理、电路与失真

混频,又称变频,也是一种频谱的线性搬移过程,它使信号自某一个频率变换成另一个频率。完成这种功能的电路称为混频器(或变频器)。

7.3.1　混频器的功能和模型

微视频

1. 混频器的功能

混频器是频谱线性搬移电路,是一个六端网络,它有两个输入电压,即输入信号 v_s 和本地振荡信号 v_L,其工作频率分别为 f_c 和 f_L;输出信号为 v_I,称为中频信号,其频率为 f_c 和 f_L 的差频或和频,称为中频 f_I,$f_I = f_L \pm f_c$。由此可见,混频器在频域上起着减(加)法器的作用。

在超外差接收机中,混频器将已调信号(其载频可在波段中变化,如 HF 波段 3～30MHz,VHF 波段 30～300MHz 等)变为频率固定的中频信号。混频器的输入信号 v_s、本

振 v_L 都是高频信号,中频信号也是调制波,除了中心频率与输入信号不同外,其频谱结构与输入信号 v_s 的频谱结构完全相同。表现在波形上,中频输出信号与输入信号的包络形状相同,只是填充频率不同(内部波形疏密程度不同)。图 7-3-1 表示了这一变换过程。也就是说,理想的混频器(只有和频或差频的混频)能将输入已调信号不失真地变换为中频信号。

中频 f_I 与 f_c、f_L 的关系有几种情况。当混频器输出取差频时,有 $f_I = f_L - f_c$ 或 $f_I = f_c - f_L$;取和频时,有 $f_I = f_L + f_c$。当 $f_I < f_c$ 时,称为向下变频,输出低中频;当 $f_I > f_c$ 时,称为向上变频,输出高中频。虽然高中频比此时输入的高频信号的频率还要高,仍将其称为中频。根据信号频率范围的不同,常用的中频数值为 465(455)kHz、500kHz 以及 1MHz、1.5MHz、4.3MHz、5MHz、10.7MHz、21.4MHz、30MHz、70MHz、140MHz 等。例如,调幅收音机的中频为 465(455)kHz,调频收音机的中频为 10.7MHz,微波接收机、卫星接收机的中频为 70MHz 或 140MHz 等。

混频器是频率变换电路,在频域中起加法器和减法器的作用。振幅调制也是频率变换电路,也在频域上起加法器和减法器的作用,同属频谱的线性搬移。由于频谱搬移位置的不同,其功能就完全不同,这两种电路都是六端网络,有两个输入、一个输出,可用同样形式的电路完成不同的搬移功能。从实现电路看,输入、输出信号不同,因而输入、输出回路各异。调制电路的输入信号是调制信号 v_Ω、载波 v_c,输出为载波振幅受到调制的已调波 v_s;而混频器的输入信号是已调信号 v_s、本地振荡信号 v_L,输出是中频信号 v_I,这 3 个信号都是高频信号。从频谱搬移看,调制是将低频信号 v_Ω 线性地搬移到载波的两边(搬移过程中允许只取一部分);而混频是将位于载频的已调信号频谱线性搬移到中频 f_I 处,其频谱的线性搬移过程如图 7-3-1(b)所示。

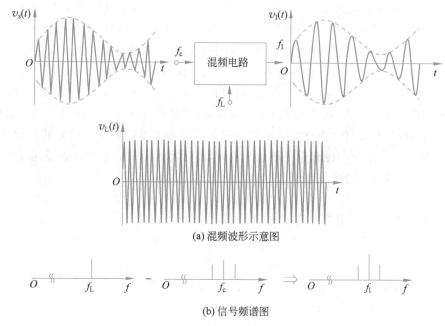

(a) 混频波形示意图

(b) 信号频谱图

图 7-3-1 混频过程的方框图与各点波形频谱

2. 混频器的工作原理

由前面的分析可知,完成频谱线性搬移功能的关键是要获得两个输入信号的乘积,只要能找到这个乘积项,就可完成所需的线性搬移功能。设输入到混频器中的已调信号 v_s 和本振电压 v_L 分别为 $v_s = V_{sm}\cos\Omega t\cos\omega_c t$ 和 $v_L = V_{Lm}\cos\omega_L t$,这两个信号的乘积为

$$v_s v_L = V_{sm}V_{Lm}\cos\Omega t\cos\omega_c t\cos\omega_L t$$

$$= \frac{1}{2}V_{sm}V_{Lm}\cos\Omega t[\cos(\omega_L+\omega_c)t + \cos(\omega_L-\omega_c)t] \tag{7-3-1}$$

若中频 $f_I = f_L - f_c$,式(7-3-1)经带通滤波器取出所需边带,可得中频电压为

$$v_I = V_{Im}\cos\Omega t\cos\omega_I t \tag{7-3-2}$$

由此可得完成混频功能的方框图,如图 7-3-2(a)所示。也可用非线性器件来完成,如图 7-3-2(b)所示。

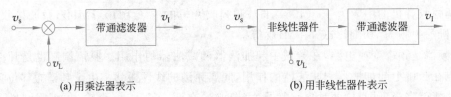

(a) 用乘法器表示   (b) 用非线性器件表示

图 7-3-2 混频器的组成方框图

混频器有两大类,即混频与变频。由单独的振荡器提供本振电压的混频电路称为混频器。为了简化电路,把产生振荡和混频功能由一个非线性器件(用同一晶体管)完成的混频电路称为变频器。有时也将振荡器和混频器两部分合起来称为变频器。变频器是四端网络,混频器是六端网络。在实际应用中,通常将"混频"与"变频"两词混用,不再加以区分。

混频技术的应用十分广泛,混频器是超外差接收机中的关键部件。直放式接收机是高频小信号检波(平方律检波)。工作频率变化范围大时,工作频率对高频通道的影响比较大(频率越高,放大量越低;反之,频率越低,增益越高),而且对检波性能的影响也较大,灵敏度较低。采用超外差技术后,将接收信号混频到一固定中频,放大量基本不受接收频率的影响,这样,频段内信号的放大一致性较好,灵敏度可以做得很高,选择性也较好。因为放大功能主要放在中放,可以用良好的滤波电路,采用超外差接收以后,调整方便,放大量、选择性主要由中频部分决定,且中频较高频信号的频率低,性能指标容易得到满足。混频器在一些发射设备(如单边带通信机)中也是必不可少的。在频分多址(FDMA)信号的合成、微波接力通信、卫星通信等系统中也有重要地位。此外,混频器也是许多电子设备、测量仪器(如频率合成器、频谱分析仪等)的重要组成部分。

3. 混频器的主要性能指标

在通信接收机中,对混频电路提出的要求除混频增益外,主要有噪声系数、1dB 压缩电平、混频失真、隔离度等。

1) 混频增益

混频增益是指混频器的输出中频信号电压 V_{Im}(或功率 P_I)对输入信号电压 V_{sm}(或功率 P_s)的比值,用分贝数表示,即

$$A_c = 20\lg\frac{V_{Im}}{V_{sm}} \text{ 或 } A_c = 10\lg\frac{P_I}{P_s} \tag{7-3-3}$$

混频增益表征混频器把输入高频信号变换为输出中频信号的能力。增益越大,变换的能力越强,故希望混频增益大。而且混频增益大,对接收机而言,有利于提高整机灵敏度。

2）噪声系数

混频器的噪声系数是指输入信号功率噪声比$(P_s/P_n)_i$对输出中频信号功率噪声比$(P_I/P_n)_o$的比值，用分贝数表示，即

$$N_F = 10\lg \frac{(P_s/P_n)_i}{(P_I/P_n)_o} \tag{7-3-4}$$

接收机的噪声系数主要取决于它的前端电路，在没有高频放大器的情况下，主要由混频电路决定。

3）1dB压缩电平

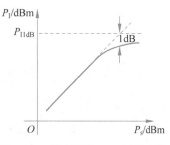

图 7-3-3　混频器的 1dB 压缩电平

当输入信号功率较小时，混频增益为定值，输出中频功率随输入信号功率线性地增大，以后由于非线性，输出中频功率的增大将趋于缓慢，直到比线性增长低 1dB 时所对应的输出中频功率电平称为 1dB 压缩电平，用 P_{I1dB} 表示，如图 7-3-3 所示。图中，P_s 和 P_I 的大小均用 dBm 表示，即高于 1mW 的分贝数，$P(\text{dBm}) = 10\lg P(\text{mW})$。例如，0dBm = 1mW，3dBm = 2mW，10dBm = 10mW，20dBm = 100mW，…

P_{I1dB} 所对应的输入信号功率是混频器动态范围的上限电平。而动态范围的下限电平则是由噪声系数确定的最小输入信号功率。

4）混频失真

在接收机中，加在混频器输入端的除有用输入信号外，还往往同时存在着多个干扰信号。由于非线性，混频器件输出电流中将包含众多组合频率分量，其中，除了有用输入信号产生的中频分量外，还可能有某些组合频率分量的频率十分靠近中频，输出中频滤波器无法将它们滤除。这些寄生分量叠加在有用中频信号上，引起失真，通常将这种失真统称为混频失真，它将严重影响通信质量。有关混频失真的内容将在后面章节集中进行讨论。

5）隔离度

理论上，混频器各端口之间是隔离的，任一端口上的功率不会窜通到其他端口。实际上，由于各种原因，总有极少量功率在各端口之间窜通，隔离度就是用来评价这种窜通大小的一个性能指标，定义为本端口功率与其窜通到另一端口的功率之比，用分贝数表示。

在接收机中，本振端口功率向输入信号端口的窜通危害最大。一般情况下，为保证混频性能，加在本振端口的本振功率比较大，当它窜通到输入信号端口时，就会通过输入信号回路加到天线上，产生本振功率的反向辐射，严重干扰邻近接收机。

7.3.2　混频电路

1. 晶体三极管混频电路

图 7-3-4 所示是三极管混频器的原理电路。图中，L_1C_1 为输入信号回路，调谐在 f_c 上；L_2C_2 为输出中频回路，调谐在 f_I 上；本振电压 $v_L = V_{Lm}\cos\omega_L t$ 接在基极回路中，V_{BB0} 为基极静态偏置电压。由图可见，加在发射结上的电压 $v_{BE} = V_{BB0} + v_L + v_s$。若将$(V_{BB0} + v_L)$作为三极管的等效基极偏置电压，用 $v_{BB}(t)$ 表示，称之为时变基极偏压，则当输入信号电压 $v_s = V_{sm}\cos\omega_s t$ 很小，满足线性时变条件时，三极管集电极电流为

微视频

$$i_{\mathrm c} \approx f(v_{\mathrm{BE}}) \approx I_{\mathrm{C0}}(v_{\mathrm L}) + g_{\mathrm m}(v_{\mathrm L})v_{\mathrm s}$$

$$= I_{\mathrm{c0}}(t) + (g_0 + g_{\mathrm{m1}}\cos\omega_{\mathrm L}t + g_{\mathrm{m2}}\cos2\omega_{\mathrm L}t + \cdots)v_{\mathrm s} \tag{7-3-5}$$

$g_{\mathrm m}(t)$ 中的基波分量 $g_{\mathrm{m1}}\cos\omega_{\mathrm L}t$ 与输入信号电压 $v_{\mathrm s}$ 相乘，得到

$$g_{\mathrm{m1}}\cos\omega_{\mathrm L}t \cdot V_{\mathrm{sm}}\cos\omega_{\mathrm c}t = \frac{1}{2}g_{\mathrm{m1}}V_{\mathrm{sm}}[\cos(\omega_{\mathrm L}-\omega_{\mathrm c})t + \cos(\omega_{\mathrm L}+\omega_{\mathrm c})t]$$

令 $\omega_{\mathrm I}=\omega_{\mathrm L}-\omega_{\mathrm c}$ 为中频频率，经集电极谐振回路滤波后，得到中频电流分量为

$$i_{\mathrm I} = I_{\mathrm{Im}}\cos\omega_{\mathrm I}t = \frac{1}{2}g_{\mathrm{m1}}V_{\mathrm{sm}}\cos\omega_{\mathrm I}t = g_{\mathrm{mc}}V_{\mathrm{sm}}\cos\omega_{\mathrm I}t \tag{7-3-6}$$

其中

$$g_{\mathrm{mc}} = \frac{I_{\mathrm{Im}}}{V_{\mathrm{sm}}} = \frac{1}{2}g_{\mathrm{m1}} \tag{7-3-7}$$

称为混频跨导，定义为输出中频电流幅值 I_{Im} 对输入信号电压幅值 V_{sm} 之比，其值等于 $g_{\mathrm m}(t)$ 中基波分量幅度 g_{m1} 的一半。

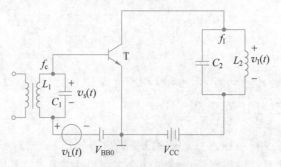

图 7-3-4　三极管混频器的原理电路

若设中频回路的谐振电阻为 $R_{\mathrm p}$，则所需的中频输出电压 $v_{\mathrm I}=-i_{\mathrm I}R_{\mathrm p}$，相应的混频增益为

$$A_{\mathrm c} = \frac{V_{\mathrm{Im}}}{V_{\mathrm{sm}}} = -g_{\mathrm{mc}}R_{\mathrm p} \tag{7-3-8}$$

综上所述，在满足线性时变条件下，三极管混频电路的混频增益与 g_{mc} 成正比。而 g_{mc} 又与 V_{Lm} 和静态偏置有关。现就这个问题进行定性讨论。

图 7-3-5(a) 所示为三极管的转移特性曲线($i_{\mathrm c}\sim v_{\mathrm{BE}}$)，它的各点斜率的连线即为跨导特性 $g_{\mathrm m}(v_{\mathrm{BE}})$，如图 7-3-5(b) 所示。在 $v_{\mathrm{BE}}=V_{\mathrm{BB}}(t)$ 的作用下，便可画出 $g_{\mathrm m}(t)$ 的波形。由图可见，当 V_{BB0} 一定，V_{Lm} 由小增大时，g_{m1}(即 g_{mc})也相应地由小增大，直到 $g_{\mathrm m}(t)$ 趋近方波时，相应的 g_{mc} 便达到最大值。实际上，三极管混频电路中，一般均采用分压式偏置电路，因而，当 V_{Lm} 增大到一定值后，由于特性的非线性，产生自给偏置效应，基极偏置电压将自静态值 V_{BB0} 向截止方向移动，因而相应的 g_{mc} 也就比上述恒定偏置时小，结果使 g_{mc} 随 V_{Lm} 的变化规律如图 7-3-6 中实线所示(虚线是固定偏置时的曲线)。可见，对应于某一 V_{Lm} 值，g_{mc} 和相应的混频增益达到最大。实验指出，在中波广播收音机中，这个最佳的 V_{Lm} 值为 20～200mV。反之，当 V_{Lm} 一定，改变 V_{BB0}(或发射极静态电流 I_{EQ})时，g_{mc} 也会相应变化。I_{EQ} 为 0.2～1mA 时，g_{mc} 近似不变，并接近最大值。

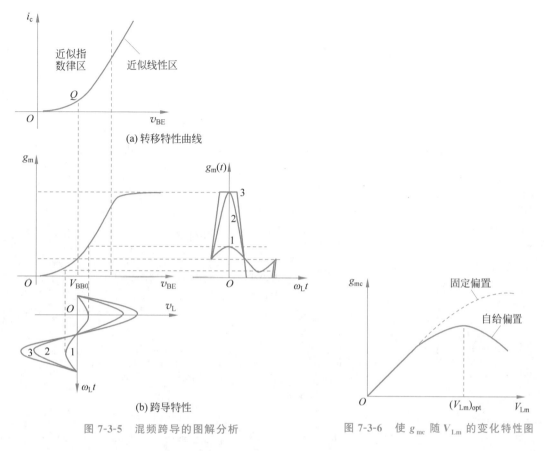

(a) 转移特性曲线

(b) 跨导特性

图 7-3-5　混频跨导的图解分析

图 7-3-6　使 g_{mc} 随 V_{Lm} 的变化特性图

在混频器的实际电路中,除了有本振电压注入外,混频器与小信号调谐放大器的电路很相似。本振电压加到混频管的方式,一般有发射极注入和基极注入两种。选择本振注入电路要注意两点:第一,要尽量避免 v_s 与 v_L 的相互影响(如 v_s 对 v_L 的牵引效应及 f_c 回路对 f_L 的影响);第二,不要妨碍中频电流的流通。

图 7-3-7(a)是基极串馈式电路,信号电压 v_s 与本振电压 v_L 直接串联加在基极,是同极注入方式。图 7-3-7(b)是基极并馈方式的同极注入。基极同极注入时,v_s 与 v_L 及两回路耦合较紧,调谐信号回路对本振频率 f_L 有影响;当 v_s 较大时,f_L 要受 v_s 的影响(频率牵引效应)。此外,当前级是天线回路时,本振信号会产生反向辐射。在并馈电路中可适当选择耦合电容 C_L 值以减小上述影响。图 7-3-7(c)是本振射极注入,对于本振信号 v_L,晶体管共基组态,输入电阻小,要求本振注入功率较大。

图 7-3-8 所示为中波广播收音机中的三极管混频器电路。图中,虚线方框为本机振荡器,接成电感三端式电路,产生的本机振荡电压通过耦合线圈 L_e 加到 T_1 管的发射极上。天线上感生的信号电压通过耦合线圈 L_a 加到输入信号回路上,再通过耦合线圈 L_b 加到 T_1 管的基极上。在实际电路中,L_a 和 L_b 都取值较小,这样,对输入信号频率而言,本振回路严重失谐,它在 L_e 两端呈现的阻抗很小,可看成短路;同理,对本振频率而言,输入信号回路严重失谐,它在 L_b 两端呈现的阻抗很小,也可看成短路,因而保证了输入信号电压和本振电压都有良好通路,能够有效地加到 T_1 管发射结上。同时,也有效地克服了本振电压经输入信号回路泄漏到天线上,产生反向辐射。

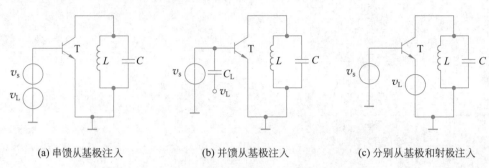

(a) 串馈从基极注入　　　　　　　(b) 并馈从基极注入　　　　　　　(c) 分别从基极和射极注入

图 7-3-7　混频器的输入信号与本振信号的注入方式

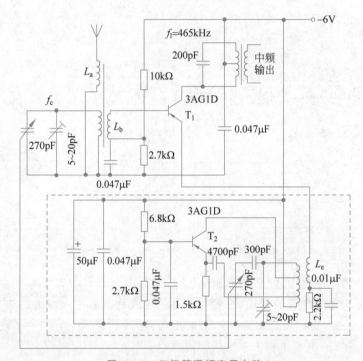

图 7-3-8　三极管混频实用电路

图 7-3-9 是用于调频信号的变频电路。图中，R_1、R_2 是偏置电阻，C_4 是保持基极为高频"交流地"电位的电容。信号通过 C_1 注入射极，对信号而言，三极管 T 组成共基放大器。集电极有两个串联的回路，其中 L_2、C_6、C_7、C_8、C_2 和 C_5 组成本振回路。T_r 的初级电感和 C_9 调谐于 10.7MHz，该回路对于本振频率近似为短路。这样 L_2 上端相当于接集电极，下端接基极。C_2 一端接发射极，另一端通过大电容 C_3 接基极。发射极与集电极之间接 C_5，本振为共基电容反馈振荡器。电阻 R_5 起稳定幅度及改善波形的作用。L_1、C_3 为中频陷波电极。输出回路中的二极管 D_1 起过载阻尼作用，当信号特别大时，它趋于导通，其阻值减小，回路有效 Q 值降低，使本振增益下降，防止中频过载，二极管 2CK8 主要起稳定基极电压的作用。在调频收音机中，本振频率较高（100MHz 以上），因此要求振荡管的截止频率高。由于共基电路比共发电路截止频率高得多，对晶体管的要求可以降低，所以一般采用共基混频的电路。

2. 二极管混频电路

在高质量通信设备中以及工作频率较高时，常使用二极管平衡混频器或环形混频器。

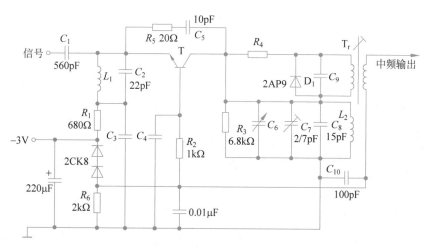

图 7-3-9 调频广播实用混频电路

其优点是噪声低,电路简单,组合分量少。图 7-3-10 是二极管平衡混频器的原理电路。

在图 7-3-10 中,输入信号 v_s 为已调信号,本振电压为 v_L,有 $V_{Lm} \gg V_{sm}$,大信号工作,由第 6 章可得输出电流 i 表示为

$$i = 2g_D K_1(\omega_L t) v_s = 2g_D \left(\frac{1}{2} + \frac{2}{\pi}\cos\omega_L t - \frac{2}{3\pi}\cos 3\omega_L t \cdots \right) V_{sm}\cos\omega_c t \quad (7\text{-}3\text{-}9)$$

输出端接中频滤波器,则输出中频电压 v_I 为

$$v_I = \frac{2}{\pi} R_L g_D V_{sm}\cos(\omega_L - \omega_c)t = V_{Im}\cos\omega_I t \quad (7\text{-}3\text{-}10)$$

图 7-3-11 为二极管环形混频器,其输出电流 i 为

$$i = 2g_D K_2(\omega_L t) v_s = 2g_D \left(\frac{4}{\pi}\cos\omega_L t - \frac{4}{3\pi}\cos 3\omega_L t \cdots \right) V_{sm}\cos\omega_c t \quad (7\text{-}3\text{-}11)$$

经中频滤波后,得输出中频电压为

$$v_I = \frac{4}{\pi} R_L g_D V_{sm}\cos(\omega_L - \omega_c)t = V_{Im}\cos\omega_I t \quad (7\text{-}3\text{-}12)$$

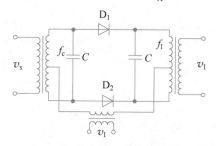

图 7-3-10 二极管平衡混频器的原理电路

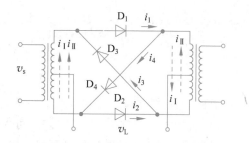

图 7-3-11 二极管环形混频器的原理电路

环形混频器的输出是平衡混频器输出的两倍,且减少了电流频谱中的组合分量,这样就会减少混频器中所特有的组合频率干扰。

与其他(晶体管和场效应管)混频器比较,二极管混频器虽然没有变频增益,但由于具有动态范围大、线性好(尤其是开关环形混频器)及使用频率高等优点,仍得到广泛的应用。特别是在微波频率范围,晶体管混频器的变频增益下降,噪声系数增加,若采用二极管混频器,

混频后再进行放大,可以降低整机的噪声系数。用第 6 章所介绍的双平衡混频器组件构成混频电路,能以较高的性能完成混频功能。

3. 集成电路混频器

将信号电压和本振电压通过乘法器电路直接相乘,再由选频网络取出所需频率分量(和频或差频)实现混频,称为乘积型混频,其工作原理与乘积型调幅器十分类似,将调制信号换成本振信号即可。乘积型混频的特点是输出电流中无用频率分量少,因而产生的各种干扰和失真就比叠加型混频少,随着集成电路与组件的发展,乘积型混频将得到广泛应用。

利用模拟乘法器实现混频,其原理十分简单,将信号 v_s 与本振 v_L 分别加到模拟乘法器的两端,则其输出电流为

$$i = Kv_s v_L = KV_{sm}V_{Lm}\cos\omega_c t \cos\omega_L t$$

$$= \frac{1}{2}KV_{sm}V_{Lm}\left[\cos(\omega_L + \omega_c)t + \cos(\omega_L - \omega_c)t\right] \qquad (7\text{-}3\text{-}13)$$

由滤波器取出差频分量,可获得中频输出,实现混频。

采用模拟乘法器 MC1496 构成的混频电路如图 7-3-12 所示。图中,本振电压 v_L 由引脚 10(X 通道)输入,已调制信号电压 v_s 由引脚 1(Y 通道)输入,混频后的中频频率为 10.7MHz,由引脚 6 经过 π 形带通滤波器输出中频电压 v_I。该滤波器的通频带约为 450kHz,除作选频外还起阻抗变换作用,以获得较高变频增益。当 $f_c = 30\text{MHz}$, $V_{sm} \leqslant 15\text{mV}$, $f_L = 39\text{MHz}$, $V_{Lm} = 100\text{mV}$ 时,电路的变频增益可达 13dB。为减小输出信号波形失真,引脚 1 与 4 之间接有平衡调节电路,应仔细调整。

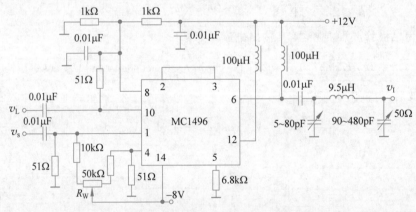

图 7-3-12　MC1496 混频电路

总的来说,模拟乘法器混频具有以下优点:

(1) 混频输出电流频率较为纯净,可大大减少接收机中的寄生通道干扰;

(2) 对本振电压的幅度限制不很严格,一般说来,其大小只影响变频增益而不会引起信号失真。

7.3.3　混频器的失真

一般情况下,由于混频器件特性的非线性,混频器将产生各种干扰和失真,包括干扰哨声、寄生通道干扰、交调失真、互调失真等。下面以接收机为对象讨论它们的成因和危害。

1. 干扰哨声和寄生通道干扰

1）干扰哨声

当混频器输入端作用着频率为 f_c 的有用信号时，一般情况下，混频器件输出电流中将出现由下列频率通式表示的众多组合频率分量。

$$f_{p,q} = |\pm pf_L \pm qf_c|$$

它们的振幅随着 $(p+q)$ 的增大而迅速减小。这种情况犹如混频器中存在着无数个变换通道将 f_c 变换为 $f_{p,q}$，每一个变换通道由一对 p 和 q 值及所取正、负号表示。其中只有一个变换通道（取 $p=q=1$）是有用的，它可将输入信号频率变换为所需的中频（如 $f_L - f_c = f_I$），而其余大量的变换通道都是无用的，其中有的还十分有害。例如，对应于某一对 p 和 q 值的 $f_{p,q}$（除 $p=q=1$ 以外），若其值十分接近于中频，即

$$|\pm pf_L \pm qf_c| = f_I \pm F \tag{7-3-14}$$

式中，F 为可听的音频频率，则在混频器中，输入信号除了通过 $p=q=1$ 的有用通道变换为中频信号以外，还可通过 p 和 q 满足式（7-3-14）的那些通道变换为接近于中频的寄生信号。它们都将顺利地通过中频放大器。这样，收听者就会在听到有用信号声音的同时还听到由检波器检出的差拍信号（频率为 F）所形成的哨叫声，故称这种干扰为混频器的干扰哨声。

观察满足干扰哨声的频率关系式（7-3-14），它可分解为下列 4 个关系式。

$$qf_c - pf_L = f_I \pm F$$

$$pf_L - qf_c = f_I \pm F$$

$$pf_L + qf_c = f_I \pm F$$

$$-pf_L - qf_c = f_I \pm F$$

若令 $f_L - f_c = f_I$，则上述四式中只有前两式有可能成立，而后两式是无效的（因为 $pf_L + qf_c$ 恒大于 f_I，$-pf_L - qf_c$ 是无意义的负频率）。将前两式合并，便可得到产生干扰哨声的输入有用信号频率为

$$f_c = \frac{p \pm 1}{q - p} f_I \pm \frac{F}{q - p} \tag{7-3-15}$$

一般情况下，$f_I \gg F$，因而，式（7-3-15）可简化为

$$f_c \approx \frac{p \pm 1}{q - p} f_I \tag{7-3-16}$$

式（7-3-16）表明，若 p 和 q 取不同的正整数，会产生干扰哨声的输入有用信号频率有无限多个，并且其值均接近于 f_I 的整数倍或分数倍。实际上，任何一部接收机的接收频段都是有限的，如中波段广播收音机，它的接收频段为 $535 \sim 1605 \mathrm{kHz}$。因此，只有落在接收频段内的才会产生干扰哨声。再则，由于组合频率分量电流的振幅总是随着 $(p+q)$ 的增加而迅速减小，因而，只有对应于 p 和 q 为较小值的输入有用信号才会产生明显的干扰哨声，而对于 p 和 q 为较大值产生的干扰哨声一般可忽略。由此可见，只要将产生最强干扰哨声的信号频率移到接收频段以外，就可大大减小干扰哨声的有害影响。例如，由式（7-3-16）可知，对应于 $p=0$，$q=1$ 的干扰哨声最强，相应的输入信号频率接近于中频，即 $f_c \approx f_I$。因此，为了避免这个最强的干扰哨声，接收机的中频总是选在接收频段以外。例如，上述中波段广播收音机，f_I 规定为 $465 \mathrm{kHz}$。

2）寄生通道干扰

当接收机调谐在 f_c 上，接收频率为 f_c 的信号时，本振频率应为 f_L，且 $f_L - f_c = f_I$。这时，若加到混频器输入端的有频率为 f_n 的干扰信号，则混频器件输出电流中将出现由下列频率通式表示的众多组合频率分量。

$$f_{p,q} = |\pm pf_L \pm qf_n|$$

在上述众多通道中，若某些通道的 p 和 q 值及其所取的正、负号满足

$$|\pm pf_L \pm qf_n| = f_I \tag{7-3-17}$$

则干扰信号通过这些通道就能将其频率由 f_n 变换为 f_I，因而，它们就可以顺利地通过中频放大器，从而使收听者听到该干扰的声音。通常将这种干扰称为寄生通道干扰。

由于受到 $f_L - f_c = f_I$ 的限制，因而产生寄生通道干扰的频率关系式(7-3-17)中只有下列两式才能成立：

$$pf_L - qf_n = f_I, \quad qf_n - pf_L = f_I$$

将它们合并，就得到能形成寄生通道干扰的输入干扰信号频率为

$$f_n = \frac{p}{q}f_L \pm \frac{f_I}{q} = \frac{p}{q}f_c + \frac{p \pm 1}{q}f_I \tag{7-3-18}$$

式(7-3-18)表明，f_n 对称地分布在 pf_L/q 的左右，并且与 pf_L/q 的间隔均为 f_I/q。当 f_L 一定，即接收机调谐于给定信号频率 f_c 时，混频器就能为频率满足式(7-3-18)的干扰信号提供寄生通道，将它变换为中频。理论上，能够形成寄生通道干扰的 f_n 有无限多个。实际上，只有对应于 p 和 q 值较小的干扰信号才会形成较强的寄生通道干扰。而对应于 p 和 q 较大的寄生通道干扰一般可忽略不计。

根据式(7-3-18)，可以求得两个形成最强寄生通道干扰的频率。

一个是对应于 $p=0, q=1$ 的寄生通道，相应的 $f_n = f_I$，故称为中频干扰。对于这种干扰信号，混频器实际上起到了中频放大器的作用，具有比有用信号更强的传输能力。

另一个是对应于 $p=1, q=1$ 的寄生通道，相应的 f_n 用 f_K 表示，其值为

$$f_K = f_L + f_I = f_c + 2f_I \tag{7-3-19}$$

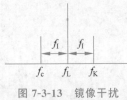

图 7-3-13 镜像干扰
示意图

如果将 f_L 想象为一面镜像，则 f_K 就是 f_c 的镜像，如图 7-3-13 所示，故称为镜像频率干扰或对象频率干扰。对于这种干扰信号，它所通过的寄生通道具有与有用通道相同的 p 和 q 值（$p=q=1$），因而具有与有用通道相同的变换能力。

可见，如果上述两种干扰信号能够加到混频器的输入端，混频器就能有效地将它们变换为中频。因而，要对抗这两种干扰信号，就必须在混频器前将它们抑制掉。鉴于它们的危害性，接收机的性能指标中一般都要列出对它们抑制的要求。

如果将式(7-3-18)改写为

$$f_c = \frac{q}{p}f_n - \frac{p \pm 1}{p}f_I \tag{7-3-20}$$

式(7-3-20)说明，当 f_n 一定时，接收机能够在哪些 f_c 上收听到该干扰信号的声音。例如，当混频器输入端作用 $f_n = 1000\text{kHz}$ 的干扰信号时，由式(7-3-20)求得接收机能够在 $1070\text{kHz}(p=1, q=2)$ 和 $767.5\text{kHz}(p=2, q=2)$ 等频率刻度上收听到这个干扰信号的

声音。

3）小结

干扰哨声是由频率满足式(7-3-16)的输入有用信号产生的,而寄生通道干扰则是由频率满足式(7-3-18)的输入干扰信号产生的,它们都是混频器中特有的干扰现象。

要消除干扰哨声,就必须将产生较强干扰哨声的信号频率移到接收频段以外,其中接近于中频的信号所产生的干扰哨声最强,因而,首先必须将中频移到接收频段以外。

要克服寄生通道干扰的影响,就必须加大寄生通道干扰信号与有用输入信号之间的频率间隔,以便混频器前滤波器将寄生通道干扰信号滤除,不让它们加到混频器输入端。

中频干扰是最强的寄生通道干扰,为了消除它,与干扰哨声一样,中频应选在接收频段以外,且远离接收频段。

镜像频率干扰是另一个强寄生通道干扰,鉴于它与有用信号之间的频率间隔为中频的两倍,可以采用两种措施来消除它:一种是高中频方案,另一种是二次混频结构。现分述如下。

中频有两种选择方案,一是将中频选在低于接收频段的范围内,称为低中频方案,这是通常采用的一种方案。在这种方案中,由于中频低,中频放大器容易实现高增益和高选择性。另一种是将中频选在高于接收频段的范围内,称为高中频方案。例如,在短波通信接收机中,接收频段为 $3\sim30\text{MHz}$,中频选在 70MHz 附近。显然,采用这种方案时,中频很高,镜像频率干扰的频率远高于有用信号频率,混频前的滤波电路容易将它滤除。

二次混频接收机的组成框图如图7-3-14所示,图上标注的频率是近代数字移动通信接收机广泛采用的频率。由图可见,第一中频选得很高,为 240MHz,可以在第一混频器前有效地将镜像频率干扰滤除。

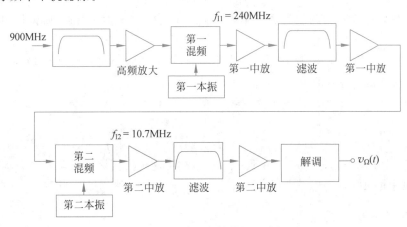

图 7-3-14 二次混频接收机组成框图

2. 交调失真和互调失真

交调失真和互调失真不仅会在混频器中产生,也会在高频和中频放大器中产生。下面将以混频器为例讨论它们的表现形式及其成因。

1）交调失真

当混频器输入端同时作用着有用信号 v_s 和干扰信号 v_n 时,混频器除了对某些特定频率的干扰形成寄生通道干扰外,还会对任意频率的干扰信号产生交叉调制失真,简称交调失真。

若设混频器件在静态工作点上展开的伏安特性为

$$i = f(v) = a_0 + a_1 v + a_2 v^2 + a_3 v^3 + a_4 v^4 + \cdots$$

其中，$v = v_L + v_s + v_n = V_{Lm}\cos\omega_L t + V_{sm}\cos\omega_s t + V_{nm}\cos\omega_n t$。代入上式可知，$v$ 的二次方项（展开式中 $2a_2 v_L v_s$）、四次方项（展开式中的 $4a_4 v_L^3 v_s + 4a_4 v_L v_s^3 + 12a_4 v_L v_s v_n^2$）及更高偶次方项均会产生中频电流分量，其中 $12a_4 v_L v_s v_n^2$ 产生的中频电流分量振幅为 $3a_4 V_{Lm} V_{sm} V_{nm}^2$，其值与 V_{nm} 有关。这就表明，该电流分量振幅中含有干扰信号的包络变化。换句话说，这种失真是将干扰信号的包络交叉地转移到输出中频信号上去的一种非线性失真，故将它称为交叉调制失真。

交调失真这种现象就是当接收机调谐在有用信号的频率上时，干扰电台的调制信号听得清楚；而当接收机对有用信号频率失谐时，干扰电台调制信号的可听度减弱，并随着有用信号的消失而完全消失。换句话说，就好像干扰电台的调制信号转移到了有用信号的载波上。

2）互调失真

当混频器输入端同时作用着两个干扰信号 v_{n1} 和 v_{n2} 时，混频器还可能产生互相调制失真，简称互调失真。令

$$v = v_L + v_s + v_{n1} + v_{n2} = V_{Lm}\cos\omega_L t + V_{sm}\cos\omega_s t + V_{n1m}\cos\omega_{n1} t + V_{n2m}\cos\omega_{n2} t$$

则 i 中将包含频率由下列通式表示的组合频率分量。

$$f_{p,q,r,s} = |\pm p f_L \pm q f_c \pm r f_{n1} \pm s f_{n2}|$$

其中，除了 $f_L - f_c = f_I (p=q=1, r=s=0)$ 的有用中频分量外，还可能在某些特定的 r 和 s 值上存在如下所示的寄生中频分量，引起混频器输出中频信号失真。

$$|\pm f_L \pm r f_{n1} \pm s f_{n2}| = f_I \tag{7-3-21}$$

通常将这种失真称为互相调制失真。显然，V_{n1m} 和 V_{n2m} 一定时，r 和 s 值越小，相应产生的寄生中频电流分量振幅就越大，互调失真也就越严重。其中，若两个干扰信号的频率 f_{n1} 和 f_{n2} 十分靠近有用信号频率，则在 r 和 s 为小值时（$r=1, s=2$ 或 $r=2, s=1$）的组合频率分量的频率有可能趋于 f_I，即

$$f_L - (2f_{n1} - f_{n2}) \approx f_I \text{ 或 } f_L - (2f_{n2} - f_{n1}) \approx f_I$$

亦即

$$2f_{n1} - f_{n2} \approx f_c \text{ 或 } 2f_{n2} - f_{n1} \approx f_c \tag{7-3-22}$$

因而，这种互调失真最严重。由于 $r+s=3$，故将这种失真称为三阶互调失真，它是由 v 的四次方项中的 $12a_4 v_L v_{n1}^2 v_{n2}$ 或 $12a_4 v_L v_{n1} v_{n2}^2$ 产生的。特别地，当 $V_{n1m} = V_{n2m} = V_{nm}$ 时，它们的幅度均为 $\frac{3}{2} a_4 V_{Lm} V_{nm}^3$。

3）三阶互调失真截获点

在接收机中，天线上感生众多干扰信号，它们的强度有时远大于有用信号强度，而产生三阶互调失真的干扰信号频率又都十分靠近有用信号频率，混频前滤波器不能有效地予以滤除，它们几乎全部加到混频器输入端，产生三阶互调失真。这样，收听者收听到的有用信号必将处在强干扰背景下，严重影响收听质量。因此，与交调失真和其他非线性失真比较，三阶互调失真的危害最严重，往往将允许的最大三阶互调失真作为混频器（或高频放大器）的重要性能指标，且将它对应的最大输入干扰强度作为动态范围的上限。

鉴于由有用输入信号产生的中频电流分量幅度为 $a_2 V_{Lm} V_{sm}/2$（由伏安特性二次方项

产生的),它与 V_{sm} 成正比,而三阶互调失真分量的幅度与输入干扰信号幅度 V_{nm} 的三次方成正比。如果用分贝数表示,则输出中频功率分贝数与输入信号功率分贝数呈线性关系(P_s 增加 10dB,相应的 P_I 也增加 10dB),直到 1dB 压缩点,以后就逐步趋于平坦,而输出三阶互调失真功率分贝数 P_{In3} 与输入干扰功率分贝数 P_n 呈 3 倍的关系(P_n 增加 10dB,相应的 P_{In3} 增加 30dB),或者说,它的斜率为前一特性斜率的 3 倍,如图 7-3-15 所示,横坐标为输入功率分贝数(信号功率或干扰功率)。通常将中频功率的延长线与三阶互调失真功率线的交点称为三阶互调截获点,相应的互调失真功率用 P_{In3} 表示。

实践表明,P_{In3} 大体上比 P_{I1dB} 高 10~15dBm(工作频率较低时为 15dBm,高频工作时为 10dBm)。如果生产厂家仅提供 1dB 压缩电平,就可按上述分析确定 P_{In3}。

P_{In3} 是混频器的重要性能指标,用来比较各种混频器三阶互调失真大小。实际上,根据 P_{In3} 可估算某一输入干扰电平所对应的输出三阶互调失真电平。

例 7-3-1 某一混频器,已知输出中频的 1dB 压缩点 $P_{I1dB}=10\text{dBm}$,对应的输入信号功率为 0dBm,试求两个输入干扰电平均为 -20dBm 时的输出三阶互调失真电平。

解 已知 P_{I1dB},因而 $P_{In3}=P_{I1dB}+(10\sim15)\text{dBm}=(20\sim25)\text{dBm}$,取 $P_{In3}=25\text{dBm}$,则对应的输入干扰功率为 15dBm,如图 7-3-16 所示。

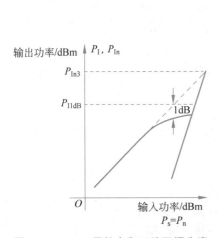

图 7-3-15 1dB 压缩点和三阶互调失真截获点的含义

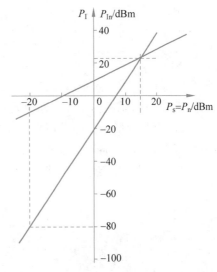

图 7-3-16 例 7-3-1 特性曲线

当 $P_n=-20\text{dBm}$,即自 15dBm 下降 35dBm 时,相应的 P_{In} 自 P_{In3} 下降 105dBm,即为 -80dBm。

7.4 振幅检波电路

7.4.1 振幅信号的解调原理及电路模型

从高频已调信号中恢复出调制信号的过程称为解调,又称为检波。对于振幅调制信号,解调就是从它的幅度变化上提取调制信号的过程。解调是调制的逆过程,实际上是将高频

微视频

信号的频谱搬移到零频附近,这种搬移正好与调制的过程相反。因为搬移是线性的,故所有的线性搬移电路均可用于解调。

振幅解调方法可分为包络检波和同步检波两大类。包络检波是指解调器输出电压与输入已调波的包络成正比的检波方法。由于 AM 信号的包络与调制信号呈线性关系,因此包络检波只适用于 AM 信号,其原理框图如图 7-4-1(a)所示。由非线性电路(或器件)进行频率变换,用低通滤波器选出其调制信号,其频谱搬移如图 7-4-1(b)所示。根据电路及工作状态的不同,包络检波又分为峰值包络检波和平均包络检波。

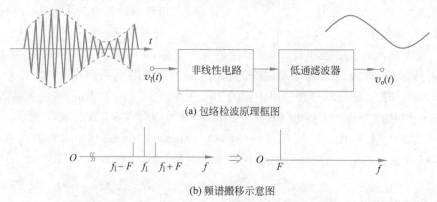

(a) 包络检波原理框图

(b) 频谱搬移示意图

图 7-4-1　包络检波框图以及频谱搬移示意图

DSB 和 SSB 信号的包络不再反映调制信号的变化规律,因此不能采用包络检波,必须使用同步检波的方法。同步解调器是一个六端网络,有两个输入电压,一个是 DSB(或 SSB)信号,另一个是外加的参考电压(称为插入载波电压或恢复载波电压)。为了正常地进行解调,恢复载波应与发射端的载波电压完全同步(同频同相),这就是同步检波名称的由来。同步检波的框图及输入、输出信号的波形及频谱如图 7-4-2 所示,顺便指出,同步检波也可解调 AM 信号,但因它比包络检波器复杂,所以很少采用。

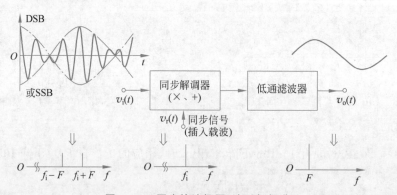

图 7-4-2　同步检波框图、波形与频谱

同步检波又可以分为乘积型和叠加型两类,它们都需要用恢复的载波信号 v_r 进行解调。

7.4.2　二极管包络检波电路

前面已指出,不论哪种振幅调制信号,都可采用由相乘器和低通滤波器组成的同步检波

微视频

电路进行解调。但是,对于普通振幅调制信号来说,它的载波分量未被抑制掉,可以直接利用非线性器件实现相乘作用,得到所需的解调电压,而不必另加同步信号,通常将这种振幅检波器称为包络检波器。目前应用最广的是二极管包络检波器,而在集成电路中,主要采用三极管射极包络检波电路。

1. 工作原理

图 7-4-3 所示是二极管包络检波器的原理电路。它是由二极管 D 和低通滤波器 $R_{\mathrm{L}}C$ 相串接而构成的电路,在电路结构上,二极管起开关作用。

当输入端作用着普通调幅信号电压 $v_{\mathrm{s}}(t)=V_{\mathrm{m0}}(1+m_{\mathrm{a}}\cos\Omega t)\cos\omega_{\mathrm{c}}t$,且其值足够大时,二极管伏安特性可用自原点转折,斜率为 $g_{\mathrm{d}}=1/r_{\mathrm{d}}$ 的折线逼近。若 $1/\Omega C\gg R_{\mathrm{L}}$,则通过二极管导通时 v_{s} 向 C 充电(充电时间常数为 $r_{\mathrm{d}}C$)和截止时 C 向 R_{L} 放电(放电时间常数为 $R_{\mathrm{L}}C$)的不断重复,直到充、放电动态平衡后,输出电压 $v_{\mathrm{o}}(t)$ 将稳定地在平均值 v_{AV} 上、下按角频率 ω_{c} 作锯齿状波动,如图 7-4-4(a)所示。相应地,通过二极管的电流 i 为高度按输入调幅信号包络变化的窄脉冲序列,如图 7-4-4(b)所示。叠加在 v_{AV} 上的锯齿状波动则是因低通滤波器非理想滤波特性而由 i 产生的残余高频电压。其中,$v_{\mathrm{AV}}=i_{\mathrm{AV}}R_{\mathrm{L}}$ 由直流电压 V_{AV} 叠加音频电压 $v_{\Omega\mathrm{m}}=V_{\Omega\mathrm{m}}\cos\Omega t$ 组成,即

$$v_{\mathrm{AV}}=V_{\mathrm{AV}}+V_{\Omega\mathrm{m}}\cos\Omega t$$

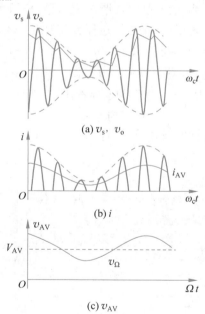

(a) v_{s}, v_{o}

(b) i

(c) v_{AV}

图 7-4-4　二极管包络检波电路各点的信号波形

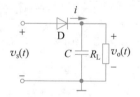

图 7-4-3　二极管包络检波电路原理图

且其值与输入调幅信号包络 $V_{\mathrm{m0}}(1+m_{\mathrm{a}}\cos\Omega t)$ 成正比,相应地有

$$V_{\mathrm{AV}}=\eta_{\mathrm{d}}V_{\mathrm{m0}} \tag{7-4-1}$$

$$V_{\Omega\mathrm{m}}=\eta_{\mathrm{d}}m_{\mathrm{a}}V_{\mathrm{m0}} \tag{7-4-2}$$

其中,η_{d} 称为检波电压传输系数或检波效率,其值恒小于1。

通过上述讨论可知,在工作原理上,二极管包络检波器与整流电路十分类似,但在要求上两者却有很大差别。作为检波器,对它提出的主要要求是输出电压不失真地反映输入信

号的包络变化，而整流器却不存在这种要求。实际上，下面的讨论将指出，输入调幅电压过小或 R_LC 取值不当均会产生失真。此外，在接收机中，检波器还必须考虑它与前后级之间的连接问题。

从原理上来说，二极管包络检波电路中，二极管实际上起着受载波电压控制的开关作用，不过，由于 R_LC 上电压反作用到二极管上（即 $v_D = v_s - v_o$），因而 D 仅在载波一个周期中接近正峰值的一段时间内导通（开关闭合），而在大部分时间内截止（开关断开）。导通与截止时间的长短与 R_LC 大小有关。例如，增大 R_L 将减慢 C 向 R_L 的放电速度，从而减小 C 的泄放电荷量，因此，达到动态平衡后，D 导通期间向 C 充电电荷量也就减小，结果 D 的导通时间减少，相应地，v_{AV} 增大，锯齿状波动减小。增大 C 也有类似情况。

在实际电路中，为了提高检波性能，R_LC 的值应足够大，满足 $R_L \gg 1/(\omega_c C) = T_c/(2\pi C)$［即 $Z_L(\omega_c) \to 0$］和 $R_L \gg r_d$ 的条件。这时，根据上述讨论可以认为，v_{AV} 近似等于输入高频电压振幅，即检波电压传输系数 η_d 趋于 1，而叠加在 v_{AV} 上的残余高频电压（或称输出纹波电压）则趋于零。

2. 输入电阻

在接收设备中，检波器前接有中频放大器，如图 7-4-5(a)所示，相应的等效电路如图 7-4-5(b)所示。图中，i_s 和 $L_1C_1R_1$ 分别为中频放大器折算到检波器输入端的等效电流源和输出谐振回路（调谐在 ω_c 上），由图可见，检波器作为中频放大器的输出负载，可用检波输入电阻 R_i 来表示这种负载效应。R_i 定义为输入高频电压振幅对二极管电流 i 中基波分量振幅的比值。其值可近似由能量守恒原理求得。若设输入为高频等幅电压 $v_s(t) = V_m\cos\omega_c t$，相应的输出为直流电压 V_{AV}，则检波器从输入信号源获得的高频功率为 $P_i = V_{m0}^2/2R_i$，经二极管的变换作用，一部分转换为有用输出平均功率 $P_L = V_{AV}^2/R_L$，其余部分全部消耗在二极管正向导通电阻 r_d 上。由于 D 的导通时间很短，i 在 r_d 上消耗的功率很小，可忽略，因而可近似认为 $P_L \approx P_i$，而 $V_{AV} \approx V_m$，由此便可求得

$$R_i \approx \frac{1}{2}R_L \tag{7-4-3}$$

若输入为调幅信号，则当 $1/\Omega C \gg R_L$ 时，可用同样推导方法得到上式所示结果。

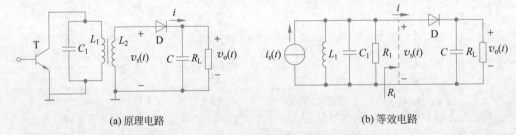

(a) 原理电路　　　　　　　　　　　　(b) 等效电路

图 7-4-5　二极管包络检波器与前后级的级联与等效

式(7-4-3)表明，二极管包络检波器的输入电阻 R_i 与输出负载电阻 R_L 直接有关。考虑到输出电压的反作用，这个结论是不难解释的。因为增大 R_L 就会导致 D 的导通时间缩短，从而使 i 中的基波分量减小，结果使 R_i 增大。

R_i 的作用是使输入中频谐振回路的谐振电阻由 R_1 减小到 $(R_1//R_i)$，因此，i_s 在谐振回路上产生的高频电压振幅由未接检波时的 V'_m 下降到接检波后的 V_m。显然，R_i 越小，对

谐振回路的旁路作用就越大,V_m 也就越小于 V'_m。

为了减小二极管检波器对输入谐振回路的负载效应,必须增大 R_i,相应地就必须增大 R_L。但是,R_L 的增大将受到检波器中非线性失真的限制(参见下面的讨论)。解决这个矛盾的一个有效方法是采用图 7-4-6 所示的三极管射极包络检波电路。

由图 7-4-6 可见,就其检波物理过程而言,它利用发射结产生与二极管包络检波器相似的工作过程,不同的仅是输入电阻比二极管检波器增大了 $(1+\beta)$ 倍,这种检波电路适宜集成化,在集成电路中得到了广泛的应用。

3. 并联型二极管包络检波电路

在某些情况下,需要在中频放大器和检波器之间接入隔直流电容,以防止中频放大器的集电极馈电电压加到检波器上,为此,可采用如图 7-4-7 所示的检波电路。在该电路中,C 是负载电容,兼作隔直流电容,R_L 是负载电阻,与二极管并接,为二极管电流中的平均分量提供通路。鉴于 R_L 与 D 并接,故将这种电路称为并联型电路,而把前面讨论的电路称为串联型电路。

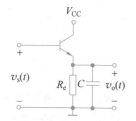

图 7-4-6 三极管射极包络检波电路

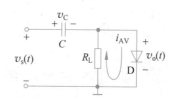

图 7-4-7 并联型二极管包络检波电路

并联型电路具有与串联型电路相同的检波过程。当 D 导通时,v_s 通过 D 向 C 充电,充电时间常数为 $r_d C$;当 D 截止时,C 通过 R_L 放电,放电时间常数为 $R_L C$。因而,达到充放电动态平衡后,C 上产生与串联型电路相类似的锯齿状波动电压 v_c,该电压的平均值为 v_{AV}。不同的是其输出电压 v_o 中还包括输入信号直接通过 C 在输出端产生的高频电压,即 $v_o = v_s - v_c$。因而需要在检波器的后续电路中另加低通滤波器将高频成分滤除。同时,由于输入信号源直接在 R_L 上消耗高频功率,因而它的输入电阻比串联型电路小。根据能量守恒原理,实际加到检波器中的高频功率,一部分直接消耗在 R_L 上,一部分转换为有用的输出平均功率,即

$$\frac{V_m^2}{2R_i} \approx \frac{V_m^2}{2R_L} + \frac{V_{AV}^2}{R_L}$$

当 $V_{AV} \approx V_m$ 时,有

$$R_i \approx \frac{1}{3} R_L \tag{7-4-4}$$

4. 大信号检波和小信号检波

必须指出,在上面的讨论中,假设二极管伏安特性用原点转折的两段折线逼近。正如前面指出的,只有当输入电压足够大,轮流工作在二极管的导通区和截止区时,这个假设才能成立。因此,将二极管包络检波的这种工作状态称为大信号检波。在实际电路中,一般均外加正向偏置电压(或电流),克服二极管导通电压 $V_{D(on)}$ 的影响。在这种情况下,工程上,可认为输入高频电压振幅大于 500mV 以上就能保证二极管检波器工作在大信号检波状态。

反之,如果输入高频电压振幅 V_m 足够小(在几到十几毫伏范围内),二极管伏安特性采用幂级数逼近,即

$$i = a_0 + a_1 v_D + a_2 v_D^2 + \cdots$$

这时，二极管在整个高频周期内导通，检波器从输入信号源获得的高频功率大部分消耗在 r_d 上，仅有小部分转换为输出平均功率。因此，工程分析时，可忽略输出电压的反作用，近似认为加到二极管上的电压 $v_D \approx v_s(t) = V_m \cos\omega_c t$，将它代入上式，可以看到，其中的二次方项（高次方项忽略）产生所需的平均分量 I_{AV}，其值为 $a_2 V_m^2/2$。因而，相应的输出平均电压 V_{AV} 与 V_m 的平方成正比，故称这种检波为平方律检波。显然，当输入为调幅波时，输出平均电压 v_{AV} 就不能正确地反映输入调幅波的包络变化，从而产生非线性失真。同时，既然检波器获得的高频功率大部分消耗在 r_d 上，因而可近似认为

$$\frac{V_m^2}{2R_i} \approx \frac{V_m^2}{2r_d}$$

即 $R_i \approx r_d$。显然，其值小于大信号检波时的数值。

鉴于上述小信号检波的缺点，在接收机中，总是先将输入信号放大到足够的强度后再进行检波，以保证工作在大信号检波状态。但是在有效值电压表等测量仪器中，利用小信号检波的平方律特性，可以方便地测出被测信号的有效值电压。因而，在这类测量仪器中，小信号检波获得广泛的应用。

5. 二极管包络检波电路中的失真

综上所述，当输入为调幅波时，为保证检波器的输出平均电压 v_{AV} 不失真地反映输入调幅波的包络变化，输入调幅波电压必须足够大，使其包络变化范围内检波器始终工作在大信号检波状态。

首先，若加到检波器输入调幅电压为 $v_s(t) = V_{m0}(1 + m_a\cos\Omega t)\cos\omega_c t$，则包络的最小值 $V_{m0}(1 - m_a)$ 应大于大信号检波时所需的电压值。当二极管的导通电压 $V_{D(on)}$ 由外加偏置电压予以克服时，该电压值应在 $500\,\mathrm{mV}$ 以上。因而，保证大信号检波的条件为

$$V_{m0}(1 - m_a) \geqslant 500\,\mathrm{mV} \tag{7-4-5}$$

其次，当输入为复杂信号调制的调幅波时，若设最高调制频率为 F_{max}，为了不产生频率失真，R_LC 低通滤波器的带宽应大于 F_{max}。

除此以外，当解调调幅波时，如果电路参数选择不当，二极管包络检波器还会产生惰性失真和负峰切割失真等非线性失真，现分述如下。

1) 惰性失真

从充放电的观点来看，增大 R_L 和 C 值，可以提高检波电压传输系数和高频滤波能力。但当输入为调幅波时，过分增大 R_L 和 C 值，由于二极管截止期间 C 通过 R_L 的放电速度过慢，跟不上输入调幅包络的下降速度，如图 7-4-8(b) 所示，输出平均电压就会产生失真，通常将这种失真称为惰性失真。

可见，为了避免产生惰性失真，必须在任何一个高频周期内，使 C 通过 R_L 的放电速度大于或等于包络的下降速度，即

$$\left|\frac{\partial v_0}{\partial t}\right|_{t=t_1} \geqslant \left|\frac{\partial v_m}{\partial t}\right|_{t=t_1} \tag{7-4-6}$$

当 $V_m = V_{m0}(1 + m_a\cos\Omega t)$ 时，包络在 $t = t_1$ 时刻的下降速度为

$$\left.\frac{\partial v_m}{\partial t}\right|_{t=t_1} = -m_a V_{m0}\Omega\sin\Omega t_1$$

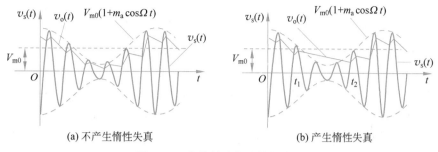

(a) 不产生惰性失真　　　　　　　(b) 产生惰性失真

图 7-4-8　包络检波器的惰性失真

而 C 自 t_1 时刻开始的放电规律为

$$v_\text{o} = V_\text{o1} \text{e}^{-\frac{t-t_1}{R_1 C}}$$

式中，V_o1 表示检波器在 t_1 时刻的输出电压。当 $\eta_\text{d} \approx 1$ 时，$V_\text{o1} \approx V_\text{m0}(1+m_\text{a}\cos\Omega t)$，因此，$C$ 通过 R_L 的放电速度为

$$\frac{\partial v_\text{o}}{\partial t}\bigg|_{t=t_1} = -V_\text{o1}\frac{1}{R_\text{L}C}\text{e}^{-\frac{t-t_1}{R_1 C}}\bigg|_{t=t_1} = -\frac{V_\text{m0}(1+m_\text{a}\cos\Omega t_1)}{R_\text{L}C}$$

于是，式(7-4-6)可表示为

$$A = \left|\frac{\partial v_\text{m}}{\partial t}\right|_{t=t_1} \bigg/ \left|\frac{\partial v_\text{o}}{\partial t}\right|_{t=t_1} = \Omega C R_\text{L}\left|\frac{m_\text{a}\sin\Omega t_1}{1+m_\text{a}\cos\Omega t_1}\right| \leqslant 1 \tag{7-4-7}$$

实际上，不同的 t_1 值、v_o 和 V_m 的下降速度不同。因此，避免产生惰性失真的充要条件是 $A \leqslant 1$。为此，取 A 对 t_1 的导数，并令它等于零，求得 A 为最大值的时刻所满足的条件为

$$\cos\Omega t_1 = -m_\text{a}$$

将上式代入式(7-4-7)，即可求得单音调制时不产生惰性失真的充要条件为

$$R_\text{L}C \leqslant \frac{\sqrt{1-m_\text{a}^2}}{\Omega m_\text{a}} \tag{7-4-8}$$

式(7-4-8)表明，m_a 和 Ω 越大，包络下降速度就越快，不产生惰性失真所要求的 $R_\text{L}C$ 值也就必须越小。在多音调制时，作为工程估算，m_a 和 Ω 应取其中的最大值。

2) 负峰切割失真

当考虑到检波器和下级放大器连接时，一般采用图 7-4-9(a)所示的阻容耦合电路，以避免 v_AV 中的直流分量 V_AV 影响下级放大器的静态工作点。图中，C_c 为隔直流电容，要求它对 Ω 呈交流短路；R_i2 为下级电路的输入电阻。如果 $R_\text{L}C$ 低通滤波器满足 $R_\text{L} \ll 1/\Omega C$，则由图可知，检波器的交流负载 $Z_\text{L}(\text{j}\Omega)$ 和直流负载 $Z_\text{L}(0)$ 分别为

$$Z_\text{L}(\text{j}\Omega) \approx R_\text{L}//R_\text{i2}, \quad Z_\text{L}(0) = R_\text{L} \tag{7-4-9}$$

且 $Z_\text{L}(\text{j}\Omega) < Z_\text{L}(0)$，说明在这种检波电路中，输出的直流负载不等于交流负载，并且交流负载电阻小于直流负载电阻。下面的分析将证明，当输入调幅波电压的 m_a 较大时，由于上述的交直流负载不等，输出音频电压在其负峰值附近将被削平，出现所谓的负峰切割失真，如图 7-4-9(c)所示。

输入信号 $v_\text{s}(t) = V_\text{m0}(1+m_\text{a}\cos\Omega t)\cos\omega_\text{c}t$ 在不产生负峰切割失真的正常情况下，输出平均电压应为 $v_\text{AV} = V_\text{AV} + V_{\Omega\text{m}}\cos\Omega t$，相应的输出平均电流为 $i_\text{AV} = I_\text{AV} + I_{\Omega\text{m}}\cos\Omega t$。

其中，$I_{AV} = \dfrac{V_{AV}}{Z_L(0)} = \dfrac{V_{AV}}{R_L}$，$I_{\Omega m} = \dfrac{V_{\Omega m}}{Z_L(j\Omega)} = \dfrac{V_{\Omega m}}{R_L // R_{i2}}$。

由于晶体二极管的单向导电性，$i_{AV} = I_{AV} + I_{\Omega m}$ 必须为正值，即 $I_{\Omega m}$ 必须小于或等于 I_{AV}。反之，如果 $I_{\Omega m} > I_{AV}$，则 i_{AV} 在一段时间内变为负值。在实际电路中，i_{AV} 为负值表明二极管截止。所以，在 i_{AV} 为负值的这段时间内检波器就不能进行正常的充放电过程，输出平均电压也就不能跟随输入调幅波的包络变化，从而产生上述的负峰切割失真。可见，要使检波器不产生负峰切割失真，必须使 $I_{\Omega m} \leqslant I_{AV}$，即

$$\frac{V_{\Omega m}}{Z_L(j\Omega)} \leqslant \frac{V_{AV}}{Z_L(0)} \tag{7-4-10}$$

若设 $\eta_d \to 1$，即 $V_{AV} \approx V_{m0}$，$V_{\Omega m} \approx m_a V_{m0}$，则上式表示的不产生负峰切割失真条件可写为

$$m_a \leqslant \frac{Z_L(\Omega)}{Z_L(0)} = \frac{R_{i2}}{R_L + R_{i2}} \tag{7-4-11}$$

式(7-4-11)表明，交、直流负载电阻越接近，不产生负峰切割失真所允许的 m_a 值就越接近于 1。反之，m_a 一定时，交、直流负载电阻值的差别就受到不产生负峰切割失真的限制。

在实际电路中，可以采用各种措施来减小交、直流负载电阻值的差别。例如，将 R_L 分成 R_{L1} 和 R_{L2}，并通过隔直流电容将 R_{i2} 并接在 R_{L2} 两端，如图 7-4-10 所示。由图可见，当 $R_L = R_{L1} + R_{L2}$ 维持一定时，R_{L1} 越大，交、直流负载电阻值的差别就越小，但是，输出音频电压也就越小。为了折中地解决这个矛盾，在实用电路中常取 $R_{L1}/R_{L2} = 0.1 \sim 0.2$。电路中 R_{L2} 上还并接了电容 C_2，用来进一步滤除高频分量，提高检波器的高频滤波能力。

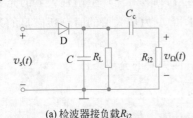

(a) 检波器接负载 R_{i2}

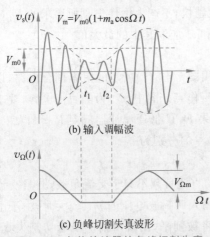

(b) 输入调幅波

(c) 负峰切割失真波形

图 7-4-9　包络检波器的负峰切割失真

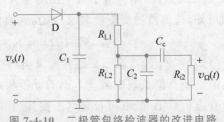

图 7-4-10　二极管包络检波器的改进电路

当 R_{i2} 过小时，减小交、直流负载电阻值差别的最有效办法是在 R_L 和 R_{i2} 之间插入高输入阻抗的射极跟随器。

6. 设计考虑

综上所述,设计二极管包络检波器的关键在于:正确选用晶体二极管,合理选取 R_L、C 等数值,保证检波器具有尽可能大的输入电阻,同时满足不失真的要求。

1)检波二极管的选择

为了提高检波电压传输系数,应选用正向导通电阻 r_d 和极间电容 C_D 小(或最高工作频率高)的晶体二极管。为了克服导通电压的影响,一般都须外加正向偏置,提供 $20 \sim 50\mu A$ 的静态工作点电流,具体数值由实验确定。

2)R_L 和 C 的选择

首先,根据下述考虑确定 $R_L C$ 的乘积值。

从提高检波电压传输系数和高频滤波能力考虑,$R_L C$ 应尽可能大。工程上,要求它的最小值满足

$$R_L C \geqslant \frac{5 \sim 10}{\omega_c} \tag{7-4-12}$$

从避免惰性失真考虑,允许 $R_L C$ 的最大值满足

$$R_L C \leqslant \frac{\sqrt{1 - m_{amax}^2}}{\Omega_{max} m_{amax}} \tag{7-4-13}$$

因此,要同时满足上述两个条件,$R_L C$ 可供选用的数值范围为

$$\frac{5 \sim 10}{\omega_c} \leqslant R_L C \leqslant \frac{\sqrt{1 - m_{amax}^2}}{\Omega_{max} m_{amax}} \tag{7-4-14}$$

其次,$R_L C$ 值确定后,一般可按下列考虑分配 R_L 和 C 的数值。

保证所需的检波输入电阻 R_i,R_L 的最小值应满足

$$R_L \geqslant 2R_i \quad (\text{或 } R_L \geqslant 3R_i) \tag{7-4-15}$$

为避免产生负峰切割失真,根据式(7-4-11),R_L 的最大允许值应满足

$$R_L \leqslant \frac{1 - m_{amax}}{m_{amax}} R_{i2} \tag{7-4-16}$$

因此,要同时满足上述两个条件,R_L 的取值范围应为

$$2R_i(\text{或 } 3R_i) \leqslant R_L \leqslant \frac{1 - m_{amax}}{m_{amax}} R_{i2} \tag{7-4-17}$$

当 C 选定后,就可按 $R_L C$ 乘积值求得 C,但应检验求得的 C 值是否满足

$$C > 10C_D \tag{7-4-18}$$

这是因为输入高频电压是通过 C_D 和 C 的分压后加到二极管上的,满足上式条件就可保证输入高频电压能够有效地加到二极管上,以提高检波电压传输系数。

当采用图 7-4-10 所示电路时,R_{L1} 和 R_{L2} 的数值可按 $R_{L1}/R_{L2} = 0.1 \sim 0.2$ 进行分配,而 C_1 和 C_2 均可取为 $C/2$。

最后,作为举例,图 7-4-11 给出了广播收音机中检波器的实用电路。在图中,$-6V$ 电源通过 R_1 为中放管 T 提供基极偏置电压,还通过 R_2、R_{L2} 和 R_{L1} 为二极管提供合适的正向偏置电流,其值由电位器 R_2 调整。R_2 和 C_3 组成低通滤波器,滤除 R_{L2} 两端的输出平均电压($v_{AV} = V_{AV} + V_{\Omega m} \cos\Omega t$)中的音频分量,将直流分量加到前面中放管的基极上,控制该管的集电极电流,以控制该级增益,实现增益的自动控制(有关这个问题请参见第 9 章)。

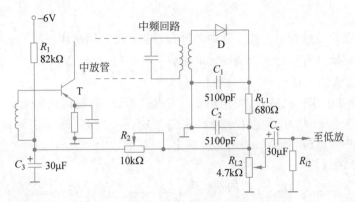

图 7-4-11　晶体管收音机中的检波电路

7.4.3　同步检波电路

同步检波又称相干检波,主要用来解调双边带和单边带调制信号,它有两种实现电路。一种由相乘器和低通滤波器组成,前面介绍的相乘器都可构成性能优良的同步检波器。另一种直接采用二极管包络检波器,如图 7-4-12 所示,它的前提是输入信号 v_s 与同步信号 v_r 叠加,应合成为包络反映调制信号变化的普通调幅信号。

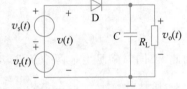

图 7-4-12　二极管构成的包络
同步检波电路

例如,同步信号 $v_r(t) = V_{rm}\cos\omega_c t$,输入信号为单音调制的双边带调制信号,即 $v_s(t) = V_{m0}\cos\Omega t\cos\omega_c t$,则它们的合成信号为

$$v(t) = v_r(t) + v_s(t) = V_{rm}\left(1 + \frac{V_{m0}}{V_{rm}}\cos\Omega t\right)\cos\omega_c t \tag{7-4-19}$$

由式(7-4-19)可见,在满足 $V_{rm} > V_{m0}$ 的条件下,$m_a = V_{m0}/V_{rm} < 1$,合成信号为不失真调幅信号,因而包络检波器便可检出所需的调制信号。

又如,输入信号为单音调制的单边带信号,即 $v_s(t) = V_{m0}\cos(\omega_c + \Omega)t$,则合成信号为

$$v(t) = v_r(t) + v_s(t) = V_{rm}\cos\omega_c t + V_{m0}\cos(\omega_c + \Omega)t$$

$$= (V_{rm} + V_{m0}\cos\Omega t)\cos\omega_c t - V_{m0}\sin\Omega t\sin\omega_c t$$

$$= V_m\cos(\omega_c t + \varphi) \tag{7-4-20}$$

式中

$$\begin{cases} V_m = \sqrt{(V_{rm} + V_{m0}\cos\Omega t)^2 + (V_{m0}\sin\Omega t)^2} \\ \varphi = \arctan\dfrac{V_{m0}\sin\Omega t}{V_{rm} + V_{m0}\cos\Omega t} \end{cases} \tag{7-4-21}$$

通过上面的分析可知,合成信号的包络 V_m 和相角 φ 均受到调制信号的控制,但是它们都不能不失真地反映调制信号的变化。因此,一般来说,当输入为单边带调制信号时,由包络检波构成的同步检波器不可能检出不失真的调制信号。不过,下面的分析将指出,只要满足一定条件,失真便可减小到允许值。

将 V_m 的表达式式(7-4-21)改写为

$$V_m = V_{rm}\sqrt{1 + \left(\frac{V_{m0}}{V_{rm}}\right)^2 + 2\left(\frac{V_{m0}}{V_{rm}}\right)\cos\Omega t}$$

若 $V_{rm} \gg V_{m0}$，上式中的 $(V_{m0}/V_{rm})^2$ 可忽略，则

$$V_m \approx V_{rm}\left[1 + 2\left(\frac{V_{m0}}{V_{rm}}\right)\cos\Omega t\right]^{\frac{1}{2}} = V_{rm}\left[1 + \left(\frac{V_{m0}}{V_{rm}}\right)\cos\Omega t - \frac{1}{2}\left(\frac{V_{m0}}{V_{rm}}\right)^2\cos^2\Omega t + \cdots\right]$$

进一步忽略上式中三次方及其以上各次方项，经三角函数变换，上式可简写成

$$V_m \approx V_{rm}\left[1 - \frac{1}{4}\left(\frac{V_{m0}}{V_{rm}}\right)^2 + \left(\frac{V_{m0}}{V_{rm}}\right)\cos\Omega t - \frac{1}{4}\left(\frac{V_{m0}}{V_{rm}}\right)^2\cos 2\Omega t\right]$$

将其中角频率为 Ω 和 2Ω 分量的振幅之比定义为二次谐波失真系数，用 k_{f2} 表示，其值为

$$k_{f2} = \frac{V_{2\Omega m}}{V_{\Omega m}} = \frac{1}{4}\frac{V_{m0}}{V_{rm}} \tag{7-4-22}$$

　　例如，若要求 $k_{f2} < 2.5\%$，则 V_{rm} 应比 V_{m0} 大 10 倍以上。通过上述分析可见，当采用包络检波构成的同步检波电路来解调单边带调制信号时，为使 k_{f2} 限制在允许值范围内，必须要求 V_{rm} 有足够大的数值。

　　实际上，为了进一步抵消众多的失真频率分量，可采用图 7-4-13 所示的平衡式的同步检波电路。可以证明，它的输出解调电压中抵消了 2Ω 及其以上各偶次谐波失真分量。

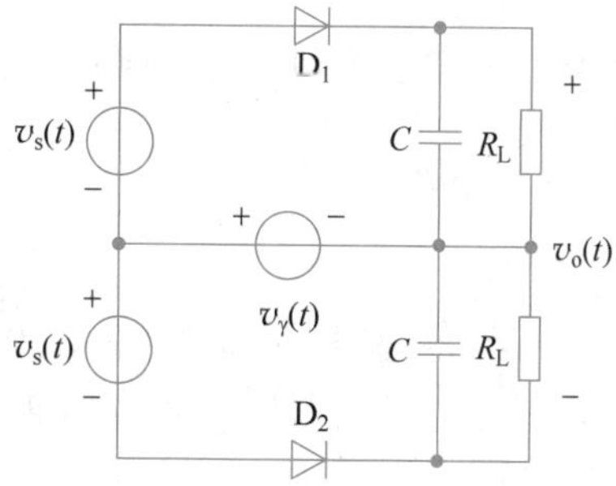

　　必须指出，实现同步检波的关键是要产生一个与载波信号同频同相的同步信号。

图 7-4-13　平衡式的同步检波电路

　　对于双边带调制信号来说，同步信号可直接从双边带调制信号中提取出来。例如，将双边带调制信号 $v_s(t) = k_a v_\Omega(t)\cos\omega_c t$ 取平方得 $v_s^2(t) = k_a^2 v_\Omega^2(t)\cos^2\omega_c t$，从中取出角频率为 $2\omega_c$ 的分量 $\frac{1}{2}k_a^2 v_\Omega^2(t)\cos 2\omega_c t$，而后经二分频器，将它变换为角频率为 ω_c 的同步信号。

　　对于发射导频信号的单边带调幅波来说，可采用高选择性的窄带滤波器从输入信号中取出该导频信号，导频信号经放大后就可作为同步信号。如果发射机不发射导频信号，那么接收端就只能采用高稳定度晶体振荡器产生指定频率的同步信号，显然，在这种情况下，要使同步信号与载波信号严格同步是不可能的，而只能要求频率和相位的不同步量限制在允许值范围内。

7.5　本章小结

　　振幅调制、振幅检波（解调）、混频电路都是频谱的线性搬移电路，是无线通信与电子通信系统的重要组成部分。这些电路均可用模拟乘法器来实现。

　　振幅调制分为普通的调幅方式（AM）、抑制载波的双边带调制（DSB-SC）、抑制载波的单边带调制（SSB-SC）和视频信号调制所用的残留边带调制（VSB-SC）。从频谱上看，振幅调制就是将调制信号的频谱从低频端线性地搬移到载频的两边，使搬移以后的谱线高度与原调制信号的谱线高度保持为线性关系。

混频器是将已调制信号的中心频率转换成为另一中心频率的电路,在接收机中,为了使接收机具有广泛的适用性,需要将不同电台的中心频率变成固定的中频信号,以便接收机电路的优化与配置。混频不改变原调制信号的频谱结构,它也是一种频谱的线性变化电路。

混频会产生多种干扰,包括干扰哨声、寄生通道干扰、交调失真、互调失真等,在系统设计中一定要关注。

从调幅波中将已调制信号恢复出调制信号的过程称为振幅解调,简称检波。检波分为相干检波(或同步检波)和非相干检波(或包络检波)。为了克服包络检波中的惰性失真和负峰切割失真,必须合理选择电路参数。同步检波包括乘积型和叠加型两种,同步检波的关键是要产生一个与载波信号同频同相的同步信号。

本章详细介绍了振幅调制、解调与混频电路的基本原理、波形分析、性能特点和实际电路,在介绍和分析实际电路时,直接引用了第4章及第6章的部分结论,可以通过对比的方式,熟悉和掌握各种频谱线性搬移电路的形式及实现的方法。

🔲习题 7 ◆

7-1 题 7-1 图是用频率为 1000kHz 的载波信号同时传送两路信号的频谱图。试写出它的电压表示式,并画出相应的实现框图。计算在单位负载上的平均功率 P_{av} 和频谱宽度 $\mathrm{BW_{AM}}$。

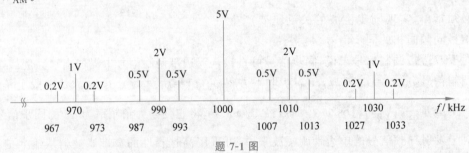

题 7-1 图

7-2 试指出下列电压是什么已调信号,写出已调信号的电压表示式,并指出它们在单位电阻上消耗的平均功率 P_{av} 及相应的频谱宽度。

(1) $v(t) = [2\cos 4\pi \times 10^6 t + 0.1\cos 3996\pi \times 10^3 t + 0.1\cos 4004\pi \times 10^3 t]\mathrm{V}$

(2) $v(t) = [4\cos 2\pi \times 10^6 t + 1.6\cos 2\pi(10^6 + 10^3)t + 0.4\cos 2\pi(10^6 + 10^4)t +$
$1.6\cos 2\pi(10^6 - 10^3)t + 0.4\cos 2\pi(10^6 - 10^4)t]\mathrm{V}$

(3) $v(t) = [5\cos(\omega_0 + \omega_1 + \Omega_1) + 5\cos(\omega_0 - \omega_1 - \Omega_1) + \cos(\omega_0 + \omega_1 - \Omega_1) +$
$5\cos(\omega_0 - \omega_1 + \Omega_1) + 4\cos(\omega_0 + \omega_2 + \Omega_2) + 4\cos(\omega_0 - \omega_2 - \Omega_2) +$
$4\cos(\omega_0 + \omega_2 - \Omega_2)t + 4\cos(\omega_0 - \omega_2 + \Omega_2)t]\mathrm{V}$

7-3 试画出下列 3 种已调信号的波形和频谱图。已知 $\omega_c \gg \Omega$。

(1) $v(t) = 5\cos\Omega t\cos\omega_c t\ \mathrm{V}$

(2) $v(t) = 5\cos(\omega_c + \Omega)t\ \mathrm{V}$

(3) $v(t) = (5 + 3\cos\Omega t)\cos\omega_c t\ \mathrm{V}$

7-4 当采用相移法实现单边带调制时,若要求上边带传输的调制信号为 $V_{\Omega m1}\cos\Omega_1 t$,下边带传输的调制信号为 $V_{\Omega m2}\cos\Omega_2 t$,试画出其实现框图。

7-5 什么是过调幅?为何双边带调制信号和单边带调制信号均不会产生过调幅?

7-6 一非线性器件的伏安特性为 $i=a_0+a_1 v+a_2 v^2+a_3 v^3$,式中 $v=v_1+v_2+v_3=V_{1m}\cos\omega_1 t+V_{2m}\cos\omega_2 t+V_{3m}\cos\omega_3 t$,试写出电流 i 中组合频率分量的频率通式,说明它们分别是由 i 中的哪些次方项产生的,并求出其中的 ω_1、$2\omega_1+\omega_2$、$\omega_1+\omega_2-\omega_3$ 频率分量的振幅。

7-7 一非线性器件的伏安特性为

$$i=\begin{cases} g_D v, & v>0 \\ 0, & v\leqslant 0 \end{cases}$$

式中 $v=V_Q+v_1+v_2=V_Q+V_{1m}\cos\omega_1 t+V_{2m}\cos\omega_2 t$。若 V_{2m} 很小,满足线性时变条件,则在 $V_Q=-V_{1m}/2$、0、V_{1m} 这 3 种情况下,画出 $g(v_1)$ 的波形,并求出时变增量电导 $g(v_1)$ 的表示式。分析该器件在什么条件下能实现振幅调制、解调和混频等频谱搬移功能。

7-8 在题 7-8 图所示的差分对管调制电路中,已知 $v_c(t)=360\cos10\pi\times10^6 t\,\text{mV}$,$v_\Omega(t)=5\cos2\pi\times10^3 t\,\text{mV}$,$V_{CC}=|V_{EE}|=10\text{V}$,$R_{EE}=15\text{k}\Omega$,晶体三极管 β 很大,$V_{EE(on)}$ 可忽略。试用开关函数求 $i_c=i_{c1}-i_{c2}$ 的值。

7-9 题 7-9 图所示为单差分对管电路,图中 $T_1\sim T_3$、D_1 组成差分放大器,T_4、T_8、D_2、T_5、T_9、D_3 和 T_6、T_7、D_4 组成 3 个电流源电路,若各管 β 足够大,$V_{EE(on)}$ 可忽略,试导出输出电流 i 的表达式。若 $v_1(t)=V_{1m}\cos\omega_c t$,$v_2(t)=V_{2m}\cos\Omega t$,且 $V_{2m}<|V_{EE}|$,试画出下列两种情况下的输出电流 i 的波形及其频谱图:(1)V_{1m} 很小,处于小信号工作状态;(2)V_{1m} 很大,处于开关工作状态。

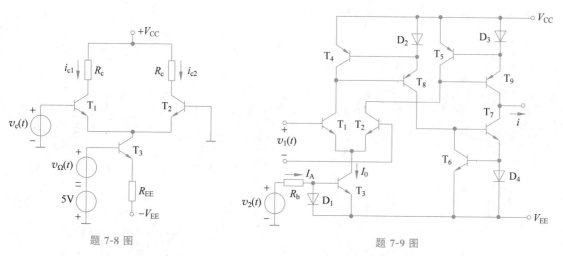

题 7-8 图　　　　　　题 7-9 图

7-10 一双差分对平衡调制器如题 7-10 图所示,其单端输出电流为

$$i_I=\frac{I_0}{2}+\frac{i_5-i_6}{2}\text{th}\frac{qv_1}{2kT}\approx\frac{I_0}{2}+\frac{v_2}{R_e}\text{th}\frac{qv_1}{2kT}$$

试分析为实现下列功能(不失真),两输入端各自应加什么信号电压?输出端电流包含哪些频率分量?输出滤波器的要求是什么?

（1）混频（取 $\omega_I = \omega_L - \omega_c$）；（2）双边带调制；（3）双边带调制波解调。

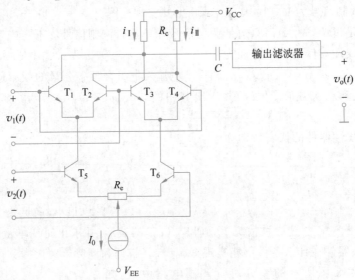

题 7-10 图

7-11 运用题 7-11 图所示的 BG314 集成模拟相乘器实现相乘功能。已知外接元件 $R_3 = R_{13} = 18.8\text{k}\Omega, R_c = 5\text{k}\Omega, R_{e1} = R_{e2} = 10\text{k}\Omega, V_{CC} = |V_{EE}| = 20\text{V}, V_{BE(on)} = 0.7\text{V}, \beta$ 足够大，在下列两种情况下试求 v_o 的表示式、电路功能、对外接滤波器的要求。（1）$v_x = 50\cos\omega_c t\,\text{mV}, v_y = 2\cos\omega_L t\,\text{mV}$；（2）$v_x = 500\cos\Omega t\,\text{mV}, v_y = 2\cos\omega_c t\,\text{V}$。

7-12 采用双平衡混频组件作为振幅调制器，如题 7-12 图所示。图中 $v_c(t) = V_{cm}\cos\omega_c t, v_\Omega(t) = V_{\Omega m}\cos\Omega t$。各二极管正向导通电阻为 R_D，且工作在受 $v_c(t)$ 控制的开关状态。设 $R_L \gg R_D$，试求输出电压 $v_o(t)$ 的表达式。

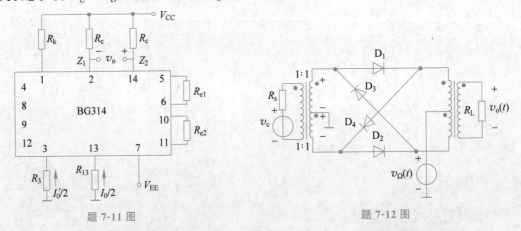

题 7-11 图　　　　　　　　　题 7-12 图

7-13 试求题 7-13 图所示的单平衡混频器的输出电压 $v_o(t)$ 的表示式。设二极管的伏安特性均为从原点出发，斜率为 g_D 的直线，且二极管工作在受 v_L 控制的开关状态。

7-14 已知载波电压为 $v_c = V_{cm}\cos\omega_c t$，调制信号如题 7-14 图所示，$f_c \gg 1/T_\Omega$，分别画出 $m_a = 0.5$ 及 $m_a = 1$ 两种情况下的 AM 信号波形以及 DSB 信号波形。

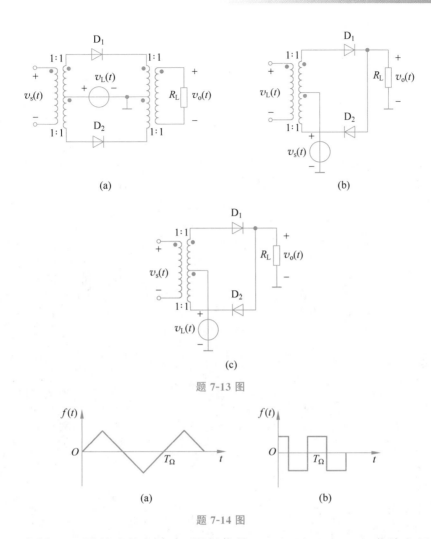

题 7-13 图

题 7-14 图

7-15 在题 7-15 图所示的电路中，调制信号 $v_{\Omega}(t)=V_{\Omega m}\cos\Omega t$，载波电压 $v_c(t)=V_{cm}\cos\omega_c t$，且 $\omega_c\gg\Omega$，二极管 D_1、D_2 的伏安特性相同，均为从原点出发，斜率为 g_D 的直线。(1)试问哪些电路能实现双边带调制？(2)在能够实现双边带调制的电路中，分析其输出电流的频率分量。

7-16 差分对调制器电路如题 7-16 图所示。

(1) 若 $\omega_c=10^7\mathrm{rad/s}$，并联谐振回路对 ω_c 谐振，谐振电阻 $R_L=5\mathrm{k}\Omega$，$V_{EE}=V_{CC}=10\mathrm{V}$，$R_e=5\mathrm{k}\Omega$，$v_c=156\cos\omega_c t\ \mathrm{mV}$，$v_{\Omega}=5.63\cos10^4 t\ \mathrm{V}$。试求 $v_o(t)$。

(2) 此电路能否得到双边带信号，为什么？

7-17 二极管平衡调制器如题 7-17 图所示。已知 $v_{\Omega}=V_{\Omega m}\cos(2\pi\times10^3 t)\mathrm{V}$，$v_c=V_{cm}\cos(2\pi\times10^6 t)\mathrm{V}$，$V_{cm}\gg V_{\Omega m}$，且 $V_{cm}>0.5\mathrm{V}$。试求：

(1) 输出电压 $v_o(t)$ 为多少？

(2) 若将 v_{Ω} 与 v_c 位置对调，则 $v_o(t)$ 为多少？

(3) 若要求此电路产生 SSB 信号，电路应如何变化？

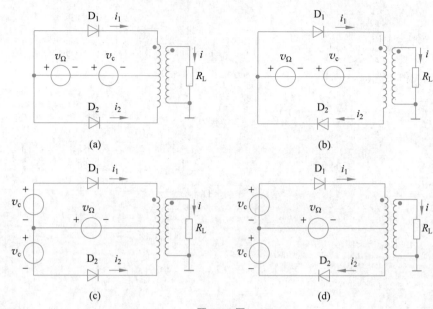

题 7-15 图

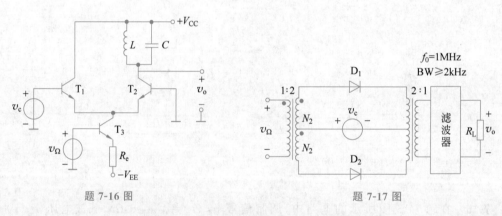

题 7-16 图   题 7-17 图

7-18　设一非线性器件的静态伏安特性如题 7-18 图所示，其斜率为 a，设本振电压的振幅 $V_{Lm}=V_0$，求变频器在下列 4 种情况下的变频跨导 g_c。

(1) 偏压为 V_0；(2) 偏压为 $V_0/2$；(3) 偏压为 0；(4) 偏压为 $-V_0/2$。

7-19　某混频器的变频跨导为 g_c，本振电压 $v_L=V_{Lm}\cos\omega_L t$，$V_{Lm}\gg V_{sm}$，输出电路的中心频率 $f_o=f_I=f_L-f_c$，带宽大于或等于信号带宽，负载为 R_L，在下列输入信号时，求输出电压 $v_o(t)$。

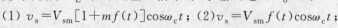

题 7-18 图

(1) $v_s=V_{sm}[1+mf(t)]\cos\omega_c t$；(2) $v_s=V_{sm}f(t)\cos\omega_c t$；

(3) $v_s=V_{sm}\cos(\omega_c+\Omega)t$；(4) $v_s=V_{sm}\cos\left(\omega_c t+K_f\int_0^t f(\tau)\mathrm{d}\tau\right)$。

7-20　题 7-20 图 (a) 所示为场效应管混频器电路，其转移特性 $i_D=I_{DSS}(1-v_{GS}/V_p)^2$，曲线如题 7-20 图 (b) 所示。负载电阻 $R_L=10\mathrm{k}\Omega$。

(1) 当 $v_L=\cos\omega_L t\,\mathrm{V}$，$V_{GS}=-1\mathrm{V}$ 时，画出 $g_m(t)\sim v_{GS}$ 曲线及时变跨导 $g_m(t)$ 的波形，求出变频跨导 g_c；

(2) 条件同上，且输入电压 $v_s=10\cos(\omega_c t+\Omega t)\mathrm{mV}$，求 $v_o(t)$ 的表达式。

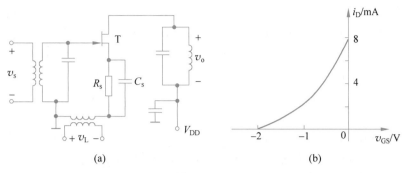

题 7-20 图

7-21　二极管桥式电路如题 7-21 图所示,二极管处于理想开关状态,v_1 为大信号,且 $V_{1m} \gg V_{2m}$。变压器 T_{r1}、T_{r2} 的初、次级线圈匝数比为 $1:1$。

(1) 求 T_{r2} 的次级电压 v_o 的表达式(设 $v_1 = V_{1m}\cos\omega_1 t, v_2 = V_{2m}\cos\omega_2 t$);

(2) 说明该电路可以完成什么功能,对应的输入 v_1、v_2 应加什么信号,滤波器 $H(j\omega)$ 应为什么滤波器,其中心频率和带宽为多少?

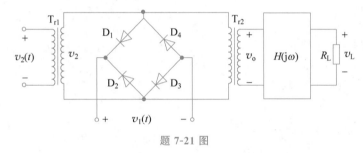

题 7-21 图

7-22　题 7-22 图为单边带(上边带)发射机框图。调制信号为 $300 \sim 3000\,\mathrm{Hz}$ 的音频信号,其频谱分布如题 7-22 图所示。试画出图中各方框输出信号的频谱图。

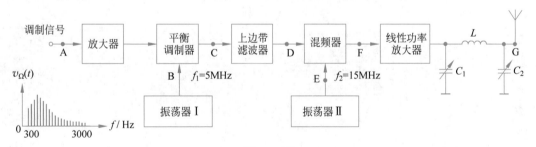

题 7-22 图

7-23　试分析与解释下列现象。

(1) 在某地,收音机接收到 $1090\,\mathrm{kHz}$ 的信号时,还可以收到 $1323\,\mathrm{kHz}$ 的信号;

(2) 收音机接收 $1080\,\mathrm{kHz}$ 的信号时,还可听到 $540\,\mathrm{kHz}$ 的信号;

(3) 收音机接收 $930\,\mathrm{kHz}$ 的信号时,还同时收到 $690\,\mathrm{kHz}$ 和 $810\,\mathrm{kHz}$ 的信号,但不能单独收到其中任一个台(如另一个台停播)。

7-24　某超外差接收机的工作频段为 $0.55 \sim 25\,\mathrm{MHz}$,中频 $f_1 = 455\,\mathrm{kHz}$,本振 $f_L > f_c$。试问在该接收机的工作波段内的哪些频率上可能出现较大的组合干扰(6 阶以下)。

7-25　某发射机发出某一频率信号。现打开接收机在全波段内寻找它（设无任何其他信号），发现在接收机的 3 个频率（6.5MHz、7.25MHz、7.5MHz）上均能听到对方的信号，其中以 7.5MHz 的信号最强。问接收机是如何收到的？ 设接收机 $f_I=0.5\text{MHz}$，$f_L>f_c$。

7-26　已知混频器 $P_{I1dB}=1\text{dBm}$，对应的输入功率为 -10dBm，$P_{In3}=15\text{dBm}$。测得三阶互调失真功率 $P_{In}=-62\text{dBm}$，试求两个输入干扰信号总电平 P_n，并画出 P_I、P_{In} 对输入功率曲线图。

7-27　检波电路如题 7-27 图所示。$v_s=V_s(1+m\cos\Omega t)\cos\omega_c t$，$V_s>0.5\text{V}$。根据图中所示极性画出 RC 两端、C_g 两端、R_g 两端、二极管两端的电压波形。

7-28　题 7-28 图所示为一平衡同步检波器电路，$v_s=V_s\cos(\omega_c+\Omega)t$，$v_r=V_r\cos\omega_c t$，$V_r\gg V_s$。求输出电压表示式，并证明二次谐波的失真系数为 0。

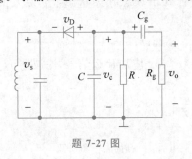

题 7-27 图

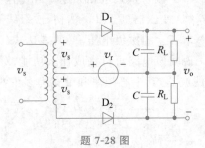

题 7-28 图

第8章

CHAPTER 8

频谱非线性变换电路

本章主要内容:

- 频谱非线性变换电路概述。
- 调角波的基本特征。
- 频率调制及电路。
- 频率解调及电路。

8.1 频谱非线性变换电路概述

前面两章讨论了用调制信号控制载波振幅的频谱线性变换电路,本章将讨论在实现方法上与频谱的线性变换电路不同的非线性变换电路,频谱的非线性变换电路和线性变换电路最大的不同是在频率变换前后频谱结构的变化不同。频谱的非线性变换电路主要有角度调制与解调电路。角度调制电路是用调制信号来控制载波信号的频率或相位的一种信号变换的电路。如果受控的是载波的频率,则称为频率调制(Frequency Modulation),简称调频,以 FM 表示。如果受控的是载波的相位,则称为相位调制(Phase Modulation),简称调相,以 PM 表示。无论 FM 还是 PM,载波信号的幅度都不受调制信号的影响。调频波的解调称为鉴频或频率检波,调相波的解调称为鉴相或相位检波。与调幅波的检波一样,鉴频与鉴相也是从已调信号中还原出原调制信号。

与振幅调制相比,角度调制的主要优点是抗干扰性强,所以在通信系统,特别是在广播和移动式无线电通信等方面应用广泛。

8.2 调角波的基本特征

微视频

正弦信号的三要素是幅度、频率和相位。调制就是用调制信号控制 3 个要素中的一个,使其保持与调制信号呈线性关系。调幅、调频和调相随着调制信号变化的规律不完全相同,其表达式、性质和实现的方法也不同。但它们之间又有着密切的联系,学习时要注意这些区别与联系。

8.2.1 瞬时相位与瞬时频率的概念

一个未受调制的高频载波信号可以用余弦信号表示为

$$v_c(t) = V_{cm}\cos(\omega_c t + \varphi_0) \tag{8-2-1}$$

其中，$\varphi(t) = \omega_c t + \varphi_0$ 称为该余弦信号的全相角，φ_0 称为初始相角，ω_c 称为角频率。可以用图 8-2-1 所示的旋转矢量在横轴上的投影表示。

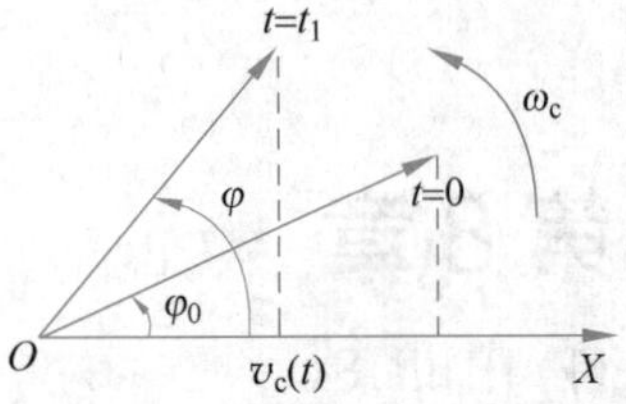

瞬时相位：某一时刻的全相角为该时刻的瞬时相位。在 t_1 时刻的瞬时相位为

$$\varphi(t_1) = \omega_c t_1 + \varphi_0 \tag{8-2-2}$$

特别地，在 $t=0$ 时的初始相位为 $\varphi(t) = \varphi_0$。

图 8-2-1 余弦信号的矢量图

瞬时角频率：某一时刻的角频率为该时刻的瞬时角频率。

$$\omega(t) = \frac{\mathrm{d}\varphi(t)}{\mathrm{d}t} \tag{8-2-3}$$

在图 8-2-1 所示的余弦信号的矢量图中，当载波信号未受调制时矢量绕 O 点匀速旋转，瞬时角频率为一常数 ω_c。当矢量非匀速旋转时，瞬时角频率是瞬时相位对时间的微分，反过来，瞬时相位是瞬时角频率对时间的积分，即

$$\varphi(t) = \int_0^t \omega(t)\mathrm{d}t + \varphi_0 \tag{8-2-4}$$

瞬时相位与瞬时频率是讨论调角波的基本物理量，正确理解这两个概念对推导调频波和调相波的数学表达式以及分析很有作用。

8.2.2 调频波和调相波

1. 调频波的瞬时频率及数学表达式

调频波是指用调制信号控制载波信号的频率，使调制后的载波频率与调制信号呈线性关系的调制波，即

$$\omega_f(t) = \omega_c + k_f v_\Omega(t) \tag{8-2-5}$$

式中，$v_\Omega(t)$ 为调制信号；k_f 为比例常数，即单位调制信号电压引起的角频率的变化，单位为 rad/s·V。这时调频波的瞬时相位为

$$\varphi_f(t) = \int_0^t \omega_f(\lambda)\mathrm{d}\lambda + \varphi_0 \tag{8-2-6}$$

调频波的表达式为

$$v_{FM}(t) = V_{cm}\cos\left[\omega_c t + k_f\int_0^t v_\Omega(\lambda)\mathrm{d}\lambda + \varphi_0\right] \tag{8-2-7}$$

2. 调相波的瞬时相位及数学表达式

调相波是指用调制信号控制载波信号的相位，使调制后的载波相位与调制信号呈线性关系的调制波，即

$$\varphi_p(t) = \omega_c t + k_p v_\Omega(t) + \varphi_0 \tag{8-2-8}$$

式中，$v_\Omega(t)$ 为调制信号；k_p 为比例常数，即单位调制信号电压引起的相位的变化，单位为 rad/V。这时调相波的瞬时频率为

$$\omega_p(t) = \frac{\mathrm{d}\varphi_p(t)}{\mathrm{d}t} \tag{8-2-9}$$

调相波的表达式为

$$v_{\text{PM}}(t)=V_{\text{cm}}\cos\left[\omega_{\text{c}}t+k_{\text{p}}v_{\Omega}(t)+\varphi_0\right] \tag{8-2-10}$$

3. 调频波和调相波的相关物理量及比较

以单音调制为例,讨论调频波和调相波的相关物理量以及波形。假设调制信号的数学表达式为

$$v_{\Omega}(t)=V_{\Omega m}\cos\Omega t \tag{8-2-11}$$

未调载波表示为

$$v_{\text{c}}(t)=V_{\text{cm}}\cos(\omega_{\text{c}}t+\varphi_0)=V_{\text{cm}}\cos\varphi(t) \tag{8-2-12}$$

由式(8-2-5)可知,单音调制的调频波的瞬时角频率可表示为

$$\omega_{\text{f}}(t)=\omega_{\text{c}}+k_{\text{f}}v_{\Omega}(t)=\omega_{\text{c}}+k_{\text{f}}V_{\Omega m}\cos\Omega t \tag{8-2-13}$$

与未调载波信号相比较,瞬时角频偏可表示为

$$\Delta\omega_{\text{f}}(t)=k_{\text{f}}V_{\Omega m}\cos\Omega t \tag{8-2-14}$$

式中,$\Delta\omega_{\text{m}}=k_{\text{f}}V_{\Omega m}$ 为频移的幅度,称为最大频偏,或简称频偏。它与调制信号的幅度成正比,与调制信号的频率无关。由式(8-2-6)可知调频波的瞬时相位为

$$\varphi_{\text{f}}(t)=\int_0^t\omega_{\text{f}}(\lambda)\mathrm{d}\lambda+\varphi_0=\int_0^t\left[\omega_{\text{c}}+k_{\text{f}}V_{\Omega m}\cos\Omega\lambda\right]\mathrm{d}\lambda+\varphi_0$$

$$=\omega_{\text{c}}t+\frac{k_{\text{f}}V_{\Omega m}}{\Omega}\sin\Omega t+\varphi_0 \tag{8-2-15}$$

由式(8-2-15)可知,调制后的信号产生了附加相移部分

$$\Delta\varphi_{\text{f}}=\frac{k_{\text{f}}V_{\Omega m}}{\Omega}\sin\Omega t=m_{\text{f}}\sin\Omega t \tag{8-2-16}$$

式中,$m_{\text{f}}=\dfrac{k_{\text{f}}V_{\Omega m}}{\Omega}$ 为调频波的最大的附加相移,定义为调频指数,即

$$m_{\text{f}}=\mid\Delta\varphi_{\text{f}}(t)\mid_{\max}=\frac{k_{\text{f}}V_{\Omega m}}{\Omega} \tag{8-2-17}$$

可见,调频指数在单音调制时与调制信号的幅度成正比,与频率成反比。因此,单音调制时,调频波的数学表达式为

$$v_{\text{FM}}(t)=V_{\text{cm}}\cos\left[\varphi_{\text{f}}(t)\right]=V_{\text{cm}}\cos\left[\omega_{\text{c}}t+\frac{k_{\text{f}}V_{\Omega m}}{\Omega}\sin\Omega t+\varphi_0\right]$$

$$=V_{\text{cm}}\cos[\omega_{\text{c}}t+m_{\text{f}}\sin\Omega t+\varphi_0] \tag{8-2-18}$$

同样地,由式(8-2-8)可知,单音调制时,调相波的瞬时相位为

$$\varphi_{\text{p}}(t)=\omega_{\text{c}}t+k_{\text{p}}v_{\Omega}(t)+\varphi_0=\omega_{\text{c}}t+k_{\text{p}}V_{\Omega m}\cos\Omega t+\varphi_0 \tag{8-2-19}$$

调相波也产生了附加相移 $\Delta\varphi_{\text{p}}(t)=k_{\text{p}}V_{\Omega m}\cos\Omega t$,与调频波一样,定义调相波的最大的附加相移为调相指数,其表达式为

$$m_{\text{p}}=\mid\Delta\varphi_{\text{p}}(t)\mid_{\max}=k_{\text{p}}\mid v_{\Omega}(t)\mid_{\max}=k_{\text{p}}V_{\Omega m} \tag{8-2-20}$$

可见,单音调制时,调相波的调相指数与调制信号的幅度成正比,与调制信号的频率无关。

由式(8-2-9)可知,调相波的瞬时角频率为

$$\omega_{\text{p}}(t)=\frac{\mathrm{d}\varphi_{\text{p}}(t)}{\mathrm{d}t}=\omega_{\text{c}}-m_{\text{p}}\Omega\sin\Omega t=\omega_{\text{c}}+\Delta\omega_{\text{p}}(t) \tag{8-2-21}$$

最大的角频偏为

$$\Delta\omega_{\mathrm{m}} = \Delta\omega_{\mathrm{p}}(t)\mid_{\max} = m_{\mathrm{p}}\Omega \tag{8-2-22}$$

可见，单音调制时，调相波的最大角频偏与调相指数和调制信号的角频率的乘积成正比。为了便于理解，图 8-2-2 给出了调频波和调相波的相关波形。

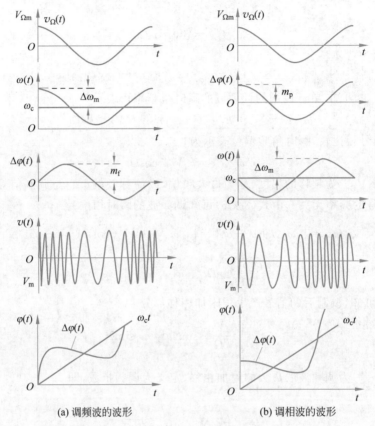

(a) 调频波的波形　　　　　　(b) 调相波的波形

图 8-2-2　单音调制时，调频波和调相波的波形

　　根据式(8-2-5)和式(8-2-6)可知：在调频信号中，叠加在 ω_{c} 上的瞬时角频率按调制信号的规律变化，而叠加在 $\omega_{\mathrm{c}}t$ 上的瞬时相角按调制信号对时间积分的规律变化。根据式(8-2-8)和式(8-2-9)可知：在调相信号中，叠加在 ω_{c} 上的瞬时角频率按调制信号对时间的微分规律变化，而叠加在 $\omega_{\mathrm{c}}t$ 上的瞬时相角按照调制信号的规律变化。可见，无论是调频还是调相，它们的瞬时角频率与瞬时相位都同时受到调变，都体现在对载波信号的角度控制上，故将调频和调相统称为调角。其区别在于按调制信号的规律线性变化的物理量不同，调频时，线性变化量是瞬时角频率；调相时，线性变化量是瞬时相位。由于角频率和相位的确定关系，两种已调信号又是相互联系的，一个调频信号可以看成是受调制信号的积分值调制的调相信号，一个调相信号可以看成是受调制信号的微分值调制的调频信号。换句话说，就是先对调制信号积分，然后用积分后的值来调相，可以实现调频；先对调制信号微分，然后用微分后的值来调频，可以实现调相。可见，调频与调相可以相互转换。

　　表 8-2-1 列出了两种调制方式下的相关物理量。可见，单音调制时，调频和调相两种已调波中的 $\Delta\omega(t)$、$\Delta\varphi(t)$ 均为简谐波，只不过 $\Delta\omega_{\mathrm{m}}$ 和 $m_{\mathrm{f}}(m_{\mathrm{p}})$ 随着 $V_{\Omega\mathrm{m}}$ 和 Ω 的变化规律不同。当 $V_{\Omega\mathrm{m}}$ 一定，Ω 由小增大时，调频中的 $\Delta\omega_{\mathrm{m}}$ 不变，m_{f} 呈反比例减小；调相中的 m_{p} 不

变,$\Delta\omega_m$ 呈正比例增大,如图 8-2-3 所示。

表 8-2-1 频率调制与相位调制的对照表(假设初始相位为 $\varphi_0 = 0$)

物 理 量	频率调制(FM)	相位调制(PM)
角频率	$\omega_f(t) = \omega_c + k_f V_{\Omega m}\cos\Omega t$	$\omega_p(t) = \omega_c - k_p V_{\Omega m}\Omega\sin\Omega t$
角频偏	$\Delta\omega_f(t) = k_f V_{\Omega m}\cos\Omega t$	$\Delta\omega_p(t) = -k_p V_{\Omega m}\Omega\sin\Omega t$
相位	$\varphi_f(t) = \omega_c t + \dfrac{k_f V_{\Omega m}}{\Omega}\sin\Omega t$	$\varphi_p(t) = \omega_c t + k_p V_{\Omega m}\cos\Omega t$
附加相位	$\Delta\varphi_f = \dfrac{k_f V_{\Omega m}}{\Omega}\sin\Omega t$	$\Delta\varphi_p(t) = k_p V_{\Omega m}\cos\Omega t$
最大频偏	$\Delta\omega_m = k_f V_{\Omega m}$	$\Delta\omega_m = k_p V_{\Omega m}\Omega$
调制指数	$m_f = k_f V_{\Omega m}/\Omega = \Delta\omega_m/\Omega$	$m_p = k_p V_{\Omega m}$
表达式	$v_{FM}(t) = V_{cm}\cos(\omega_c t + m_f\sin\Omega t)$	$v_{PM}(t) = V_{cm}\cos(\omega_c t + m_p\cos\Omega t)$

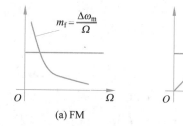

图 8-2-3 $V_{\Omega m}$ 一定时,$\Delta\omega_m$ 和 $m_f(m_p)$ 随 Ω 的变化规律

8.2.3 调角波的频谱和频带宽度

1. 调频波的频谱

以式(8-2-18)所示的单音调制的调频波为例,令其初始的相位为 0,电压幅度 $V_{cm} = 1\text{V}$,则调频波的表达式可以表示为

$$v_{FM}(t) = \cos(\omega_c t + m_f\sin\Omega t) \qquad (8\text{-}2\text{-}23)$$

利用三角函数的关系,上式可以改写为

$$v_{FM}(t) = \cos\omega_c t\cos(m_f\sin\Omega t) - \sin\omega_c t\sin(m_f\sin\Omega t) \qquad (8\text{-}2\text{-}24)$$

在式(8-2-24)中,出现 $\cos(m_f\sin\Omega t)$ 和 $\sin(m_f\sin\Omega t)$ 这两个特殊函数,这两个特殊函数采用贝塞尔函数的分析法,可以分解为

$$\cos(m_f\sin\Omega t) = J_0(m_f) + 2\sum_{n=1}^{\infty} J_{2n}(m_f)\cos 2n\Omega t \qquad (8\text{-}2\text{-}25)$$

$$\sin(m_f\sin\Omega t) = 2\sum_{n=0}^{\infty} J_{2n+1}(m_f)\sin(2n+1)\Omega t \qquad (8\text{-}2\text{-}26)$$

在贝塞尔函数的理论中,以上两个式子中,m_f 称为贝塞尔函数的宗数,n 称为贝塞尔函数的阶数,$J_n(m_f)$ 称为宗数为 m_f 的 n 阶贝塞尔函数值,它可以由贝塞尔函数表求得,图 8-2-4 给出了阶数 n 等于 0~4 的 $J_n(m_f)$ 与 m_f 关系的曲线。

由贝塞尔函数的性质可知,宗数 m_f 或阶数 n 越大,$J_n(m_f)$ 的变化就越小;$J_n(m_f)$ 随宗数 m_f 的增大正负交替地变化,随着阶数 n 的增大,有下降的趋势;在某些特定的 m_f 上,

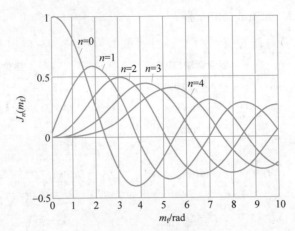

图 8-2-4　贝塞尔函数的曲线

$J_n(m_f)$ 的数值可以为 0。例如，在 $m_f=2.4,5.52,8.65,11.79,\cdots$ 时，$J_0(m_f)=0$。

将式(8-2-25)和式(8-2-26)代入式(8-2-24)可得

$$
\begin{aligned}
v_{FM}(t) = & J_0(m_f)\cos\omega_c t + \\
& J_1(m_f)[\cos(\omega_c+\Omega)t - \cos(\omega_c-\Omega)t] + \\
& J_2(m_f)[\cos(\omega_c+2\Omega)t + \cos(\omega_c-2\Omega)t] + \\
& J_3(m_f)[\cos(\omega_c+3\Omega)t - \cos(\omega_c-3\Omega)t] + \cdots
\end{aligned} \tag{8-2-27}
$$

由式(8-2-27)可知，单音调制的情况下，调频波或调相波的表达式可以分解为载频和无穷多对上、下边频分量的代数和；各个边频分量之间的距离均等于调制信号的频率，奇数次的边频分量的相位相反，偶数次的边频分量的相位相同；而且，包括载波在内的各频率分量的幅度均由贝塞尔函数 $J_n(m_f)$ 的值来确定。

图 8-2-5 给出了 $m_f=0$、$m_f=0.5$、$m_f=2.4$ 对应的频谱图。

为了分析简便，图中各频率的边频分量幅度均取绝对值，且忽略了 $J_n(m_f)<0.01$ 的边频分量。

如前所述，单音调制时，调频和调相中的相位均为简谐波，因而，它们的频谱结构是类似的。为了便于分

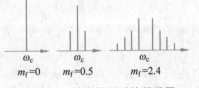

图 8-2-5　单音调制时的频谱图

析，将调频指数 m_f 和调相指数 m_p 统一用调制指数 m 来表示，这样调相信号与调频信号的频谱分析方法是完全一致的，这里不再进行讨论。

当两个频率不同的信号同时对一个载波进行频率调制时，所得调频波的频谱中，除有载波角频率分量 ω_c 以及 $\omega_c\pm n\Omega_1$ 和 $\omega_c\pm k\Omega_2$ 分量外，还有 $\omega_c\pm n\Omega_1\pm k\Omega_2$ 分量，它们是两个调制信号频率之间的组合频率分量。

顺便指出，根据帕塞瓦尔(Parseval)定理，调频波的平均功率等于各频谱分量的平均功率之和，在单位电阻上，其值为

$$
P_{av} = \frac{V_{cm}^2}{2}\sum_{n=-\infty}^{\infty}J_n^2(m_f) \tag{8-2-28}
$$

由第一类贝塞尔函数的性质可知

$$\sum_{n=-\infty}^{\infty} J_n^2(m_f) = 1 \tag{8-2-29}$$

式(8-2-29)表明所有信号频率分量能量和为一个单位,这样调频波的平均功率可以简化为

$$P_{av} = \frac{V_{cm}^2}{2} \tag{8-2-30}$$

式(8-2-30)表明,当载波信号的幅度一定时,调频波的平均功率也就一定,且等于未调制时的载波的平均功率,其值与 m_f 无关。换句话说,改变 m_f 仅引起载频分量和各边频分量的功率的重新分配,不会引起总功率的改变。

2. 调角波的频带宽度

既然调角信号的频谱包含无限多对边频分量,理论上,它的频带宽度就应当是无穷大。实际上,由贝塞尔函数的曲线(图 8-2-4)可见,当 m(m_f 或 m_p)一定时,随着贝塞尔函数的阶数 n 的增加,$J_n(m)$ 的数值虽然有起伏,但是它的趋势是减小的,特别是当 $n > m$ 后,$J_n(m)$ 的数值已很小,且其值随着 n 的增加迅速下降,其影响可以忽略,这时则认为调频波所具有的频带宽度是近似有限的。因此,如果忽略振幅小于 εV_{cm}(ε 为某一个规定的小值)的边频分量,则实际调角信号占据的有效频谱宽度是有限的,其值为

$$BW_\varepsilon = 2LF \tag{8-2-31}$$

式中,L 为有效的上边频(或下边频)分量的数目,F 为调制信号的频率。在高质量的通信系统中,通常取 $\varepsilon = 0.01$,即边频分量幅度小于未调制的载波幅度的 1%,相应的 BW_ε 用 $BW_{0.01}$ 来表示;在中等质量的通信系统中,取 $\varepsilon = 0.1$,即边频分量幅度小于未调制的载波幅度的 10%,相应的 BW_ε 用 $BW_{0.1}$ 来表示;在调角波的带宽上,我们根据要求规定一个准则,用来确定有效宽度。图 8-2-6 给出了 $\varepsilon = 0.1$ 和 $\varepsilon = 0.01$ 相应的 L 随 m 变化的曲线,如果 L 不是整数,则用大于并靠近该数的正整数取代。通过对图 8-2-6 的分析和归纳,如果忽略小于 0.01 的频率分量(集中 99% 以上的调角波功率),$BW_{0.01}$ 可近似表示为

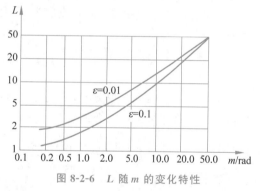

图 8-2-6 L 随 m 的变化特性

$$BW_{0.01} \approx 2(m + \sqrt{m} + 1)F \tag{8-2-32}$$

如果忽略了小于 0.1 的频率分量(集中 98% ~ 99% 的调角波功率),$BW_{0.1}$ 可近似表示为

$$BW_{0.1} \approx 2(m + 1)F = 2(\Delta f_m + F) \tag{8-2-33}$$

实际上,不同 m 时的调角波带宽是不同的。为了方便,调角波的有效频带宽度可以用卡森(Carson)公式进行估计,即

$$BW = 2(m + 1)F \tag{8-2-34}$$

通过分析可知,它介于 $BW_{0.01}$ 和 $BW_{0.1}$ 之间,比较接近 $BW_{0.1}$。

实际上,对调角波来说,有下列几种情况。

(1) 当 $m \ll 1$ 时,$m + 1 \approx 1$,这时有

$$BW_{0.1} \approx 2F \qquad\qquad (8-2-35)$$

上式表明，在调制指数较小的情况下，调角波只有角频率分别为 ω_c 和 $\omega_c \pm \Omega$ 的 3 个分量，它与用同样调制信号进行标准调幅所得调幅波的频带宽度相同。通常，把这种情况的角度调制称为窄带调角波。

（2）当 $m \gg 1$ 时，$m+1 \approx m$，这时有

$$BW_{0.1} \approx 2\Delta f_m \qquad\qquad (8-2-36)$$

上式表明，在调制指数较大的情况下，调角波的带宽等于二倍频偏。通常，把这种情况的角度调制信号称为宽带调角信号，又称为恒定带宽调频。

（3）当 m 不属于上述两种情况时，这时的调角波的带宽用式(8-2-33)来计算。

（4）复杂调角信号频带宽度与单音调角信号频谱计算公式相同，为 $BW_{0.1} \approx 2(\Delta f_m + F)$，这里的调制信号的频率取最大值，即 F 取 F_{max}，瞬时频率偏移取最大的频率偏移，即 $\Delta f_m = (\Delta f_m)_{max}$。

例 8-2-1 在调频广播系统中，按国家标准规定 $(\Delta f_m)_{max} = 75\text{kHz}$，调制信号的最大频率 $F_{max} = 15\text{kHz}$，试计算调频指数 m_f、BW 和 $BW_{0.01}$。

解
$$m_f = (\Delta f_m)_{max}/F_{max} = 75/15 = 5$$
$$BW = 2(m+1)F_{max} = 180\text{kHz}$$

由图 8-2-6 中 L 和 m 的曲线上 $L = 8$ 可知

$$BW_{0.01} = 2LF_{max} = 2 \times 8 \times 15 = 240\text{kHz}$$

国家标准规定调频波的频带宽度为 200kHz，可见，国家标准是上述计算结果的折中值。

8.3 调频电路

调频电路有两种实现方法，分别是直接调频和间接调频。本节对这两种实现的方法及其相应的电路进行系统的介绍。

8.3.1 直接调频和间接调频

微视频

1. 直接调频

调频信号的基本特点是它的瞬时频率按调制信号的规律变化。因而，直接调频就是直接使振荡器的瞬时频率随调制信号呈线性关系变化。通常，直接调变振荡频率的方法叫作直接调频法。例如，在一个由 LC 回路决定振荡频率的振荡器中，将一个可变电抗元件接入回路，使可变电抗元件的电抗值随调制电压而变化，即可使振荡器的振荡频率随调制信号而变化，如变容二极管直接调频电路。

2. 间接调频

利用调频波与调相波之间的内在关系，从调频波表达式[式(8-3-1)]和调相波表达式[式(8-3-2)]可以看出，将调制信号先积分，然后用积分后的信号进行调相，所得到的信号就是调频信号。通常这种方法就叫作间接调频法。相应的实现框图如图 8-3-1 所示。

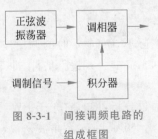

图 8-3-1 间接调频电路的组成框图

$$v_{\mathrm{FM}}(t) = V_{\mathrm{cm}}\cos\left[\omega_{\mathrm{c}}t + k_{\mathrm{f}}\int_0^t v_{\Omega}(\lambda)\mathrm{d}\lambda + \varphi_0\right] \tag{8-3-1}$$

$$v_{\mathrm{PM}}(t) = V_{\mathrm{cm}}\cos\left[\omega_{\mathrm{c}}t + k_{\mathrm{p}}v_{\Omega}(t) + \varphi_0\right] \tag{8-3-2}$$

在图 8-3-1 中,通常正弦波振荡器由高稳定的晶体振荡器产生频率稳定的载波电压,这个电压通过调相后引入一个附加的相移,这个附加的相移受到调制信号的积分值的控制,且控制特性为线性,则输出的调相信号就是以调制信号为输入的调频信号。可见,调相器的作用是产生线性控制的附加相移,它是实现间接调频的关键,与直接调频电路相比较,调相电路的实现方法灵活,载波中心频率稳定度较好,后面对其加以说明。

8.3.2　调频电路的技术指标

调频电路的主要技术指标有调制特性的线性、调制灵敏度、最大频偏和中心频率稳定度等。

1. 调制特性

调频电路的作用是产生瞬时角频率按照调制信号的规律变化的调频信号,因此,调频电路的基本特征是描述瞬时频率偏移随调制电压变化的调频特性,如图 8-3-2 所示,它要求在特定的调制电压范围内是线性的。这也就是说在一定调制电压范围内,调制特性 $g(v_{\Omega})$ 应近似为直线。

$$\Delta f = g(v_{\Omega}) \tag{8-3-3}$$

2. 调制灵敏度

在图 8-3-2 所示的调频电路的调频特性曲线上,在原点的单位调制电压变化产生的频偏称为调制灵敏度,记为

$$S_{\mathrm{F}} = \left.\frac{\mathrm{d}(\Delta f)}{\mathrm{d}v_{\Omega}}\right|_{v_{\Omega}=0} \tag{8-3-4}$$

单位为 Hz/V,显然,S_{F} 越大,调制信号对瞬时频率的控制能力就越强,图 8-3-2 画出了调制信号为 $v_{\Omega}(t)=V_{\Omega\mathrm{m}}\cos\Omega t$ 时相应的 Δf 的波形图。

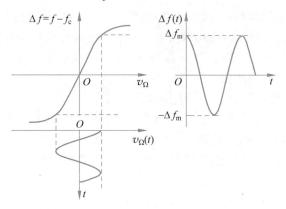

图 8-3-2　调频电路的调频特性曲线

3. 最大频偏

在调制电压作用下所能达到的最大频率偏移,即为调制信号的最大频偏。图 8-3-2 中的 Δf_{m} 是在 $v_{\Omega}(t)=V_{\Omega\mathrm{m}}$ 时对应的频偏,当调制信号的幅度一定时,对应的最大频偏 Δf_{m}

将保持不变。

4. 中心频率稳定度

调频信号的瞬时频率是以稳定的中心频率（载波频率）为基准变化的。如果中心频率不稳定，就有可能使调频信号的频谱落到接收机通带范围之外，以致不能保证正常通信。因此，对于调频电路，不仅要满足频偏的要求，而且要使中心频率保持足够高的稳定度。若调频特性为非线性，由余弦的调制电压产生的 $\Delta f(t)$ 则为周期性的非余弦波，按照傅里叶级数可以将其展开为

$$\Delta f(t) = \Delta f_0 + \Delta f_{1m}\cos\Omega t + \Delta f_{2m}\cos2\Omega t + \cdots \tag{8-3-5}$$

式中，$\Delta f_0 = f_0 - f_c$ 为 $\Delta f(t)$ 的平均分量，表示调频信号的中心频率由 f_c 偏离到 f_0，称为中心频率的偏离量。调频电路必须保持足够高的中心频率准确度和稳定度，它是保证接收机正常接收所必须满足的一项重要性能指标。否则，调频信号的有效频谱分量就会落到接收机的频带范围之外，造成信号的失真，同时干扰临近的电台。

微视频

8.3.3 变容二极管直接调频电路

一般而言，正弦振荡器的振荡频率是根据振荡环路的相位平衡条件来确定的，如果在振荡的环路中，引入相移网络，并使其相移量受调制信号的控制，就能达到调频的目的。在 LC 正弦振荡器中，用变容二极管来代替回路中的部分或全部电容，并使其受调制信号的控制，就可以实现调频。下面进一步分析其工作原理和性能。

1. 工作原理和性能

1）变容二极管的特性

在低频电子线路中给出了变容管的特性，它是利用 PN 结来实现的。PN 结的电容包括势垒电容和扩散电容两部分。在反向偏置时，PN 结的结电容主要由势垒电容确定。其中变容二极管的电容表示为

$$C_j = \frac{C_0}{\left(1 + \dfrac{|v|}{V_B}\right)^{\gamma}} \tag{8-3-6}$$

式中，V_B 为内建电位差，硅管约为 0.7V，锗管约为 0.2V。当外加电压 $v = 0V$ 时，变容管的等效电容为 C_0。γ 为变容指数，大小取决于 PN 结的结构和杂质分布情况。一般变容指数 $\gamma = 1/3$ 的变容管为缓变结变容管，变容指数 $\gamma = 1/2$ 的变容管为突变结变容管，变容指数 $\gamma = 1 \sim 4$ 的变容管为超突变结变容管。

2）变容二极管作为回路总电容的直接调频电路

图 8-3-3 给出了 LC 正弦振荡器中的谐振回路，图中的 C_j 代表变容二极管的结电容，它与 L 共同组成振荡器的振荡回路，振荡器的振荡频率近似等于回路的谐振频率。为了保证在调制信号变化范围内都能够反向偏置，必须给变容管加上一个反偏的工作点电压 $-V_Q$。

因此，加在变容管上的电压为 $v = -(V_Q + v_\Omega)$，且 $|v_\Omega| < V_Q$，可见当调制信号为 0V，即 $v_\Omega = 0V$ 时，C_{jQ} 的值为

$$C_{jQ} = \frac{C_0}{\left(1 + \dfrac{V_Q}{V_B}\right)^{\gamma}} \tag{8-3-7}$$

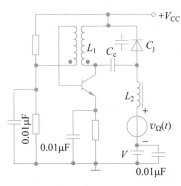
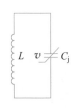

（a）调频电路图　　　　　　　（b）变容二极管作为回路总电容的等效电路

图 8-3-3　变容二极管直接调频电路

这时，对应的振荡角频率就是调频信号的载波角频率，其值由 V_Q 来确定，计算式为

$$\omega_{osc}=\frac{1}{\sqrt{LC_j}}=\frac{1}{\sqrt{LC_{jQ}}} \tag{8-3-8}$$

当 $v_\Omega(t)=V_{\Omega m}\cos\Omega t$ 时，变容二极管的结电容可以表示为

$$C_j=\frac{C_0}{\left(1+\dfrac{V_Q+V_{\Omega m}\cos\Omega t}{V_B}\right)^\gamma}=\frac{C_0}{\left(1+\dfrac{V_Q}{V_B}+\dfrac{V_{\Omega m}}{V_B}\cos\Omega t\right)^\gamma}$$

$$=\frac{C_{jQ}}{\left(1+\dfrac{V_{\Omega m}}{V_Q+V_B}\cos\Omega t\right)^\gamma}=\frac{C_{jQ}}{(1+m_c\cos\Omega t)^\gamma} \tag{8-3-9}$$

在式(8-3-9)中，令 $m_c=\dfrac{V_{\Omega m}}{V_Q+V_B}$，显然，其值要小于 1，这时，振荡器的振荡频率可以表示为

$$\omega_{osc}=\frac{1}{\sqrt{LC_j}}=\frac{1}{\sqrt{LC_{jQ}}}(1+m_c\cos\Omega t)^{\gamma/2}=\omega_c(1+m_c\cos\Omega t)^{\gamma/2} \tag{8-3-10}$$

利用数学展开式 $(1+x)^n=1+nx+\dfrac{1}{2!}n(n-1)x^2+\dfrac{1}{3!}n(n-1)(n-2)x^3+\cdots,|x|<1$，式(8-3-10)可展开为

$$\omega_{osc}=\omega_c\left[1+\frac{\gamma}{2}m_c\cos\Omega t+\frac{1}{2!}\frac{\gamma}{2}\left(\frac{\gamma}{2}-1\right)(m_c\cos\Omega t)^2+\cdots\right]$$

$$=\omega_c\left[1+\frac{\gamma}{2}m_c\cos\Omega t+\frac{\gamma}{8}\left(\frac{\gamma}{2}-1\right)m_c^2+\frac{\gamma}{8}\left(\frac{\gamma}{2}-1\right)m_c^2\cos2\Omega t+\cdots\right]$$

由振荡角频率展开的表达式可得

$$\frac{f_{osc}-f_c}{f_c}=\frac{\gamma}{2}m_c\cos\Omega t+\frac{\gamma}{8}\left(\frac{\gamma}{2}-1\right)m_c^2+\frac{\gamma}{8}\left(\frac{\gamma}{2}-1\right)m_c^2\cos2\Omega t+\cdots \tag{8-3-11}$$

式(8-3-11)是振荡频率与载波频率的相对频差，若 m_c 足够小，式(8-3-11)展开式中的高次项可以忽略，可以将相对频差写为

$$\frac{\gamma}{2}m_c\cos\Omega t+\frac{\gamma}{8}\left(\frac{\gamma}{2}-1\right)m_c^2+\frac{\gamma}{8}\left(\frac{\gamma}{2}-1\right)m_c^2\cos2\Omega t \tag{8-3-12}$$

由式(8-3-12)可知,第一项 $\left(\dfrac{\gamma}{2}m_{c}\cos\Omega t\right)$ 是与调制信号成正比的成分,由该式可以求得调频波的最大频偏为

$$\Delta f_{m}=\frac{\gamma}{2}m_{c}f_{c} \tag{8-3-13}$$

第二项是常数成分,说明载波频率产生了偏移,相对偏移量为 $\dfrac{\gamma}{8}\left(\dfrac{\gamma}{2}-1\right)m_{c}^{2}$,因而中心频率偏离的数值为

$$\Delta f_{c}=\frac{\gamma}{8}\left(\frac{\gamma}{2}-1\right)m_{c}^{2}f_{c} \tag{8-3-14}$$

第三项是与调制信号频率的二次谐波成比例的成分。这说明在调制过程中,输出的载波角频率中产生了与调制信号不呈线性关系的非线性成分,从而使频率调制过程产生了非线性失真,其调制信号的二次谐波最大频移为

$$\Delta f_{2m}=\frac{\gamma}{8}\left(\frac{\gamma}{2}-1\right)m_{c}^{2}\cos2\Omega t$$

为了减小非线性失真和中心频率的偏移,在变容管作为回路总电容的直接调频电路中,总是尽可能选择 γ 值近似为 2 的变容二极管。

由上面的分析可知,当变容管选定后,即 γ 一定,增大 m_{c} 可以增大相对频偏,但是同时也增大了非线性失真系数和中心角频率的相对偏离值。换句话说,直接调频能够达到的最大相对角频偏受非线性失真和中心频率相对值的限制。调频波的相对角频偏值与 m_{c} 成正比,或者说与调制信号的幅度成正比,是直接调频电路的一个重要特性;当变容管选定后,若 m_{c} 也选定,即调频波的相对角频偏值一定,提高 f_{c} 可以增大调频波的最大角频偏值。

3) 变容管部分接入振荡回路的直接调频电路

变容管作为振荡回路的总电容时,它的最大优点是调制信号对振荡频率的调变能力强,调频灵敏度高,较小的 m_{c} 值就能产生较大的相对频偏。但是,温度等外在因素引起 V_{Q} 变化时,造成的载波不稳定性也必然相对增加,而且振荡回路的高频电压也全部加在变容管上,都影响到了载波频率的准确度和稳定度。为了克服上述缺点,在直接调频电路中,一般采用变容管部分接入的方式。如图 8-3-4 所示,图中变容管与电容 C_{2} 串联,再与电容 C_{1} 并联,作为回路的总电容。这时,回路的总电容为

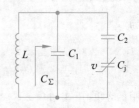

图 8-3-4 变容管部分接入振荡回路

$$C_{\Sigma}=C_{1}+\frac{C_{2}C_{j}}{C_{2}+C_{j}} \tag{8-3-15}$$

将式(8-3-9)代入式(8-3-15),可以得到 C_{Σ} 随 $v_{\Omega}(t)$ 的变化规律,即

$$C_{\Sigma}=C_{1}+\frac{C_{2}C_{jQ}}{C_{2}(1+m_{c}\cos\Omega t)^{\gamma/2}+C_{jQ}} \tag{8-3-16}$$

相应的调频特性方程为

$$\omega_{osc}=\frac{1}{\sqrt{LC_{\Sigma}}}=\frac{1}{\sqrt{L\left(C_{1}+\dfrac{C_{2}C_{jQ}}{C_{2}(1+m_{c}\cos\Omega t)^{\gamma}+C_{jQ}}\right)}} \tag{8-3-17}$$

显然,这种电路中,变容管是回路电容的一部分,因而,调制信号对振荡频率的调变能力必然比变容管全部接入振荡回路的小。如果把回路的总电容看成一个等效的变容管,那么,其等效的变容指数一定小于变容管的变容指数。因此,为了实现线性调频,必须选择变容指数大于 2 的变容管,同时还必须正确选择 C_1 和 C_2 的大小。下面来分析 C_1 和 C_2 的影响。

实际的电路中,一般 C_2 取值大,C_1 取值小。C_2 的接入使 C_Σ 减小,振荡频率增大;C_1 的接入使 C_Σ 增大,振荡频率减小。但是振荡频率的增大或减小,取决于它们与 C_j 的相对大小。

为了分析,图 8-3-5 所示为分别作出 C_1 断开、C_2 为不同的值和 C_2 短接、C_1 为不同值对应的振荡角频率随调制信号变化的曲线。由图可见,C_2 主要影响低频区的调制特性曲线,C_1 主要影响高频区的调制特性曲线。原因是,振荡频率越低,相应的 C_j 越大,C_2 使 C_Σ 的减小程度就越大,而 C_1 使 C_Σ 增大的程度就越小。当 $C_j \gg C_1$ 时,C_1 的影响可以忽略。反之,振荡频率越高,相应的 C_j 越小,C_2 使 C_Σ 的减小程度就越小,而 C_1 使 C_Σ 增大的程度就越大。当 $C_j \ll C_2$ 时,C_2 的影响可以忽略。

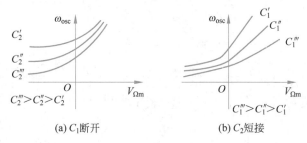

图 8-3-5 接入 C_1 和 C_2 后 ω_{osc} 随调制信号的变化曲线

可见,在变容管部分接入回路的直接调频电路中,采用变容指数大于 2 的变容管,并反复调节 C_1、C_2 和 V_Q 的值,就能在一定的调制电压范围内获得接近线性的调频特性曲线,而且载波信号等于所要求的数值。

当 C_1 和 C_2 确定后,由式(8-3-17)可以求得变容管部分接入时的最大的频偏为

$$\Delta f_m = \frac{\gamma}{2} \frac{m_c f_c}{p} \tag{8-3-18}$$

式中

$$f_c = \frac{1}{2\pi \sqrt{L \left(C_1 + \dfrac{C_2 C_{jQ}}{C_2 + C_{jQ}} \right)}} \tag{8-3-19}$$

$$p = \left(1 + \frac{C_{jQ}}{C_2} \right) \left(1 + \frac{C_1}{C_{jQ}} + \frac{C_1}{C_2} \right) = (1 + p_1)(1 + p_2 + p_1 p_2) \tag{8-3-20}$$

式(8-3-20)中,$p_1 = \dfrac{C_{jQ}}{C_2}$,$p_2 = \dfrac{C_1}{C_{jQ}}$。将上述的结果与式(8-3-13)进行比较,部分接入时的最大频偏较全部接入时的最大频偏减小 $1/p$,而 p 值恒大于 1。当 C_{jQ} 一定时,C_2 越小,p_1 越大;C_1 越大,p_2 越大。两种情况的结果都是使 p 值增大,因此,最大频偏就越小。

虽然最大频偏减小 $1/p$,但是由温度等引起的不稳定造成的载波频率的变化也同样减小 $1/p$,相当于载波的频率稳定度提高了 p 倍,这对减少调制失真是有利的。

2. 变容二极管直接调频电路

变容二极管调频的实例电路有很多。图 8-3-6 所示为一个中心频率为 140MHz 的变容二极管直接调频电路。在图 8-3-6 中，电感 L_1 与变容管 D 构成振荡回路，并与晶体管 T 组成电感三点式振荡电路。振荡管采用双电源供电，正负电源通过各自的稳压电路提供稳定的直流。从正电源的稳压电路中，通过两个 470Ω 的电位器取出一部分电压作为变容管的静态偏置，而调制信号通过 1.7mH 的高频扼流圈 L_2 和两个 150pF 的电容 C_1、C_2 接成 π 形滤波网络加到变容管上，电容 C_1、C_2 对 140MHz 的频率呈短路，而对调制信号呈开路。为了对上述电路进行分析，图 8-3-7 画出了该电路在各个频率上的通路图，以便于分析。

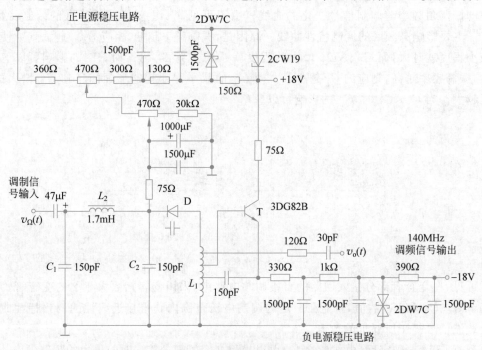

图 8-3-6　140MHz 的变容管直接调频实际电路图

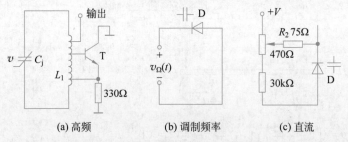

(a) 高频　　　　　(b) 调制频率　　　　　(c) 直流

图 8-3-7　图 8-3-6 在各个频率上的通路图

图 8-3-8 所示为一个中心频率为 90MHz 的直接调频电路，在这个频率上电容 0.001μF 和 1000pF 均可以认为是近似短路，而电感 47μH 可以认为是近似开路。相应地画出了其高频通路图，如图 8-3-9 所示，由振荡器的等效电路可见，这是一个电容三端式的电路，变容二极管部分接入振荡回路，在变容管的控制电路中，变容管的静态电位是由 +9V 的电源经电阻 56kΩ 和 22kΩ 分压后得到。调制信号经过 47μF 的电容和 47μH 的高频扼流圈加到变容

管起调频作用。

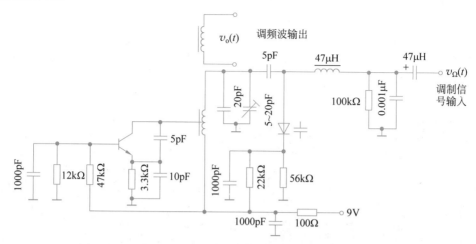

图 8-3-8　90MHz 的变容管部分接入的直接调频电路

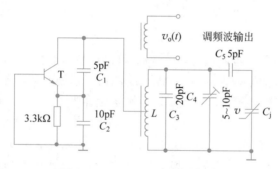

图 8-3-9　图 8-3-8 的高频通路图

变容二极管直接调频电路的优点是电路简单,工作频率高,容易获得较大的频偏,在频偏不需要很大的条件下,非线性失真可以做到很小。变容二极管直接调频电路的缺点是变容管的一致性较差,大量生产时会给调试带来某些麻烦;另外,偏置电压的漂移、温度的变化会引起中心频率的偏移,因此,载波的频率稳定性不高。

8.3.4　其他直接调频电路

1. 晶体振荡器直接调频电路

变容二极管直接调频电路,由于中心频率的稳定性差,在很多方面限制了它的应用。例如,在 88～108MHz 的调频广播中,各个调频台的中心频率的稳定度不可超过 ±2kHz,否则,相邻的电台就要发生相互干扰,若某电台的中心频率为 100MHz,那么该调频台的发射中心频率的稳定度不应低于 $2×10^{-5}$。

如何提高中心频率的稳定度? 通常采用以下 3 种方法:第一,采用晶体振荡器直接调频电路;第二,采用自动频率控制电路;第三,利用锁相环路进行稳频。后两种方法将在第 9 章进行介绍,这里先讨论第一种方法。

图 8-3-10 给出了晶体管直接调频电路的实际电路以及交流等效电路图,图中电路实质上是皮尔斯振荡电路,是一个电容三端式振荡电路。电路中晶体等效电感元件使用并与变

微视频

容管串联,变容管的结电容受调制电压的控制,可以获得调频。前面已经讲过,石英晶体振荡器的频率稳定度很高,电压参数的变化对振荡频率的影响是微小的,这就是说,变容管的电容变化所引起的调频波的频偏是很小的。这个频偏值不会超过石英晶体的并联谐振频率和串联谐振频率的差值的一半。一般而言,并联谐振频率和串联谐振频率的差只有几十至几百赫兹。

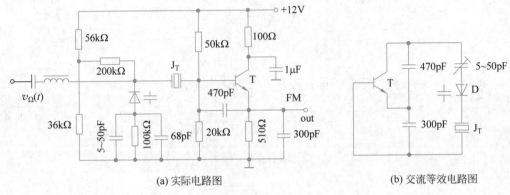

(a) 实际电路图   (b) 交流等效电路图

图 8-3-10　4MHz 晶体振荡器直接调频电路

为了加大晶体振荡器直接调频电路的频偏,可以将晶体串联一个电感,电感的串入可以减小石英晶体静态电容的影响,扩展石英晶体的感性区域,使并联谐振频率和串联谐振频率的差值加大,从而增强变容管控制频偏的作用,使频偏加大。

2. 张弛振荡器直接调频电路

一个张弛振荡器,它的振荡频率取决于电路中电容的充放电速度。因此,用调制信号控制电容充放电的电流,就可以控制张弛振荡器的振荡频率。按照这种原理工作的直接调频电路有调频方波发生器、调频三角波发生器等,这种调频非正弦波必须进一步经过滤波器或波形转换器才能变成调频正弦波。

1) 射极耦合多谐振荡器的原理

图 8-3-11 给出了一个射极耦合多谐振荡器的原理电路图,用调制信号控制电容充放电的电流可以实现调频方波或调频三角波。下面说明调频方波发生器的工作原理:图中 T_1、T_2 两管接成交叉耦合的正反馈放大器,它们的集电极的负载分别为 R、D_1 和 R、D_2。两管采用发射极恒流源偏置,并且在两发射极间接入定时电容形成闭合回路。假定电路的起始的状态为 T_1 管导通,T_2 管截止,则电源通过 D_1、T_1 向电容 C 充电,充电的电流应为 I_0。由于 T_1 管导通时的发射极电位保持在 $V_{CC}-V_{BE(on)}$ 上,这时 T_2 截止,因而,对 C 充电的结果只能是使 T_2 管的发射极的电位下降,当其下降到 $V_{CC}-V_{D1(on)}-V_{BE(on)}$ 时,T_2 管导通,其上的集电极电压下降到 $V_{CC}-V_{D2(on)}$,致使 T_1 截止,电源 V_{CC} 通过 D_2、T_2 对电容 C 反向充电,充电的电流也为 I_0,从而导致 T_1 管的发射极的电位下降,直到引起 T_1 管导通,T_2 管又截止。这样不断地向 C 正、反向交替充电,T_1 和 T_2 的状态也就不断地翻转,于是,T_2 的集电极上得到对称的输出方波电压,而 C 上产生对称的三角波电压。

由于流过电容 C 的电流为

$$I_0 = C\frac{dv_c}{dt} \tag{8-3-21}$$

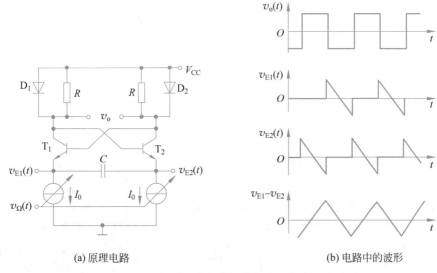

(a) 原理电路　　　　　　　　(b) 电路中的波形

图 8-3-11　射极耦合多谐振荡器原理电路及波形

可得

$$\mathrm{d}v_{\mathrm{c}} = \frac{I_0}{C}\mathrm{d}t \tag{8-3-22}$$

当 $V_{\mathrm{D1(on)}} = V_{\mathrm{D2(on)}} = V_{\mathrm{BE(on)}}$ 时，T_1 或 T_2 从开始导通到截止，电容 C 两端的电压变化 $2V_{\mathrm{BE(on)}}$，经过的时间为

$$t_1 = t_2 = \frac{2CV_{\mathrm{BE(on)}}}{I_0} \tag{8-3-23}$$

故振荡的周期为

$$T = t_1 + t_2 = \frac{4CV_{\mathrm{BE(on)}}}{I_0} \tag{8-3-24}$$

故振荡器输出的方波和三角波的频率为

$$f = \frac{1}{T} = \frac{I_0}{4CV_{\mathrm{BE(on)}}} \tag{8-3-25}$$

如果恒流源的电流 I_0 受到调制信号的控制，且呈线性关系，则可以得到不失真的调频方波或调频三角波。

2) 调频非正弦波转换为调频正弦波

上面的振荡器输出的是调频方波或调频三角波，进一步讨论如何将其转换为调频正弦波，以调频方波为例加以说明。

在单音调制时，采用双向的开关函数 $K_2(\omega t)$，并用 $\omega_{\mathrm{c}}t + m_{\mathrm{f}}\sin\Omega t$ 取代 ωt，可得调频方波的电压表达式为

$$v(t) = V_{\mathrm{cm}}K_2(\omega_{\mathrm{c}}t + m_{\mathrm{f}}\sin\Omega t) \tag{8-3-26}$$

令

$$\tau = t + \frac{m_{\mathrm{f}}}{\omega_{\mathrm{c}}}\sin\Omega t \tag{8-3-27}$$

将式(8-3-26)改写为

$$v(t) = V_{cm}K_2(\omega_c\tau) = \frac{4}{\pi}V_{cm}\cos\omega_c\tau - \frac{4}{3\pi}V_{cm}\cos3\omega_c\tau + \frac{4}{5\pi}V_{cm}\cos5\omega_c\tau - \cdots$$

将式(8-3-27)代入上式可得

$$v(t) = \frac{4}{\pi}V_{cm}\cos(\omega_c t + m_f\sin\Omega t) - \frac{4}{3\pi}V_{cm}\cos(3\omega_c t + 3m_f\sin\Omega t) +$$

$$\frac{4}{5\pi}V_{cm}\cos(5\omega_c t + 5m_f\sin\Omega t) - \cdots \tag{8-3-28}$$

式(8-3-28)表明调频方波可以分解为无数的调频波正弦波之和,且调频正弦波的载波频率分别为原载波的奇数倍,相应的调频指数也为 m_f 及其奇数倍。可见,载波角频率越高的调频正弦波,它的调频指数也越大,占有的频谱宽度也就越宽。如果要将中心频率为 $n\omega_c$ 的调频正弦波取出,为了保证调频波不失真,除了要求带通滤波器的带宽大于所取的调频波占有的频谱宽度外,还要求相邻两个调频正弦波的有效带宽不重叠。参照图 8-3-12 可得

$$\frac{(BW_\varepsilon)_{n+2} + (BW_\varepsilon)_n}{2} < 2f_c \tag{8-3-29}$$

式中,$(BW_\varepsilon)_{n+2}$ 和 $(BW_\varepsilon)_n$ 分别为调频方波中 $n+2$ 和 n 次谐波分量所占据的有效频率宽度,其中 n 为奇数。

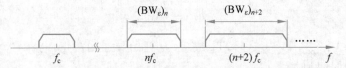

图 8-3-12　调频方波各个谐波分量占有的有效频谱宽度

3. 电容话筒调频电路

作为实例,图 8-3-13 给出了一个 100MHz 的晶体振荡器的变容管直接调频电路,组成一个无线话筒中的发射机。图中,T_2 管接成皮尔斯晶体振荡电路,并由变容管实现直接调频。在 T_2 管的集电极上的谐振回路谐振在晶体谐振器的三次泛音上,完成三倍频的功能,T_1 为音频放大器,将话筒提供的语音信号进行放大后经 $2.2\mu H$ 的高频扼流圈加到变容管上。同时,T_1 管上的集电极静态工作点电压也经过 $2.2\mu H$ 的高频扼流圈加到变容管上,作为变容管的偏置。

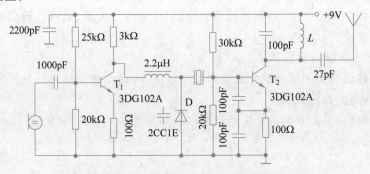

图 8-3-13　100MHz 无线话筒中的发射机

上述电路是用晶体振荡器实现调频的,可以获得较高的频率稳定度,但是其相对频偏很小,在 10^{-4} 数量级,可以通过调频接收机收听话筒拾取到的语音信号。

4. 电抗管调频电路

电抗管与变容管一样,是一种电压控制的可控电抗器,受控源可以是晶体管、场效应管,也可以是电子管。图 8-3-14 给出了一个由场效应管构成的电抗管的原理图。它是由场效应管和相移电路 Z_1、Z_2 组成的,从 LC 并联谐振回路向左看,可以等效为一个电抗,该电抗可以由加入栅极的调制信号控制,把电抗管并接到振荡器的振荡回路两端,就可以实现调频。

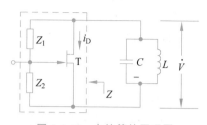

图 8-3-14　电抗管的原理图

为了求得电抗管的等效电抗,只需求电抗管在高频电压作用下的电压相量与电流相量的比值。若相移电路 Z_1 和 Z_2 的阻抗满足:$|Z_1| \gg |Z_2|$,一般选择 $|Z_1| = (5 \sim 10)|Z_2|$,则高频的电压 $\dot{V}$ 在场效应管栅极产生的电压为

$$\dot{V}_{\mathrm{g}} = \frac{Z_2}{Z_1 + Z_2}\dot{V} \approx \frac{Z_2}{Z_1}\dot{V} \tag{8-3-30}$$

此栅极电压的作用下产生的漏极电流为

$$\dot{I}_{\mathrm{D}} = g_{\mathrm{m}}\dot{V}_{\mathrm{g}} = g_{\mathrm{m}}\frac{Z_2}{Z_1}\dot{V} \tag{8-3-31}$$

设流过 Z_2 的电流为 $\dot{I}_2$,若 $|\dot{I}_{\mathrm{D}}| \gg |\dot{I}_2|$,则流过电抗管的电流 $|\dot{I}| \approx |\dot{I}_{\mathrm{D}}|$,即 Z_1 和 Z_2 对电抗管的旁路可以忽略,这样的条件下,电抗管等效的电抗可以为

$$Z = \frac{\dot{V}}{\dot{I}} = \frac{\dot{V}}{\dot{I}_{\mathrm{D}}} = \frac{Z_1}{g_{\mathrm{m}}Z_2} \tag{8-3-32}$$

只要 Z_1 和 Z_2 一个是电抗,一个是纯电阻,Z 就可以等效为一个电容或一个电感。表 8-3-1 列出了 4 种电抗管的条件以及等效的电抗。

表 8-3-1　电抗管的条件以及等效的电抗

情　况	Z_1	Z_2	条　　件	等效电抗		等效电感或电容
1	$\dfrac{1}{\mathrm{j}\omega C}$	R	$\dfrac{1}{\omega C} \gg R$	$\dfrac{1}{\mathrm{j}\omega g_{\mathrm{m}}RC}$	容抗	$C_{\varphi} = g_{\mathrm{m}}RC$
2	R	$\mathrm{j}\omega L$	$R \gg \omega L$	$\dfrac{R}{\mathrm{j}\omega g_{\mathrm{m}}L}$	容抗	$C_{\varphi} = \dfrac{g_{\mathrm{m}}L}{R}$
3	$\mathrm{j}\omega L$	R	$\omega L \gg R$	$\mathrm{j}\omega\dfrac{L}{g_{\mathrm{m}}R}$	感抗	$L_{\varphi} = \dfrac{L}{g_{\mathrm{m}}R}$
4	R	$\dfrac{1}{\mathrm{j}\omega C}$	$R \gg \dfrac{1}{\omega C}$	$\mathrm{j}\omega\dfrac{RC}{g_{\mathrm{m}}}$	感抗	$L_{\varphi} = \dfrac{RC}{g_{\mathrm{m}}}$

如果将调制电压加到场效应管的栅极,场效应管的漏极电流与栅极电压之间的关系为

$$i_{\mathrm{D}} = I_{\mathrm{DSS}}\left(1 - \frac{v_{\mathrm{GS}}}{V_{\mathrm{p}}}\right)^2 \tag{8-3-33}$$

式中,I_{DSS} 为漏极饱和电流;V_{p} 为夹断电压。则场效应管的跨导为

$$g_{\mathrm{m}} = \frac{\mathrm{d}i_{\mathrm{D}}}{\mathrm{d}v_{\mathrm{GS}}} = -2\frac{I_{\mathrm{DSS}}}{V_{\mathrm{p}}}\left(1 - \frac{v_{\mathrm{GS}}}{V_{\mathrm{p}}}\right) \tag{8-3-34}$$

式(8-3-34)说明，跨导 g_m 与栅源电压呈线性关系，如果将调制电压加到场效应管的栅源之间，就可以实现对跨导的线性控制，从而实现对等效电感或电容的控制。如果等效的电抗作为振荡回路的一部分，就可以实现调频。

图 8-3-15 给出了由场效应管组成的电抗管调频电路图，图中 R_1、R_2、R_3、R_5、R_6 和 R_7 分别是电抗管和振荡器的直流偏置电阻，C_2、C_4、C_5、C_6 对高频信号呈短路，C_3 是电抗管和振荡器的耦合电容，L_1 和 L_2 是高频扼流圈，C_1 和 R_4 决定电抗管的等效电抗的性质和大小。C_7、C_8 和 L_3 是振荡回路元件，确定振荡器的中心频率。

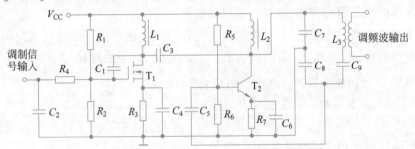

图 8-3-15　场效应管组成的电抗管调频电路

8.3.5　间接调频以及调相电路

如前所述，先将调制信号进行积分处理，再进行调相，可得到调频波，而实现间接调频的关键是实现性能优良的调相电路。调相有多种实现的方法，从实现的原理上看，一般有 3 种实现方法：矢量合成法、可变相移法和可变时延法。下面分别加以说明。

1. 矢量合成法调相电路

单音调制时，调相信号的表达式可以表示为

$$v_{PM}(t) = V_m \cos(\omega_c t + m_p \cos\Omega t)$$
$$= V_m \cos\omega_c t \cos(m_p \cos\Omega t) - V_m \sin\omega_c t \sin(m_p \cos\Omega t) \tag{8-3-35}$$

当 $m_p < \pi/12(15°)$ 时，这时的调相波是窄带调相波，根据三角函数的关系有

$$\cos(m_p \cos\Omega t) \approx 1, \quad \sin(m_p \cos\Omega t) \approx m_p \cos\Omega t \tag{8-3-36}$$

这样，调相波的表达式可以简化为

$$v_{PM}(t) = V_m \cos\omega_c t - V_m m_p \cos\Omega t \sin\omega_c t \tag{8-3-37}$$

可见，窄带调相波可以近似为一个载波信号和一个双边带信号叠加而成。如果用矢量表示，载波信号和双边带信号是正交的，其中双边带信号矢量的长度按 $V_m m_p \cos\Omega t$ 的规律变化。窄带调相波就是这两个正交矢量合成的产物，如图 8-3-16(a) 所示，这种方法称为矢量合成法，也叫作阿姆斯特朗法。相应的实现模型如图 8-3-16(b) 所示，显然这种方法在原理上只能不失真地产生窄带调相波。

2. 可变相移法调相电路

1）调相电路的工作原理

原理上，实现调相最直接的方法是将振荡器产生的载波电压经过一个可控的相移网络。如图 8-3-17 所示，在 ω_c 上产生的相移 $\varphi(\omega_c)$ 受调制电压 $v_\Omega(t)$ 的控制，且两者之间保持线性关系，即

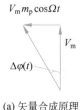

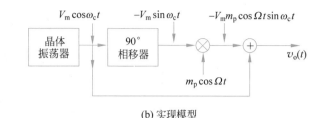

(a) 矢量合成原理　　　　　　　　　　　(b) 实现模型

图 8-3-16　矢量合成法实现调相

$$\varphi(\omega_c) = k_p v_\Omega(t) = m_p \cos\Omega t \qquad (8\text{-}3\text{-}38)$$

则相移网络的输出电压便为所需要的调相波,即

$$v_o(t) = \cos(\omega_c t + m_p \cos\Omega t) \qquad (8\text{-}3\text{-}39)$$

图 8-3-17　可变相移法调相电路的模型

可控相移网络有多种实现的电路,广泛使用的是变容管调相电路,其原理电路如图 8-3-18 所示,图中变容管用 C_j 表示,它和电感 L 组成谐振回路,并由角频率为 ω_c 的电流源激励,其中 R_p 为谐振电路的谐振电阻。一个并联谐振回路,其阻抗可以近似表示为

$$Z(j\omega) = \frac{R_p}{1 + jQ_0 \dfrac{2(\omega - \omega_0)}{\omega_0}} = Z(\omega)e^{j\varphi(\omega)} \qquad (8\text{-}3\text{-}40)$$

其中

$$Z(\omega) = \frac{R_p}{\sqrt{1 + \left[Q_0 \dfrac{2(\omega - \omega_0)}{\omega_0}\right]^2}} \qquad (8\text{-}3\text{-}41)$$

$$\varphi(\omega) = -\arctan\left[Q_0 \frac{2(\omega - \omega_0)}{\omega_0}\right] \qquad (8\text{-}3\text{-}42)$$

式中,$Q_0 = R_p/\omega_0 L \approx R_p/\omega L$,$\omega_0 = 1/\sqrt{LC_j}$;若加在变容管上的电压为 $v = -(V_Q + v_\Omega) = -(V_Q + V_\Omega \cos\Omega t)$,则相应的结电容为

$$C_j = \frac{C_{jQ}}{\left(1 + \dfrac{V_{\Omega m}}{V_Q + V_B}\cos\Omega t\right)^\gamma} = \frac{C_{jQ}}{(1 + m_c \cos\Omega t)^\gamma} \qquad (8\text{-}3\text{-}43)$$

若调制信号为 0,则谐振回路的谐振角频率等于输入激励电流的角频率,即 $\omega_0 = \omega_c = 1/\sqrt{LC_{jQ}}$。当加上调制信号后,回路谐振角频率随着调制信号的变化而变化,其值为

$$\omega_0(v_\Omega) = \frac{1}{\sqrt{LC_j}} = \omega_c(1 + m_c \cos\Omega t)^{\gamma/2} \qquad (8\text{-}3\text{-}44)$$

当激励电流源的频率(ω_c)保持恒定并通过谐振回路时,由于谐振回路的谐振频率受调制信号控制,因而谐振回路给激励信号提供的相移随着调制信号的变化而变化。为了说明

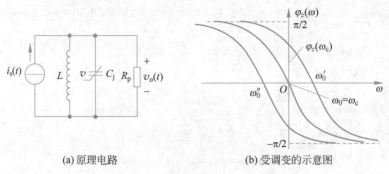

(a) 原理电路　　　　　　(b) 受调变的示意图

图 8-3-18　变容管调相电路

这个问题，根据式(8-3-42)，画出谐振回路在不同频率时的相频特性图，如图 8-3-18(b)所示，可以看出，当谐振频率变化时，输出的相位也在相应地变化，故在负载两端输出的电压是受调制信号调变的调相信号。值得说明的是，输出电压的幅度也同时在发生变化，当然这种调变是不需要的，称之为寄生调幅。

2) 实现调相不失真的条件

将式(8-3-44)用幂级数展开，假定 m_c 为小值，这样可以忽略 $m_c\cos\Omega t$ 中二次以上的项，就可以得到不失真地反映调制信号变化的谐振角频率，即

$$\omega_{\mathrm{osc}}(v_\Omega) \approx \omega_c\left(1+\frac{\gamma}{2}m_c\cos\Omega t\right) = \omega_c + \Delta\omega_0(t) \tag{8-3-45}$$

式中

$$\Delta\omega_0(t) = \frac{\gamma}{2}m_c\omega_c\cos\Omega t \tag{8-3-46}$$

进一步分析式(8-3-42)，根据正切函数的特性，当 $|\varphi(\omega)| < (\pi/6)\,\mathrm{rad} = 30°$ 时，有 $\tan\varphi(\omega) \approx \varphi(\omega)$，由此引入的误差小于 10%，工程上可容许。因此有

$$\varphi_z(\omega) = -\arctan\left[2Q_0\frac{\omega-\omega_0(t)}{\omega_0(t)}\right] \approx -2Q_0\frac{\omega-\omega_0(t)}{\omega_0(t)} \tag{8-3-47}$$

当 $\omega = \omega_c$ 时，$\varphi_z(\omega) \approx -2Q_0\dfrac{\omega_c-[\omega_c+\Delta\omega_0(t)]}{\omega_c+\Delta\omega_0(t)}$，当 $\Delta\omega_0(t) \ll \omega_c$ 时，该式可简化为

$$\varphi_z(\omega) \approx 2Q_0\frac{\Delta\omega_0(t)}{\omega_c} = Q_0\gamma m_c\cos\Omega t = m_p\cos\Omega t \tag{8-3-48}$$

式中，$m_p = Q_0\gamma m_c$，其值要限定在 $\pi/6$ 以下。

可见，要实现不失真的调相，除了选用 $\gamma = 2$ 的变容管或限制 m_c 为小值，保证 $\omega_0(t)$ 不失真地反映调制信号外，还必须限制 $m_p < \pi/6$。

3) 调相电路实例

图 8-3-19 所示为一个变容管组成的调相电路，电感 L 和变容管 $D(C_j)$ 组成谐振回路；R_1 和 R_2 为隔离电阻，其作用是将谐振回路这个二端网络的输入和输出隔离开来；R_4 是变容管控制电路中的偏压源与调制信号之间的隔离电阻；C_3 是调制信号的耦合电容，起隔离偏压电源的作用；C_4 为高频的滤波电容，也对变容管的直流起隔离作用。图 8-3-20 为图 8-3-19 的高频通路和调制信号通路的等效电路图。根据诺顿等效电路，在图 8-3-20(a)中，电阻 R_1 将输入的载波电压激励变换为可控相移网络所需的电流源激励。在图 8-3-20(b)

中,R_3 和 C_4 一般为一个低通滤波电路,若 C_4 的取值使其容抗远小于 R_3,即对于调制信号频率而言,有 $\Omega R_3 C_4 \gg 1$,则调制信号在 $R_3 C_4$ 电路中产生的电流为 $i_\Omega(t) = v_\Omega(t)/R_3$,该电流流向 C_4,给电容 C_4 充电,因此实际加到变容管的电压是调制信号电压 $v'_\Omega(t)$,其值为

$$v'_\Omega(t) = \frac{1}{C_4}\int_0^t i_\Omega(t)\mathrm{d}t = \frac{1}{R_3 C_4}\int_0^t v_\Omega(t)\mathrm{d}t \qquad (8\text{-}3\text{-}49)$$

在这种情况下,$R_3 C_4$ 电路的作用可以等效为一个积分电路,当调制信号单音表示时,$v_\Omega(t) = V_{\Omega m}\cos\Omega t$,有

$$v'_\Omega(t) = \frac{1}{R_3 C_4}\int_0^t v_\Omega(t)\mathrm{d}t = \frac{V_{\Omega m}}{\Omega R_3 C_4}\sin\Omega t \qquad (8\text{-}3\text{-}50)$$

这样,图 8-3-19 便转换为一个间接调频电路。

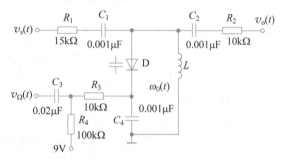

图 8-3-19 变容管调相电路

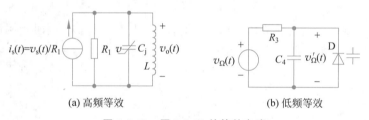

(a) 高频等效   (b) 低频等效

图 8-3-20 图 8-3-19 的等效电路

单级调相电路的线性相位的变化范围较小,一般在 $30°$ 以内,为了增大调相系数 m_p,可以采用多级单调谐回路构成的变容管调相电路,如图 8-3-21 所示,图中每个回路都由变容管调相,而各个变容管受同一调制信号调变,每个回路的 Q 值由可变电阻调节,以便使 3 个回路产生相等的相移。为了减小各个回路之间的影响,各个回路之间用 1pF 的小电容耦合,这样电路的总相移等于三级回路的相移之和。因此,这种电路的 m_p 为单回路调相电路的 3 倍。如果各级回路的耦合电容过大,则该电路不能看成是 3 个单回路的串接,而变成三调谐回路的耦合电路了,这时,即使相移较小也会产生较大的非线性失真。

若设各个回路在 $\omega = \omega_c$ 上呈现的阻抗幅值为 $Z(\mathrm{j}\omega_c)$,则通过分析可知,输入载波信号电压在第一级回路上产生的调相波电压为

$$v_1(t) \approx V_m(\mathrm{j}\omega_c C_1)Z(\omega_c)\cos(\omega_c t + Q\gamma m_c \cos\Omega t) \qquad (8\text{-}3\text{-}51)$$

$v_1(t)$ 在第二级回路上产生的调相波电压为

$$v_2(t) \approx V_m(\mathrm{j}\omega_c C_1)(\mathrm{j}\omega_c C_2)[Z(\omega_c)]^2\cos(\omega_c t + 2Q\gamma m_c \cos\Omega t) \qquad (8\text{-}3\text{-}52)$$

$v_2(t)$ 在第三级回路上产生的调相波电压为

$$v_o(t) \approx V_m(\mathrm{j}\omega_c C_1)(\mathrm{j}\omega_c C_2)(\mathrm{j}\omega_c C_3)[Z(\omega_c)]^3\cos(\omega_c t + 3Q\gamma m_c \cos\Omega t) \qquad (8\text{-}3\text{-}53)$$

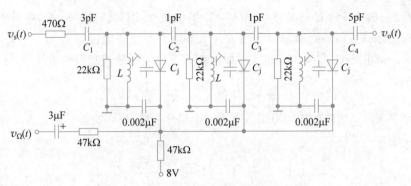

图 8-3-21 三级单回路变容管调相电路

3. 可变时延法调相电路

将振荡器产生的载波电压，通过可控的时延网络，如图 8-3-22 所示，时延网络的输出电压为

$$v_o(t) = V_m \cos[\omega_c(t - \tau)] \qquad (8\text{-}3\text{-}54)$$

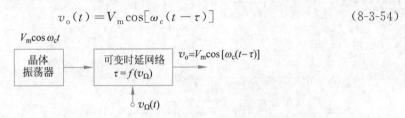

图 8-3-22 可变时延法调相电路的模型

如果 τ 与调制信号呈线性关系，即 $\tau = k_d v_\Omega(t) = k_d V_{\Omega m} \cos\Omega t$，则时延网络的输出的电压就是所需要的调相波，即

$$v_o(t) = V_m \cos[\omega_c t - \omega_c k_d v_\Omega(t)] = V_m \cos[\omega_c t - m_p \cos\Omega t] \qquad (8\text{-}3\text{-}55)$$

式中

$$m_p = \omega_c k_d V_{\Omega m} \qquad (8\text{-}3\text{-}56)$$

作为举例，介绍对脉冲波进行可控时延的调相电路，它的组成如图 8-3-23 所示。

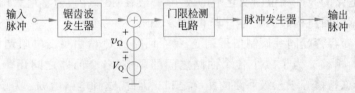

图 8-3-23 脉冲调相电路组成框图

图 8-3-24 给出了图 8-3-23 各个部分的波形。首先，将输入载波信号变换为图 8-3-24(a)所示周期为 T_c 的窄脉冲序列，并加到锯齿波发生器上，锯齿波发生器在窄脉冲序列触发下，产生如图 8-3-24(b)所示的锯齿波电压。然后，把锯齿波电压和可控电压 v（如 v_1、v_2、v_3）叠加，再加到门限检测电路上，当该叠加电压的瞬时值等于图 8-3-24(c)中虚线所示的门限电压时，门限检测电路就产生电压跳变，去触发脉冲发生器，产生如图 8-3-24(d)所示的脉冲。可见，调节可控电压 v 的大小可以改变输出脉冲 $v_o(t)$ 的时延，如果锯齿波有良好的线性，则时延受电压 v 的控制是线性的，即

$$\tau = \frac{v_r - v}{K} \qquad (8\text{-}3\text{-}57)$$

式中，K 为锯齿波电压变化的斜率，单位为 V/s。

若取 v 为一合适的直流电压 V_Q（$v_\Omega = 0$），将它与锯齿电压叠加，使锯齿波的中点电压恰好等于门限电压，假设这时脉冲发生器的输出脉冲为未加调制时的载波脉冲，它的时延用 τ_0 表示，等于锯齿波扫描周期 T_c 的一半，即 $\tau_0 = T_c/2$，如图 8-3-25 所示。当加上调制电压时，$v = V_Q + v_\Omega$，脉冲发生器的输出脉冲就是时延受调制信号电压调变的调相脉冲，它与载波脉冲之间的时延差 $\Delta \tau$ 为

$$\Delta \tau = \tau - \tau_0 = -v_\Omega / K \qquad (8\text{-}3\text{-}58)$$

将上述调相脉冲通过滤波器，取出其基波或某一次谐波分量，就可得到相移受调制信号控制的调相正弦波。单音调制时，根据式（8-3-55），该调相波的调相指数为

$$m_p = n\omega_c \Delta \tau_m \qquad (8\text{-}3\text{-}59)$$

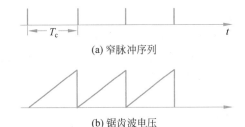

(a) 窄脉冲序列

(b) 锯齿波电压

(c) 叠加波形

(d) 脉冲波形

图 8-3-24　脉冲调相电路组成部分的波形

式中，n 为谐波次数，$\Delta \tau_m$ 为引起的最大时延差。理论上，其值可达到 T_c 的一半；实际上，考虑到锯齿波的回扫时间，$\Delta \tau_m$ 一般限制在 $0.4T_c$ 以内，因而

$$|m_p| \leqslant n\frac{2\pi}{T_c}(0.4T_c) = 0.8n\pi \qquad (8\text{-}3\text{-}60)$$

当 $n = 1$，即取调相脉冲中的基波分量时，调相指数可以达到 $0.8n\pi$。可见，脉冲调相电路具有线性相移较大的优点，广泛用于调频广播发射机中。

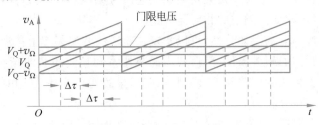

图 8-3-25　用调制信号控制时延

4. 间接调频与直接调频电路性能上的差别

综上所述，不论采用哪种调相电路，它们能够提供的最大线性相移均受到调相特性非线性的限制，且其值都很小。将它们作为间接调频电路时，输出调频波的最大相移，即最大调频指数同样受到调相特性非线性的限制。因而，最大值也只能达到调相时的最大线性相移。

根据前面的分析，当调相电路选定后，调频指数就被限定了，因而当调制信号的频率一定时，V_Ω 即相应的 $\Delta \omega_m$ 也就被限定了，其值与载波角频率的大小无关。而在前面讨论的直

接调频电路中,V_Ω 即 $\Delta\omega_m$ 的增大受到调频特性非线性的限制,不过,其值与 ω_c 成正比。由此表明,两种调频电路性能上的一个重大差别是受到调制特性非线性限制的参数不同,间接调频电路为最大绝对频偏 $\Delta\omega_m$,而直接调频电路为最大相对频偏 $\Delta\omega_m/\omega_c$。因此,增大 ω_c 可以增大直接调频电路中的 $\Delta\omega_m$,而对间接调频电路中的 $\Delta\omega_m$ 却无济于事。反之,减小 ω_c,可以增大间接调频电路提供的最大相对频偏,而对直接调频电路的相对频偏却无济于事。

如果调制信号是由包含的众多频率分量组成的复杂信号,则当 $V_{\Omega m}$ 即 $\Delta\omega_m$ 一定时,Ω 越小,调频指数就越大,当调制信号频率为最小值时,调频指数达到最大值。在间接调频电路中,由于这个最大值不能超过调相器提供的最大线性相移 m_p,因而,它能提供的最大频偏必须在最低调制频率上求得,即

$$\Delta\omega_m = m_f \Omega_{\min} \tag{8-3-61}$$

才能保证整个调制频率范围内的 m_f 不超过 m_p。

综上所述,间接调频电路提供的最大频偏是很小的,由此实现的调频波是窄带调频波。

8.3.6 扩展最大频偏的方法

最大频偏是频率调制器的主要性能指标,在实际调频设备中,如果需要的最大频偏不能由调频电路(特别是间接调频电路)达到,则如何扩展最大频偏是设计调频设备的关键问题。

一个单音的调频波,假设它的瞬时角频率为

$$\omega = \omega_c + \Delta\omega_m \cos\Omega t \tag{8-3-62}$$

将该调频波通过倍频次数为 n 的倍频器,它的瞬时角频率就将增大 n 倍,变为 $n\omega_c + n\Delta\omega_m \cos\Omega t$。可见,倍频器可以不失真地将调频波的载波角频率和最大角频偏同时增大 n 倍。换句话说,倍频器可以在保持调频波的相对角频偏不变的条件下成倍地扩展其最大角频偏。

如果将该调频波通过混频器,由于混频器具有频率加减功能,因而,它可以使调频波的载波角频率降低或提高,但不会使最大角频偏变化。可见,混频器可以在保持最大角频偏不变的条件下,不失真地改变调频波的相对角频偏。

利用倍频器和混频器的上述特性,可以实现在要求的载波频率上扩展频偏。例如,首先利用倍频器增大调频波的最大频偏,然后利用混频器将调频波的载波频率降低到规定的数值。这种方法对于直接调频电路和间接调频电路产生的调频波都是适用的。但是在实际考虑时,这两种电路又有不同。

采用直接调频电路时,由于它的最大相对频偏受到限制,因此,当最大相对频偏一定时,提高 ω_c,可以增大 $\Delta\omega_m$。如果能够制成较高频率的频率调制器,那么,先在较高频率上产生调频波,而后通过混频器将其载波频率降低到规定值,这种方法比采用上述倍频和混频的方法简单。

采用间接调频电路时,由于它的最大调频指数或最大频偏受到限制,因此,一般在较低频率上产生调频波,以提高调频波的相对频偏,而后通过倍频和混频获得所需的载波频率和最大线性频偏。

例如,一台调频广播发射机,采用矢量合成法调相电路,要求产生载波频率为 100MHz,最大频偏为 75kHz 的调频波。已知调制频率范围为 $100\text{Hz}\sim15\text{kHz}$。采用矢量合成调相

电路时,在最低调制频率 $100\,\mathrm{Hz}$ 上能够产生的最大线性频偏为 $26\,\mathrm{Hz}$,为了产生所需的调频波,可以采用图 8-3-26 所示的方案。图中,调相电路的载波频率为 $100\,\mathrm{kHz}$,产生的最大频偏设为 $24.41\,\mathrm{Hz}$,通过三级四倍频器和一级三倍频器,可以得到载频为 $19.2\,\mathrm{MHz}$,最大频偏为 $4.687\,\mathrm{kHz}$ 的调频波,而后通过混频器将其载波频率降低到 $6.25\,\mathrm{MHz}$,再通过二级四倍频器,就能得到所需的调频波。

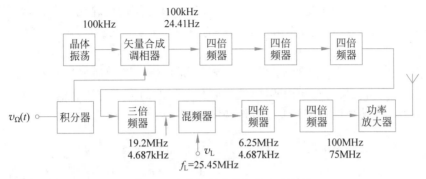

图 8-3-26 调频广播发射机的实现框图

8.4 调频波的解调

调频波的解调称为频率检波,简称鉴频;调相波的解调称为相位检波,简称鉴相。它们的作用都是从已调波中检出反映在频率或相位变化上的调制信号,但是采用的方法不尽相同。本节重点讨论调频波的解调,在讨论中需要涉及调相波的解调时,也进行简要介绍。下面先简要说明鉴频电路的主要性能指标。

就鉴频电路的功能而言,它是一个将输入调频信号的瞬时频率变换为相应解调输出电压的转换器。通常将该转换器的变换特性,即随瞬时频偏的变化特性称为鉴频特性,如图 8-4-1 所示。图中原点上的斜率 S_D 称为鉴频跨导,单位为 V/Hz。

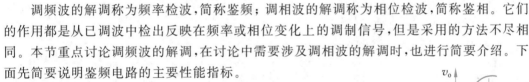

$$S_\mathrm{D} = \frac{\partial v_\mathrm{o}}{\partial (f-f_0)}\bigg|_{f=f_0} \qquad (8\text{-}4\text{-}1)$$

图 8-4-1 鉴频特性

S_D 越大,表明鉴频器将输入瞬时频偏变换为输出解调电压的能力越强,当 $\Delta f(t)=\Delta f_\mathrm{m}\cos\Omega t$ 时,不失真的解调输出电压为 $v_\mathrm{o}(t)=S_\mathrm{D}\Delta f_\mathrm{m}\cos\Omega t$。

一般情况下,S_D 为调制角频率的复函数,即 $S_\mathrm{D}(\mathrm{j}\Omega)$,要求它的通频带大于调制信号的最高频率 $\Omega_{\max}$。在传输视频信号时,还必须满足相位失真和瞬变失真的要求。

鉴频特性的非线性通常用非线性失真系数来评价。为了减小非线性失真,要求鉴频特性近似线性的范围为 $2\Delta f_{\max} > 2\Delta f_\mathrm{m}$。

总之,一个鉴频器,除了有大的鉴频跨导外,还必须满足线性和非线性失真的要求。

8.4.1 限幅鉴频实现方法概述

在调频接收机中,当等幅调频信号通过鉴频前各级电路时,因电路频率特性不均匀而导致调频信号频谱结构的变化,从而造成调频信号的振幅发生变化。如果存在干扰,还会进一

微视频

步加剧这种振幅的变化。鉴频器解调这种信号时，上述寄生调幅就会反映在输出解调电压上，产生解调失真。因此，一般必须在鉴频前加一限幅器以消除寄生调幅，保证加到鉴频器上的调频电压是等幅的。可见，限幅与鉴频一般是连用的，统称为限幅鉴频器。

就工作原理而言，鉴频有两类实现方法，一类是利用反馈环路（如锁相环）实现鉴频，这类方法将在第9章介绍；另一类是将输入调频信号进行特定波形变换，使变换后的波形包含有反映瞬时频率变化的平均分量。这样，通过低通滤波器就能输出所需的解调电压。根据波形变换的不同特点，这类鉴频器又可归纳为下列3种实现方法。

1. 包络检波鉴频器

包络检波鉴频器的实现模型如图 8-4-2 所示，先将输入调频波通过具有合适频率特性的线性网络，使输出转换为调频调幅波，这个调频调幅波的振幅与调制信号呈线性关系，而后通过包络检波器检出反映振幅变化的解调电压。

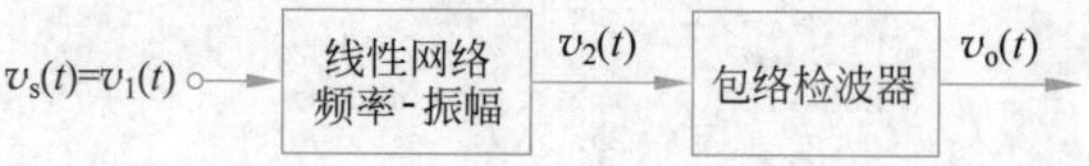

$$v_s(t)=v_1(t) \circ \longrightarrow \boxed{\begin{array}{c}\text{线性网络}\\\text{频率-振幅}\end{array}} \xrightarrow{v_2(t)} \boxed{\text{包络检波器}} \xrightarrow{v_o(t)}$$

图 8-4-2　包络检波鉴频器的实现模型

包络检波器在第7章已经讲述过，实现波形变换的关键在于找到一个将输出调频信号的振幅变换为按瞬时频率变化的线性网络。从原理上来说，这个线性网络的作用就是改变输入调频信号中各频谱分量的相对幅度，以使它们合成为振幅按瞬时频率变化的调频信号。试问，这个线性网络应具有怎样的频率特性呢？要回答这个问题，我们先研究一下调频信号通过理想微分网络的响应特性。

根据线性系统理论，若已知线性网络的频率特性为

$$A(j\omega)=A(\omega)e^{j\varphi_A(\omega)} \tag{8-4-2}$$

当其输入端作用着调频信号 $v_1(t)$ 时，它的输出响应为

$$v_2(t)=\mathcal{F}^{-1}\big[F_2(j\omega)\big]=\mathcal{F}^{-1}\big[A(j\omega)F_1(j\omega)\big] \tag{8-4-3}$$

式中，$F_1(j\omega)=\mathcal{F}[v_1(t)]$，$F_2(j\omega)=\mathcal{F}[v_2(t)]$ 分别为 $v_1(t)$ 和 $v_2(t)$ 的傅里叶变换。

一个理想的微分网络，其频率特性 $A(j\omega)=jA_0\omega$，即其具有线性的幅频特性和恒值的相频特性。

$$A(\omega)=A_0\omega,\quad \varphi_A(\omega)=\frac{\pi}{2} \tag{8-4-4}$$

如图 8-4-3 所示，它的输出响应为

$$v_2(t)=\mathcal{F}^{-1}\big[jA_0\omega F_1(j\omega)\big] \tag{8-4-5}$$

利用傅里叶变换的微分特性

$$\mathcal{F}\left[\frac{dv_1(t)}{dt}\right]=j\omega F_1(j\omega) \tag{8-4-6}$$

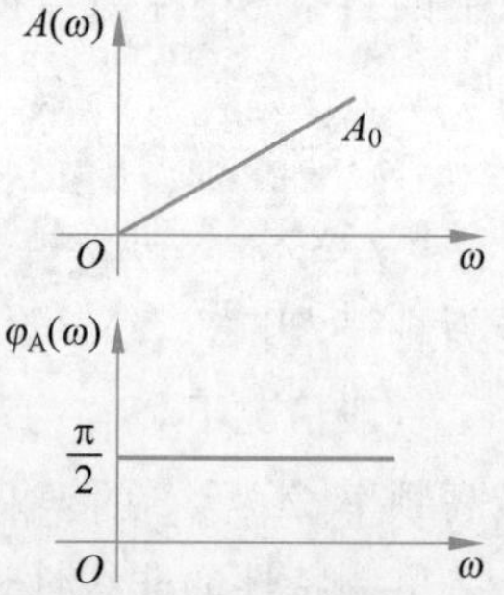

图 8-4-3　微分网络的
频率响应

得

$$v_2(t)=A_0\frac{dv_1(t)}{dt} \tag{8-4-7}$$

例如，$v_1(t)=V_{im}\cos(\omega_c t+m_f\sin\Omega t)$ 时，有

$$v_2(t) = A_0 \frac{\mathrm{d}v_1(t)}{\mathrm{d}t} = -A_0 V_{im}(\omega_c + \Omega m_f \cos\Omega t)\sin(\omega_c t + m_f \sin\Omega t)$$

$$= -A_0 V_{im}(\omega_c + \Delta\omega_m \cos\Omega t)\sin(\omega_c t + m_f \sin\Omega t) \tag{8-4-8}$$

式(8-4-8)表明,理想微分网络可以将输入调频信号的瞬时频率变化不失真地反映在输出调频信号的振幅 V_{2m},即

$$V_{2m} = A_0 V_{im}(\omega_c + \Delta\omega_m \cos\Omega t) \tag{8-4-9}$$

通过包络检波器就可得到所需的解调电压。因而,理论上,包络检波鉴频器又可用图 8-4-4 所示的模型表示。

图 8-4-4 包络检波鉴频器的理论模型

必须指出,实际的网络只能在有限的范围内逼近理想的微分特性,如果这个有限的范围大于调频波的有效频谱宽度,工程上认为引入的误差是可以忽略的。

根据调频波到调频-调幅波转换网络的工作原理不同,具体的鉴频电路可以分为斜率鉴频器、相位鉴频器和比例鉴频器。

2. 相位检波鉴频器

相位检波鉴频器的实现模型如图 8-4-5 所示,先将输入调频波通过具有合适频率特性的线性网络,使输出调频波的附加相移按照瞬时频率的规律变化,而后相位检波器将它与输入调频波的瞬时相位进行比较,检出反映附加相移变化的解调电压。

实现相位鉴频,首先要找到一个将输入调频信号的附加相移变换为按瞬时频率变化的线性网络。理论上,这个线性网络的作用就是改变输入调频信号中各频谱分量的相对相位,成为附加相移按瞬时频率变化的调频信号。下面来研究调频波通过一个理想时延网络的频率响应。

一个理想的时延网络,其频率特性 $A(\mathrm{j}\omega) = A_0 \mathrm{e}^{-\mathrm{j}\omega\tau_0}$,即恒值的幅频特性和线性的相频特性,如图 8-4-6 所示,则根据傅里叶变换的时延特性,有

$$\mathcal{F}[v_1(t - \tau_0)] = F(\mathrm{j}\omega_0)\mathrm{e}^{-\mathrm{j}\omega\tau_0} \tag{8-4-10}$$

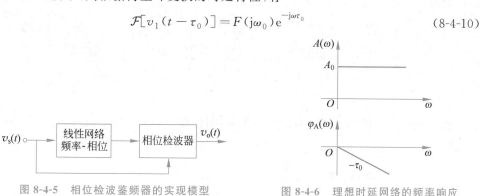

图 8-4-5 相位检波鉴频器的实现模型

图 8-4-6 理想时延网络的频率响应

求得输出响应为

$$v_2(t) = \mathcal{F}^{-1}[A_0 F_1(\mathrm{j}\omega)\mathrm{e}^{-\mathrm{j}\omega\tau_0}] = A_0 v_1(t - \tau_0) \tag{8-4-11}$$

例如,当 $v_1(t) = V_{im}\sin(\omega_c t + m_f \sin\Omega t)$ 时,有

$$v_2(t) = A_0 v_1(t - \tau_0) = A_0 V_{im} \sin[\omega_c(t - \tau_0) + m_f \sin\Omega(t - \tau_0)]$$

$$= A_0 V_{im} \sin(\omega_c t - \omega_c \tau_0 + m_f \sin\Omega t \cos\Omega\tau_0 - m_f \cos\Omega t \sin\Omega\tau_0) \quad (8\text{-}4\text{-}12)$$

其中，$\sin\Omega(t - \tau_0) = \sin\Omega t \cos\Omega\tau_0 - \cos\Omega t \sin\Omega\tau_0$，若 $\Omega\tau_0 \leqslant \dfrac{\pi}{12}$，则 $\cos\Omega\tau_0 \approx 1$，$\sin\Omega\tau_0 \approx \Omega\tau_0$，$v_2(t)$ 便可近似表示为

$$v_2(t) \approx A_0 V_{im} \sin(\omega_c t + m_f \sin\Omega t - m_f \Omega\tau_0 \cos\Omega t - \omega_c \tau_0) \quad (8\text{-}4\text{-}13)$$

式(8-4-13)表明，通过理想时延网络，当 $\Omega\tau_0 \leqslant \pi/12$ 时，输出调频信号中的附加相移为

$$\Delta\varphi = -m_f \Omega\tau_0 \cos\Omega t - \omega_c \tau_0 = -\omega_c \tau_0 - \Delta\omega_m \tau_0 \cos\Omega t \quad (8\text{-}4\text{-}14)$$

其中，$-\omega_c \tau_0$ 为恒定相移，$\Delta\omega_m \tau_0 \cos\Omega t$ 反映了输入调频波的瞬时频率变化。因而，理论上，相位鉴频器又可用图 8-4-7 所示的模型表示。

同样，实际的网络只能在有限的范围内逼近理想的时分特性，如果这个有限的范围大于调频波的有效频谱宽度，工程上认为引入的误差也是可以忽略的。

3. 脉冲式数字鉴频器

脉冲式数字鉴频器的实现模型如图 8-4-8 所示，先将输入调频波通过具有合适特性的非线性变换网络，将它变换为调频等宽脉冲序列。由于该等宽脉冲序列含有反映瞬时频率变化的平均分量，因而，通过低通滤波器就能输出反映平均分量变化的解调电压。也可将该调频等宽脉冲序列直接通过脉冲计数器得到反映瞬时频率变化的解调电压。

脉冲式数字鉴频器可以有多种实现电路。为了便于理解这种方法的基本工作原理，图 8-4-8 所示的框图表示了脉冲式数字鉴频器的一种实现电路，相应点的波形如图 8-4-9 所示。图 8-4-9 (a)为输入的调频波电压 v_s，通过双向限幅电路，

图 8-4-7 相位检波鉴频器的理论模型

变换为调频方波，如图 8-4-9(b)所示；再通过微分网络，变换为微分脉冲序列，如图 8-4-9(c)所示；并用其中的正微分脉冲去触发脉冲形成电路，产生宽度为 τ 的调频脉冲，如图 8-4-9(d)所示，该脉冲序列不失真地反映了输入调频波的瞬时频率变换。因此，通过低通滤波器就能输出所需要的解调电压，如图 8-4-9(e)所示。

图 8-4-8 脉冲式数字鉴频器的实现模型

脉冲式数字鉴相器不仅鉴频线性范围大，而且便于集成，在调频波的解调电路中得到了广泛的应用。

8.4.2 斜率鉴频电路

1. 失谐回路斜率鉴频电路

最简单的斜率鉴频器可由单失谐回路和二极管包络检波器组成，如图 8-4-10(a)所示。所谓的单失谐回路是指输入谐振回路对输入调频波的载波频率是失谐的。在实际调整时，为了获得线性的鉴频特性，总是使输入调频波的载波角频率处在谐振特性曲线倾斜部分中

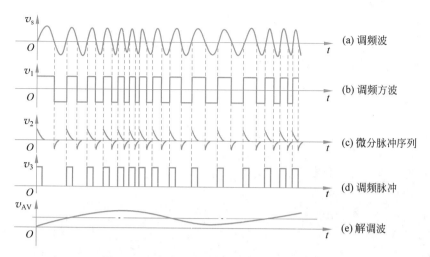

图 8-4-9　脉冲式数字鉴频器各个部分的波形

接近直线段的中点上,如图 8-4-10(b)中的 O 点或 O' 点,这样,单谐振回路就可将输入等幅调频波变换为幅度反映瞬时频率变化的调频波,而后通过包络检波器完成鉴频功能。

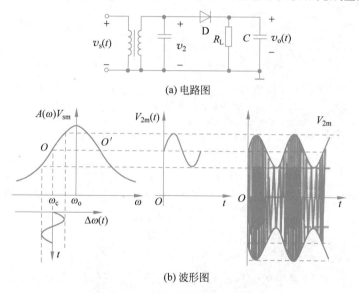

图 8-4-10　单失谐回路斜率鉴频器

实际上,单谐振回路的谐振曲线,其倾斜部分的线性范围是很小的。为了扩大鉴频特性的线性范围,实用的斜率鉴频器都采用两个单失谐回路构成的平衡电路,如图 8-4-11(a)所示。其中,上面的谐振回路调谐在 f_{01} 上,下面的谐振回路调谐在 f_{02} 上,它们各自失谐在输入调频波载波频率的两侧,并且与 f_c 的间隔相等,如图 8-4-11(b)所示。

若设上、下两谐振回路的幅频特性分别为 $A_1(\omega)$ 和 $A_2(\omega)$,并认为上、下两包络检波器的检波电压传输系数均为 η_d,则双失谐回路斜率鉴频器的输出解调电压为

$$v_o = v_{AV1} - v_{AV2} = V_{sm}\eta_d[A_1(\omega) - A_2(\omega)] \tag{8-4-15}$$

式(8-4-15)就是双失谐回路斜率鉴频器的鉴频特性方程。它表明,当 V_{sm} 和 η_d 一定时,v_o 随 ω 的变化特性就是将两个失谐回路的幅频特性相减后的合成特性,如图 8-4-11(c)

和图 8-4-11(d)所示。由图 8-4-11 可见,合成鉴频特性曲线形状除了与两回路的幅频特性曲线形状有关外,主要取决于 f_{01} 和 f_{02} 配置。若 f_{01} 和 f_{02} 配置恰当,两回路幅频特性曲线中的弯曲部分就可相互补偿,合成一条线性范围较大的鉴频特性曲线,否则,两者的间隔过大时,合成的鉴频特性曲线就会在附近出现弯曲,而间隔过小时,合成的鉴频特性曲线线性范围就不能有效扩展。

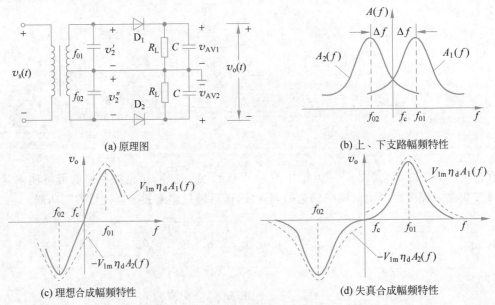

图 8-4-11　双失谐回路斜率鉴频器

可以证明,若间隔选为

$$\delta_f = \sqrt{\frac{3}{2}} \frac{BW_{0.7}}{4\pi} \approx 0.1 BW_{0.7} \tag{8-4-16}$$

则鉴频特性的线性范围达到最大。为了实现线性鉴频,应限制最大的角频偏为

$$\Delta\omega_m < \frac{BW_{0.7}}{4} \tag{8-4-17}$$

2. 集成电路中采用的斜率鉴频器

在集成电路中,广泛采用的斜率鉴频电路如图 8-4-12 所示。图中 L_1 和 C_1、C_2 为实现频幅转换的线性网络,将输入调频波电压 $v_s(t)$ 转换为两个幅度按瞬时频率变化的调频波电压 $v_1(t)$ 和 $v_2(t)$,$v_1(t)$ 和 $v_2(t)$ 分别通过射极跟随器 T_1 和 T_2 加到三极管射极包络检波器 T_3 和 T_4 上,检波器的输出解调电压由差分放大器 T_5 和 T_6 放大后作为鉴频器的输出电压 v_o,显然,其值与 $v_1(t)$ 和 $v_2(t)$ 的振幅差值 $(V_{1m}-V_{2m})$ 成正比。

图 8-4-13(a)给出了 V_{1m} 和 V_{2m} 随频率变化的特性曲线。图中 ω_1 为 L_1 和 C_1 回路的谐振角频率,由图可见,当 ω 接近 ω_1 时,回路呈现的阻抗最大,因而 V_{1m} 接近最大值,V_{2m} 接近最小值。而当 ω 自 ω_1 减小时,L_1C_1 回路阻抗减小,且呈感性,相应地,V_{1m} 减小,V_{2m} 增大,直到 ω 减小到 ω_2 时,L_1C_1 回路呈现的感抗与 C_2 的容抗抵消,整个电路串联谐振,相应的 V_{1m} 便下降到最小值,而 V_{2m} 接近最大值。若回路的 Q 值很大,则该串联谐振角频率可近似表示为 $\omega_2 \approx 1/\sqrt{L_1(C_1+C_2)}$。

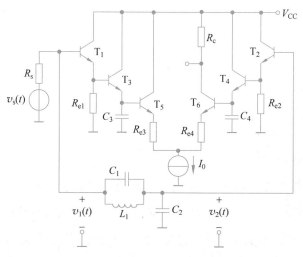

图 8-4-12 集成电路中广泛使用的斜率鉴频器

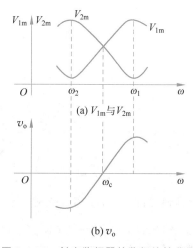

图 8-4-13 斜率鉴频器的鉴频特性曲线

将上述 V_{1m} 和 V_{2m} 随频率变化的两条曲线相减后得到的合成曲线,再乘以由跟随器、检波器和差分放大器决定的增益常数,就是所求的鉴频特性曲线,如图 8-4-13(b)所示。显然,调节 L_1C_1 和 C_2 可以改变鉴频特性曲线的形状,包括峰-峰间隔,中心频率,上、下曲线的对称性等。

8.4.3 叠加型相位鉴频电路

叠加型相位鉴频器是一种振幅检波型鉴频器。它的工作原理可分为移相网络的频率-相位变换、矢量相加的相位-幅度变换和两个包络检波器的差动检波 3 个过程,应用较为广泛。

图 8-4-14 是电感耦合相位鉴频器原理电路图。电路的初级回路 C_1L_1 和次级回路 C_2L_2 均调谐于调频波的中心频率 f_0。它们完成波形变换,将等幅调频波变换为幅度随瞬时频率变化的调频波(即调幅-调频波)。$D_1、R_L、C$ 和 $D_2、R_L、C$ 分别组成上、下两个振幅检波器,且特性完全相同,将振幅的变化检测出来。图中,C_5 为隔直耦合电容,对输入信号频率呈短路;L_3 为高频扼流圈,在输入信号频率上的阻抗很大,接近开路,而对平均分量接近短路,为包络检波器提供通路。同时,负载电阻 R_L 通常比旁路电容 C 的高频容抗大得多,而耦合电容 C_5 与旁路电容 C 的容抗则远小于高频扼流圈 L_3 的感抗。这样,当输入调频信号在初级回路 L_1C_1 上产生电压 v_s 时,这个电压将通过互感耦合在次级回路 L_2C_2 上产生电压 v_{ab};同时,又通过 C_5、高频扼流圈 L_3 和滤波电容 C 接地,形成闭合回路。在这个回路中,v_s 几乎全部加到 L_3 上。因此,根据图示的电压极性,实际加到包络检波器的输入电压为

$$\dot{V}_{D1} = \dot{V}_{ao} + \dot{V}_s = \frac{1}{2}\dot{V}_{ab} + \dot{V}_s \qquad (8\text{-}4\text{-}18)$$

$$\dot{V}_{D2} = \dot{V}_{bo} + \dot{V}_s = -\frac{1}{2}\dot{V}_{ab} + \dot{V}_s \qquad (8\text{-}4\text{-}19)$$

这样,每个检波器上均加有两个电压,即 $\frac{1}{2}\dot{V}_{ab}$ 和 $\dot{V}_s$。不过一个检波器输入是它们之

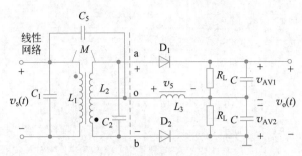

图 8-4-14 叠加型相位鉴频器电路

和,另一个检波器输入则是它们之差。值得注意的是,只要处在耦合回路的通频带范围之内,当调频波的瞬时频率变化时,无论是 $\dot{V}_s$ 还是 $\dot{V}_{ab}$,它们的振幅都是保持恒定的,但是它们之间的相位关系随频率而发生变化。下面就来分析 $\dot{V}_{ab}$ 和 $\dot{V}_s$ 之间的相位差是如何随信号频率而变化的。

1. 频率-相位变换

为了方便分析,先做两个合乎实际的假定:(1)初、次级回路的品质因数均较高;(2)初、次级回路之间的互感耦合比较弱。这样,在估算初级回路电流时,就不必考虑初级回路自身的损耗电阻和从次级反射到初级的损耗电阻,于是可以近似地得到图 8-4-15 所示的等效电路。

$$\dot{I}_1 = \frac{\dot{V}_s}{j\omega L_1 + r_1} \approx \frac{\dot{V}_s}{j\omega L_1} \tag{8-4-20}$$

初级的电流在次级回路中感应产生串联电动势为

$$\dot{V}_2 = j\omega M \dot{I}_1 = \frac{M}{L_1}\dot{V}_s \tag{8-4-21}$$

图 8-4-15 次级回路的等效电路

次级回路中产生的电流为

$$\dot{I}_2 = \frac{\dot{V}_2}{r_2 + j\left(\omega L_2 - \frac{1}{\omega C_2}\right)} = \frac{M}{L_1}\frac{\dot{V}_s}{r_2 + j\left(\omega L_2 - \frac{1}{\omega C_2}\right)} \tag{8-4-22}$$

电流 $\dot{I}_2$ 在次级回路两端产生的电压为

$$\dot{V}_{ab} = -\frac{1}{j\omega C_2}\dot{I}_2 = j\frac{1}{\omega C_2}\frac{M}{L_1}\frac{\dot{V}_s}{r_2 + j\left(\omega L_2 - \frac{1}{\omega C_2}\right)} \tag{8-4-23}$$

引入广义失谐 $\xi = 2Q\Delta f / f_0$,则式(8-4-23)变为

$$\dot{V}_{ab} = j\,\frac{\eta}{1+j\xi}\dot{V}_s = \frac{\eta\dot{V}_s}{\sqrt{1+\xi^2}}e^{\frac{\pi}{2}-\varphi} \qquad (8\text{-}4\text{-}24)$$

式中，$\eta=kQ$ 为耦合因子，$Q=1/(\omega_0 Cr)$，$\varphi=\arctan\xi$。

式(8-4-24)表明 $\dot{V}_{ab}$ 与 $\dot{V}_s$ 之间的幅值和相位关系都将随输入信号的频率变化，但在 f_0 附近幅值变化不大，而相位变化明显。$\dot{V}_{ab}$ 与 $\dot{V}_s$ 之间的相位差为$(\pi/2-\varphi)$。次级回路的阻抗角 φ 与频率的关系及$(\pi/2-\varphi)$与频率的关系如图8-4-16所示。需要注意的是，此时看 φ 时次级回路应为串联谐振回路。由此可知，当 $f=f_0=f_c$ 时，次级回路谐振，$\dot{V}_{ab}$ 与 $\dot{V}_s$ 之间的相位差为 $\pi/2$（引入的固定相差）；当 $f>f_0=f_c$ 时，次级回路呈感性，$\dot{V}_{ab}$ 与 $\dot{V}_s$ 之间的相位差为 $0\sim\pi/2$；当 $f<f_0=f_c$ 时，次级回路呈容性，$\dot{V}_{ab}$ 与 $\dot{V}_s$ 之间的相位差为 $\pi/2\sim\pi$。由此可以看出，在一定频率范围内，$\dot{V}_{ab}$ 与 $\dot{V}_s$ 之间的相位差与频率之间具有线性关系，因而互感耦合回路可以作为线性相移网络，其中固定相差 $\pi/2$ 是由互感形成的。

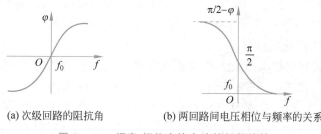

(a) 次级回路的阻抗角　　　　(b) 两回路间电压相位与频率的关系

图8-4-16　频率-相位变换电路的相频特性

2. 相移-幅度变换

根据式(8-4-18)和式(8-4-19)的相位关系，合成矢量的幅度随 $\dot{V}_{ab}$ 与 $\dot{V}_s$ 之间的相位差变化，如图8-4-17所示。

(1) $f=f_0=f_c$ 时，v_{D1} 与 v_{D2} 的振幅相等，即 $V_{D1}=V_{D2}$。

(2) $f>f_0=f_c$ 时，$v_{D1}>v_{D2}$，随着 f 的增大，两者差值将增大。

(3) $f<f_0=f_c$ 时，$v_{D1}<v_{D2}$，随着 f 的减小，两者差值也将增大。

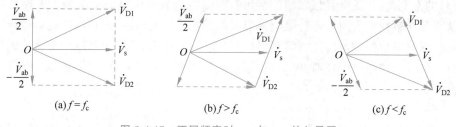

(a)$f=f_c$　　　　　　(b)$f>f_c$　　　　　　(c)$f<f_c$

图8-4-17　不同频率时 v_{D1} 与 v_{D2} 的矢量图

3. 检波输出

由于鉴频器的输出电压等于两个检波器的输出电压之差，而每个检波器的输出电压（峰值或平均值）正比于其输入电压的振幅 V_{D1}（或 V_{D2}）。设两个包络检波系数分别为 K_{d1} 和 K_{d2}（通常 $K_{d1}=K_{d2}=K_d$），则两个包络检波器的输出分别为 $v_{o1}=K_{d1}V_{D1}$ 和 $v_{o2}=$

$K_{d2}V_{D2}$。

鉴频器的输出电压为

$$v_o = v_{o1} - v_{o2} = K_d(V_{D1} - V_{D2}) \qquad (8\text{-}4\text{-}25)$$

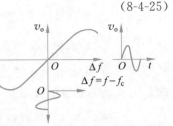

由上面的分析可知，当 $f = f_0 = f_c$ 时，鉴频器输出为零；当 $f > f_0 = f_c$ 时，鉴频器输出为正；当 $f < f_0 = f_c$ 时，鉴频器输出为负。图 8-4-18 所示为该鉴频器的鉴频特性曲线，为正极性。通常情况下，鉴频特性曲线对原点奇对称。随着频偏 Δf 的正负变化，输出电压也正负变化。

图 8-4-18 叠加型相位鉴频器的鉴频特性曲线

鉴频器的鉴频特性与参数 η 有密切关系。η 一定时，随着频偏的增大，鉴频输出线性增大。当频偏增大到一定程度时，鉴频输出变化缓慢并出现最大值。若频偏继续增大，鉴频输出反而下降。鉴频输出的最大值及其对应的频偏值与 η 值有关。当 $\eta \geqslant 1$ 时，其鉴频输出的最大值出现于广义失谐值 $\xi = \eta$ 处。这时，对应的峰值带宽 $\mathrm{BW_m} = kf_0$，这说明耦合系数 k 一定，则 $\mathrm{BW_m}$ 一定，只要 k 一定，当改变 Q 而引起 η 变化时，$\mathrm{BW_m}$ 就不会变化。但如果 Q 一定，改变 k 使 η 变化，$\mathrm{BW_m}$ 将随 k 变化。鉴频跨导也与 η 值有关。由于 $\eta = kQ$，因此存在以下两种关系。

第一种情况，Q 为常数，k 变化而引起 η 值变化，此时鉴频器跨导 S_D 随 η 变化。最大跨导 S_{Dmax} 所对应的 η 值在 0.86 处获得。当 $\eta > 1$ 后，S_D 下降较快。

第二种情况，k 为常数，Q 变化而引起 η 值变化。由于 Q 变化，回路谐振电阻 R_p 改变，这时 S_D 随着 η 的增加而单调上升。当 $\eta > 3$ 后，S_D 上升缓慢。η 很大时，S_D 接近极限值。

此外，η 越大，峰值带宽越宽。但 η 太大（如 $\eta > 3$ 时），曲线线性度变差。线性度及斜率下降，主要是耦合过紧时，谐振曲线在原点处凹陷过大造成的。为了兼顾鉴频特性的几个参数，η 通常选择为 1~3。实际鉴频特性的线性区在 $2\mathrm{BW_m}/3$ 之内。

8.4.4 比例鉴频器

微视频

相位鉴频器中，输入信号振幅的变化必将使输出电压大小发生变化，这点不难从图 8-4-17 所示的矢量图的分析中看出。因此，噪声、各种干扰以及电路频率特性的不均匀性所引起的输入信号的寄生调幅，都将直接在相位鉴频器的输出信号中反映出来。为了去掉这种虚假信号，就必须在鉴频之前预先进行限幅。当限幅器要求较大的输入信号时，这必将导致鉴频器前中放、限幅级数的增加。比例鉴频器具有自动限幅作用，不仅可以减少前面放大器的级数，而且可以避免使用硬限幅器，因此，比例鉴频器在调频广播接收机及电视接收机中得到广泛的应用。

1. 电路

比例鉴频器是一种类似于叠加型相位鉴频器，又具有自限幅（软限幅）能力的鉴频器，其原理电路如图 8-4-19 所示。它与互感耦合相位鉴频器电路的区别如下。

（1）两个二极管顺接。

（2）在电阻 $(R_1 + R_2)$ 两端并接大电容 C_6，容量约在 $10\mu F$ 数量级。时间常数 $(R_1 + R_2)C_6$ 很大，为 0.1~0.25s，远大于低频信号的周期，故在调制信号周期内或寄生调幅干扰电压周期内，可认为 C_6 上的电压基本不变，近似为一恒定值 V_{cd}。

（3）接地点和输出点改变。

2. 工作原理

图 8-4-20 是图 8-4-19 的简化等效电路。由电路理论可得

$$i_1(R_1 + R_L) - i_2 R_L = v_{o1} \tag{8-4-26}$$

$$-i_1 R_L + i_2(R_2 + R_L) = v_{o2} \tag{8-4-27}$$

$$v_o = (i_2 - i_1)R_L \tag{8-4-28}$$

当 $R_1 = R_2 = R$ 时，可得

$$v_o = \frac{v_{o2} - v_{o1}}{2R_L + R}R_L \tag{8-4-29}$$

若 $R_L \gg R$，则

$$v_o = \frac{1}{2}(v_{o2} - v_{o1}) = \frac{1}{2}K_d(V_{D2} - V_{D1}) \tag{8-4-30}$$

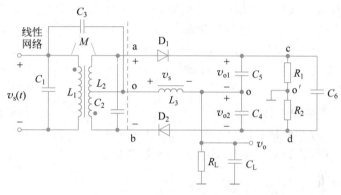

图 8-4-19 比例鉴频器原理电路

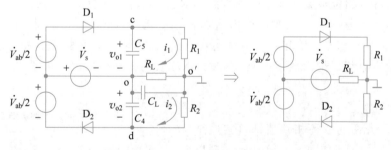

图 8-4-20 图 8-4-19 的简化等效电路

可见，在电路参数相同的条件下，输入调频信号幅度相等，比例鉴频器的输出电压与互感耦合鉴频器相比要小一半（鉴频灵敏度减半）。

（1）$f = f_c$ 时，$V_{D1} = V_{D2}$，$i_1 = i_2$，但以相反方向流过负载 R_L，所以输出电压为零。

（2）$f > f_c$ 时，$V_{D1} > V_{D2}$，$i_1 > i_2$，输出电压为负。

（3）$f < f_c$ 时，$V_{D1} < V_{D2}$，$i_1 < i_2$，输出电压为正。

由此可见，其鉴频特性如图 8-4-21 所示，它与互感耦合相位鉴频器的鉴频特性（图中虚线所示）的极性相反，这在自

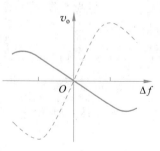

图 8-4-21 比例鉴频器的
鉴频特性曲线

动频率控制系统中要特别注意。当然,通过改变两个二极管连接方向或耦合线圈的绕组(同名端),可以使鉴频特性反向。另外,输出电压也可由式(8-4-31)导出。

$$v_o = \frac{1}{2}(v_{o2} - v_{o1}) = \frac{1}{2}V_{cd}\frac{v_{o2} - v_{o1}}{V_{cd}} = \frac{1}{2}V_{cd}\frac{v_{o2} - v_{o1}}{v_{o2} + v_{o1}} = \frac{1}{2}V_{cd}\frac{1 - \dfrac{v_{o1}}{v_{o2}}}{1 + \dfrac{v_{o1}}{v_{o2}}} \quad (8\text{-}4\text{-}31)$$

式(8-4-31)表明,比例鉴频器输出电压取决于两个检波电容上的电压的比值,故称为比例鉴频器。当输入调频信号的频率变化时,v_{o1} 与 v_{o2} 中一个增大,另一个减小,变化方向相反,输出电压可按调制信号的规律变化。若输入信号幅度改变(如增大),则 v_{o1} 与 v_{o2} 将以相同的方向变化(如均增大),这样可以保持比例值基本不变,使得输出电压不变,这就是所谓的限幅作用。应当指出,v_o 只与 v_{o1} 和 v_{o2} 的比值有关,这一点是有条件的,即认为 V_{cd} 恒定,R_1、R_2 上的电压等于 $V_{cd}/2$。为此,必须使 C_6 足够大,且 $R_L \gg R_1$,$R_L \gg R_2$。

比例鉴频器具有限幅作用的原因在于电阻($R_1 + R_2$)两端并接了一个大电容 C_6。当输入信号幅度发生变化时,利用大电容的储能作用,保持 V_{cd} 不变,来抑制输入幅度的变化。例如,当输入幅度增加,V_{D1}、V_{D2} 增大,i_{D1}、i_{D2} 增大,但由于 C_6 足够大,使得瞬时增加的电流大部分流入电容 C_6,这时 C_6 两端的电压值并没有什么变化,V_{cd} 不变,维持 v_{o1} 和 v_{o2} 基本不变。

调频广播收音机和电视接收机中广泛采用比例鉴频器,另外,要想得到比较好的限幅效果,比例鉴频器的设计和调整是比较困难的。而相位鉴频器却要简单得多,特别是它具有较好的线性。因此,在要求较高的场合,仍然采用相位鉴频器。

微视频

8.4.5 乘积型鉴频电路

前面已指出,相位检波鉴频器是调频信号通过频相转换网络将瞬时频率变化变换到附加相移上,然后通过相位检波器检出附加相移变化的,即实现了鉴频。检测附加相位变化的电路叫作鉴相器。鉴相器有多种实现电路,大体可以分为数字鉴相器和模拟鉴相器两大类,数字鉴相器是由数字电路构成的,下面仅讨论相位检波鉴相器中广泛使用的乘积型鉴相器。

1. 鉴相器的工作原理

由第 6 章介绍的各种相乘器都可构成乘积型鉴相器,它的组成如图 8-4-22 所示。现以双差分对平衡调制器为例,假设两个输入信号分别为

图 8-4-22　乘积型鉴相器的组成框图

$$v_1(t) = V_{1m}\cos\omega t \quad (8\text{-}4\text{-}32)$$

$$v_2(t) = V_{2m}\cos\left(\omega t - \frac{\pi}{2} + \Delta\varphi\right) \quad (8\text{-}4\text{-}33)$$

除 90° 固定相移外,它们之间的相位差为 $\Delta\varphi$,则双差分对管输出差值电流为

$$i(t) = I_0\,\text{th}\left[\frac{v_1(t)}{2V_T}\right]\text{th}\left[\frac{v_2(t)}{2V_T}\right] \quad (8\text{-}4\text{-}34)$$

当 $|V_{2m}| < 26\text{mV}$,$|V_{1m}| > 260\text{mV}$ 时,式(8-4-34)简化为

$$i(t) = I_0 K_2(\omega t) \frac{v_2(t)}{2V_T} = \frac{I_0}{2V_T} \left(\frac{4}{\pi} \cos\omega t - \frac{4}{3\pi} \cos 3\omega t + \cdots \right) V_{2m} \sin(\omega t + \Delta\varphi)$$

$$= \frac{I_0}{\pi V_T} V_{2m} [\sin\Delta\varphi + \sin(2\omega t + \Delta\varphi) + \cdots] \tag{8-4-35}$$

通过低通滤波器,滤除 $2\omega t$ 及其以上各次谐波项,取出有用的平均分量,其值与 $\sin\Delta\varphi$ 成正比。若设双差分对管的直流负载电阻为 R_c,低通滤波器的传输增益为 1,则鉴相器的鉴相特性为

$$v_o = \frac{I_0 R_c}{\pi V_T} V_{2m} \sin\Delta\varphi = A_d \sin\Delta\varphi \tag{8-4-36}$$

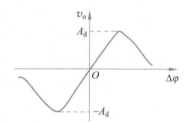

图 8-4-23　乘积型鉴相器的
鉴相特性曲线

式中,A_d 为鉴相灵敏度,单位为 V。该式表明,乘积型鉴相器的鉴相特性为正弦函数,如图 8-4-23 所示,它是非线性的。只有当 $\Delta\varphi < \pi/12$ 时,v_o 才与 $\Delta\varphi$ 成正比。可见,这种鉴相器是有局限性的,只能不失真地解调 $\Delta\varphi$ 为小值的调相信号。

上面的输入信号中,引入了一个固定的 90° 相位差,其目的是获得正弦的鉴相特性,以确保在 $\Delta\varphi = 0$ 时,输出的电压信号 $v_o = 0$,且上、下为奇对称。

如果 V_{1m} 和 V_{2m} 均大于 $260\,\mathrm{mV}$,则式(8-4-34)近似表示为两个双向开关函数相乘,即

$$i(t) = I_0 K_2(\omega t) K_2 \left(\omega t - \frac{\pi}{2} + \Delta\varphi \right) \tag{8-4-37}$$

根据式(8-4-37),图 8-4-24 给出了两个开关波形相乘后的波形。可见,当 $\Delta\varphi = 0$ 时,相乘后的波形为上、下等宽的双向脉冲,且频率加倍,如图 8-4-24(a)所示,因而相应的平均分量为零。当 $\Delta\varphi \neq 0$ 时,相乘后的波形为上、下不等宽的双向脉冲,如图 8-4-24(b)所示,因而在 $\Delta\varphi < \pi/2$ 范围内,相应的平均分量为

$$I_{AV} = \frac{I_0}{\pi} \int_0^\pi i(t)\mathrm{d}\omega t = \frac{I_0}{\pi} \left[\int_0^{\frac{\pi}{2}} \mathrm{d}\omega t + \int_{\frac{\pi}{2}}^{\frac{\pi}{2}-\Delta\varphi} \mathrm{d}\omega t + \int_{\frac{\pi}{2}-\Delta\varphi}^{\pi} \mathrm{d}\omega t \right] = \frac{2I_0}{\pi}\Delta\varphi \tag{8-4-38}$$

通过低通滤波器,取出上式所示的平均分量,得到鉴相器的输出电压为

$$v_o = \frac{2I_0}{\pi} R_c \Delta\varphi \tag{8-4-39}$$

相应的鉴相特性曲线如图 8-4-25 所示,在 $\Delta\varphi < \pi/2$ 范围内为一条通过原点的直线,并向两侧周期性重复。

鉴于这种鉴相器是比较两个开关波形的相位差而获得所需的鉴相电压,因而又将它称为符合门鉴相器。在实际应用中,也可将两个输入正弦信号经限幅器变换为方波信号,加到双差分对电路的两个输入端,得到的结果是相似的。

2. 移相乘积型鉴频器

图 8-4-26 所示为采用双差分对平衡调制器实现鉴相的移相乘积型鉴频器电路,该电路用于电视机伴音集成电路。图中 $T_3 \sim T_9$ 和 D_6 组成双差分对相乘器,$D_1 \sim D_5$ 组成偏置电路,它为 T_2 和双差分对管提供所需的偏置电压。输入调频信号电压 $v_s(t)$ 经跟随器 T_1 后

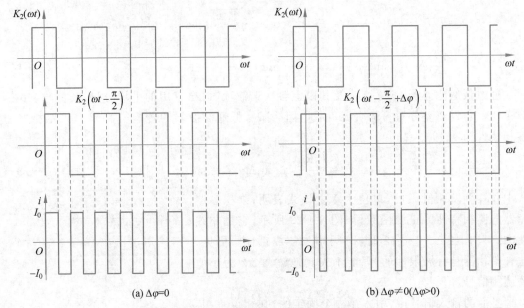

(a) $\Delta\varphi=0$ (b) $\Delta\varphi\neq0(\Delta\varphi>0)$

图 8-4-24　两个开关函数相乘后的波形

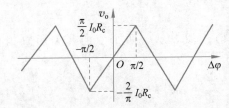

图 8-4-25　符合门鉴相器的特性

分为两路：一路直接以单端方式加到 T_7 的基极上，作为相乘器的一个输入电压 $v_1(t)$，其值较大，保证 T_7、T_8 差分对管工作在开关状态，其中 T_8 基极上接恒定的直流偏压 V_{BB}，并通过 $0.01\mu F$ 电容高频接地；一路经 450Ω 和 50Ω 的电阻分压，并经由 C_1 和并联谐振回路 LCR 组成的频相转换网络和跟随器 T_2 后，以单端方式加到双差分对管 T_3、T_6 的基极上，作为相乘器的另一个输入电压 $v_2(t)$，其值较小，可认为双差分对管工作在小信号状态。双差分对管采用单端输出，经低通滤波器取出所需鉴频电压 $v_o(t)$。

图 8-4-27(a)所示为图 8-4-26 电路中采用的频相转换网络。若将输入电压源 $\dot{V}_1$ 变换为电流源，如图 8-4-27(b)所示，其中 $\dot{I}_1=\mathrm{j}\omega C_1\dot{V}_1$，则该网络就是在 $\dot{I}_1$ 激励下的单谐振回路，因而在其输出端产生的电压为 $\dot{V}_2$ 为

$$\dot{V}_2=\dot{I}_1\frac{R}{1+\mathrm{j}\xi}=\dot{V}_1\frac{\mathrm{j}\omega C_1R}{1+\mathrm{j}\xi}\tag{8-4-40}$$

在 ω_0 附近，网络的增益可近似表示为

$$A(\mathrm{j}\omega)=\frac{\dot{V}_2}{\dot{V}_1}=\frac{\mathrm{j}\omega C_1R}{1+\mathrm{j}\xi}\approx\frac{\mathrm{j}\omega_0 C_1R}{1+\mathrm{j}\xi}\tag{8-4-41}$$

$$A(\omega)=\frac{\omega_0 C_1R}{\sqrt{1+\xi^2}},\quad\varphi_A(\omega)=\frac{\pi}{2}-\arctan\xi\tag{8-4-42}$$

式中

$$\xi=Q\left(\frac{\omega}{\omega_0}-\frac{\omega_0}{\omega}\right)=2Q\frac{\omega-\omega_0}{\omega_0}\tag{8-4-43}$$

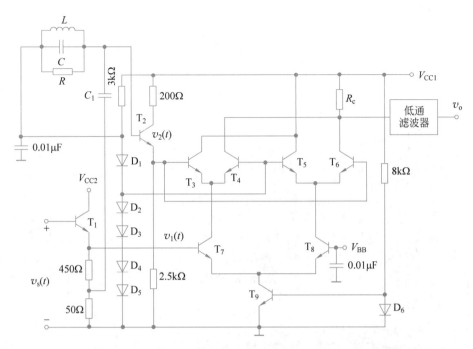

图 8-4-26　移相乘积型鉴频器电路

为广义失谐量,其中 $\omega_0=\dfrac{1}{\sqrt{L(C+C_1)}}$,$Q=\dfrac{R}{\omega_0 L}\approx\dfrac{R}{\omega L}\approx\omega(C+C_1)R$。

　　根据式(8-4-42)画出的幅频特性和相频特性曲线如图 8-4-27(c)所示。由图可见,该网络不能提供恒值的幅频特性,也不能提供线性的相频特性,因此,它不是一个理想的频相转换网络。仅在 ω_0 附近的很小范围内,才可近似认为 $A(\omega)$ 为恒值,$\varphi_A(\omega)$ 在 $\pi/2$ 上、下线性变化。

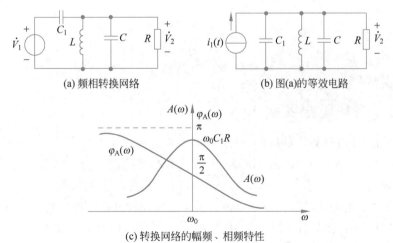

(a) 频相转换网络　　　　　　　(b) 图(a)的等效电路

(c) 转换网络的幅频、相频特性

图 8-4-27　单谐振回路作频相转换网络

　　若设频相转换网络调谐在输入调频信号的载波角频率上,即 $\omega_0=\omega_c$,电路中跟随器 T_1 和 T_2 的电压增益近似为 1,则 $v_1(t)$ 的振幅 V_{1m} 近似等于输入调频信号 $v_s(t)$ 的振幅 V_{sm},

$v_2(t)$ 的振幅 V_{2m} 为

$$V_{2m} = \frac{1}{10}A(\omega)V_{sm} \tag{8-4-44}$$

根据式(8-4-36)，在双差分对管单端输出时，鉴频器的输出解调电压为

$$v_o = \frac{I_0 R_c}{2\pi V_T}V_{2m}\sin\Delta\varphi_A = \frac{I_0 R_c}{20\pi V_T}V_{sm}A(\omega)\sin\Delta\varphi_A \tag{8-4-45}$$

式中，$\Delta\varphi_A = \arctan\xi$。

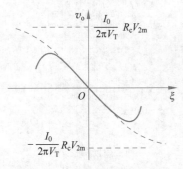

图 8-4-28　移相乘积型鉴频器的
鉴频特性曲线

根据式(8-4-45)画出的鉴频特性曲线如图 8-4-28 所示。图中，虚线是假设 $A(\omega)$ 为恒值时画出的特性曲线，而实线则是按 $A(\omega)$ 的变化进行修正后画出的实际特性曲线。可以看到，当 ξ 向正、负方向增大时，由于 $A(\omega)$ 下降，实际特性出现正、负两个峰值，而后便近似按 $A(\omega)$ 的规律单调下降。

当 $\arctan\xi$ 限制在 $\pm\pi/12$，即 $|\xi| < 0.27$ 时，可近似认为

$$A(\omega) \approx A(\omega_0) = \omega_0 C_1 R \tag{8-4-46}$$

$$\varphi_A \approx \frac{\pi}{2} - \xi = \frac{\pi}{2} - 2Q\frac{\omega - \omega_0}{\omega_0} \tag{8-4-47}$$

若输入调频信号的瞬时角频率 $\omega(t) = \omega_c + \Delta\omega(t)$，且 $\omega_c = \omega_0$，则

$$\Delta\varphi_A \approx 2Q\frac{\omega - \omega_0}{\omega_0} \tag{8-4-48}$$

因而

$$v_o = \frac{I_0 R_c}{20\pi V_T}V_{sm}A(\omega_0)\Delta\varphi_A = A_d\Delta\varphi_A \tag{8-4-49}$$

式中

$$A_d = \frac{I_0 R_c}{20\pi V_T}V_{sm}A(\omega_0) \tag{8-4-50}$$

实现了线性鉴频。

8.4.6　鉴频电路实例

到目前为止，针对调频波的解调，已经推出了非常多的集成芯片，如 SDA5272、MC2833、MC3361、MC3367、CXA1019、TA888ON 等，大多数与其他的功能一起集成在一个芯片上，同时完成多种功能。这里仅以 LM3361 为例，介绍一下该芯片的应用。

LM3361 集成电路是美国国家半导体公司推出的一种低电压低功耗窄带调频解调专用集成电路。它可用于接收调频附加信道(FM-SCA)广播，获取金融股市信息、交通气象信息、背景音乐和通信数据等。LM3361 在国外的许多 FM-SCA 接收机中作为优选电路获得采用。LM3361 集成电路采用 16 脚双列直插式封装，它具有较宽的电源电压范围(2～9V)，能在 2V 低电源电压条件下可靠地工作，耗电电流小，灵敏度高，音频输出电压幅值大。它的内电路结构如图 8-4-29 所示。集成电路内设置有双平衡双差分混频器、电容三点式本

机振荡器、六级差动放大器构成的调频 455kHz 宽带中频限幅放大器、双差分正交调频鉴频器、音频放大器及静噪控制电路等。

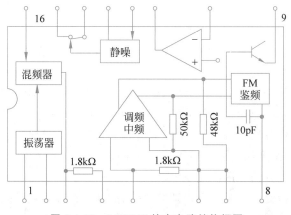

图 8-4-29　LM3361 的内电路结构框图

图 8-4-30 给出了 LM3361 集成电路在电源电压为 3V 时的典型应用电路。我们知道，调频附加信道广播是在现有的调频广播中利用增加的附加信道来传送金融股市、交通气象等业务信息的调频多工广播，实现"台中有台"，无须申请新的通信频率和新的建台费用。从 1992 年广州交通广播电台（我国第一个 FM-SCA 广播电台）开播至今，我国各大中城市的调频广播电台都相继增设 FM-SCA 电台广播节目。我国国家标准规定的 FM-SCA 广播副载波频率为 67kHz。经调频鉴频器一次鉴频所得的 67kHz FM-SCA 副载波信号经 $L_1 C_1$ 选频网络选频后，注入芯片的 16 脚，输入到内置混频器，与由石英晶体 J_{T1}（522kHz）、两个 330pF 电容的外围元件和芯片内晶体管构成的电容三点式本机振荡器产生的 522kHz 本振信号进行混频。混频所得 455kHz 调频中频信号由芯片 3 脚输出，经 455kHz 陶瓷滤波器 J_{T2} 选频，后注入芯片的 5 脚。经芯片内六级宽带差动限幅中频放大和双差分正交调频鉴频后所得 FM-SCA 广播节目的音频信号，从芯片的 9 脚以有源负载射极缓冲器形式输出，完成 FM-SCA 广播的高灵敏度接收。图中中周变压器 T_1 是 455kHz 调频中频 LC 选频网络。LM3361 内置音频放大器和静噪电路在本电路中未予应用，读者可视需要和兴趣予以开发。如果将 1、2 脚的晶体换成一个 10.24MHz 晶体振荡器，在其他电路不改变的情况下，可以解调从 16 脚输入的中频频率为 10.7MHz 的窄带调频波。这里不具体说明，请参

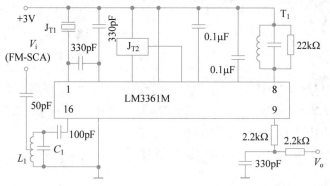

图 8-4-30　LM3361 集成电路的典型应用

考芯片的资料。

8.5 本章小结

频谱的非线性变换电路主要有角度调制与解调电路。角度调制电路是用调制信号来控制载波信号的频率或相位的一种信号变换的电路，如果受控的是载波的频率，称为调频，以 FM 表示；如果受控的是载波的相位，称为调相，以 PM 表示。无论 FM 还是 PM，载波信号的幅度都不受调制信号的影响。调频波的解调称为鉴频或频率检波，调相波的解调称为鉴相或相位检波。与调幅波的检波一样，鉴频与鉴相也是从已调信号中还原出原调制信号。

与振幅调制相比，角度调制的主要优点是抗干扰性强，所以在通信系统，特别是在广播和移动式无线电通信等方面应用广泛。

直接调频电路包括变容二极管直接调频电路、晶体振荡器直接调频电路、张弛振荡器直接调频电路以及电抗管调频电路等。间接调频以及调相电路包括矢量合成法调相电路、可变相移法调相电路和可变时延法调相电路等。要注意直接调频和间接调频性能上的差别，同时掌握扩大频偏的方法。

限幅鉴频有 3 种实现方法，即包络检波鉴频器、相位检波鉴频器和脉冲式数字鉴频器。具体实现鉴频的电路有斜率鉴频电路、相位鉴频电路、比例鉴频器、移相乘积型鉴频电路等。

习题 8

8-1 一已调波 $v(t) = V_m \cos(\omega_c + A\omega_1 t)t$，试求它的 $\Delta\varphi(t)$ 和 $\Delta\omega(t)$ 的表示式。如果它是调频波或调相波，试问它们相应的调制电压各为多少？

8-2 已知载波信号 $v_c(t) = V_{cm}\cos\omega_c t$，调制信号为周期性方波和三角波，如题 8-2 图所示。试画出下列波形：(1)调幅波和调频波；(2)调频波和调相波的瞬时角频率偏移 $\Delta\omega(t)$ 和瞬时相位偏移 $\Delta\varphi(t)$。作图时请注意坐标对齐。

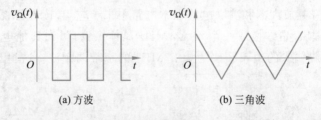

(a) 方波　　　　　　　　(b) 三角波

题 8-2 图

8-3 已知 $v(t) = 500\cos(2\pi\times10^8 t + 20\sin 2\pi\times10^3 t)\,\text{mV}$，试根据要求求解以下问题。

(1) 若为调频波，试求载波频率 f_c、调制频率 F、调频指数 m_f、最大频偏 Δf_m、有效频谱宽度 BW 和平均功率 P_{av}（设负载电阻 $R_L = 50\Omega$）。

(2) 若为调相波，试求调相指数 m_p、调制信号 $v_\Omega(t)$（设调相灵敏度 $k_p = 5\text{rad/V}$）和最大频偏 Δf_m。

8-4 已知载波信号 $v_c(t) = V_{cm}\cos\omega_c t = 5\cos(2\pi\times50\times10^6 t)\,\text{V}$，调制信号 $v_\Omega(t) =$

$V_{\Omega m}\cos\Omega t=1.5\cos(2\pi\times2\times10^3t)\mathrm{V}$,试根据要求求解以下问题。

（1）若为调频波，且单位电压产生的频偏为 4kHz，试写出 $\omega(t)$、$\varphi(t)$ 和调频波 $v(t)$ 表示式。

（2）若为调相波，且单位电压产生的相移为 3rad，试写出 $\omega(t)$、$\varphi(t)$ 和调相波 $v(t)$ 表示式。

（3）计算上述两种调角波的有效频带宽度 BW，若调制信号频率 F 改为 4kHz，则相应的有效频谱宽度 BW 有什么变化？若调制信号的频率不变，而振幅 $V_{\Omega m}$ 改为 3V，则相应的有效频谱宽度又有什么变化？

8-5 已知 $f_c=20\mathrm{MHz}$，$V_{cm}=10\mathrm{V}$，$F_1=2\mathrm{kHz}$，$V_{\Omega m1}=3\mathrm{V}$，$F_2=3\mathrm{kHz}$，$V_{\Omega m2}=4\mathrm{V}$，若单位频偏 $\Delta f_m=2\mathrm{kHz/V}$，试写出调频波 $v(t)$ 的表达式，并写出频谱分量的频率通式。

8-6 题 8-6 图所示为变容管直接调频电路，其中心频率为 360MHz，变容管的变容指数 $\gamma=3$，导通电压 $V_{D(on)}=0.6\mathrm{V}$，外加的调制信号电压 $v_\Omega(t)=\cos\Omega t\mathrm{V}$。图中 L_1 和 L_3 为高频扼流圈，C_3 为隔直流电容 C_4 和 C_5 为高频旁路电容。

（1）分析电路工作原理和各元件的作用。

（2）调整 R_2，使加到变容管上的反向偏置电压 $V_Q=6\mathrm{V}$ 时，它所呈现的电容 $C_{jQ}=20\mathrm{pF}$，试求振荡回路的电感量 L_2。

（3）试求最大频偏 Δf_m 和调制灵敏度 $S_F=\Delta f_m/V_{\Omega m}$。

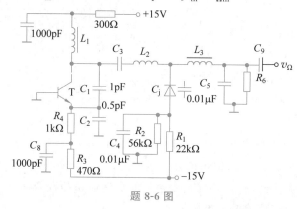

题 8-6 图

8-7 题 8-7 图所示为变容管直接调频电路，试分别画出高频通路、变容管的直流通路和音频通路，并指出电感 L_1、L_2、L_3 的作用。图中 L_4 为电源滤波电感。

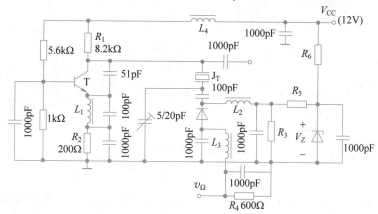

题 8-7 图

8-8　MC2833 为集成调频发射机器件,输出功率可达 10mW,允许电源电压范围为 2.3～9V。现欲将它接成一发射机,要求输出 $f_c=49.7\text{MHz}$,$P_o=2\text{mW}$ 的调频信号,题 8-8 图为该器件的内部组成和相应的外接电路,试根据此图,画出其推动级和末级功放的电路图,并回答下列问题。

（1）如何增大输出功率？

（2）增大调制电压能否增大线性频偏,为什么？

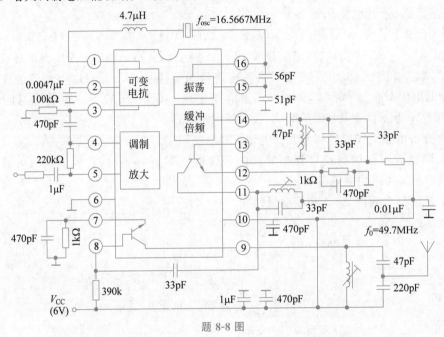

题 8-8 图

8-9　一变容管直接调频电路如题 8-9 图所示,已知 $v_\Omega(t)=V_{\Omega m}\cos(2\pi\times10^4 t)\text{V}$,变容管结电容 $C_j=100(V_Q+v_\Omega)^{-1/2}\text{pF}$,调频指数 $m_f=5\text{rad}$,$v_\Omega(t)=0$ 时的振荡频率 $f_c=5\text{MHz}$。

（1）画出该调频振荡器的高频通路、变容管的直流通路和音频通路。

（2）试求变容管所需直流偏置电压 V_Q。

（3）试求最大频偏 Δf_m 和调制信号电压振幅 $V_{\Omega m}$。

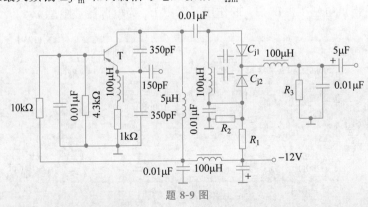

题 8-9 图

8-10　一调频方波电压,其载波频率为 14MHz,峰对峰电压为 10V,受频率为 1MHz 的正弦信号调制。现将该调频方波电压通过中心频率为 70MHz,具有理想矩形特性的带通滤波器,得到载波频率为 70MHz 的调频正弦电压。若设带通滤波器的带宽大于调频信号的有效频谱宽度 BW,试求调频方波的最大允许频率偏移 Δf_m。

8-11 在反馈振荡器的组成方框中插入相移网络,构成频率调制器,如题 8-11 图所示。已知起振时放大器的增益 $A(j\omega)=A(\omega)e^{j\varphi_A(\omega)}$,反馈网络的反馈系数 $B(j\omega)=B$,相移网络的增益为 $A_\varphi(j\omega)=A_\varphi(\omega)e^{j\varphi_\varphi(\omega)}$,其中,$\varphi_A(\omega)=-\arctan 2Q\dfrac{\omega-\omega_0}{\omega_0}\approx 2Q\dfrac{\omega-\omega_0}{\omega_0}$,$\varphi_\varphi(\omega)=Av_\Omega$。判断这是直接调频还是间接调频,并求其瞬时频率 $\omega(t)$ 的表示式。

题 8-11 图

8-12 题 8-12 图所示为单回路变容管调相电路。图中,C_2、C_3 为高频旁路电容;$v_\Omega(t)=V_{\Omega m}\cos\Omega t\,\text{V}$;变容管的参数为 $\gamma=2$,内建电势差 $V_B=1\text{V}$;回路等效品质因数 $Q=20$。试求下列情况时的调相指数 m_p 和最大频偏 Δf_m。

(1) $V_{\Omega m}=0.1\text{V}$,$\Omega=2\pi\times 10^3\text{rad/s}$;

(2) $V_{\Omega m}=0.1\text{V}$,$\Omega=4\pi\times 10^3\text{rad/s}$;

(3) $V_{\Omega m}=0.05\text{V}$,$\Omega=2\pi\times 10^3\text{rad/s}$。

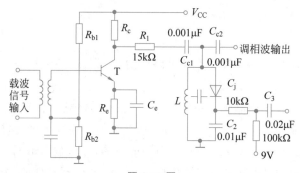

题 8-12 图

8-13 在题 8-13 图所示的三级单回路变容管间接调频电路中,电阻 R_1 和 3 个电容构成积分电路。已知:变容管的参数 $\gamma=3$,内建电势差 $V_B=0.6\text{V}$;回路的等效品质因数 $Q=20$,输入高频电流 $i_s=\cos 10^6 t\,\text{mA}$,调制电压的频率范围为 $300\sim 4000\text{Hz}$;要求每级回路的相移不大于 $30°$。试求:(1) 调制信号电压振幅 $V_{\Omega m}$;(2) 输出调频电压振幅 V_{cm};(3) 最大频偏 Δf_m;(4) 若 R_1 改为 470Ω,电路功能有没有变化?

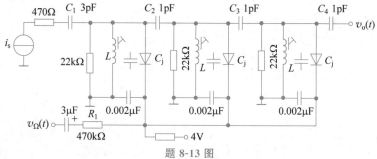

题 8-13 图

8-14　一调频设备如题 8-14 图所示。要求输出调频波的载波频率 $f_c=100\text{MHz}$，最大频偏 $\Delta f_m=75\text{kHz}$。本振频率 $f_L=40\text{MHz}$，已知调制信号频率 $F=100\text{Hz}\sim15\text{kHz}$，设混频器输出频率 $f_{c3}=f_L-f_{c2}$，两倍频器倍频次数 $n_1=5,n_2=10$，试求：(1)LC 直接调频电路输出的 f_{c1} 和 Δf_{m1}；(2)两放大器的通频带 BW_{CR1}、BW_{CR2}。

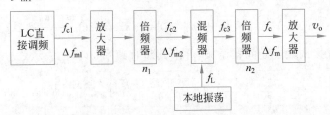

题 8-14 图

8-15　一调频发射机如题 8-15 图所示。输出信号的 f_c、Δf_m，调制信号频率 F 同题 8-14。已知 $v_\Omega(t)=V_{\Omega m}\cos\Omega t(\text{V})$，混频器输出频率 $f_3(t)=f_L-f_2(t)$，矢量合成法调相器提供的调相指数为 0.2rad。试求：(1)倍频次数 n_1 和 n_2；(2)$f_1(t)$、$f_2(t)$、$f_3(t)$ 的表示式。

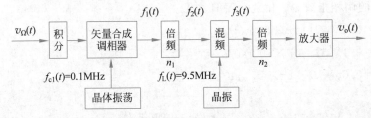

题 8-15 图

8-16　题 8-16 图为脉冲计数式鉴频电路。图中，$v_s(t)$ 是调频信号经限幅后的调频脉冲电压，$\omega_c=10^5\text{rad/s}$，$m_f=10\text{rad}$，$\Omega=10^3\text{rad/s}$，$C_d$ 和 R_d 构成的微分网络将 $v_s(t)$ 变换为双向微分脉冲序列，而后利用晶体二极管 D 的单向导电性，将双向脉冲变换为单向脉冲，去触发由 T_1 和 T_2 构成的单稳态电路，产生调频方波，最后通过低通滤波器 $R_\varphi C_\varphi$ 取出解调电压，试画出 $v_s(t)$、$v_1(t)$、$v_2(t)$、$v_{o1}(t)$、$v_o(t)$ 的波形，并求输出解调电压 $v_o(t)$ 的表达式。提示：单稳态电路产生的调频方波，其峰值近似为 $R_1V_{CC}/(R_1+R_c)$，宽度近似为 $0.69R_bC_1$。

8-17　一调相波的调制信号 $v_\Omega(t)$ 的频谱如题 8-17 图所示。现若用鉴频器进行解调，试画出输出解调信号的频谱图。若要求不失真解调，鉴频器后面应加什么电路？

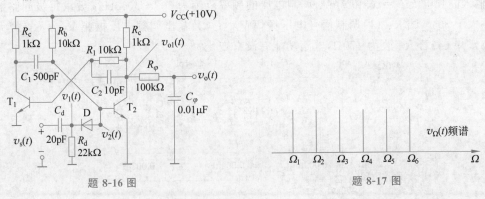

题 8-16 图　　　　　　　　　　题 8-17 图

8-18　斜率鉴频如题 8-18 图所示,已知调频波 $v_s(t) = V_m \cos(\omega_c t + m_f \sin\Omega t)$,且 $\omega_{01} < \omega_c < \omega_{02}$,试画出鉴频特性 $v_1(t)$、$v_2(t)$、$v_{o1}(t)$、$v_o(t)$ 的波形(作图时请将坐标对齐)。

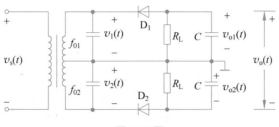

题 8-18 图

8-19　在题 8-19 图所示的两个电路中,试指出:哪个电路能实现包络检波;哪个电路能实现鉴频;相应的 f_{01} 和 f_{02} 应如何配置。

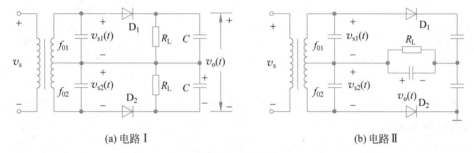

(a) 电路Ⅰ　　　　　　　　　(b) 电路Ⅱ

题 8-19 图

8-20　在本章图 8-4-12 所示的集成斜率鉴频电路中,如果已知输入信号为 $v_s(t) = V_{sm}\cos(\omega_c t + m_f \sin\Omega t)$,试画出 $v_1(t)$、$v_2(t)$、$v_{E3}(t)$、$v_{E4}(t)$、$v_o(t)$ 的波形(作图时请将坐标对齐)。

8-21　题 8-21 图所示为移相乘积型鉴频器原理电路,它的相移网络(C_1CLR)为高 Q 谐振回路,$v_s(t) = V_{sm}\cos(\omega_c t + m_f \sin\Omega t)$,输入信号电压振幅 $V_{sm} < 26\mathrm{mV}$,并取 $2Q\Delta f_m/f_c = 0.15$,试导出输出解调电压 $v_o(t)$ 的表达式。

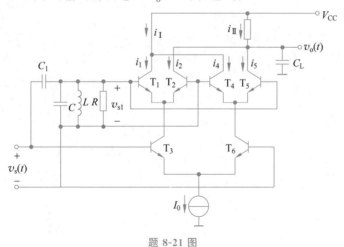

题 8-21 图

8-22　题 8-21 中若 V_{sm} 和 V_{sm1} 足够大,分别使 T_3、T_6 和 T_1、T_2、T_4、T_6 工作在开关

状态,试画出鉴频特性曲线。

8-23　试写出题 8-23 图所示的各电路的功能。

(1) 在图(a)中,设 $v_\Omega(t)=V_{\Omega m}\cos 2\pi\times 10^3 t$,$v_c(t)=V_{cm}\cos 2\pi\times 10^6 t$,已知 $R=30k\Omega$, $C=0.1\mu F$ 或 $R=10k\Omega$,$C=0.03\mu F$。

(2) 在图(b)中,设 $v_\Omega(t)=V_{\Omega m}\cos 2\pi\times 10^3 t$,$v_c(t)=V_{cm}\cos 2\pi\times 10^6 t$,已知 $R=10k\Omega$, $C=0.03\mu F$ 或 $R=100k\Omega$,$C=0.03\mu F$。

(3) 在图(c)中,设 $v_s(t)=V_{sm}\cos(2\pi\times 10^3 t+m_f\sin\Omega t)$,$R=100\Omega$,$C=0.03\mu F$,鉴相器的鉴相特性为 $v_d=A_\varphi\Delta\varphi$。

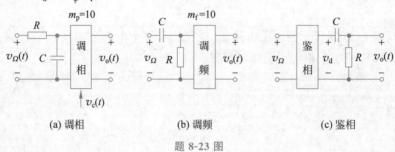

(a) 调相　　　　　　(b) 调频　　　　　　(c) 鉴相

题 8-23 图

8-24　在本章图 8-4-14 中所示的叠加型相位鉴频器电路中,如果发现下列情况,鉴频特性曲线将如何变化?

(1) 次级回路未调谐在中心频率 f_c 上(高于或低于 f_c)。

(2) 初级回路未调谐在中心频率 f_c 上(高于或低于 f_c)。

(3) 初、次级回路均已调谐在中心频率 f_c 上,而耦合系数 k 由小变大。

8-25　在本章图 8-4-14 所示的叠加型相位鉴频器电路中,试指出:

(1) 采用哪些方法可使鉴频特性翻转 180°?

(2) 任一只晶体二极管断开时会产生什么后果?

第9章

通信系统中的反馈控制电路

本章主要内容：

- 自动增益控制（AGC）电路。
- 自动频率控制（AFC）电路。
- 自动相位控制（APC）电路及锁相环路（PLL）。
- 集成锁相及其应用。

9.1 反馈控制电路概述

反馈控制电路是一种自动调节系统。反馈控制是现代信号工程中的一种重要的技术手段。在系统受到扰动的情况下，通过反馈控制作用，可以使系统的某个参数达到所需要的精度或使系统的输入与输出间保持某种预定的关系。它广泛应用于通信系统和其他电子设备中。例如，应用电压的负反馈可以构成反馈放大器与自动增益控制系统，应用频率的负反馈组成自动频率微调系统，接收机中的自动调谐、发射机的功率控制、天线的自动调谐和雷达天线的方位、仰角的自动跟踪等都是利用反馈控制技术实现的。总的来说，引入反馈控制电路就是为了提高性能指标或实现某些特定的功能。

根据需要比较和调节的参量不同，反馈控制电路分为以下 3 种。

(1) 自动电平控制电路：需要比较和调节的参量为电压或电流，则相应的输出和输入分别为电压或电流，典型应用电路为自动增益控制电路（AGC）；

(2) 自动频率控制电路：需要比较和调节的参量为频率，则相应的输出和输入分别为频率，典型应用电路为自动频率微调电路（AFC）；

(3) 自动相位控制电路：需要比较和调节的参量为相位，则相应的输出和输入分别为相位，自动相位控制电路（APC）又称为锁相环路（PLL），它是应用最广泛的一种反馈控制电路，目前已制成通用的集成组件。

本章重点介绍它们的工作原理、性能特点以及其主要的应用。

9.1.1 反馈控制系统的组成、工作过程及特点

1. 反馈控制系统的组成

反馈控制系统由比较器、控制对象和反馈网络 3 个部件组成，系统框图如图 9-1-1 所示。图中，比较器的作用是检测参考信号与反馈信号之间的误差信号并产生控制信号，它将

外加的参考信号 x_r 与反馈信号 x_f 进行比较，通常是取差值，并输出比较后的差值信号 x_e。控制对象是在输入信号的作用下产生输出信号，其输出与输入特性的关系受误差信号的控制，起到误差信号的校正作用。有些反馈控制系统，输出信号是由控制对象本身产生的，而不须另加输入信号，其输出信号的参数受误差信号的控制。反馈网络的作用是将输出信号 x_o 按一定的规律反馈到输入端，这个规律可以根据要求的不同而不同，它对整个环路的性能起着重要的作用。

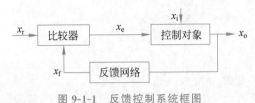

图 9-1-1　反馈控制系统框图

2. 反馈控制系统的工作过程

假定系统已处于稳定状态，这时，输入信号为 x_i，输出信号为 x_o，参考信号为 x_r，比较器输出的误差信号为 x_e。反馈控制系统的工作过程可以分成两种情况来考虑。

(1) 参考信号 x_r 保持不变，输出信号 x_o 发生了变化。x_o 发生变化的原因可以是输入信号 x_i 发生了变化，也可以是控制对象本身的特性发生了变化。x_o 的变化经过反馈环节将表现为反馈信号 x_f 的变化，反馈信号 x_f 使输出信号 x_o 向趋近于稳定的方向进一步变化。在反馈控制系统中，总是使输出信号 x_o 进一步变化的方向与原来的变化方向相反，也就是要减小 x_o 的变化量。x_o 的变化减小将使得比较器输出的误差信号 x_e 减小。只要设计合理，可以使系统经过多次的反馈后达到稳定，误差信号 x_e 的变化很小，这就意味着输出信号 x_o 偏离稳态值也很小，从而达到稳定输出 x_o 的目的。显然，整个调整过程是自动进行的。

(2) 参考信号 x_r 发生变化。这时，即使输入信号 x_i 和可控对象的特性没有变化，误差信号 x_e 也要发生变化。系统调整的结果使得误差信号 x_e 的变化很小，这样，输出信号 x_o 与参考信号 x_r 只能是同方向变化，也就是输出信号 x_o 将随着参考信号 x_r 的变化而变化。总之，由于反馈控制作用，即使参考信号和输出信号发生较大的变化，也只引起较小的误差信号变化。欲得此结果，须满足如下两个条件。

一是要反馈信号变化的方向与参考信号变化的方向一致。因为比较器输出的误差信号 x_e 是参考信号 x_r 与反馈信号 x_f 之差，即 $x_e = x_r - x_f$，所以，只有反馈信号与参考信号变化方向一致，才能抵消参考信号的变化，从而减小误差信号的变化。

二是从误差信号到反馈信号的整个通路(含可控对象、反馈网络和比较器)的增益要高。从反馈控制系统的工作过程可以看出，整个调整过程就是反馈信号 x_f 与参考信号 x_r 之间的差值 x_e 自动减小的过程，而反馈信号 x_f 的变化是受误差信号控制的。整个通路的增益越高，同样的误差信号变化所引起的反馈信号变化就越大。这样，对于相同的参考信号与反馈信号之间的起始偏差，在系统重新达到稳定后，通路增益高，误差信号的变化就小，整个系统调整的质量就高。应该指出，提高通路增益只能减小误差信号变化，而不能将这个变化减小到零。这是因为补偿参考信号与反馈信号之间的起始偏差所需的反馈信号变化只能由误差信号的变化产生。

3. 反馈系统的特点

(1) 误差检测、控制信号产生和误差信号校正全部都是自动完成的。当系统的参考信号与反馈信号之间的差值发生变化时,系统能自动调整,待重新达到稳定后,误差信号远远小于参考信号与反馈信号间的起始偏差。利用这个特性,以保持输出信号基本不变,或者输出信号随参考信号的变化而变化。它的反应速度快,控制精度高。

(2) 不管误差信号是由哪种原因产生的,系统都是根据误差信号的变化而进行调整的。所以,不管是参考信号的变化还是输出信号的变化而引起的变化,也不管输出信号是由于输入信号的变化还是设备本身特性的变化而引起的变化,系统都能进行调整。

(3) 系统的合理设计能够减小误差信号的变化,但不可能完全消除。因此,反馈控制系统调整的结果总是有误差的,这个误差叫作剩余误差。系统的合理设计可以将剩余误差控制在一定的范围内。

以上对反馈控制系统的组成、工作过程及其基本特点进行了说明。下面对反馈控制系统做一些基本分析。

9.1.2 反馈控制系统的基本分析

1. 反馈控制系统的传递函数及数学模型

分析反馈控制系统就是要找到参考信号与输出信号(又称被控信号)的关系,也就是要找到反馈控制系统的传输特性。和其他系统一样,反馈控制系统也可以分为线性系统与非线性系统。这里重点分析线性系统。

若参考信号 x_r 的拉氏变换为 $X_r(s)$,输出信号 x_o 的拉氏变换为 $X_o(s)$,则反馈控制系统的传输特性可以用反馈控制系统的闭环传输函数来表示,即

$$T(s) = \frac{X_o(s)}{X_r(s)} \tag{9-1-1}$$

下面来推导闭环传输函数 $T(s)$ 的表示式,并利用它分析反馈控制系统的特性。为此,须先找出反馈控制系统各部件的传递函数及数学模型。

1) 比较器

比较器的典型特性如图 9-1-2 所示,其输出的误差信号 x_e 通常与参考信号 x_r 和反馈信号 x_f 的差值成比例,即

$$x_e = A_k(x_r - x_f) \tag{9-1-2}$$

这里,A_k 是一个比例常数,它的量纲应满足不同系统的要求。例如,在 AGC 系统中,x_r 是参考信号电平值 v_r,x_f 是反馈信号电平值 v_f,x_e 是误差信号电平值 v_e,所以 A_k 是一个无量纲的常数;而在 AFC 系统中,x_r 是参考信号的频率值 f_r,x_f 是反馈信号频率值 f_f,x_e 是反映这两个频率差的电平值 v_e,所以,A_k 的量纲是 V/Hz。在锁相环系统中,x_e 与 $(x_r - x_f)$ 不呈线性关系,这时,A_k 就不再是一个常数,这种情况可参阅有关文献,这里只讨论 A_k 为常数的情况。

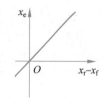

图 9-1-2 比较器的特性

将式(9-1-2)写成拉氏变换式为

$$X_e(s) = A_k[X_r(s) - X_f(s)] \tag{9-1-3}$$

其中,$X_e(s)$ 是误差信号的拉氏变换,$X_r(s)$ 是参考信号的拉氏变换,$X_f(s)$ 是反馈信号的拉

氏变换。

2) 可控对象

误差信号的控制对象称为可控对象。一般而言，可控对象的输入有误差信号和输入信号，故输出信号是输入信号和误差信号的二元函数，其数学模型比较复杂。但是，在锁相环路 PLL 中，可控对象压控振荡器(VCO)没有输入信号。这时，输出信号是误差信号的一元函数。因此，我们建立锁相环路中的可控对象压控振荡器的数学模型，压控振荡器就是在误差电压的控制下产生相应的频率变化，压控振荡器的典型特性如图 9-1-3 所示。和比较器一样，可控对象的变化关系一般不是线性关系，为简化分析，假定它是线性关系，即

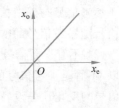

图 9-1-3　压控振荡器的典型特性

$$x_o = A_o x_e \tag{9-1-4}$$

这里 A_o 是常数，量纲为 Hz/V。式(9-1-4)的拉氏变换式为

$$X_o(s) = A_o X_e(s) \tag{9-1-5}$$

3) 反馈网络

反馈网络的作用是将输出信号 x_o 的信号形式变换为比较器需要的信号形式。如输出信号是交流信号，而比较器需要用反映交变信号的平均值的直流信号进行比较，反馈环节能完成这种变换。反馈网络的另一重要作用是按需要的规律传递输出信号。例如，只需要某些频率信号起反馈控制作用，那么，可以将反馈网络设计成一个滤波器，只允许所需的频率通过。此外，它还可以对环路进行调整，通常，反馈网络是一个具有一定特性的线性无源网络，如在 PLL 中它是一个低通滤波器。它的传递函数为

$$B(s) = \frac{X_f(s)}{X_o(s)} \tag{9-1-6}$$

式中，$B(s)$ 为反馈传递函数，$X_f(s)$ 和 $X_o(s)$ 分别是反馈信号和输出信号的拉氏变换。

由于控制对象的数学模型较为复杂，我们仅以控制对象为压控振荡器的锁相环为例，建立锁相环的反馈控制系统的数学模型，如图 9-1-4 所示。利用这个模型，就可以导出整个系统的传递函数，得

$$X_o(s) = A_o X_e(s) = A_o A_k [X_r(s) - X_f(s)] = A_o A_k [X_r(s) - B X_o(s)]$$
$$= A_o A_k X_r(s) - A_o A_k B X_o(s) \tag{9-1-7}$$

从而得到反馈控制的传递函数

$$T(s) = \frac{X_o(s)}{X_r(s)} = \frac{A_o A_k}{1 + A_o B A_k} \tag{9-1-8}$$

式(9-1-8)称为锁相环反馈控制系统的闭环传递函数。利用该式就可以对锁相环反馈控制系统的特性进行分析。在分析反馈控制系统时，有时还用到开环传递函数、误差传递函数的表达式。

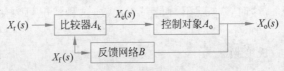

图 9-1-4　反馈控制系统的数学模型

开环传递函数定义为反馈信号与误差信号之比,即

$$T_{\text{o}}(s) = \frac{X_{\text{f}}(s)}{X_{\text{e}}(s)} = \frac{BX_{\text{o}}(s)}{X_{\text{e}}(s)} = \frac{BA_{\text{o}}X_{\text{e}}(s)}{X_{\text{e}}(s)} = A_{\text{o}}B \tag{9-1-9}$$

误差传递函数是指误差信号与参考信号之比,即

$$T_{\text{e}}(s) = \frac{X_{\text{e}}(s)}{X_{\text{r}}(s)} = \frac{A_{\text{k}}}{1 + A_{\text{k}}BA_{\text{o}}} \tag{9-1-10}$$

2. 反馈控制系统的基本特性的分析

1) 反馈控制系统的瞬态与稳态响应

若反馈控制系统已经给定,如锁相环控制对象的特性 A_{o} 和反馈传递函数 B 已知,则在给定参考信号后,根据式(9-1-7)求得该系统的输出信号为

$$X_{\text{o}}(s) = \frac{A_{\text{o}}A_{\text{k}}}{1 + A_{\text{o}}BA_{\text{k}}}X_{\text{r}}(s) \tag{9-1-11}$$

在一般情况下,式(9-1-11)表示的是一个微分方程式。从线性系统分析可知,所求得的输出信号的时间函数 $x_{\text{o}}(t)$ 将包含有稳态部分和瞬态部分。在控制系统中,稳态部分表示系统稳定后所处的状态;瞬态部分则表示系统在进行控制过程中的情况。

2) 反馈控制系统的跟踪特性

反馈控制系统的跟踪特性是指误差信号与参考信号的关系,它的复频域表示式为式(9-1-10)所示的误差传递函数,也可表示为

$$X_{\text{e}}(s) = T_{\text{e}}(s)X_{\text{r}}(s) = \frac{A_{\text{k}}}{1 + A_{\text{k}}BA_{\text{o}}}X_{\text{r}}(s) \tag{9-1-12}$$

当给定参考信号 x_{r} 时,求出其拉氏变换 $X_{\text{r}}(s)$,并将其代入式(9-1-12)求出 $X_{\text{e}}(s)$,再进行拉氏逆变换,就可以得到误差信号随时间变化的函数式 $x_{\text{e}}(t)$。显然,误差信号的变化情况既取决于系统的参数 A_{o}、B、A_{k},又取决于参考信号的形式。对于同一个系统,当参考信号是一个阶跃函数时,误差信号是一种形式,而当参考信号是一个直流的积分函数时,误差信号又是另一种形式。

误差信号随时间变化反映了参考信号变化和系统的跟随变化。例如,当参考信号阶跃变化时,即由一个稳态值变化到另一个稳态值时,误差信号在开始时较大,而当控制过程结束系统达到稳态时,误差信号将变得很小,近似为零。但是,对于不同的系统,变化的过程是不一样的,它可能是单调减小,也可能是振荡减小,如图 9-1-5 所示。当需要了解系统在跟踪过程中有没有起伏以及起伏的大小时,或者需要了解误差信号减小到某定值所需时间时,就需要了解整个跟踪过程。从数学上说,就是求出在给定参考信号变化形式的情况下误差信号的时间函数。但是,这种计算往往是比较复杂的。

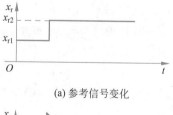

(a) 参考信号变化

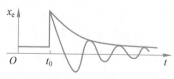

(b) 误差信号变化

图 9-1-5　反馈控制中的跟踪过程

在许多实际应用中,往往不需要了解信号的跟踪过程,而只需了解系统稳定后误差信号的大小,称其为稳态误差。利用拉氏变换的终值定理和误差传递函数的表达式可求得稳态误差值为

$$x_{e\infty} = \lim_{t \to \infty} x_e(t) = \lim_{s \to 0} s X_e(s) = \lim_{s \to 0} \frac{s A_k}{1 + A_k B A_o} X_r(s) \tag{9-1-13}$$

稳态误差值 $x_{e\infty}$ 越小，说明系统的跟踪误差越小，跟踪特性越好。

3）反馈控制系统的频率响应

反馈控制系统在正弦信号作用下的稳态响应称为频率响应，可以用 $j\omega$ 代替传递函数中的 s 来得到。这样系统的闭环频率响应为

$$T(j\omega) = \frac{X_o(j\omega)}{X_r(j\omega)} = \frac{A_o A_k}{1 + A_o A_k B(j\omega)} \tag{9-1-14}$$

这时，反馈控制系统等效为一个滤波器，$T(j\omega)$ 也可以用幅频特性和相频特性表示。若参考信号的频谱函数为 $X_r(j\omega)$，那么经过反馈控制系统后，它的不同频率分量的幅度和相位都将发生变化。

由式（9-1-14）可以看出，反馈网络的频率响应 $B(j\omega)$ 对反馈控制系统的频率响应起决定性的作用。可以利用改变 $B(j\omega)$ 的方法调整整个系统的频率响应。

与闭环频率响应一样，用式（9-1-10）可求得误差频率响应为

$$T_e(j\omega) = \frac{X_e(j\omega)}{X_r(j\omega)} = \frac{A_k}{1 + A_k A_o B(j\omega)} \tag{9-1-15}$$

它表示误差信号的频谱函数与参考信号频谱函数的关系。

4）反馈控制系统的稳定性

反馈控制系统的稳定性是必须考虑的重要问题之一。其含义是，在外来扰动的作用下，环路脱离原来的稳定状态，经瞬变过程后能回到原来的稳定状态，则系统是稳定的，反之则是不稳定的。如果反馈环路是非线性的，它的稳定与否不仅取决于环路本身的结构参数，还与外来扰动的强弱有关。但是，当扰动强度较小时，则可以作为线性化环路的稳定性问题来处理。事实上，线性化环路满足稳定工作的条件是实际环路稳定工作的前提。

若一个线性电路的传递函数 $T(j\omega)$ 的全部极点（即特征方程的根）位于复平面的左半平面内，则它的瞬态响应将是按指数规律衰减（不论是振荡的或是非振荡的）。这时，环路是稳定的。反之，若其中一个或一个以上极点处于复平面的右半平面或虚轴上，则环路的瞬态响应或为等幅振荡，或为指数增长振荡。这时环路是不稳定的。因此，由式（9-1-14），根据环路的特征方程

$$1 + A_k A_o B(j\omega) = 0 \tag{9-1-16}$$

可以得出：环路的特征方程全部特征根位于复平面的左半平面内是环路稳定工作的充要条件。

以上方法对二阶以下的系统是适用的。当环路为高阶时，要解出全部特征根往往是比较困难的。因此，有根轨迹法、劳斯-赫尔维茨（Routh-Hurwitz）准则、奈奎斯特（Nyquist）准则等较简便的稳定性判别方法。这些方法中还包含极坐标图（又称幅相特性图）、波特（Bode）图、对数幅相图（又称尼柯尔斯图）3种方法。这些已超出本书范围，就不展开论述了。

5）反馈控制系统的控制范围

前面的分析，都是假定比较器和可控对象及反馈网络具有线性特性。实际上，这个假定只可能在一定的范围内成立。因为任何一个实际部件都不可能具有无穷宽的线性范围，而当系统的部件进入非线性区后，系统的自动调整功能可能被破坏。因此，任何一个实际的反

馈控制系统都有一个能够正常工作的范围。如当 x_r 在一定范围内变动时,系统能够保证误差信号 x_e 足够小;当 x_r 的变化超过这个范围时,误差信号 x_e 明显增大,系统就会失去自动控制的作用,这个范围称为反馈控制系统的控制范围。由于不同的系统其组成部件的非线性特性是不同的,而一个系统的控制范围主要取决于这些部件的非线性特性。所以,控制范围随具体的控制系统的不同而不同。在对反馈控制系统的分析中,主要是讨论参考信号与输出信号的关系。因此,输出信号究竟是可控对象本身产生的,还是由于输入信号激励可控对象而得到的响应,是无关紧要的。

9.2　自动增益控制(AGC)电路

在接收机中,由于无线电波传播中的多径效应和衰落等原因,天线上感生的有用信号强度(反映在载波振幅上)往往有很大的起伏变化。接收机所接收的信号,随着各种条件的变化有较大的差异,信号强度可以有几微伏到几百毫伏的变化,但是我们希望接收机的输出电平的变化范围尽量小,避免过强的信号使晶体管或终端器件过载,以至毁坏。因此,在接收弱信号时,希望接收机有很高的增益,而接收到强信号时,要求接收机的增益要小。如果只靠人工增益控制(如音量调节),这是很难实现的,接收机中必须设置自动增益控制电路。

显然,自动增益控制电路的作用是在输入信号的变化范围很大时,保持接收机的输出电平几乎不变。具体地说,接收机的输入信号很弱时,接收机的增益大,自动增益控制电路不起作用;而当接收到的信号很强时,自动增益电路进行控制,使接收机的增益减小。这样,当信号的场强变化时,接收机输出端的电压和功率几乎不变。为了实现自动增益控制,必须有一个随着外来信号强度变化的电压或电流,然后利用这个电压或电流去控制接收机的有关增益级。图 9-2-1 为带有 AGC 电路的超外差式调幅接收机组成框图。图中,包络检波器前的各级放大器(包括混频器)组成环路的可控增益放大器,它的输出中频电压为 $v_I = V_{om} + k_a v_\Omega(t)\cos\omega_I t$。其中,$V_{om} = A(v_e)V_{im}$ 为载波振幅,就是环路的输出量。

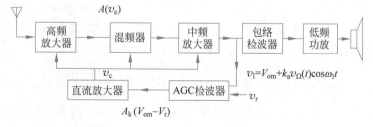

图 9-2-1　带有 AGC 电路的超外差式调幅接收机组成框图

AGC 检波器和直流放大器组成环路的反馈控制器。其中,AGC 检波器兼作比较器,加在其输入端的直流电压 v_r 就是环路的输入量,要求中频电压 v_I 中的载波振幅 V_{om} 大于 v_r 时,AGC 检波器输出的解调电压为 $A_k(V_{om} - V_r)$;否则,AGC 检波器输出解调电压为零。AGC 检波器不同于包络检波器,包络检波器输出反映包络变化的解调电压,而 AGC 检波器仅输出反映输入载波电压振幅 V_{om} 的直流电压。为了实现这个要求,接在 AGC 检波器输出端的低通滤波器,其上限频率应足够低,能够滤除反映包络变化的调制频率分量。

当 $V_{om} = V_r$ 时,$v_e = 0$,环路不工作,这时,可控增益放大器的增益 $A(0)$ 达到最大。当天线上感生的有用信号强度(即调幅信号中的载波电压振幅)V_{im} 增大时,相应的 V_{om} 增大,直流放大器输出误差电压 v_e 也就随着增大，检波前各级电路的增益在 v_e 控制下相应减小，结果是中频输出电压强度的增大受到了压缩。

例如，设天线上感生的有用信号强度 V_{im} 自最小值 V_{immin} 变化到最大值 V_{immax}，当环路锁定时，检波前各级电路的总增益 A 在 v_e 控制下相应地自最大值 A_{max} 减小到最小值 A_{min}。因此，中频输出载波电压振幅的变化范围必将受到压缩，相应地由最小值 V_{ommin} 变化到最大值 V_{ommax}，它们之间关系为

$$V_{ommin} = A_{max} V_{immin}, \quad V_{ommax} = A_{min} V_{immax}$$

即

$$\frac{V_{ommax}}{V_{ommin}} = \frac{A_{min}}{A_{max}} \frac{V_{immax}}{V_{ommin}} \tag{9-2-1}$$

上式表明，当 $\dfrac{V_{immax}}{V_{immin}}$ 一定时，要求 V_{om} 的变化倍数越小，A 的控制倍数 $\dfrac{A_{min}}{A_{max}}$ 就要越大，A 是由 v_e 控制的，v_e 又是 V_{om} 通过反馈控制器产生的。因此，只有当 V_{om} 的变化量 $V_{ommax} - V_{ommin}$ 与通过反馈控制器产生的误差电压变化值 $v_{emax} - v_{emin}$ 能够使 A 具有上式求得的变化范围时，这个环路才能使 V_{om} 的变化控制在所要求的范围内。

通常，取 $V_{ommin} = v_r$（相应的 V_{immin} 称为接收机的灵敏度电压，即接收机能够正常接收的最小输入信号电压），相应的 $v_{emin} = 0V$。因而，当 V_{im} 的变化倍数一定时，要增大 A 的控制倍数，即压缩 V_{om} 的变化倍数，可以采取以下两个措施：一是增大 v_r，这样，在相同的 V_{om} 变化倍数时，V_{om} 的变化量 $v_{ommax} - v_{ommin}$ 就要增大，相应产生的误差电压变化值也就增大；二是增大直流放大器的增益，使 v_e 的变化量增大。结果它们都使 A 的变化倍数增大。

可见，要想扩大 AGC 电路的控制范围，就要增大 AGC 电路的增益控制倍数，也就是要求 AGC 电路有较大的增益变化范围。

另外，适当的响应时间是 AGC 电路应考虑的主要要求之一，AGC 电路是用来对信号电平变化进行控制的。因此，要求 AGC 电路的动作要跟得上电平变化的速度。响应时间短，自然能迅速跟上输入信号电平的变化。但是响应时间过短，AGC 电路将随着信号的内容而变化。这会对有用信号产生反调制作用，导致信号失真。因此，要根据信号的性质和需要，设计适当的响应时间。

9.2.1 AGC 电路的组成、工作原理及性能分析

AGC 电路的组成如图 9-2-2 所示，它包含电平检测电路、滤波器、比较器和控制信号产生器、可控增益电路等。

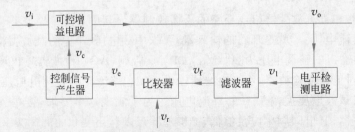

图 9-2-2 AGC 电路的组成

下面,我们来分析各个部分的工作原理和性能。

1. 电平检测电路

电平检测电路的功能就是检测出输出信号的电平值。它的输入信号就是 AGC 电路的输出信号,可能是调幅波或调频波,也可能是声音或图像信号。这些信号的幅度也是随着时间变化的,但变化频率较高,至少在几十赫兹以上。而其输出则是一个仅反映其输入信号电平的信号,如果其输入信号的电平不变,那么电平检测电路的输出信号就是一个脉动电流。一般情况下,电平信号的变化频率较低,如几赫兹左右。通常电平检测电路是由检波器担任,其输出与输入信号电平呈线性关系,即

$$v_1(t) = K_d v_o(t) \tag{9-2-2}$$

其复频率表达式为

$$v_1(s) = K_d v_o(s) \tag{9-2-3}$$

2. 滤波器

对于以不同频率变化的电平信号,滤波器将有不同的传输特性,用它可以控制 AGC 电路的响应时间,也就是决定当输入电平以不同的频率变化时输出电平将怎样变化。常用的是单节 RC 积分电路,如图 9-2-3 所示,它的传输特性为

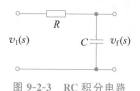

图 9-2-3　RC 积分电路

$$H(s) = \frac{v_f(s)}{v_1(s)} = \frac{1}{1 + sRC} \tag{9-2-4}$$

3. 比较器

将给定的基准电平 v_r 与滤波器输出的 v_f 进行比较,输出误差信号为 v_e,通常 v_e 与 $v_r - v_f$ 成正比,所以,比较器特性的复频域表示式为

$$v_e(s) = A_K[v_r(s) - v_f(s)] \tag{9-2-5}$$

4. 控制信号产生器

控制信号产生器的功能是将误差信号转换为适应可变增益电路所需要的控制信号,这种变换通常是幅度的放大或极性的变换。有的还设置一个初始值,以保证输入信号小于某一电平时,保持放大器的增益最大。因此,其特性的复频域表示式为

$$v_c(s) = A_p v_e(s) \tag{9-2-6}$$

其中,A_p 为比例常数。

5. 可控增益电路

可控增益电路能在控制电压作用下改变增益。要求这个电路在增益变化时,不使信号产生线性或非线性失真;同时要求它的增益变化范围大。它将直接影响 AGC 系统的增益控制倍数。所以,可控增益电路的性能对整个 AGC 系统的技术指标影响是很大的。

可控增益电路的增益与控制电压的关系一般是非线性的,只在一定的范围内是线性的。为简化分析,假定它的特性是线性的,即

$$A_o = A(v_c) = A v_c \tag{9-2-7}$$

A 为比例系数,其复频域表达式可写为

$$A_o(s) = A v_c(s) \tag{9-2-8}$$

这样,可控增益电路的输出可以用下式来表示。

$$v_o(s) = G(s)v_i(s) = A v_c(s) v_i(s) = A_o v_c(s) \tag{9-2-9}$$

式中，$A_o = Av_i(s)$，表示 v_o 对 v_c 的放大倍数。显然，其值与输入信号有关，这样分析只是为了将一个二元函数的分析问题简单化，因为环路的分析可以在假定输入信号一定的情况下进行。只不过输入信号变化影响了环路的增益。

以上说明了 AGC 电路的组成及各部件的功能。但是，在实际 AGC 电路中并不一定都包含这些部分。例如，简单 AGC 电路中就没有比较器和控制信号产生器，但工作原理与 AGC 模型电路并没有本质区别。

从图 9-2-2 可以看出，它是一个反馈控制系统。当输入信号 $v_i(t)$ 的电平发生了变化或是其他原因使输出信号 $v_o(t)$ 的电平发生了相应的变化时，电平检测电路将检测出这个新的电平信息，并输出与之成比例的电平信号，经过滤波器送至比较器。比较电路将比较器输出电平的变化并产生相应的误差信号；经控制信号产生器进行适当的变换后，控制可控增益电路调整输出信号的电平值。只要设计合理，这个系统就可以减小由于各种原因引起的输出电平的变化，从而使这个系统的输出信号基本维持不变。将图 9-2-2 改画一下，即可得到如图 9-2-4 所示的电路模型。

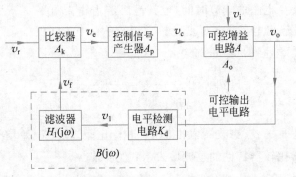

图 9-2-4　AGC 电路模型

利用对一般反馈控制系统的分析结果，可得 AGC 电路的闭环传递函数为

$$T(s) = \frac{v_o(s)}{v_r(s)} = \frac{A_k A_p A_o}{1 + A_k A_p K_d A_o H_1(s)} \tag{9-2-10}$$

由式(9-1-10)可得 AGC 电路的误差传递函数为

$$T_e(s) = \frac{v_e(s)}{v_r(s)} = \frac{A_k}{1 + A_k A_p K_d A_o H_1(s)} \tag{9-2-11}$$

将式(9-2-4)代入式(9-2-10)和式(9-2-11)可得

$$T(s) = \frac{v_o(s)}{v_r(s)} = \frac{(1 + sRC) A_k A_p A_o}{(1 + sRC) + A_k A_p K_d A_o} \tag{9-2-12}$$

$$T_e(s) = \frac{v_e(s)}{v_r(s)} = \frac{(1 + sRC) A_k}{(1 + sRC) + A_k A_p K_d A_o} \tag{9-2-13}$$

由式(9-1-13)，利用终值定理可得 AGC 电路的稳态误差为

$$v_{e\infty} = \lim_{t \to \infty} v_e(t) = \lim_{s \to 0} s v_e(s) = \lim_{s \to 0} \frac{s A_k}{1 + A_k A_p A_o K_d H_1(s)} v_r(s) \tag{9-2-14}$$

这里，$v_r(s)$ 为标准电平，假定其变化为 Δv_r，则将 $v_r(s) = \Delta v_r / s$ 代入式(9-2-14)可得

$$v_{e\infty} = \lim_{s \to 0} \frac{s A_k}{1 + A_k A_p K_d A_o H_1(s)} v_r(s) = \frac{A_k \Delta v_r}{1 + A_k A_p A_o K_d H_1(0)} \tag{9-2-15}$$

因为输出电平的误差为

$$v_{\text{o}\infty} = A_{\text{p}} A_{\text{o}} v_{\text{e}\infty} \tag{9-2-16}$$

故

$$v_{\text{o}\infty} = A_{\text{p}} A_{\text{o}} v_{\text{e}\infty} = \frac{A_{\text{k}} A_{\text{p}} A_{\text{o}} \Delta v_{\text{r}}}{1 + A_{\text{k}} A_{\text{p}} A_{\text{o}} K_{\text{d}} H_1(0)} \tag{9-2-17}$$

一般情况下，$A_{\text{k}} A_{\text{p}} A_{\text{o}} K_{\text{d}} H_1(0) \gg 1$，故式(9-2-17)可以改写为

$$v_{\text{o}\infty} \approx \frac{\Delta v_{\text{r}}}{K_{\text{d}} H_1(0)} \tag{9-2-18}$$

为了减小这个误差，也就是减小当输入电平变化时输出电平偏离基准电平的值，要求 $K_{\text{d}} H_1(0) \gg 1$。这个条件就是要求反馈放大器的增益要高，这样输出电平基准电平的值就小。因此，往往在滤波器前或后加放大器。用 $j\omega$ 代替式(9-2-10)中的 s，其频率特性为

$$T(j\omega) = \frac{v_{\text{o}}(j\omega)}{v_{\text{r}}(j\omega)} = \frac{A_{\text{k}} A_{\text{p}} A_{\text{o}}}{1 + A_{\text{k}} A_{\text{p}} K_{\text{d}} A_{\text{o}} H_1(j\omega)} \tag{9-2-19}$$

当 $H_1(j\omega) = \dfrac{1}{1 + j\omega RC}$ 时，有

$$T(j\omega) = \frac{v_{\text{o}}(j\omega)}{v_{\text{r}}(j\omega)} = \frac{(1 + j\omega RC) A_{\text{k}} A_{\text{p}} A_{\text{o}}}{(1 + j\omega RC) + A_{\text{k}} A_{\text{p}} K_{\text{d}} A_{\text{o}}} \tag{9-2-20}$$

由式(9-2-20)可以确定 AGC 电路闭环传递函数的幅频特性和相频特性，前面已说明 AGC 电路的稳定性由式(9-2-10)分母的特征根的实部为负数来确定。当 $H(s) = 1/(1 + sRC)$ 时，可确定稳定的条件为

$$A_{\text{k}} A_{\text{p}} K_{\text{d}} A_{\text{o}} > 0 \tag{9-2-21}$$

9.2.2 放大器的增益控制——可控增益电路

可控增益电路是在控制信号作用下改变增益，从而改变输出信号的电平，达到稳定输出电平的目的。这部分电路通常是与整个系统共用的，并不是单独属于 AGC 系统。例如，接收机的高、中频放大器，它既是接收机的信号通道，又是 AGC 系统的可控增益电路。一般要求可控增益电路只改变增益而不致使信号失真。如果单级增益变化范围不能满足要求，还可采用多级控制的方法。可控增益电路通常是一个可变增益放大器，控制放大器增益的方法主要是控制放大器本身的某些参数或在放大器级间插入可控衰减器。

1. 通过控制放大器本身的参数改变增益

通过控制放大器本身的参数改变增益的方法有改变发射极电流、改变放大器负载、改变差分对电流分配比以及改变恒流源电流等多种形式。下面逐一进行介绍。

1) 改变发射极电流 I_{E}

正向传输导纳 $|Y_{\text{fe}}|$ 与晶体管的工作点有关，改变发射极电流(或集电极电流)就可以使 $|Y_{\text{fe}}|$ 随之改变，从而达到控制放大器增益的目的。图 9-2-5 是 $|Y_{\text{fe}}|$ 与 I_{E} 的晶体管特性曲线，如果放大器的静态工作点选在 $|I_{\text{EQ}}|$，由图可见，当 $I_{\text{E}} < I_{\text{EQ}}$ 时，$|Y_{\text{fe}}|$ 随 I_{E} 的减小而下降，称为反向 AGC；当 $I_{\text{E}} > I_{\text{EQ}}$ 时，$|Y_{\text{fe}}|$ 随 I_{E} 的增加而下降，

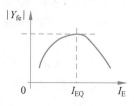

图 9-2-5 $|Y_{\text{fe}}|$ 与 I_{E} 的特性曲线

称为正向 AGC。前者要求随着输入信号的增强,使放大器的工作点电流下降;后者要求随着输入信号的增强,使放大器的工作点电流增大。控制电压 v_c 可以从发射极注入,也可以从基极注入,如图 9-2-6 所示。控制电压 v_c 极性到底采用正向 AGC 还是反向 AGC,主要取决于晶体管的 $|Y_{fe}|$ 与 I_E 特性。图 9-2-6(a)所示电路中,v_c 增加,导致 v_{BE} 下降,从而使集电极电流 I_c 下降,选择好静态点后,I_c 下降使 $|Y_{fe}|$ 减小,导致放大倍数 A_v 下降,故为反向 AGC 电路;图 9-2-6(b)是控制晶体管的基极电流,因而所需的控制电流较小。

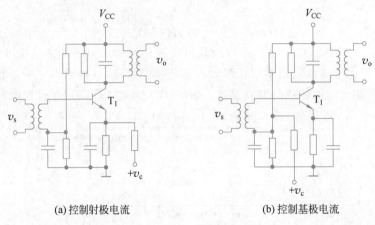

(a) 控制射极电流   (b) 控制基极电流

图 9-2-6   改变 I_E 的增益控制电路

国产专供增益控制用的晶体管有 3DG56、3DG79 及 3DG91 等,它们都是作正向 AGC 用的。这些管子的 $|Y_{fe}|$ 与 I_E 曲线右边的下降部分斜率大、线性好,且在 I_E 较大的范围内,晶体管的集电极损耗仍不会超过允许值。这种电路的优点是电路简单,只要在一个典型的放大器上加上控制电压就可实现增益控制。缺点是当晶体管工作电流变化时,其输出、输入电容和输出、输入电阻都会发生变化。前者将影响放大器的频率特性和相位特性,后者将影响谐振回路的 Q 值,使得在改变增益时频率响应也发生变化。为了减小工作点改变对放大器频率特性的影响,通常采用如下措施:一是加大回路的外接电容,使晶体管的输出、输入电容比外界电容小得多;二是降低回路的 Q 值,使受控放大器具有较宽的通频带。接收机将增益受控级做成宽带,而不是窄带,整个接收机的频率特性主要由窄带放大器决定,这样,增益控制对宽带放大器的频率特性虽有影响,但对整机的频率特性的影响就小了。

2) 改变放大器负载 R_L

放大器的增益与负载 R_L 有关,调节负载 R_L 也可以实现对放大器增益的控制。图 9-2-7 是广播收音机中常采用变阻二极管作为回路负载来实现增益控制的中放电路。这种电路是在反向增益控制的基础上,加上由变阻二极管 D_1（习惯上叫作阻尼二极管）和电阻 R_1、R_2、R_3 组成的网络,用来改变回路 L_1C_1 的负载。控制电压 v_c 在 T_2 的基极注入,当外来信号较小时 v_c 较小,T_2 的集电极电流 I_{c2} 较大,R_3 上的压降大于 R_2 上的压降,这时 B 点的电位高于 A 点电位,阻尼二极管 D_1 处于反向偏置,它的动态电导很小,对于回路没有什么影响;当输入信号增大时,v_c 增加,I_{c2} 减小,B 点电位降低,二极管的偏置逐渐变为正向偏置,动态电导增大,因此,放大器的增益减小。输入信号越强,则 D_1 的电导越大,回路 L_1C_1 的有效 Q 值大大减小,T_1 组成的放大器增益将显著降低。广播收音机采用这种电路,可以有效地防止因外来信号太强而出现的过载现象。

3) 改变差分对电流分配比

图 9-2-8 所示为线性集成电路中常用的差分电路。输入电压 v_i 加在晶体管 T_3 的基极上,放大后的信号 v_o 由 T_2 集电极输出,增益控制电压 v_c 加在 T_1 和 T_2 的基极。当 T_3 基极加入电压 v_i 时,其集电极中将产生相应的交变电流 i_3,而 $i_3 = i_1 + i_2$,i_1 和 i_2 分配的大小取决于控制电压 v_c,若 v_c 足够大,可使 T_2 截止,i_3 全部流过 T_1,$i_2 = 0$,放大器没有输出,增益等于 0。若 v_c 减小,T_2 导通,i_3 的一部分流过 T_2,产生输出电压 $i_2 R_c$,这时放大器具有一定的增益,并随 v_c 的变化而变化。

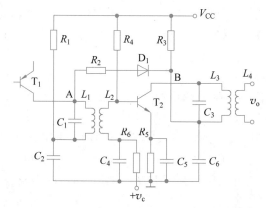

图 9-2-7 广播收音机采用阻尼二极管的 AGC 电路

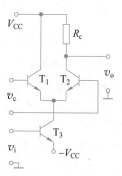

图 9-2-8 改变分流比的增益
控制电路

因为 $i_3 = g_{m3} v_i$,故有

$$A_v = \frac{v_o}{v_i} = \frac{i_2 R_c}{\dfrac{i_3}{g_{m3}}} = g_{m3} R_c \frac{i_2}{i_3} \tag{9-2-22}$$

而 $i_1 = I_s e^{\frac{v_{BE1}}{V_T}}$,$i_2 = I_s e^{\frac{v_{BE2}}{V_T}}$,当 $i_2 \neq 0$ 时,$\dfrac{i_1}{i_2} = e^{\frac{v_c}{V_T}}$,$i_3 = i_1 + i_2 = i_2\left(1 + \dfrac{i_1}{i_2}\right) = i_2(1 +$

$e^{\frac{v_c}{V_T}})$,于是得 $\dfrac{i_2}{i_3} = \dfrac{1}{1 + e^{\frac{v_c}{V_T}}}$,将此式代入式(9-2-22)得

$$A_v = \frac{v_o}{v_i} = g_{m3} R_c \frac{i_2}{i_3} = \frac{g_{m3} R_c}{1 + e^{\frac{v_c}{V_T}}} \tag{9-2-23}$$

当 $i_2 = 0$ 时,$A_v = 0$。当 $i_1 = 0$ 时,有最大的增益。

可见,这种电路的最小增益 $A_{vmin} = 0$,最大增益 $A_{vmax} = g_{m3} R_c$,它的增益控制特性如图 9-2-9 所示。

利用电流分配法来控制放大器的增益,其优点是:放大器的增益受控时,只是改变了 T_1 和 T_2 的电流分配,对 T_3 没有影响,它的输入阻抗保持不变,因而放大器的频率特性、中心频率和频谱宽度都不受影响。此外,T_3 和 T_2 实质上是一个共发共基的放大电路,T_2 的输入阻抗是 T_3 的负载。由

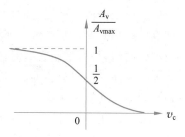

图 9-2-9 改变分流比的增益
控制特性

于 T_2 是共基组态,其输入阻抗低,内部反馈小,工作稳定性高。

4) 改变恒流源电流

改变恒流源电流的增益控制电路如图 9-2-10 所示。它是平衡输入,单端输出的差分放大电路,由低频电子线路可知,晶体管的电路的小信号跨导与其流过的静态电流成正比,而 T_2 的负载电阻为 R_c,则单端输出时的电压放大倍数为

$$A_v = g_m R_c \tag{9-2-24}$$

显然,改变恒流源电流即可改变 A_v,对于输入信号 v_i 而言,改变恒流源电流相当于改变了这个放大器的跨导,所以这种工作方式又称为可变跨导放大器。恒流源电流的大小可由加在 T_3 基极的控制电压 v_c 来调节。这种电路控制方法简便,是线性集成电路广泛采用的电路之一。

2. 利用在放大器级间插入可控衰减器改变增益

在放大器各级之间插入由二极管和电阻网络构成的电控衰减器来控制增益,是增益控制的一种较好的方法。

简单的二极管电控衰减器如图 9-2-11 所示。电阻 R 和二极管 D 的动态电阻 r_d 构成一个分压器。当控制电压 v_c 变化时,r_d 随之变化,从而改变分压器的分压比。这种电路增益控制范围较小,又因受控放大器和控制电路之间只用扼流圈 L 进行隔离,所以隔离较差。

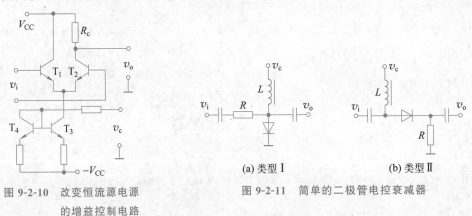

图 9-2-10　改变恒流源电源
的增益控制电路

图 9-2-11　简单的二极管电控衰减器

图 9-2-12 是一种改进电路。控制电压 v_c 通过三极管 T 来控制 D_1、D_2 和 D_3、D_4 的动态电阻。当输入信号较弱时,控制电压 v_c 的值较大,晶体管 T 的电流较大,流过 $D_1 \sim D_4$ 的电流也较大,其动态电阻 r_d 小,因而,输入信号 v_i 从 4 只二极管通过时的衰减很小。当输入信号增大时,v_c 的值减小,T 和 $D_1 \sim D_4$ 的电流减小,r_d 增大,使输入信号 v_i 受到较大的衰减。由于晶体三极管的放大作用提高了增益控制的灵敏度,同时控制电路和受控电路之间有较好隔离度,即 v_i 和 v_c 两个电路之间的相互影响较小,在该电路中,4 只二极管分成对称的两组,目的是使它们对被控的高频信号正负半周的衰减相同。用二极管做可控衰减器时应注意极间电容的影响。极间电容越大,衰减器的频率特性越差,在放大宽带信号时这个问题尤其应该注意。

实际应用中,广泛采用分布电容很小的 PIN 管作为增益控制器件,其结构如图 9-2-13 所示,它的作用和一般 PN 结二极管相同,但结构有所差别。管子两边分别是重掺杂的 P^+ 型和 N^+ 型半导体,形成两个电极,中间插入一层本征半导体 I,故称之为 PIN 二极管。本征

半导体 I 层的电阻率很高,所以 PIN 管在零偏置时电阻较大,一般可达 7~10kΩ。在正偏置时,由 P 区和 N 区分别向 I 区注入空穴和电子,它们在 I 区中不断复合,而两个结层处则继续注入、补充,在满足电中性的条件下达到动态平衡。因此,I 区中存在着一定数量并按照一定规律分布的等离子体,这使原来电阻率很大的 I 区变成低阻区。正偏置越大,注入 I 区的载流子也越多,I 区的电阻就越小。由上述过程看出,加在 PIN 管上的正向偏置可以改变它的导电率,这种现象通常叫作电导调制效应。

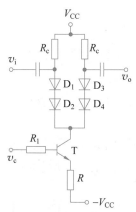

图 9-2-12　电控衰减器

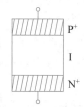

图 9-2-13　PIN 管结构示意图

PIN 管的电阻与正向电流 I 的关系,可用式(9-2-25)来计算。

$$R \approx \frac{k}{I^{0.78}} \tag{9-2-25}$$

式中,I 是管子的正向电流,单位为 mA,k 是一个比例系数,它和本征半导体 I 层的电阻率及结面积有关,一般为 20~50。

　　典型情况下,当偏流在零至几毫安内变化时,PIN 管的电阻变化范围为 10Ω~10kΩ。用 PIN 管作为电调可控电阻有很多优点,首先,它的结电容比普通二极管小得多,通常是 0.1pF 的数量级,结电容小,不仅工作频率可大大提高,而且频率特性好;其次,PIN 管的等效阻抗可以看作是两个结区的阻抗和 I 层电阻串联,只要前两者的数值小于 I 层电阻,那么 PIN 管的作用基本上就是一个与频率无关的电阻,其阻值只取决于正向偏置电流。

　　图 9-2-14 是用 PIN 管作为增益控制器件的典型电路。图中 T_1 是共发射极电路,它直接耦合到下一级的基极;T_2 是射极跟随器,放大后的信号从发射极输出,同时有一部分由反馈电阻 R_f 反馈到 T_1 的基极,反馈深度可通过 R_f 调整。因为反馈电压与输入电压并联,所以是电压并联负反馈。它可以加宽频带、增加工作稳定性及减小失真。这种放大器称为负反馈对管放大器。D_1、D_2(或接 PIN 管)和 R_1 等构成一个电控衰减器。当 v_c 较大时,D_1、D_2 的电阻很小,被放大的高频信号几乎不被衰减;当 v_c 减小时,D_1、D_2 的电阻增加,衰减增大。在这个电路中 PIN 管的电流变化范围为 20~200pA,增益变化大约为 15dB,由于放大器是发射极输出的,内阻很小,PIN 管的极间电容也很小,因此,衰减器具有良好的频率特性。

9.2.3　AGC 控制电压的产生——电平检测电路

　　AGC 控制电压是由电平检测电路产生的,电平检测电路的功能是从系统输出信号中取

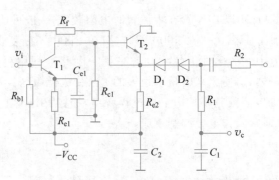

图 9-2-14　PIN 管作为增益控制器的放大器

出电平信息。通常要求其输出应与信号电平成比例。

按照控制电压产生方法的不同，电平检测电路分为平均值型、峰值型和选通型 3 种。

1. 平均值型 AGC 电路

平均值型 AGC 电路适用于被控信号中含有一个不随有用信号变化的平均值的情况，如调幅广播信号，其平均值是未调载波的幅度。调幅收音机的自动增益控制广泛采用这种电路。

图 9-2-15 是一种常用的等效电路，二极管 D、电阻 R_1、R_2 和电容 C_1、C_2 构成一个检波器，中频放大器的输出信号 v_1 加到检波器的输入端，经检波后，除了得到音频信号之外，还有一个平均直流分量 v_c，它的大小与中频载波电平成正比，与中频信号的调幅度无关，这个电压就可以用作 AGC 的控制电压，R_3 和 C_3 组成一个低通滤波器。把检波后的音频分量滤掉，使控制电平 v_c 不受音频信号的影响。正确选择低通滤波器的时间常数是设计 AGC 电路的重要任务之一。通常在接收音频调幅信号时，时间常数 $\tau = R_3 C_3$ 为 $0.02 \sim 0.2 \mathrm{s}$，接收等幅电报时，为 $0.1 \sim 1 \mathrm{s}$，τ 的数值太大或太小都不合适。若 τ 太大，则控制电平 v_c 会跟不上外来信号电平的变化，接收机的增益将不能得到及时调整，失去应有的自动增益控制作用。反之，如果 τ 太小，则增益将随外来信号的包络而变化，如图 9-2-16 所示。在调幅波的波峰点的瞬间，控制电平 v_c 值增大，接收机增益减小；在调幅波的波谷点的瞬间，v_c 值减小，接收机增益升高。这样放大器将产生额外的反馈作用，使调幅信号受到反调制，从而降低了检波器输出音频信号电压的振幅。低通滤波器的时间常数越小，调制信号的频率越低，反调制作用越强，其结果将使检波后音频信号的低频分量相对减弱，产生频率失真。

根据上面的分析，在实际的电路设计中，为了减小反调制作用所产生的失真，时间常数 $\tau = R_3 C_3$ 应根据调制信号的最低频率 F_L 来选择，其数值可以为

$$C_3 = \frac{5 \sim 10}{2\pi F_L R_3} \tag{9-2-26}$$

设调制信号的最低频率 $F_L = 50 \mathrm{Hz}$，滤波电路的电阻 $R_3 = 4.7 \mathrm{k\Omega}$，则

$$C_3 = \frac{5 \sim 10}{2\pi F_L R_3} = \frac{5 \sim 10}{2\pi \times 50 \times 4700} \mathrm{F} = 4 \sim 8 \mu\mathrm{F}$$

一般在调幅收音机中 C_3 通常是 $10 \sim 30 \mu\mathrm{F}$，就是根据上述的计算得到的。

在高质量的接收机中，为了适应不同的工作方式（如接收电话或电报等）和接收条件的变化（如衰落的变化），时间常数的数值是可以改变的。使用时根据不同的情况选择不同的电阻和电容值，可以得到较好的效果。

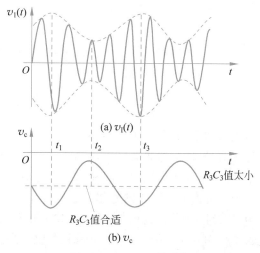

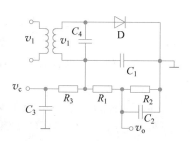

图 9-2-15　半均值型电平检测电路

图 9-2-16　R_3C_3 的选择

2. 峰值型 AGC 电路

　　峰值型 AGC 电路适用于被控信号中含有不随有用信号变化的峰值的情况,如全电视信号,它的行同步脉冲的幅度是不变的,与图像信号内容无关,而且是该信号的峰值。对全电视信号进行峰值检波就能得到与信号电平成比例的电平信号。峰值型 AGC 检波电路不能和图像信号的检波共用一个检波器,必须另外设置一个峰值检波器。图 9-2-17 就是这样一种检波器的电路。当输入信号为负极性时,二极管导通,电容 C_1 被充电。通常二极管的内阻 r_d 为几百欧,若 $C_1=200\mathrm{pF}$,充电电路的时间常数 $\tau=r_dC_1=0.02\sim0.05\mu\mathrm{s}$。它比行同步脉冲宽度($4.7\mu\mathrm{s}$)要小得多,所以,在行同步脉冲期间能够给电容器 C_1 充电到峰值电平。在同步脉冲终结后,紧接着到来的是图像信号,它的电平比行同步脉冲低,所以二极管 D 截止,电容 C_1 通过电阻 R_1 放电。电阻 R_1 通常很大,若 $R_1=1\mathrm{M\Omega}$,则放电时间常数为 τ_d,即 $\tau_d=R_1C_1=200\mu\mathrm{s}$,而两个行同步脉冲之间的时间间隔只有 $64\mu\mathrm{s}$。因此,在下一个行同步脉冲到来时,C_1 上的电压不会全部放完,一般只放掉原有充电电压的 $20\%\sim30\%$。下一个行同步脉冲到来时 C_1 又被充电。这样反复地充放电,在 C_1、R_1 两端就得到了一个近似锯齿形的直流电压,其数值反映了同步脉冲的峰值,而与图像信号电平几乎无关。锯齿形电压经 R_2 和 C_2 组成的低通滤波器平滑后,即得到所需的控制电压。

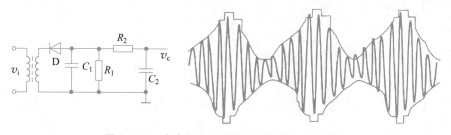

图 9-2-17　全电视信号峰值电平检测电路及波形

　　峰值型 AGC 电路具有一些优点,它比平均值型 AGC 电路的输出电压要大得多,具有较好的抗干扰能力,幅度小于同步信号的干扰,对于 AGC 电路的工作没有影响。但是如果干扰幅度大于同步信号,而且加入的时间较长,那么,它对 AGC 电路就会产生危害。因此,这种电路的抗干扰性能还不够理想。

3. 选通型 AGC 电路

选通型 AGC 电路具有更强的抗干扰能力，多用于高质量的电视接收机和雷达接收机。它的基本思想是只在反映信号电平的时间范围内对信号进行取样，然后利用这些取样值形成反映信号的电平。这样，出现在取样时间范围外的干扰都不会对取样电平值产生影响，从而大大提高了电路的抗干扰能力。使用这种方法的条件，首先是信号本身要周期性出现，在信号出现的时间内，信号的幅度能反映信号的电平；其次是要提供与上述信号出现时相对应的选通信号，这个选通信号可由 AGC 系统内部产生，也可由外部提供。例如，在电视接收机中，行同步脉冲出现的时间和周期都是确定的，而且其大小反映信号电平，因此，可利用接收机中已分离的行同步信号作为选通脉冲。

为了得到反映信号电平的信号平均值或峰值，需要一个平滑滤波电路，这是一个积分电路或低通滤波器，利用它才能保证 AGC 系统对比较慢的电平变化起控制作用，而对有用信号则不响应。显然，这个系统存在一定的建立时间，对于一些特殊要求的系统，这个问题是应该考虑的。

9.2.4 AGC 电路举例

图 9-2-18 是一种简单的延迟 AGC 电路。电路有两个检波器，一个是信号检波器，另一个是 AGC 电平检测电路。它们的主要区别在于后者的检波二极管 D_2 上加有延迟电压 V_d。这样，只有当输出电压的幅度大于 V_d 时，D_2 才开始检波。产生控制电平与简单 AGC 不同，延迟 AGC 的电平检测电路不能和信号检波器共用一个二极管。因为检波器加上延迟电压 V_d 之后，对小于 V_{imin} 的信号不能检测，而对大于 V_{imax} 的信号将产生较大的非线性失真。

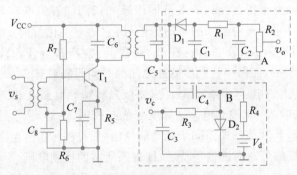

图 9-2-18　简单的延迟 AGC 电路

9.3 自动频率控制（AFC）电路

AFC 电路也是一种反馈控制电路。它与 AGC 电路的区别在于控制对象不同，AGC 电路的控制对象是电平信号，而 AFC 电路的控制对象则是信号的频率，其主要作用是自动控制振荡器的振荡频率，如在超外差接收机中利用 AFC 电路的调节作用可自动控制本地振荡频率，使其与外来信号之差维持在近似等于中频的数值。在调频发射机中，如果振荡频率漂移，用 AFC 可适当减少频率的变化，提高频率稳定度。在调频接收机中，用 AFC 电路的跟踪特性构成调频解调器，即所谓调频负反馈解调器，可改善调频解调的门限效应。

9.3.1 AFC 电路的组成、工作过程及性能分析

1. AFC 电路的组成

AFC 电路的框图如图 9-3-1 所示,其基本工作过程如 9.1 节所述。需要注意的是,在反馈环路中传递的是频率信息,误差信号正比于参考频率与输出频率之差,控制对象是输出频率。不同于 AGC 电路在环路中产生的是电平信息,误差信号正比于参考电平与反馈电平之差,控制对象是输出电平。因此,分析 AFC 电路应着眼于频率。下面分析环路中各部件的功能。

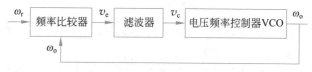

图 9-3-1 AFC 电路框图

1) 频率比较器

加到频率比较器的信号,一个是参考信号, 个是反馈信号,它的输出电压 v_e 与上述两个信号的频率差有关,而与这两个信号的幅度无关,同样地,称比较器输出的电压信号 v_e 为误差信号。

$$v_e = A_k(\omega_r - \omega_o) \qquad (9\text{-}3\text{-}1)$$

式中,A_k 在一定的频率范围内为常数,实际上,这里是鉴频跨导。因此,凡是能检测出两个信号的频率差并将其转换成电压(或电流)的电路都可构成频率比较器。常用的电路有两种形式:一是鉴频器,二是混频-鉴频器。前者无须外加参考信号,鉴频器的中心频率就起参考信号的作用,常用于将输出频率稳定在某一固定值的情况;后者则用于参考频率不变的情况,如图 9-3-2(a)所示。鉴频器的中心频率为 ω_r。当 ω_r 与 ω_o 之差等于 ω_I 时,输出为零,否则,就有误差信号输出,其鉴频特性如图 9-3-2(b)所示。

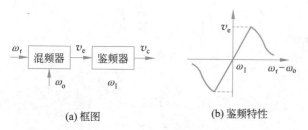

(a) 框图   (b) 鉴频特性

图 9-3-2 混频-鉴频频率比较器及特性

2) 电压频率控制电路

电压频率控制电路又称为电压控制振荡器,简称压控振荡器(VCO),是自动频率控制电路的重要组成部分。电压频率控制电路的作用是在控制信号 v_c 的作用下,使输出信号的频率随着控制电压的变化而变化。一般而言,电压控制的振荡器,其典型特性如图 9-3-3 所示,一般这个特性也是非线性的,但在一定的范围内,如图中的 AB 段可近似表示为线性关系。

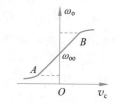

图 9-3-3 VCO 的控制特性

$$\omega_o = A_o v_c + \omega_{oo} \qquad (9\text{-}3\text{-}2)$$

式中,A_o 为常数,称为压控振荡器的压控灵敏度,这一特性称为控制特性。

3）滤波器

这里也是一个低通滤波器。根据频率比较器的原理，误差信号 v_e 的大小与极性反映了 $(\omega_r - \omega_o)$ 的大小与极性，而 v_e 的频率则反映了频率差 $(\omega_r - \omega_o)$ 随时间变化的快慢。因此，滤波器的作用是限制反馈环路中流通的频率差的变化频率，只允许频率差变化较慢的信号通过，实施反馈控制，而滤除频率差变化较快的信号，使之不产生反馈控制作用。

图 9-3-1 中滤波器的传递函数为

$$H(s) = \frac{v_c(s)}{v_e(s)} \tag{9-3-3}$$

当使用单节 RC 积分器时，传递函数为 $H(s) = 1/(1 + sRC)$，特别地，当误差信号 v_e 是慢变化的电压时，这个滤波器的传递函数可以认为是 1。

另外，频率比较器和可控频率电路都是惯性器件，即误差信号的输出相对于频率信号的输入有一定的延时，频率的改变相对于误差信号的加入也有一定的延时。这种延时的作用可以一并考虑在低通滤波器之中。

2. AFC 电路基本特性的分析

在了解各部件功能后，就可分析 AFC 电路的基本特性了。可以用解析法，也可以用图解法，这里使用图解法进行分析。

因为我们感兴趣的是稳态情况，不讨论反馈控制过程，所以，可认为滤波器的传递函数为 1，这样 AFC 的框图可以简化为图 9-3-4(a)。将图 9-3-2(b) 所示的鉴频特性及图 9-3-3 所示的控制特性换成 $\Delta\omega$ 的坐标，分别如图 9-3-4(b)、(c) 所示。在 AFC 电路处于平衡状态时，应是这两个部件特性方程的联立解。图解法则是将这两个特性曲线画在同一坐标轴上，找出两条曲线的交点，即为平衡点，如图 9-3-5 所示。和所有的反馈控制系统一样，系统稳定后所具有的状态与系统的初始状态有关。

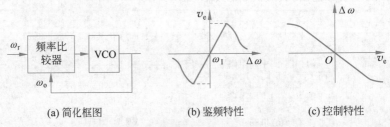

(a) 简化框图   (b) 鉴频特性   (c) 控制特性

图 9-3-4　简化的 AFC 框图及其特性

AFC 电路对应于不同的初始频差 $\Delta\omega$，将有不同的剩余频差 $\Delta\omega_e$；当初始频差 $\Delta\omega$ 一定时，鉴频特性越陡，图中的 θ 角越趋近于 $90°$，或控制特性越平坦，图中的 φ 角越趋近于 $90°$，则平衡点越趋近于坐标原点，剩余频差就越小。下面分别加以说明。

（1）设初始频差 $\Delta\omega = 0$，即 $\omega_o = \omega_r = \omega_{oo}$，开始可控频率电路的输出频率就是标准频率，控制特性如图 9-3-5 中控制特性 1 线所示，它与鉴频特性的交点就在坐标原点。初始频差为 0，剩余频差也为 0。

（2）初始频差 $\Delta\omega = \Delta\omega_1$，如控制特性 2 线所示，它代表可控频率电路未加控制电压，振荡角频率偏离 ω_{oo} 时的控制特性。它与鉴频特性的交点 P_o 就是稳定平衡点，对应的 $\Delta\omega_e$ 就是剩余频差。因为在这个平衡点上，频率比较器由 $\Delta\omega_e$ 产生的控制电压恰好使可控频率电路在这个控制电压作用下的振荡角频率误差由 $\Delta\omega_1$ 减小到 $\Delta\omega_e$，显然，$\Delta\omega_e < \Delta\omega_1$。鉴频

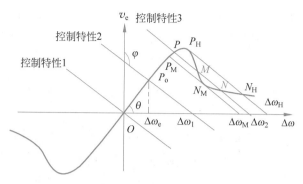

图 9-3-5　AFC 电路的工作特性

特性越陡,控制特性越平坦,$\Delta\omega_e$ 就越小。

(3) 初始角频率由小增大时,控制电压相应地向右平移,平衡点所对应的剩余角频差也相应地由小增大。当初始角频差为 $\Delta\omega_2$ 时,鉴频特性与控制特性出现 3 个交点,分别用 P、M、N 表示。其中,P 和 N 是稳定点,而 M 则是不稳定点。问题是在两个稳定平衡点中,应稳定在哪个平衡点上。如果环路原先是锁定的,若工作在 P 点上,由于外因的影响使起始角频差增大到 $\Delta\omega_2$,在增大过程中环路来得及调整,则环路就稳定在 P 点上;如果环路原先是失锁的,那么必先进入 N 点,并在 N 点稳定下来,而不再转移到 P 点。在 N 点上,剩余角频差接近于起始角频差,此时环路已失去了自动调节作用。因此,N 点对 AFC 电路已无实际意义。

(4) 若环路原先是锁定的,当 $\Delta\omega$ 由小增大到 $\Delta\omega = \Delta\omega_H$ 时,控制特性与鉴频特性的外部相切于 P_H 点,$\Delta\omega$ 继续增大,就不会再有交点了,这表明 $\Delta\omega_H$ 是环路能够维持锁定的最大初始频差。通常将 $\Delta\omega_H$ 称为环路的同步带或跟踪带,而将 $\Delta\omega$ 跟得上 $\Delta\omega_H$ 变化的过程称为跟踪过程。

(5) 若环路原先是失锁的,如果初始频差由大向小变化,当 $\Delta\omega = \Delta\omega_H$ 时,环路首先稳定在 N_H 点,而不会转移到 P_H 点,这时环路相当于失锁。只有当初始频差继续减小到 $\Delta\omega_M$ 时,控制特性与鉴频特性相切于 N_M,相交于 P_M 点,环路由 N_M 点转移到 P_M 点稳定下来,这就表明 $\Delta\omega_M$ 是从失锁到稳定的最大初始角频差,通常将 $2\Delta\omega_M$ 称为环路的捕捉带,而将失锁到锁定的过程称为捕捉过程。显然,$\Delta\omega_M < \Delta\omega_H$。

9.3.2　AFC 电路的应用举例

自动频率控制电路广泛用作接收机和发射机中的自动频率微调电路、调频接收机中的解调电路以及测量仪器中的线性扫频电路等。

1. 自动频率微调电路

图 9-3-6 是采用自动频率微调电路的调幅接收机的组成框图。它较普通调幅接收机增加了限幅鉴频器、低通滤波器和放大器等组成部分;同时将本机振荡器改为压控振荡器。图中,中频放大器的输出中频信号除送到包络检波器获得所需解调信号外,还送到限幅鉴频器进行鉴频,将偏离于额定中频的频率误差变换为电压,而后将该电压通过窄带低通滤波器和放大器后作用到 VCO 上,控制 VCO 的振荡角频率,使偏离于额定中频的频率误差减小。这样,当环路锁定时,接收机的输入调幅信号的载波频率和 VCO 振荡频率之差接近于额定

中频。因此，采用自动频率微调电路后，中频放大器的带宽可以减小（这是因为由本机振荡器频率不稳定而须附加的中频放大器的带宽减小了），有利于提高接收机的灵敏度和选择性。

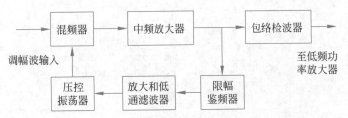

图 9-3-6　采用自动频率微调电路的调幅接收机的组成框图

2. 调频负反馈解调器

图 9-3-7 为调频负反馈解调器的组成框图。由图可见，它与普通调频接收机的区别在于低通滤波器取出的解调电压同时又反馈给 VCO（相当于普通调频接收机中的本地振荡器）作为其控制电压，使 VCO 振荡角频率按调制电压变化。若设混频器输入调频波的瞬时角频率为 $\omega_i = \omega_c + \Delta\omega_{mc}\cos\Omega t$，则当环路锁定时，VCO 产生的调频振荡的瞬时角频率为 $\omega_0 = \omega_L + \Delta\omega_{mL}\cos\Omega t$，相应在混频器输出端产生的中频信号的瞬时角频率为 $\omega_e = (\omega_c - \omega_L) + (\Delta\omega_{mc} - \Delta\omega_{mL})\cos\Omega t$，其中，$(\omega_c - \omega_L)$ 和 $(\Delta\omega_{mc} - \Delta\omega_{mL})$ 分别为输出中频信号的载波角频率 ω_I 和最大角频偏 $\Delta\omega_{mI}$。可见，中频信号仍为不失真的调频波，其最大频偏由 $\Delta\omega_{mc}$ 减小到 $\Delta\omega_{mI}$。通过限幅鉴频后就可以输出不失真的解调电压。

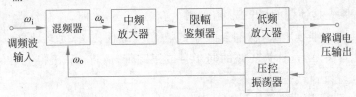

图 9-3-7　调频负反馈解调器的组成框图

显然，在调频负反馈解调器中，接在限幅鉴频器后的低通滤波器，其带宽应足够宽，以便不失真地取出解调电压，并使 VCO 产生不失真的调频波。而前面介绍的自动频率微调电路中，接在限幅鉴频器后的低通滤波器，其带宽应足够窄，以便取出反映中频信号载波频率偏移的缓变电压，滤除各种杂散分量。因此，通常将前一种电路称为调制跟踪型环路，后一种电路称为载波跟踪型环路。

与普通限幅鉴频器比较，调频负反馈解调器的突出优点是其解调门限值低。现就这个问题进行简要的说明。当存在噪声时，任何调频波解调电路都存在着解调门限。当其输入端的调频信号功率对噪声功率的比值（简称信噪比）高于解调门限值时，调频波解调电路解调后的输出信噪比均会有所提高。而当输入信噪比低于解调门限值时，调频波解调电路解调后的输出信噪比不仅不会提高，而会随着输入信噪比的减小急剧下降。因此，要保证调频波解调电路有较高的输出信噪比，其输入信噪比必须高于解调门限值。对于调频负反馈解调器来说，由于混频器输出中频调频信号的最大角频偏 $\Delta\omega_{mI}$ 比输入调频波的最大角频偏 $\Delta\omega_{mc}$ 小，因而，与采用普通限幅鉴频器的接收机比较，中频放大器的带宽可以减小，致使加到限幅鉴频器输入端的噪声功率相应减小，即输入信噪比提高。若维持限幅鉴频器的输入信噪比不变,则混频器输入端所需的有用信号电压就比普通接收机小,即解调门限值低。

3. 线性扫频电路

扫频信号振荡器是一种产生扫频信号的电路,广泛用于测量仪器和搜索接收机中。所谓扫频信号是指调制信号为锯齿波的调频信号。采用自动频率控制电路可以产生扫频范围自几百千赫兹以上至上百兆赫兹的宽频带高线性的扫频信号,这是普通扫频信号振荡器所望尘莫及的。它的组成如图 9-3-8 所示。图中,虚线框为宽带扫频信号发生器的基本组成部分,它由固定频率振荡器、受锯齿波电压调制的扫频振荡器、混频器和宽带放大器组成。宽带扫频信号就是由固定频率振荡信号和扫频振荡信号经混频后得到的。该信号经宽带放大器放大后,作为输出的扫频信号。同时,将扫频信号通过鉴频器检测出失真的锯齿波调制信号加到比较放大器上,将其与输入锯齿波电压 v_i 进行比较,产生两者的差值信号,该差值信号再与 v_i 叠加后作为扫频振荡器的调制信号,就能补偿输出扫频信号的失真。

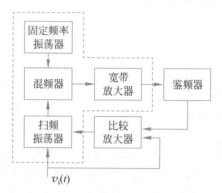

图 9-3-8　自动频率控制电路的扫频信号发生器的组成

9.4　自动相位控制(APC)电路

自动相位控制(APC)电路[也称锁相环路(PLL)]和 AGC、AFC 电路一样,也是一种反馈控制电路。它是一个相位误差控制系统,将参考信号与输出信号之间的相位进行比较,产生相位误差电压来调整输出信号的相位,以达到与参考信号同频的目的。在达到同频的状态下,两个信号之间的稳定相差亦可做得很小。

锁相环路早期应用于电视接收机的同步系统,使电视图像的同步性能得到了很大的改善。20 世纪 50 年代后期,随着空间技术的发展,锁相技术用于接收来自空间的微弱信号,显示出了很大的优越性,它能把深埋在噪声中的信号(信噪比为 $-30 \sim -10\text{dB}$)提取出来,因此,锁相技术得到迅速发展。到了 20 世纪 60 年代中、后期,随着微电子技术的发展,集成锁相环路也应运而生,因而,其应用范围越来越宽,在雷达、制导、导航、遥控、遥测、通信、仪器、测量、计算机乃至一般工业都有不同程度的应用,遍及整个电子技术领域,而且正朝着多用途、集成化、系列化、高性能的方向进一步发展。

锁相环路可分为模拟锁相环与数字锁相环。模拟锁相环的显著特征是相位比较器(鉴相器)输出的误差信号是连续的,对环路输出信号的相位调节是连续的,而不是离散的。数字锁相环则与之相反。本节只讨论模拟锁相环。

9.4.1　锁相环路的基本工作原理

1. 锁相环路的组成与模型

基本的锁相环路是由鉴相器(Phase Detector,PD)、环路滤波器(Loop Filter,LF)和压控振荡器(VCO)组成的自动相位调节系统,如图 9-4-1 所示。

图 9-4-1　锁相环路的基本组成

鉴相器是实现相位比较的装置，它用来比较参考信号 $v_r(t)$ 与压控振荡器输出信号 $v_o(t)$ 的相位，产生对应于这两个信号相位差的误差电压 $v_e(t)$。环路滤波器的作用是滤除误差电压 $v_e(t)$ 中的高频分量及噪声，以保证环路所要求的性能，增加系统的稳定性。压控振荡器受环路滤波器输出电压 $v_c(t)$ 的控制，使振荡频率向参考信号的频率靠拢。两者的差拍频率越来越低，直至两者的频率相同，保持一个较小的剩余相差为止。所以，锁相就是压控振荡器被一个外来基准信号控制，使得压控振荡器输出信号的相位和外来基准信号的相位保持某种特定关系，达到相位同步或相位锁定的目的。

为了进一步了解环路工作过程及对环路进行必要的定量分析，有必要先分析环路 3 个基本部件的特性，然后得出环路相应的数学模型。

1）鉴相器

任何一个理想的模拟乘法器都可以用作鉴相器。当参考信号为

$$v_r(t) = V_{rm} \sin[\omega_r t + \varphi_r(t)] \tag{9-4-1}$$

压控振荡器的输出信号为

$$v_o(t) = V_{om} \cos[\omega_o t + \varphi_o(t)] \tag{9-4-2}$$

式(9-4-1)中的 $\varphi_r(t)$ 是以 $\omega_r t$ 为参考相位的瞬时相位。式(9-4-2)中的 $\varphi_o(t)$ 是以 $\omega_o t$ 为参考相位的瞬时相位。考虑一般情况，ω_o 不一定等于 ω_r，为便于比较两者之间的相位差，我们统一以输出信号的 $\omega_o t$ 为参考相位。这样，$v_r(t)$ 的瞬时相位为

$$[\omega_r t + \varphi_r(t)] = \omega_o t + (\omega_r - \omega_o)t + \varphi_r(t) = \omega_o t + \varphi_1(t) \tag{9-4-3}$$

式中

$$\varphi_1(t) = (\omega_r - \omega_o)t + \varphi_r(t) = \Delta\omega_o t + \varphi_r(t) \tag{9-4-4}$$

其中，$\Delta\omega_o = \omega_r - \omega_o$ 是参考信号角频率与压控振荡器振荡信号角频率之差，称为固有频差。令 $\varphi_o(t) = \varphi_2(t)$，可以将式(9-4-1)和式(9-4-2)重写为

$$v_r(t) = V_{rm} \sin[\omega_r t + \varphi_r(t)] = V_{rm} \sin[\omega_o t + \varphi_1(t)] \tag{9-4-5}$$

$$v_o(t) = V_{om} \cos[\omega_o t + \varphi_o(t)] = V_{om} \cos[\omega_o t + \varphi_2(t)] \tag{9-4-6}$$

这将给以后的分析带来方便。

将式(9-4-5)、式(9-4-6)所示信号作为模拟乘法器的两个输入，设乘法器的相乘系数为1，则其输出为

$$v_r(t)v_o(t) = V_{rm}V_{om} \sin[\omega_o t + \varphi_1(t)] \cos[\omega_o t + \varphi_2(t)]$$

$$= \frac{1}{2} V_{rm}V_{om} \{ \sin[2\omega_o t + \varphi_1(t) + \varphi_2(t)] + \sin[\varphi_1(t) - \varphi_2(t)] \} \tag{9-4-7}$$

式(9-4-7)第一项为高频分量，可通过环路滤波器滤除。这样，鉴相器的输出可以写为

$$v_e(t) = \frac{1}{2} V_{rm}V_{om} \sin[\varphi_1(t) - \varphi_2(t)] = V_{em} \sin\varphi_e(t) \tag{9-4-8}$$

这里，$\varphi_e(t) = \varphi_1(t) - \varphi_2(t)$，式(9-4-8)的数学模型如图 9-4-2 所示。它所表示的正弦特性就是

鉴相特性,如图 9-4-3 所示。它表示鉴相器输出误差电压与两输入信号相位差之间的关系。

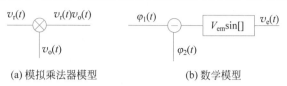

(a) 模拟乘法器模型   (b) 数学模型

图 9-4-2 鉴相器的数学模型

2）压控振荡器

压控振荡器的振荡角频率 $\omega_o(t)$ 受控制电压 $v_c(t)$ 的控制。不管振荡器的形式如何,其总特性可以用瞬时角频率 ω_o 与控制电压之间关系曲线来表示,如图 9-4-4 所示。

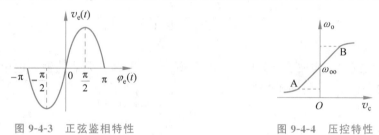

图 9-4-3 正弦鉴相特性   图 9-4-4 压控特性

当 $v_c(t)=0$,而仅有固有偏置时的振荡角频率 ω_{oo} 称为固有角频率。ω_o 以 ω_{oo} 为中心而变化。在一定的范围内,ω_o 与 v_c 呈线性关系;在线性范围内,控制特性可表示为

$$\omega_o(t) = \omega_{oo} + A v_c(t) \tag{9-4-9}$$

式中,A 为特性斜率,单位为 rad/(s · V),称为压控灵敏度或压控增益。因为压控振荡器的输出对鉴相器起作用的不是瞬时频率,而是它的瞬时相位,该瞬时相位可通过对式(9-4-9)积分求得

$$\int_0^t \omega_o(t')\mathrm{d}t' = \int_0^t \left[\omega_{oo} + A v_c(t')\right]\mathrm{d}t' = \omega_{oo}t + A\int_0^t v_c(t')\mathrm{d}t' \tag{9-4-10}$$

故有

$$\varphi_2(t) = A\int_0^t v_c(t')\mathrm{d}t' \tag{9-4-11}$$

由此可见,压控振荡器在环路中起了一次理想积分的作用,因此压控振荡器是个固有积分环节。如用微分算子 p 表示,则上式可表示为

$$\varphi_2(t) = \frac{A_o}{p} v_c(t) \tag{9-4-12}$$

由此可得压控振荡器的数学模型,如图 9-4-5 所示。

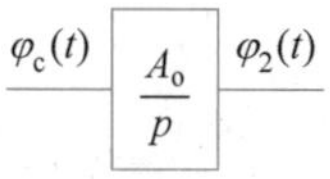

3）环路滤波器

环路滤波器一般是线性电路,由线性元件电阻、电容及运算放大器组成。其输出电压 $v_c(s)$ 和输入电压 $v_e(s)$ 之间的关系可用线性微分方程来描述。常用的 3 种环路滤波器如图 9-4-6 所示。

图 9-4-5 压控振荡器的
数学模型

（1）RC 积分滤波器。如图 9-4-6(a)所示,其传递函数为

$$H(s) = \frac{v_c(s)}{v_e(s)} = \frac{1}{1+sRC} = \frac{1}{1+s\tau} \tag{9-4-13}$$

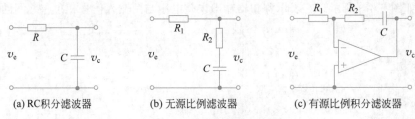

(a) RC积分滤波器   (b) 无源比例滤波器   (c) 有源比例积分滤波器

图 9-4-6 常用的环路滤波器

式中，$\tau = RC$，为滤波器的积分常数。

（2）无源比例滤波器。如图 9-4-6(b) 所示，其传递函数为

$$H(s) = \frac{v_c(s)}{v_e(s)} = \frac{R_2 + 1/sC}{R_1 + R_2 + 1/sC} = \frac{s\tau_2 + 1}{s(\tau_1 + \tau_2) + 1} \tag{9-4-14}$$

式中，$\tau_1 = R_1 C$，$\tau_2 = R_2 C$。

（3）有源比例积分滤波器。如图 9-4-6(c) 所示，在运算放大器的输入电阻和开环增益趋于无穷大的条件下，其传递函数为

$$H(s) = -\frac{v_c(s)}{v_e(s)} = -\frac{R_2 + 1/sC}{R_1} = -\frac{s\tau_2 + 1}{s\tau_1} \tag{9-4-15}$$

式中，$\tau_1 = R_1 C$，$\tau_2 = R_2 C$。

对于一般情况，环路滤波器传递函数 $H(s)$ 的一般表示式为

$$H(s) = \frac{v_c(s)}{v_e(s)} = \frac{b_m s^m + b_{m-1} s^{m-1} + \cdots + b_0}{s^m + a_{n-1} s^{n-1} + \cdots + a_0} \tag{9-4-16}$$

如果将式(9-4-16)中 $H(s)$ 的 s 用微分算子 p 替换，就可以写出环路滤波器的微分方程为

$$v_c(t) = H(p) v_e(t) \tag{9-4-17}$$

若系统的冲击响应为 $h(t)$，即传递函数 $H(s)$ 的拉氏反变换为

$$h(t) = L^{-1}[H(s)] \tag{9-4-18}$$

则环路滤波器的输出、输入关系的表示式又可写成

$$v_c(t) = \int_0^t h(t - \tau) v_e(\tau) \mathrm{d}\tau \tag{9-4-19}$$

可以看出，输出信号是冲激响应与输入信号的卷积。

将以上的 3 个部件按照图 9-4-1 的组成关系连接起来，就构成了锁相环的相位模型，如图 9-4-7 所示。可以看出，给定值是参考信号的相位 $\varphi_1(t)$，被控量是压控振荡器输出信号的相位 $\varphi_2(t)$。因此，它是一个自动相位控制系统。

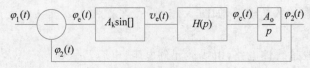

图 9-4-7 锁相环的相位模型

由图可得

$$\varphi_e(t) = \varphi_1(t) - \frac{A_k A_o}{p} H(p) \sin\varphi_e(t) \tag{9-4-20}$$

$$p\varphi_e(t) = p\varphi_1(t) - A_k A_o H(p) \sin\varphi_e(t) \tag{9-4-21}$$

或者写成

$$\frac{\mathrm{d}\varphi_e(t)}{\mathrm{d}t} = \frac{\mathrm{d}\varphi_1(t)}{\mathrm{d}t} - A_k A_o \int_0^t h(t-\tau)\sin\varphi_e(\tau)\mathrm{d}\tau \qquad (9\text{-}4\text{-}22)$$

式中,$A_k A_o$ 称为环路增益,量纲为 rad/s。

这 3 个式子虽然写法不同,但实质相同,都是无噪声时环路的基本方程,代表了锁相环路的数学模型,隐含着环路整个相位调节的动态过程,即描述了参考信号和输出信号之间的相位差随时间变化的情况。由于鉴相特性的非线性,因而方程是非线性微分方程,方程的阶次取决于环路滤波器的 $H(s)$,对于 3 种常用的环路滤波器,$H(s)$ 皆为一阶,所以环路的基本方程为二阶非线性方程。

2. 锁相环路的工作过程和工作状态

加到锁相环路的参考信号通常可以分为两类:一类是频率和相位固定不变的信号,另一类是频率和相位按某种规律变化的信号。我们从最简单的情况出发,考查环路在第一类信号输入时的工作过程。

$v_r(t) = V_{rm}\sin[\omega_r t + \varphi_r(t)]$,其中 ω_r、$\varphi_r(t)$ 均为固定值,记为 ω_r、φ_r,这样 $\varphi_1(t) = (\omega_r - \omega_o)t + \varphi_r$,$\dfrac{\mathrm{d}\varphi_1(t)}{\mathrm{d}t} = \Delta\omega_o$,将其代入环路方程可得

$$\frac{\mathrm{d}\varphi_e(t)}{\mathrm{d}t} + A_k A_o \int_0^t h(t-\tau)\sin\varphi_e(\tau)\mathrm{d}\tau = \Delta\omega_o \qquad (9\text{-}4\text{-}23)$$

或者

$$p\varphi_e(t) + A_k A_o H(p)\sin\varphi_e(t) = \Delta\omega_o \qquad (9\text{-}4\text{-}24)$$

式(9-4-23)左边第一项是瞬时相位差 $\varphi_e(t)$ 对时间的微分,代表瞬时频差,它表示 VCO 振荡频率偏离输入信号角频率的数值;第二项是闭环后压控振荡器受控制电压 $v_p(t)$ 作用而产生的频率变化($\omega_r - \omega_o$),称为控制频差,它表示 VCO 振荡频率偏离 ω_r 的数值。等式的右边项 $\Delta\omega_o$ 为环路的固有频差,它表示输入信号角频率偏离 ω_r 的数值。显然,式(9-4-24)表明,在固有频差作用下,闭环后的任一时刻瞬时频差与控制频差的代数和总是等于固有频差。

下面分几种状态来说明环路的动态过程。

1)失锁与锁定状态

通常在环路开始动作时,鉴相器输出的是一个频率为 $\Delta\omega_o$ 的差拍电压波 $A_k \sin\Delta\omega_o t$。若固有频差值 $\Delta\omega_o$ 很大,则差拍信号的拍频也很高,不容易通过环路滤波器而形成控制电压 $v_p(t)$。因此,控制频差建立不起来,环路的瞬时频差始终等于固有频差。鉴相器输出仍然是一个上下对称的正弦差拍波,环路未起控制作用。环路处于"失锁"状态。

反之,假定固有频差值 $\Delta\omega_o$ 很小,则差拍信号的拍频就很低,差拍信号容易通过环路滤波器加到压控振荡器上,使压控振荡器的瞬时频率 ω_o 围绕着 ω_{oo} 在一定范围内来回摆动。也就是说,环路在差拍电压作用下,产生了控制频差。由于 $\Delta\omega_o$ 很小,ω_r 接近于 ω_o,所以有可能使 ω_o 摆动到 ω_r 上,当满足一定条件时就会在这个频率上稳定下来。稳定后 ω_o 等于 ω_r,控制频差等于固有频差,环路瞬时频差等于零,相位差不再随时间变化。此时,鉴相器只输出一个数值较小的直流误差电压,环路就进入了"同步"或"锁定"状态。由式(9-4-22)可以看出,只有使控制频差等于固有频差,瞬时频差才能为零。而要控制频差等于固有频差,控制频差便不能为零,这只有 φ_e 不为零才能做到。由于 $\Delta\omega_o$ 很小,φ_e 也不会太大。因

此,在环路处于锁定状态时,虽然参考信号和输出信号之间的频率相等,但是它们之间的相位差却不会为零,以便产生环路锁定所必需的控制信号电压(即直流误差电压)。因此,锁相环对频率而言是无静差系统。

2) 牵引捕获状态

显然也还存在一种 $\Delta\omega_0$ 值介于以上两者之间的情况,即参考信号频率 ω_r 比较接近于 ω_0,但是其差拍信号的拍频还比较高,经环路滤波器时有一定的衰减,加到压控振荡器上使压控振荡器的频率围绕 ω_{00} 的摆动范围较小,有可能摆不到 ω_r 上,因而鉴相器电压也不会马上变为直流,仍是一个差拍波形。由于这时压控振荡器的输出是频率受差拍电压控制的调频波,其调制频率就是差拍频率,所以鉴相器输出的是一个正弦波(频率为 ω_r 的参考信号)和一个调频波的差拍。这时鉴相器输出的电压波形不再是一个正弦差拍波,而是一个上下不对称的差拍电压波形,如图 9-4-8 所示。鉴相器输出的上下不对称的差拍电压波含有直流、基波与谐波成分,经环路滤波器滤波以后,可以近似认为只有直流与基波加到压控振荡器上。直流使压控振荡器的中心频率产生偏移,基波使压控振荡器调频。其结果使压控振荡器的频率变成一个围绕着平均频率变化的正弦波。

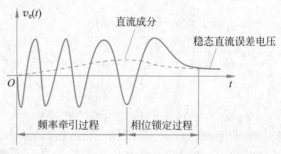

图 9-4-8　$\omega_r > \omega_0$ 的情况下牵引捕获工程的波形

非正弦差拍波的直流分量对于锁相环路是非常重要的。正是这个直流分量通过环路滤波器的积分作用,产生一个不断积累的直流控制电压加到压控振荡器上,使压控振荡器的平均频率偏离固有振荡频率 ω_{00} 而向 ω_r 靠近,使得两个信号的频差减小。这样将使检相器输出差拍波的拍频变得越来越低,波形的不对称性也越来越高,相应的直流分量更大,直流控制电压累积的速度更快,将驱使压控频率以更快的速度移向 ω_r。上述过程以极快的速度进行着,直至可能发生这样的变化:压控瞬时频率 ω_0 变化到 ω_r,且环路在这个频率上稳定下来,这时鉴相器输出也由差拍波变成直流电压,环路进入锁定状态。很明显,这种锁定状态是环路通过频率的逐步牵引而进入的,我们把这个过程叫作捕获。图 9-4-8 表示了牵引捕获过程中鉴相器输出电压变化的波形。

当然,若 $\Delta\omega_0$ 值太大,环路通过频率牵引也可能始终进入不了锁定状态,则环路仍处于失锁状态。

3) 跟踪状态

当环路已处于锁定状态时,如果参考信号的频率和相位稍有变化,立即会在两个信号的相位差 $\varphi_e(t)$ 上反映出来,鉴相器输出也随之改变,并驱动压控振荡器的频率和相位发生相应的变化。如果参考信号的频率和相位也会以一定的规律跟着变化,只要相位变化不超过一定的范围,压控振荡器的频率和相位就会以同样的规律跟着变化,这种状态就是环路的跟踪状态。如果说锁定状态是相对静止的同步状态，则跟踪状态就是相对运动的同步状态。

从环路的工作过程已经定性地看到，环路的捕获和锁定都是受到环路参数制约的。从环路开始动作到锁定，必须经由频率牵引作用的捕捉过程，频率牵引作用是使控制频差逐渐加大到固有频差，这时环路的瞬时频差将等于零，即满足

$$\lim_{t \to \infty} \frac{d\varphi_e(t)}{dt} = 0 \tag{9-4-25}$$

显然，瞬时相位差 $\varphi_e(t)$ 此时趋向一个固定的值，且一直保持下去。这意味着压控振荡器的输出信号与参考信号之间，在固有 $\pi/2$ 的相位上只叠加一个固定的稳态相位差，而没有频差，即 $\Delta\omega_o = 0$，故 $\omega_o = \omega_r$。这是锁相环的一个重要特性。

当满足式(9-4-25)时，$\varphi_e(t)$ 为固定值，$\dfrac{d\varphi_e(t)}{dt} = 0$，鉴相器的输出电压 $v_e(t) = A_k \sin\varphi_e(t)$ 是一个直流电压，于式(9-4-22)可写为

$$A_k A_o H(0) \sin\varphi_e(\infty) = \Delta\omega_o \tag{9-4-26}$$

其中，$\varphi_e(\infty)$ 表示在时间趋于无穷大时的稳态相位差，因此有

$$\varphi_e(\infty) = \arcsin\frac{\Delta\omega_o}{A_k A_o H(0)} \tag{9-4-27}$$

$\varphi_e(\infty)$ 的作用是使环路在锁定时，仍能维持鉴相器有一个固定的误差电压 $A_k \sin\varphi_e(t)$ 输出，此电压通过环路滤波器加到压控振荡器上，其控制电压 $A_k \sin\varphi_e(t) H(0)$ 将其振荡频率调整到与参考信号频率同步。稳态相差的大小反映了环路的同步精度，通过环路设计可以使 $\varphi_e(\infty)$ 很小。

分析式(9-4-26)，可知 $|\sin\varphi_e(\infty)|_{max} = 1$，所以有

$$|A_k A_o H(0)| \geqslant |\Delta\omega_o| \tag{9-4-28}$$

这意味着初始频差 $\Delta\omega_o$ 的值不能超过环路的直流增益 $A_k A_o H(0)$，否则环路不能锁定。

假定环路已经处于锁定状态，然后缓慢地改变参考信号频率 ω_r 使固有频差指向两侧逐步增大(即正向或负向增大 $\Delta\omega_o$ 值)。由于 $|\pm\Delta\omega_o|$ 的值是缓慢改变的，因而当 $\varphi_e(t)$ 的值处于一定变化范围内时，环路有维持锁定的能力。通常将环路可维持锁定或同步的最大固有频差 $|\pm\Delta\omega_{om}|$ 的 2 倍称为环路的同步带 $2\Delta\omega_H$，如图 9-4-9 所示。

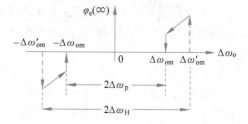

因此，所讨论的环路的同步带是 $A_k A_o H(0)$，即

$$2\Delta\omega_H = A_k A_o H(0)$$

$$= \frac{A_M}{2} V_{rm} V_{om} A_o H(0) \tag{9-4-29}$$

图 9-4-9　环路捕获与同步过程动态特性

式中，A_M 为乘法器的系数，V_{rm} 和 V_{om} 分别为参考信号和压控振荡器输出信号的幅度。这说明两个信号的幅度、乘法器的相乘系数和环路滤波器的直流特性 $H(0)$ 等都对同步带有影响。同时，如果选择信号幅度和环路参数使 $|A_k A_o H(0)| \geqslant |\Delta\omega_o|$，可将 $\varphi_e(\infty)$ 缩小到所需的程度。因此，锁相环可以得到一个与参考信号频率完全相同且相位很接近的输出信号。

假定环路最初处于失锁状态，然后改变参考信号频率 ω_r，使固有频差 $\Delta\omega_o$ 从两侧缓慢地减小，环路有获得牵引锁定的最大固有频差值 $|\pm\Delta\omega_{om}|$ 存在，我们将这个可获得牵引锁定的最大固有频差 $|\pm\Delta\omega_{om}|$ 的 2 倍称为环路的捕捉带 $\Delta\omega_p$，如图 9-4-9 所示。这与 AFC 电路的同步带和捕捉带类似。

9.4.2 锁相环的跟踪性能——锁相环路的线性分析

1. 环路的几种传递函数

当环路处于跟踪状态下，只要 $|\varphi_e(t)| < \pi/6$，即可认为环路处于线性跟踪状态。此时式(9-4-8)中的 $\sin\varphi_e(t)$ 约等于 $\varphi_e(t)$，即实现了环路线性化。对式(9-4-21)进行拉氏变换可得

$$s\Phi_e(s) + A_k A_o H(s) \sin\Phi_e(s) = s\Phi_1(s) \tag{9-4-30}$$

由此式可得环路线性相位模型如图 9-4-10 所示。

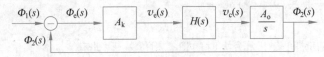

图 9-4-10 环路线性相位模型

从而可得环路的开环传递函数、闭环传递函数和误差传递函数。

1) 开环传递函数

开环传递函数的数学表达式可以用式(9-4-31)来表示，表示在反馈支路断开时，输出信号相位的拉氏变换与相位差的拉氏变换之比。

$$T_o(s) = \frac{\Phi_2(s)}{\Phi_e(s)} = \frac{A_k A_o H(s)}{s} \tag{9-4-31}$$

2) 闭环传递函数

闭环传递函数的数学表达式可以用式(9-4-32)来表示，表示在闭环条件下，输出相位的拉氏变换与参考信号相位的拉氏变换之比。

$$T(s) = \frac{\Phi_2(s)}{\Phi_1(s)} = \frac{A_k A_o H(s)}{s + A_k A_o H(s)} \tag{9-4-32}$$

3) 误差传递函数

误差传递函数的数学表达式可以用式(9-4-33)来表示，表示在闭环条件下，相位误差的拉氏变换与参考信号相位的拉氏变换之比。

$$T_e(s) = \frac{\Phi_e(s)}{\Phi_1(s)} = \frac{s}{s + A_k A_o H(s)} \tag{9-4-33}$$

运用 $T(s)$ 及 $T_e(s)$ 可以分析环路的稳定跟踪响应、稳态误差及线性环路的稳定性。将常用的 $H(s)$ 代入，可得实际二阶环路的 $T_o(s)$、$T(s)$ 和 $T_e(s)$。用二阶线性微分方程描述的动态系统是一个阻尼振荡系统，最合适的表征量是阻尼系数 ξ 和当 $\xi=0$ 时系统的自然谐振角频率 ω_n。对于二阶线性环路，也可以用 ξ 与 ω_n 来表示环路的 $T_o(s)$、$T(s)$ 和 $T_e(s)$，如表 9-4-1 所示。由表 9-4-1 可见，环路滤波器的传递函数 $H(s)$ 对环路性能有很大的影响，因此环路滤波器参数的选取是十分重要的。

表 9-4-1 3 种环路滤波器对应的微分方程

$H(s)$	$T(s)$	$T_e(s)$	$2\xi\omega_n$	ω_n^2	ξ
$\dfrac{1}{1+s\tau}$	$\dfrac{\omega_n^2}{s^2+2\xi\omega_n s+\omega_n^2}$	$\dfrac{s^2+2\xi\omega_n s}{s^2+2\xi\omega_n s+\omega_n^2}$	$\dfrac{1}{\tau}$	$\dfrac{A_k A_o}{\tau}$	$\dfrac{1}{2}\sqrt{\dfrac{1}{A_k A_o \tau}}$
$\dfrac{s\tau_2+1}{s(\tau_1+\tau_2)+1}$	$\dfrac{s\omega_n^2\left(2\xi-\dfrac{\omega_n}{A_k A_o}\right)+\omega_n^2}{s^2+2\xi\omega_n s+\omega_n^2}$	$\dfrac{s\left(s+\dfrac{\omega_n^2}{A_k A_o}\right)}{s^2+2\xi\omega_n s+\omega_n^2}$	$\dfrac{A_k A_o \tau_2+1}{\tau_1+\tau_2}$	$\dfrac{A_k A_o}{\tau_1+\tau_2}$	$\dfrac{1}{2}\sqrt{\dfrac{A_k A_o}{\tau_1+\tau_2}}\left(\tau_2+\dfrac{1}{A_k A_o}\right)$
$\dfrac{s\tau_2+1}{s\tau_1}$	$\dfrac{2\xi\omega_n s+\omega_n^2}{s^2+2\xi\omega_n s+\omega_n^2}$	$\dfrac{s^2}{s^2+2\xi\omega_n s+\omega_n^2}$	$\dfrac{A_k A_o \tau_2}{\tau_1}$	$\dfrac{A_k A_o}{\tau_1}$	$\dfrac{\tau_2}{2}\sqrt{\dfrac{A_k A_o}{\tau_1}}$

2. 环路的瞬态响应和正弦稳态响应

当环路输入的参考信号的频率或相位发生变化时,通过环路自身的调节作用,使压控振荡器的频率和相位跟踪参考信号的变化。如果是理想的跟踪,那么输出信号的频率和相位都应与参考信号相同。实际上,整个跟踪过程是一个瞬变过程,总是存在着瞬态相位误差 $\varphi_e(t)$ 和稳态相位误差 $\varphi_e(\infty)$。它们不仅与环路本身的参数有关,还与参考信号变化的形式有关。参考信号变化的形式往往是复杂的,但可以选择某些具有代表型的参考信号,如相位阶跃、频率阶跃、频率斜升等来研究环路的瞬态响应。这里将有关瞬态相位误差的讨论从略,仅讨论稳态相位误差。

利用环路的误差传递函数和拉氏变换的中值定理,可求得相位阶跃、频率阶跃,频率斜升情况下的稳态相差。

按照拉氏变换的终值定理,应有

$$\varphi_e(\infty)=\lim_{s\to 0}sT_e(s)\Phi_1(s)=\lim_{s\to 0}\frac{s^2\Phi_1(s)}{s+A_k A_o H(s)} \tag{9-4-34}$$

几种典型的输入信号形式如下。

(1) 相位阶跃。在 $t=0$ 的瞬间,输入信号发生幅值为 $\Delta\varphi$ 的相位阶跃,输入相位 $\varphi_1(t)$ 为

$$\varphi_1(t)=\Delta\varphi u(t) \tag{9-4-35}$$

式中,$u(t)$ 为单位阶跃函数。这样式(9-4-35)的拉氏变换为

$$\Phi_1(s)=\Delta\varphi/s \tag{9-4-36}$$

(2) 频率阶跃。这时的输入相位可以写成

$$\varphi_1(t)=\Delta\omega t u(t) \tag{9-4-37}$$

对应的拉氏变换为

$$\Phi_1(s)=\Delta\omega/s^2 \tag{9-4-38}$$

(3) 频率斜升。频率随时间直线上升,如果其变化率为 a,则输入相位可以写为

$$\varphi_1(t)=\frac{1}{2}at^2 u(t) \tag{9-4-39}$$

相应的拉氏变换为

$$\Phi_1(s)=a/s^3 \tag{9-4-40}$$

将上述不同形式的 $\varphi_1(t)$ 和 $H(s)$ 代入式(9-4-35),可得到环路的稳态相位误差,见表 9-4-2,可得出以下结论。

表 9-4-2　3 种输入信号和 3 种滤波器对应的稳态响应

$\varphi_1(t)$	$\Phi_1(s)$	$H(s)$	$\varphi_e(\infty)$
$\Delta\varphi u(t)$	$\dfrac{\Delta\varphi}{s}$	任意	0
$\Delta\omega t u(t)$	$\dfrac{\Delta\omega}{s^2}$	$\dfrac{1}{1+s\tau}$	$\dfrac{\Delta\omega}{A_k A_o}$
		$\dfrac{s\tau_2+1}{s\tau_1+1}$	$\dfrac{\Delta\omega}{A_k A_o}$
		$\dfrac{s\tau_2+1}{s\tau_1}$	0
$\dfrac{1}{2}at^2 u(t)$	$\dfrac{a}{s^3}$	$\dfrac{1}{1+s\tau}$	∞
		$\dfrac{s\tau_2+1}{s\tau_1+1}$	∞
		$\dfrac{s\tau_2+1}{s\tau_1}$	$\dfrac{a\tau_1}{A_k A_o}$

（1）同一环路对于不同的 $\varphi_1(t)$ 跟踪性能是不一样的。

（2）除相位阶跃外，同一 $\varphi_1(t)$ 加到不同的环路，跟踪性能的优劣也不尽相同。

（3）相位阶跃时，只要 $H(0)$ 不为 0，环路都不会引起稳态相位误差，这个结论似乎不可思议。实际上，压控振荡器是理想的积分环节，自相位阶跃输入瞬间开始，压控振荡器的输出相位就不断积累保持。因此，尽管进入锁定状态时，加到压控振荡器上的控制电压消失了 $[$由于 $\varphi_e(\infty)]$，但是这个积累起来的相位量恰好等于输入的相位阶跃量，因而环路锁定。

（4）当频率阶跃加入由理想的有源比例积分滤波器构成的二阶环路时，也不产生稳态误差。这是因为环路具有两个理想积分器。当环路处于稳态时，为跟踪频率阶跃，压控振荡器需要有一个为产生频偏为 $\Delta\omega$ 的控制电压 $\Delta\omega/A_o$，这个电压由环路滤波器供给。环路在频率阶跃 $\Delta\omega$ 的作用下由暂态到稳态，暂态 $\varphi_e(t)$ 不等于零，理想比例积分器把暂态的相位误差积累起来并保持到稳态。所以在稳态时，理想比例积分滤波器仍有 $\Delta\omega/A_o$ 的控制电压输出，使 $\varphi_e(\infty)=0$。环路维持相位跟踪。

（5）频率斜升加到滤波器的传递函数为 $\dfrac{1}{1+s\tau}$ 和 $\dfrac{s\tau_2+1}{s\tau_1}$ 时，环路的稳态相差 $\varphi_e(\infty)$ 均趋于无限大，即环路失锁。这意味着环路来不及跟踪频率斜升的输入信号。

3. 环路的频率响应

将环路的闭环传递函数 $T(s)$ 中的 s 用 $j\omega$ 代替，即可得环路的频率特性。所谓环路的频率特性是指环路输入参考信号的相位作正弦变化时，在稳态情况下，环路输出正弦相位对输入正弦相位的比值随输入正弦相位的频率变化的特性。例如，具有理想比例积分滤波器的环路见表 9-4-1 所示，其闭环频率特性为

$$T(j\omega)=\frac{\Phi_2(s)}{\Phi_1(s)}=\frac{2\xi\omega_n(j\omega)+\omega_n^2}{(j\omega)^2+2\xi\omega_n(j\omega)+\omega_n^2}=\frac{1+j\dfrac{2\xi\omega}{\omega_n}}{1-\left(\dfrac{\omega}{\omega_n}\right)^2+j\dfrac{2\xi\omega}{\omega_n}} \tag{9-4-41}$$

其幅频特性为

$$T(\omega) = \sqrt{\frac{1 + \left(\dfrac{2\xi\omega}{\omega_n}\right)^2}{\left(1 - \left(\dfrac{\omega}{\omega_n}\right)^2\right)^2 + \left(\dfrac{2\xi\omega}{\omega_n}\right)^2}} \tag{9-4-42}$$

由上式给定不同的阻尼系数 ξ,可以作出环路的幅频特性曲线,如图 9-4-11 所示。可以看出,采用理想有源比例积分滤波器的环路相当于一个低通滤波器。其低通响应的截止频率即环路的带宽,可令 $T(\omega) = 0.707$,求得

$$\mathrm{BW} = \omega_n \sqrt{1 + 2\xi^2 + \sqrt{1 + (1 + 2\xi^2)^2}} \tag{9-4-43}$$

可见,环路带宽容易通过改变 ω_n 和 ξ 进行调整。

　　由图 9-4-11 还可以看出,ξ 越小,低通特性的峰起越严重,截止的速度也越快。而 ξ 越大,衰减越慢。$\xi = 1$ 称为临界阻尼;$\xi < 1$ 称为欠阻尼;$\xi > 1$ 称为过阻尼。分析表明,无论采用何种滤波器的二阶环,其闭环频率响应都具有低通性质。

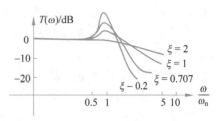

图 9-4-11　采用理想比例积分滤波器的环路幅频响应

　　环路带宽的选取,除了考虑信号特性外,还应考虑到噪声对环路性能的影响。如果仅考虑抑制伴随参考信号从输入端进入环路的噪声,则选择较窄的环路带宽对抑制输入噪声较为有利。但是,这对抑制从压控振荡器输入端窜入的高频噪声不利。这是因为从 VCO 输入端窜入的噪声将使 VCO 输出相位发生变化,经鉴相器加到环路滤波器的输入端,由于环路滤波器对高频噪声的抑制作用较强,因而通过环路滤波器的分量很少,就不能有效地抵消 VCO 输入端的干扰噪声。所以环路带宽的选取应折中考虑,使总的输出相位噪声最小。至于环路的稳定性,分析表明,二阶线性化环路是无条件稳定的。

9.5　集成锁相及其应用

　　集成锁相环路的出现是锁相技术的一项重要进展。从最初的集成化部件到目前广泛使用的单片集成锁相环和专用的集成锁相环,其发展十分迅速,目前已形成各种性能、不同用途的系列产品。按其内部电路结构可分为由模拟电路构成的模拟锁相环和由部分数字电路(主要是数字鉴相器)或全部数字电路(数字鉴相器、数字滤波器、数控振荡器)构成的数字锁相环两大类。按其用途又可分为通用型和专用型两种。通用型是一种适应于各种用途的锁相环,其内部电路主要由鉴相器和 VCO 两部分组成,有时还附加放大器和其他辅助电路,也有用单独的集成鉴相器和 VCO 连接成符合要求的锁相环路。专用型是一种专为某种功能设计的锁相环,如用于调频接收机中的调频多路立体声解调环、用于电视机中的正交色差信号同步检波环、用于通信和测量仪器中的频率合成环及工业上应用较广的马达速度控制环等。本节将介绍集成锁相环的基本电路组成以及一些主要的应用领域。

9.5.1　集成锁相环路

　　锁相环路的应用日益广泛,迫切要求降低成本,提高可靠性,因而,不断促使其向集成化、数字化、小型化和通用化方向发展。集成锁相环的特点是不用电感线圈,依靠调节环路

滤波和环路增益可以使输入信号的频率和相位进行自动跟踪,对噪声进行窄带过滤,现已成为继运算放大器后的第二个通用的集成器件。这里我们先对内部的基本单元进行简要的说明,在此基础上介绍几种常用的集成锁相环。

1. 集成锁相环的基本单元电路

通用的集成锁相环路的内部电路主要由鉴相器和压控振荡器组成,环路滤波器一般需要外接。如果采用有源滤波,则放大器一般也集成在芯片内部,RC 元件一般要外接。

常用的模拟鉴相器是双差分模拟相乘器鉴相器,数字鉴相器有或门、异或门、鉴频-鉴相器等。

常用的压控振荡器有射极耦合多谐振荡器、积分-施密特触发型多谐振荡器等。由于多谐振荡器多输出为方波,如要得到正弦波,则需要加滤波电路,从方波中提取正弦基波。采用多谐振荡器作压控振荡器的优点是可控范围大、线性度好、控制灵敏度高、不需要电感线圈等,缺点是频率稳定度较差。

下面重点介绍几种鉴相器及其特点。

1) 模拟乘法器

模拟集成锁相环路基本上采用模拟乘法器作为鉴相器。图 9-5-1 是双平衡模拟乘法器的原理电路图。它由 3 个差分对和一个恒流源组成,R 为差分电路的负载,它与外接的负载阻抗一起构成鉴相器所需的环路滤波器。这个电路通常应用的工作状况是:$v_1(t)$ 加高电平,为压控振荡器的反馈电压;$v_2(t)$ 加低电平的输入电压。$v_1(t)$ 差动地馈送给 T_1、T_6 和 T_2、T_5 的基极。$v_2(t)$ 加到 T_3、T_4 的基极来控制恒流源在 T_3、T_4 中的分配。经滤波器滤波后的平均电压从两个负载 R 双端输出。可以推导其输出的误差电压为

$$v_e(t) = \frac{I_0 R V_{2m}}{\pi V_T} \sin\theta_e \tag{9-5-1}$$

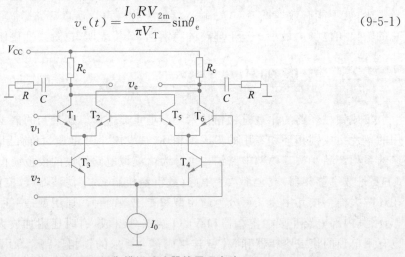

图 9-5-1 双平衡模拟乘法器的原理电路

式中,V_{2m} 为 v_2 的幅度,θ_e 为两信号的相位差。可见,上述的输入条件下,该鉴相器具有正弦的鉴相特性。

2) 门鉴相器

用或门或异或门都可以构成鉴相器。这类鉴相器不是利用边沿触发,而是利用电平的比较来完成鉴相的功能。所以对输入的比相脉冲有一定的占空比要求。或门鉴相器的原理、波形和真值表如图 9-5-2 所示。由图可见,或门输出的电压的高电平所占时间随着两信

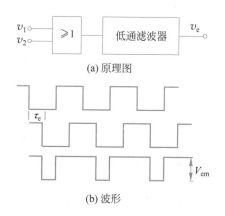

(a) 原理图

(b) 波形

v_1	v_2	v_e
0	0	0
0	1	1
1	0	1
1	1	1

(c) 真值表

图 9-5-2　或门鉴相器

号相差的增大而增大,经低通滤波器后的输出电压也就增大。分析可得

$$v_e(t) = \begin{cases} \dfrac{V_{em}}{2}\left(1 + \dfrac{\theta_e}{\pi}\right), & 0 \leqslant \theta_e < \pi \\[2mm] \dfrac{V_{em}}{2}\left(3 - \dfrac{\theta_e}{\pi}\right), & \pi \leqslant \theta_e < 2\pi \end{cases} \tag{9-5-2}$$

式中,V_{em} 是输出的方波信号的幅度,$\theta_e = 2\pi\tau_e/T$。根据上式可以得到三角形式的鉴相特性,如图 9-5-3 所示。鉴相特性斜率为

$$A_d = \pm \frac{V_{em}}{2\pi} \tag{9-5-3}$$

异或门鉴相器的原理、波形和真值表如图 9-5-4 所示。由图可见,异或门输出的电压的高电平时间与两个输入信号的相位差成比例。分析可得的平均误差电压为

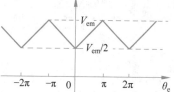

图 9-5-3　或门鉴相器的鉴相特性

$$v_e(t) = \begin{cases} \dfrac{V_{em}}{\pi}, & 0 \leqslant \theta_e < \pi \\[2mm] V_{em}\left(2 - \dfrac{\theta_e}{\pi}\right), & \pi \leqslant \theta_e < 2\pi \end{cases} \tag{9-5-4}$$

可见,异或门的鉴相特性同样具有三角形式的鉴相特性,如图 9-5-5 所示。其鉴相特性斜率比或门的大一倍,为

$$A_d = \pm \frac{V_{em}}{\pi} \tag{9-5-5}$$

3) 数字式鉴频鉴相器

这类鉴相器本身具有鉴频的功能,对扩大环路的捕获带很有好处,在集成锁相环中应用十分广泛。这类鉴频鉴相器通常由数字化比相器、电荷泵和积分电路 3 部分组成。根据各种电路的不同又可以组成不同的产品。

MC4044 是一个典型的例子,它是由两个数字鉴相器、一个电荷泵和一个放大器组成,通过外部连接压控振荡器,如连接 MC4324/4024 或 MC1648 等,可以在较宽的范围内组成一个集成锁相环。MC4044 的内部电路如图 9-5-6 所示。

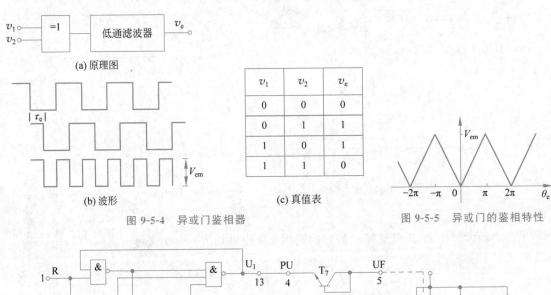

(a) 原理图

(b) 波形

(c) 真值表

v_1	v_2	v_e
0	0	0
0	1	1
1	0	1
1	1	0

图 9-5-4　异或门鉴相器

图 9-5-5　异或门的鉴相特性

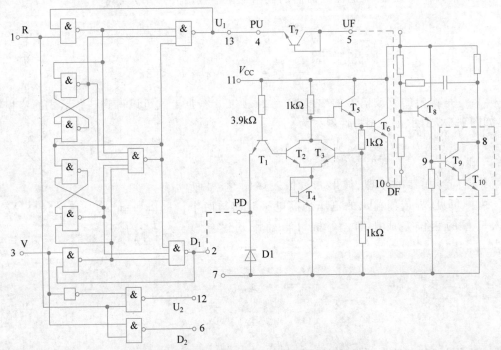

图 9-5-6　MC4044 数字式鉴频鉴相器

　　该芯片中，第一个鉴相器是由 9 个与非门构成的数字比相器，通过比较两个输入信号（1 脚 R 端和 3 脚 V 端输入）的后沿，比相器的输出（13 脚 U_1、2 脚 D_1 输出）的高低电平有 3 种组态。这样比相器就以 3 种逻辑电平的组态给出了环路的相位超前、滞后以及超前、滞后量的信息。下面来分析其工作原理。

　　当输出 U_1 和 D_1 为高电平时，环路锁定。这种状态仅在参考输入端 R 和压控振荡器输出反馈到鉴相器的输入端的信号 V 两者一致时才产生。这时鉴相电路产生的误差相位的波形和振幅变化与输入信号无关。由于鉴相器由组合逻辑电路组成，因而，环路的锁定依赖于输入信号的初始状态。

　　通过给环路上电或给 R 和 V 端加上输入激励信号，电路进行初始化，这时的环路状态可能是几种特定状态中的一种。如果给出任一确定的初始状态，R 和 V 激励后的后续状态依赖由图 9-5-7 确定。图 9-5-7 表明了输入信号 R 和 V 变化时 U_1 和 D_1 的状态。括号中的数字为任意的输入状态所能形成的稳定状态的标号,无括号的数字指不稳定状态的标号。输入信号的变化按水平方向移动,输入信号每变化一次,环路的状态水平移动至相应的 R-V 栏内。如果该位置的数字标号无括号,对应的 R-V 的状态将垂直移动至有括号的同样值处。对于任意给出的输入对,3 种稳定的状态都可存在。例如,R 为"1",V 为"0",环路将会在稳定的状态(4)、(8)、(12)之一。

R-V	R-V	R-V	R-V	U_1	D_1
0-1	0-1	1-1	1-0		
(1)	2	3	(4)	0	1
5	(2)	(3)	8	0	1
(5)	6	7	8	1	1
9	(6)	7	12	1	1
5	2	(7)	12	1	1
5	2	7	(8)		
(9)	(10)	11	12	1	0
5	6	(11)	(12)	1	0

图 9-5-7　鉴相器的输入 R 和 V 激励状态图

图 9-5-8 为环路工作时的时序图,其中,R 是基准频率的输入;V 是频率相同但是相位滞后的输入。如图 9-5-8(a)所示,稳定状态(4)是任意初始状态的稳定输出。从时序图及流程图可知,当环路处于稳定状态(4)时,U_1 和 D_1 分别输出"0"和"1"。图中下一个输入状态为 R-V=1-1,是从稳定状态(4)的 R-V=1-0 水平移动至 R-V=1-1,图 9-5-7 显示了对应的是状态 3。然而,这个状态是一个不稳定的状态,因而,会按图 9-5-7 中指定的垂直的方向移动到稳定状态(3),在这种场合,输出 U_1 和 D_1 不变。图中的下一个输入 R-V=0-1,从 R-V=1-1 水平移动到 R-V=0-1,这是一个稳定的状态(2)。在这种情况下 U_1 和 D_1 依旧没有改变,图中的下一个状态是 R-V=0-0,从图 9-5-7 中 R-V=0-1 水平移到 R-V=0-0,对应于不稳定的状态 5。同样地,不稳定的状态 5 按图 9-5-7 垂直移动至稳定状态(5),对应的输出变为 U_1-D_1=1-1。图中的下一个输入变化为 R-V=1-0,驱动环路至稳定状态(8),U_1 和 D_1 没有变化。下一个输入 R-V=1-1,导致稳定状态(7),输出依旧未变。接下来的两个输入状态的改变导致 U_1 变低。以后输入持续改变,输出都在稳定状态(2)、(5)、(8)、(7)中循环,从而在 U_1 获得一个周期的波形,同时 D_1 保持高电平。

如果 V 超前于参考信号 R,可获得相似的结果,如图 9-5-8(b)显示的周期波形。在上述的情况下,波形 U_1 或 D_1 的平均值与输入信号的相位差成比例。在闭环情况下,控制 VCO 的误差信号就是通过这个信号的传输和滤波产生的。

R 和 V 的固定频差对应的结果显示在图 9-5-8(c)中。在这种情况下,从 R 为下降沿开始,在 V 未出现下降沿之前 U_1 一直输出保持为低电平。在 V 为下降沿时翻转为高电平。输出波形与固定相差的情况类似,不同的是,U_1 波形的占空比随着输入 R 和 V 的频率差的变化而变化。这种特性使 MC4344/4044 可用于鉴相器。如果 R 上的信号被频率调制,且环路带宽允许偏差频率通过而不能使 R 和 V 的频率通过,VCO 上的误差电压将会是恢复的调制信号。依此特性可以实现鉴频。故把这种鉴相器称为数字式鉴频鉴相器。

电荷泵一般与达林顿放大器一起工作,如图 9-5-6 所示。图中,PD 或 PU 上的脉冲波

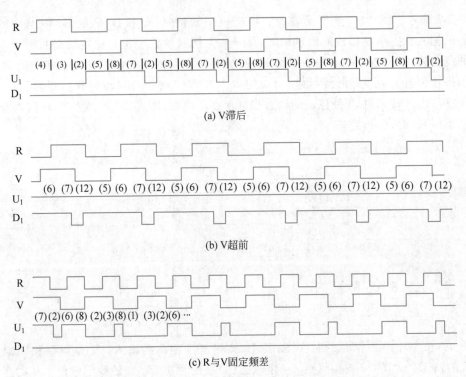

(a) V滞后

(b) V超前

(c) R与V固定频差

图 9-5-8　R、V 激励不同对应的 U_1、D_1 的状态时序图

形依赖 R 和 V 的相频关系。电荷泵获取鉴相器输出的信号 D_1，在它被输出环路滤波之前，对其进行波形和电平的转化。当 PD 为低，且 PU 为高时，T_1 导通，T_2 被关断。电流将会从 T_3 和 T_4 流过；T_3 的基极电位是 $2V_{BE}$，或者是 1.5V。由于连接 T_3 基极的外接两个电阻对称，均为 $1k\Omega$，T_5 的发射极（T_6 的基极）将大约为 3V。这时，T_6 的发射极（DF）将会比此电压低 V_{BE}，大约为 2.25V。如果 PU 输入到电荷泵的电平为高点平（大于 2.4V），T_7 将截止，因而 T_6 将通过 T_8 给 T_9 补充电流。这个用于降低 T_{10} 集电极的电压，导致误差信号降低，VCO 的频率降低，直至达到电荷泵的最低电压。

当 PU 为低电平，且 PD 为高电平时，T_7 导通，UF 将为 V_{BE}（忽略驱动门 T_8 的 $V_{CE(sat)}$）。当 PD 为高时，T_1 截止，倒置使用，为 T_2 提供基极电流。当 T_2 工作时，T_5 无法向 T_6 基极提供电流；T_6 被切断，UF 为低，T_8 截止。因而 T_9 无基极电流，T_{10} 的集电极电压上升，导致 VCO 频率上升，直至达到电荷泵的最高电压。

如果两个到达电荷泵的输入信号均为高电平，且输入到鉴相器的信号无相差，T_7 和 T_6 的发射结反偏，从而无法使误差电压改变。由于 R 和 V 的相差在 $-2\pi \sim +2\pi$ 内变化，导致电荷泵的输出变化范围为 $V_{BE} \sim 3V_{BE}$。如果此信号滤去高频成分，鉴相器的传递函数将为常数，为 0.12V/rad，如图 9-5-9 所示。

如果放大器或环路滤波器未设计正确，将不会得到 0.12V/rad 的增益常数。像以前说的，电荷泵的电压范围从 1.5V 正向波动到 2.25V，负向波动到 0.75V。如果把放大器和滤波器的静态偏置设置在 1.5V，那样电荷泵的上升和下降电压将会有相同的效果。泵信号通过晶体管的 V_{BE} 而确定。另外，用于滤波放大的晶体管会有非常小的电流流过，且将会有相对低的 V_{BE} 的改变，一般导通电压为 $0.6 \sim 1.2V$，1.5V 偏置电压的设置都会引起一个方

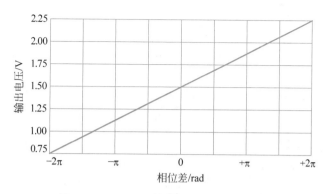

图 9-5-9　MC4044 的鉴相器 1 的传递特性

向的增益上升而另一个方向的增益下降。如果阈值变为 1.8V，正向上升电压被限制为 0.45V，反向下降电压能够大于 1.0V。这意味着从高频到低频的环路增益小于从低频到高频的环路增益。这些问题与外部滤波器部件的选择和系统需求密切相关。

2. 单片集成锁相环电路

通用的单片集成锁相环是将锁相环的主要部件鉴相器、压控振荡器和放大器等集成在一个基片上，各个部件互不连接或部分连接，具有很强的灵活性，可完成多种功能。

在国内生产的产品中，比较典型的有 SL565、L562 和 NE564，它们的组成框图如图 9-5-10 所示，其中其主要组成部分是鉴相器和 VCO。鉴相器是采用双差分对相乘器的乘积型鉴相器。VCO 有多种实现电路。SL565 的工作频率可达 500kHz。

VCO 采用积分-施密特触发型多谐振荡器，它由压控电流源 I_0、施密特触发器、开关转换电路、电压跟随器 A_1 和放大器 A_2 组成。其中，压控电流源 I_0 轮流地向外接电容 C 进行正向和反向充电，产生对称的三角波电压，施密特触发器将它变换为对称方波电压，通过 A_1 和 A_2 去控制开关 S，实现 I_0 对 C 轮流充电。L562 的工作频率可达 30MHz，NE564 的工作频率可达 50MHz，它们的 VCO 均采用射极耦合多谐振荡器，在 L562 中，限幅器用来限制环路的直流增益，并通过调节限幅电平来控制直流增益，从而控制同步带。当 PLL 用来解调调频信号时，A_2 为解调电压放大器。NE564 是一种更适宜于用作调频信号和移频键控信号解调器的通用器件，因此，在它的组成框图中，输入端增加了振幅限幅器，用来消除输入信号中的寄生调幅，输出端增加了直流恢复和施密特触发电路，用来对 FSK 信号进行整形。为便于使用，VCO 的输出通过电平交换电路产生 TTL 和 ECL 兼容的电平。

作为举例，图 9-5-11 给出了 L562 的内部电路。图中，$T_1 \sim T_9$ 管为双差分对乘积型鉴相器，它的两个输入端分别为 2、15 和 11、12。双端输出电压分别通过电平位移电路 T_{10}、T_{11}、R_5 和 T_{12}、T_{13}、R_6、T_{14}、R_8 加到 VCO 中 T_{25}、T_{26} 的基极和发射极（通过 R_{27}）上。其中，T_{14} 管兼作放大器 A_1，T_{15} 管为跟随器 A_2。$T_{17} \sim T_{29}$ 管为射极耦合多谐振荡器，作为 VCO。在这个电路中，$T_{19} \sim T_{22}$ 管构成交叉耦合正反馈电路，$T_{23} \sim T_{25}$ 和 $T_{26} \sim T_{28}$ 管是为交叉耦合正反馈电路（$T_{19} \sim T_{22}$）提供偏置的电流源，鉴相器输出电压控制其中 T_{25}、T_{26} 管的电流，达到改变振荡频率的目的。同时，T_{25}、T_{26} 管基射极导通电压和 R_{27} 上的压降又限制了鉴相器输出电压值，起到了限幅的作用，由引出端 7 注入电流，改变 R_{27} 上的压降，用来调整电平。$T_{30} \sim T_{35}$ 管组成放大器 A_3，用来放大 VCO 的输出电压。$T_{35} \sim T_{42}$ 组成稳压电路，其中，R_{22} 和 $T_{37} \sim T_{40}$ 管产生基准电压，分成两路，一路经 T_{35} 管和稳压管 T_{16} 为

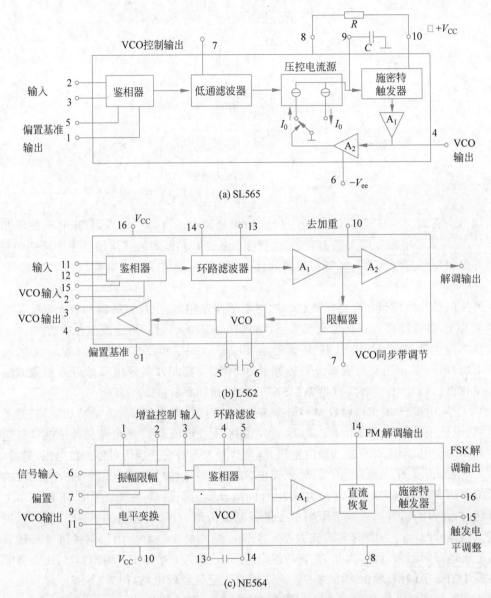

(a) SL565

(b) L562

(c) NE564

图 9-5-10　模拟集成锁相环的原理框图

VCO 和 A_3 提供集电极电源电压,并从引出端 1 输出。通过外接电阻加到引出端 2 和 15 上,为双差分对管提供偏置。另一路经 T_{36} 管为双差分对管提供集电极电源电压,并经 R 和温度补偿网络为各电流源提供偏置,同时,通过 T_7 管为 T_3、T_4 管提供基极偏置。

9.5.2　集成锁相环路的应用

锁相环路有许多独特的优点,例如,锁相环路可实现无误差的频率跟踪。如果输入为调角信号,则通过对环路滤波器带宽的控制,可以实现跟踪输入信号载波频率变化的载波跟踪型环路和跟踪输入信号中反映调制规律的相角或频率变化的调制跟踪型环路。又如,锁相环路可实现窄带滤波(在几百兆赫兹的中心频率上,带宽仅为几赫兹),而且它的带宽便于通

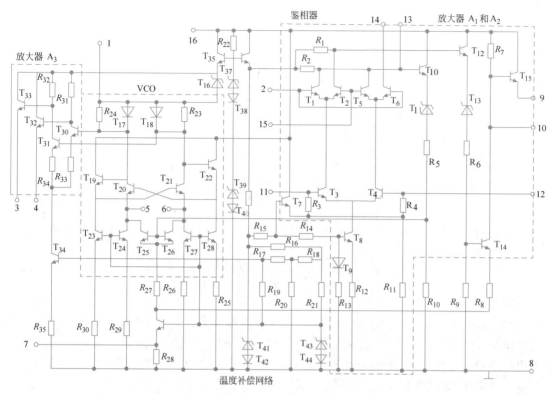

图 9-5-11 L562 内部电路图

过改变环路增益或滤波器参数进行调整。因此,采用锁相环路可以设计出各种性能优良的
频率变换电路。这里仅择其主要的应用进行介绍。

1. 锁相解调电路

锁相环可用来构成性能优良的角度调制波和振幅调制波的解调电路。

1)调频波锁相解调电路

调频波锁相解调电路可与调频负反馈解调电路相媲美,它的解调门限值比普通鉴频器
低,图 9-5-12 给出了它的组成框图。当输入为调频波时,若环路滤波器的通频带设计得足
够宽,能使鉴相器的输出解调电压顺利通过,而环路的捕捉带又大于输入调频波的最大频
偏,则 VCO 就能精确地跟踪输入调频信号中反映调制规律的瞬时频率变化,产生具有相同
调制规律的调频波。显然,只要 VCO 的频率控制特性是线性的,VCO 的控制电压 $v_c(t)$ 就
是所需的不失真解调输出电压。

图 9-5-12 调频波锁相环解调电路的组成框图

若 VCO 的频率控制特性是线性的,即

$$\Delta\omega_o(t) = \frac{\mathrm{d}\varphi_o(t)}{\mathrm{d}t} = A_o v_c(t) \tag{9-5-6}$$

相应的拉氏变换为

$$s\Phi_o(s) = A_o V_c(s) \tag{9-5-7}$$

则由于 $\Phi_o(s) = H(s)\Phi_i(s)$，输出解调电压的拉氏变换为

$$V_c(s) = \frac{s\Phi_o(s)}{A_o} = \frac{sH(s)\Phi_i(s)}{A_o} \tag{9-5-8}$$

当输入调频波为单音调制，即 $\Delta\omega_i(t) = \Delta\omega_m \cos\Omega t$ 时，相应的 $\varphi_i(t)$ 为

$$\varphi_i(t) = \frac{\Delta\omega_m}{\Omega}\sin\Omega t = \frac{\Delta\omega_m}{\Omega}\cos\left(\Omega t - \frac{\pi}{2}\right)$$

即 $\varphi_i(t)$ 的复数振幅为 $\varphi_{im}(\mathrm{j}\Omega) = \dfrac{\Delta\omega_m}{\mathrm{j}\Omega}$，则根据式(9-5-8)，输出解调电压的复数振幅为

$$V_{cm} = \frac{\mathrm{j}\Omega H(\mathrm{j}\Omega)}{A_o}\frac{\Delta\omega_m}{\mathrm{j}\Omega} = \frac{H(\mathrm{j}\Omega)}{A_o}\Delta\omega_m \tag{9-5-9}$$

综上所述，在调频波锁相环解调电路中，为了实现不失真解调，环路的捕捉带必须大于输入调频波的最大频偏，环路的带宽必须大于输入调频波中调制信号的频谱宽度。

图 9-5-13 给出了用 L562 组成调频波锁相解调器的外接电路。由图可见，输入调频信号电压经耦合电容 C_B 以平衡方式加到鉴相器的一对输入端 11 脚和 12 脚，VCO 的输出电压从 3 脚取出，经耦合电容 C_B 以单端方式加到鉴相器的另一对输入端口的引脚 2，而另一端口引脚 15 则经 $0.1\mu F$ 的电容交流接地。从端口引脚 1 取出的稳定基准电压经 $1k\Omega$ 电阻分别加到端口引脚 2 和 15，作为双差分对管的基极偏置电压。放大器 A_2 的输出端口引脚 4 外接 $12k\Omega$ 电阻到地，其上输出 VCO 电压。放大器 A_1 的输出端口引脚 9 外接 $15k\Omega$ 电阻到地，其上输出解调电压。引脚 7 注入直流电流，用来调节环路的同步带。引脚 10 外接去加重电容 C，提高解调电路的抗干扰性。

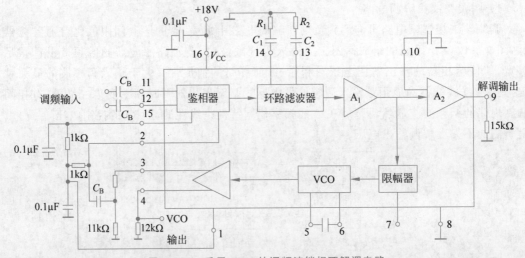

图 9-5-13　采用 L562 的调频波锁相环解调电路

2) 振幅调制信号的同步检波

采用同步检波器解调调幅信号或带有导频的单边带信号时，必须从输入信号中恢复出

同频同相的载波信号,作为同步检波器的同步信号。显然,用载波跟踪型锁相环路就能得到这样的信号,如图 9-5-14 所示。不过采用模拟鉴相器时,VCO 输出电压与输入已调信号的载波电压之间有 $\pi/2$ 的固定相移,因此,必须经 $\pi/2$ 相移器使 VCO 输出电压与输入已调信号的载波电压同相。将这个信号与输入已调信号共同加到同步检波器上,就可得到所需的解调电压。

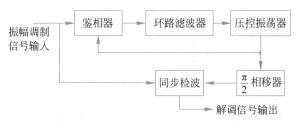

图 9-5-14 采用锁相环的同步检波电路

2. 锁相接收机

当地面接收站接收卫星发送来的无线电信号时,由于卫星离地面距离远,再加上卫星发射设备的发射功率小,天线增益低,因此,地面接收站收到的信号是极为微弱的。此外,卫星环绕地球飞行时,由于多普勒效应,地面接收站收到的信号频率将偏离卫星发射的信号频率,并且其值往往在较大范围内变化。对于这种中心频率在较大范围内变化的微弱信号,若采用普通接收机,势必要求它有足够的带宽,这样,接收机的输出信噪比就将严重下降,无法有效地检出有用信号。而若采用图 9-5-15 所示的锁相接收机,利用环路的窄带跟踪特性,就可十分有效地提高输出信噪比,获得满意的接收效果。若设环路输入信号角频率为 $\omega_i \pm \omega_d$,其中,ω_d 为多普勒频移,则在锁定时,混频器输出中频信号角频率 ω_I 应与参考信号角频率 ω_r 相等。因此,不论输入信号频率如何变化,混频器的输出中频总是自动维持在 ω_r 上。这样,中频放大器的通频带就可以做得很窄,从而保证鉴相器输入端有足够的信噪比。同时,将 VCO 振荡频率中反映多普勒频移的信息送到测速系统中,用作测量卫星运动速度的数据。

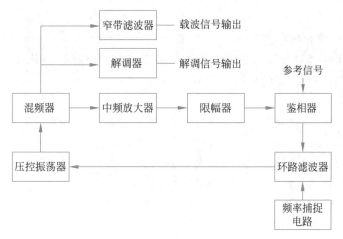

图 9-5-15 锁相环接收机组成框图

一般锁相环路的带宽做得很窄,相应环路的捕捉带也就很小,对于中心频率有较大变化的输入信号,单靠环路自身捕捉往往是困难的。因此,锁相接收机都附有频率捕捉装置,用来扩大环路的捕捉范围。例如，环路失锁时，频率捕捉装置送出锯齿波扫描电压，加到 VCO 上，控制 VCO 振荡频率在大范围内变化，一旦 VCO 频率靠近输入信号频率，环路就自动将扫描电压切断，环路便进入正常工作状态。

此外，如果输入信号为已调信号，只要把混频后的中频信号通过解调器进行解调，便可取出调制信号。如果需要载波信息，可以通过窄带滤波器从输入信号中提取出来。

9.5.3 锁相环在频率合成器中的应用

频率合成是利用一个或多个高稳定晶体振荡器产生出一系列等间隔的离散频率信号的一种技术，这些离散频率的准确度和稳定度与晶体振荡器相同。这样，就可克服晶体振荡器只能产生单一频率信号的缺点。

频率合成器是近代通信系统的重要组成部分。早期的通信系统都是采用调谐（机械和电子）的方法实现特定频道上的通信或从一个频道转换到另一个频道，这种方法严重地限制了通信质量的提高。采用频率合成器后，可以用数字预置的方法提供大量精确且能迅速转换的载波信号和本振信号，从而大大地提高了通信质量，而且许多新的通信机制也就可能得到实现。目前，频率合成器的应用已超出通信领域，广泛应用于各种近代电子系统中。

早期频率合成器采用混频、倍频、分频和带通滤波器等电路对晶体振荡频率进行四则运算而产生出一系列等间隔的离散频率信号。通常将这种方法称为直接合成法，它的优点是频率转换时间短，但存在着离散频率数目不能太多且电路复杂的缺点。目前直接合成法已几乎由间接合成法取代，这种方法是利用锁相环的频率无误差跟踪的特性，由 VCO 产生一系列与晶体振荡器（作为环路的输入信号）相同准确度和稳定度的离散频率信号。用数字的方法直接合成一系列离散频率信号的直接数字合成法，已有工作频率高达几百兆赫的集成器件问世，如 AD8951、AD9852 等。

评价频率合成器的主要技术指标有：

（1）工作频率范围：由最高和最低输出频率确定；

（2）频率间隔（又称分辨率）：用每个离散频率之间的最小间隔表示；

（3）频率转换时间：从一个离散频率转换到另一个离散频率（稳定工作）所需的时间；

（4）频率准确度和稳定度；

（5）频谱纯度：指输出信号接近正弦波的程度，用输出端的有用信号电平与各种干扰（包括噪声）合成总电平之比的分贝数表示。

1. 锁相倍频和锁相混频电路

在采用锁相环的间接频率合成器中，锁相倍频和锁相混频是两个基本的组成部件。

1）锁相倍频电路

在基本锁相环的反馈通道中插入分频器，如图 9-5-16 所示，就构成了锁相倍频电路。当环路锁定时，鉴相器的两个输入信号的角频率相等，即 $\omega_i = \omega_N$，而 ω_N 是 VCO 电压经 N 次分频后的角频率，因而有

$$\omega_i = \frac{\omega_o}{N} \text{ 或 } \omega_o = N\omega_i \qquad (9\text{-}5\text{-}10)$$

即锁相倍频器的输出频率为输入频率的 N 倍，而 N 是分频器的分频比。若环路的输入信号由高稳定的晶体振荡器产生，并采用具有高分频比的可编程分频器，则控制分频器的分频

比,就可得到一系列频率间隔为 $N\omega_i$ 的标准频率的信号输出。

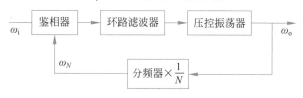

图 9-5-16 锁相倍频电路的组成框图

2)锁相混频电路

锁相混频电路的组成框图如图 9-5-17 所示,在反馈通道中,插入混频器和中频放大器。若设混频器的本振信号的角频率为 ω_L,则混频器输出信号角频率为 $|\omega_o-\omega_L|$,经中频放大器放大后,加到鉴相器上。当环路锁定时,$\omega_i=|\omega_o-\omega_L|$,即 $\omega_o=\omega_L\pm\omega_i$,因而环路实现了混频作用。至于 ω_o 取 $\omega_L+\omega_i$ 还是 $\omega_L-\omega_i$,要看 VCO 输出角频率是高于还是低于 ω_L,高于 ω_L 时取 $\omega_L+\omega_i$,低于 ω_L 时取 $\omega_L-\omega_i$。

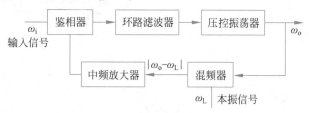

图 9-5-17 锁相混频电路的组成框图

锁相混频电路特别适用于 $\omega_L\gg\omega_i$ 的场合。因为用普通混频器对这两个信号进行混频时,输出的和频 $\omega_L+\omega_i$ 和差频 $\omega_L-\omega_i$ 均十分靠近 ω_L,要取出其中任一分量,滤除另一分量,对混频器输出滤波器的要求就十分苛刻,特别是当 ω_L 和 ω_i 在一定范围内变化时,尤其难以实现。而利用上述锁相混频电路进行混频则是十分方便的。

2. 锁相频率合成器

如前所述,锁相倍频电路是一种最简单的频率合成器,改变分频比,可以输出一系列频率间隔为 $N\omega_i$ 的离散频率信号。不过,这种频率合成器存在以下缺点。

首先,要减小频率间隔,就必须减小输入频率(或称参考频率、基准频率),但是环路滤波器的带宽也要相应减小,以便滤除鉴相器输出电压中的无用频率分量(包括参考频率及其谐波)。这样,当由一个输出频率转换为另一个输出频率时,由于环路的捕捉时间加长,导致频率转换时间加大。可见,采用这种频率合成器时,减小输出频率间隔和减小频率转换时间是矛盾的。

其次,如果要求频率合成器产生大量输出频率,可变分频器的分频比 N 就要在大范围内变化。参见图 9-5-18,由于环路分频器输出频率 N 次分频,鉴相器输出的电压下降 N 倍,相应的环路的直流增益也下降 N 倍。当 N 在大范围内变化时,环路增益也将大幅度变化,从而使环路的动态特性急剧变化。

再次,可变分频器是采用预置方法设定分频比的十进制计数器,它是一个脉冲反馈系统。由于受到各部分传输时延的限制,它的最高工作频率远比固定分频器低。目前,固定分频器的工作频率已达到千兆赫量级,而可变分频器的上限频率仍限制在 100MHz(ECL 逻辑电路)和 5MHz(CMOS 逻辑电路)以下。这样,采用这种频率合成器时,VCO 的输出频率不能提高。

为了提高输出频率,适应需求日益增长的移动通信的发展,可以采用以下两个方案。一是采用前置分频的频率合成器,如图 9-5-18 所示。由图可见,设置分频比为 P 的前置固定分频器后,加到鉴相器的频率 $\omega_N = \omega_o/NP$,由于 $\omega_i = \omega_N$,因而,改变 N,可以输出频率间隔为 $P\omega_i$ 的离散频率系列。可见,它是以加大频率间隔为代价来换取输出频率的提高。

图 9-5-18　设置前置分频器的频率合成器

另一种方案是采用前置混频器的频率合成器,如图 9-5-19 所示,可见当 $\omega_o > \omega_L$ 时,混频器的输出频率为 $\omega_o - \omega_L$,经分频后加到鉴相器的频率为 $(\omega_o - \omega_L)/N$,因而

$$\omega_o = \omega_L + N\omega_i \tag{9-5-11}$$

可见,频率间隔仍为 ω_i,但 ω_o 却随 ω_L 而增高。不过,由于混频器产生组合频率分量,导致输出信号的频谱纯度下降。

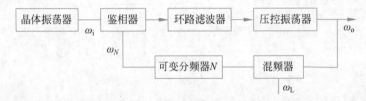

图 9-5-19　设置前置混频器的频率合成器

将前置分频器用双模分频器取代,可以在保持频率间隔的前提下提高输出频率。通常将这种频率合成技术称为吞脉冲技术,它的组成框图如图 9-5-20 所示。图中,双模分频器为具有 P 和 $P+1$ 两种分频模式的固定分频器。当模式控制电路为高电平时,双模分频比为 $P+1$,低电平时为 P。N 和 A 为两个用作可变分频的计数器,且规定 $N > A$。当一个计数循环开始时,双模分频器的分频比为 $P+1$,在输出频率作用下,双模分频器和两个可变分频器同时计数,当 A 分频器计满 A 个脉冲时,使模式控制电路输出变为低电平,使双模分频器的分频比变为 P,这时,N 分频器计数脉冲为 $N-A$。以后,双模分频器与 N 分频器继续工作,直到 N 分频器计满 N 个脉冲,模式控制电路输出又回到高电平,开始进入第二个计数周期。如上所述,在一个计数周期内,总计脉冲数即分频比为

$$N_t = (P+1)A + P(N-A) = PN + A \tag{9-5-12}$$

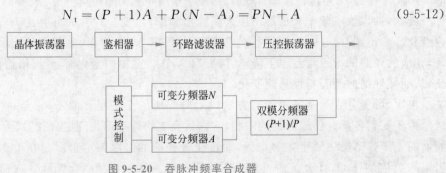

图 9-5-20　吞脉冲频率合成器

这样,频率合成器的输出频率为

$$f_o = N_t f_i = (PN + A) f_i \tag{9-5-13}$$

式(9-5-13)表明,与简单的频率合成器相比,输出频率跳过了 P 倍,而频率间隔仍保持为 f_i,其中,A 为个位分频器,又称尾数分频器。

美国 MOTOROLA 公司生产的 MC145 系列的集成频率合成器件,采用 CMOS 工艺,它的最高工作频率可达到 2GHz(MC145200,MC145201)。作为举例,图 9-5-21 给出了采用 MC145152 和双模分频器 MC3393P 构成的吞脉冲频率合成器电路。图中,虚线方框为 MC145152 的内部组成。晶体与电容外接,与内部放大器 A_1 构成晶体振荡器,通过二分频和 R 分频后,作为环路的输入信号频率 f_i,其中分频比 R 由外接数据码通过编码器设定 (3~4095)。VCO 的输出信号频率 f_o 经双模分频器 MC3393P 和缓冲放大器 A_2 加到可变分频器 A 和 N 上。分频比 N 和 A 由外接数据码预置(N 为 3~1023,A 为 3~63)。锁定检测电路用作锁定指示;锁定时,输出一窄脉冲;失锁时,输出一定宽度且不时变化的矩形脉冲。

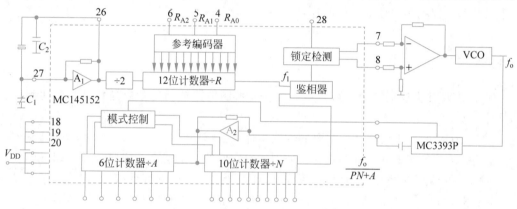

图 9-5-21 MC145152＋MC3393P 频率合成器

为了进一步减小频率间隔而又不降低 f_i,还可以采用多环构成的频率合成器。作为举例,图 9-5-22 给了三环频率合成器的组成框图。当 $f_i = 100\text{kHz}, 300 \leqslant N_A \leqslant 399, 351 \leqslant N_B \leqslant 397$ 时,输出频率范围可达到 35.50~40.00MHz,频率间隔为 1kHz。图中,A 和 B 为倍频环,它们的输出频率分别为:$f_a = N_A f_i$,$f_B = N_B f_i$,而 C 为混频环,混频器的输出频率为 $f_o - f_B$,环路的输入频率 $f_A = f_a/100$,因而,频率合成器的输出频率为

$$f_o = f_A + f_B = \frac{f_a}{100} + f_B = (N_A + 100 N_B) \frac{f_i}{100} \tag{9-5-14}$$

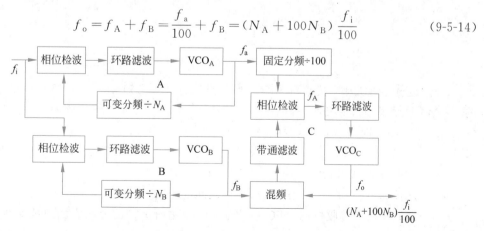

图 9-5-22 三环频率合成器的组成框图

由上式可知，$N_A = 399$，$N_B = 397$ 时，$f_o = 40099\text{kHz}$。$N_A = 300$，$N_B = 351$ 时，$f_o = 35400\text{kHz}$，它们的频率间隔为 1kHz。

▦ 9.6 本章小结 ◆

本章详细讨论了通信系统中的反馈控制电路，根据需要比较和调节的参量不同，反馈控制电路分为 3 种：自动电平控制电路，需要比较和调节的参量为电压或电流，则相应的输出和输入分别为电压或电流，其典型应用电路为自动增益控制电路（AGC）；自动频率控制电路，需要比较和调节的参量为频率，则相应的输出和输入分别为频率，其典型应用电路为自动频率微调电路；自动相位控制电路，需要比较和调节的参量为相位，则相应的输出和输入分别为相位。要求了解并熟悉自动增益控制、自动频率微调的工作原理；掌握锁相环路的基本工作原理，理解锁相环路的数学模型，了解锁相环路的分析方法；掌握锁相环路的某些应用以及基于锁相环的频率合成的计算。

▦ 习题 9 ◆

9-1 有哪几类反馈控制电路？每一类反馈控制电路控制的参数是什么？要达到的目的是什么？

9-2 AGC 的作用是什么？主要的性能指标包括哪些？

9-3 AGC 的实现方法有哪几种？分别画出它们的典型电路，说明其工作原理和特点。

9-4 一扫频信号发生器，产生频率自 45MHz 到 95MHz 的线性扫描信号，为了维持输出扫频信号的振幅不变，采用了题 9-4 图所示的自动电平控制电路。图中，v_i 为输入扫频信号，v_o 为输出扫频信号。已知可控增益放大器的增益特性为：当 $v_c = 0$，$V_{im} = 1\text{V}$ 时，$V_{om} = 1\text{V}$；而当 $v_c \neq 0$ 时，$A(v_c) = 1 + 0.3 v_c$。已知 V_{im} 在整个扫频范围内变化 $\pm 1.5\text{dB}$。若要求 V_{om} 的变化限制在 $\pm 0.5\text{dB}$ 以内，试求低频放大器增益 A_1 的最小允许值。

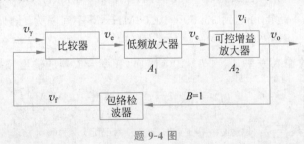

题 9-4 图

9-5 题 9-5 图所示为接收机 AGC 电路的组成框图，已知 $\eta_d = 1$，三级可控增益放大器的增益控制特性相同，每级均为：$A(v_e) = 20/(1 + 2v_e)$，当可控增益放大器输入电压振幅 $(V_{im})_{min} = 125\mu\text{V}$ 时，输出电压振幅 $(V_{om})_{min} = 1\text{V}$。若当 $(V_{im})_{max}/(V_{im})_{min} = 2000$ 时，要求 $(V_{om})_{max}/(V_{om})_{min} \leqslant 3$，试求直流放大器的增益 A_1 及基准电压 v_r 的最小允许值。

9-6 AFC 的组成包括哪几部分，其工作原理是什么？

9-7 比较 AFC 和 AGC 系统，指出它们之间的异同。

9-8 某调频通信接收机的 AFC 系统如题 9-8 图所示。试说明它的组成原理，与一般

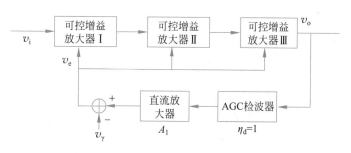

题 9-5 图

调频接收机 AFC 系统相比有什么区别？有什么优点？若将低通滤波器省去,能否正常工作？能否将低通滤波器的元件合并到其他元件中去？

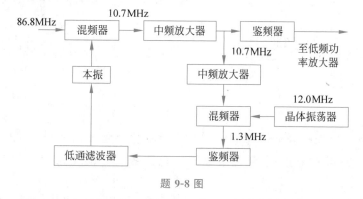

题 9-8 图

9-9 锁相与自动频率微调有何区别？为什么说锁相环相当于一个窄带跟踪滤波器？

9-10 题 9-10 图是用来稳定调频振荡器载波频率的自动频率控制电路的组成框图。已知调频振荡器的载频 $f_c = 60\text{MHz}$,因频率不稳定引起的最大频率漂移为 200kHz;晶体振荡器的振荡频率为 5.9MHz,因频率不稳定引起的最大频率漂移为 90Hz。鉴频器的中心频率为 1MHz,低通滤波器的增益为 1,带宽小于调制信号的最低频率,$A_o A_k A = 100$,试求调频信号的载频偏离 60MHz 的最大值 Δf_o。

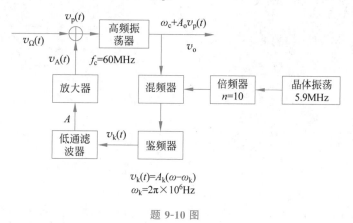

题 9-10 图

9-11 题 9-11 图所示为调频负反馈解调器。假设中频放大器的带宽足够宽,可以忽略它对输入调频信号产生的失真和时延。已知低通滤波器的传输系数为 1。当环路输入一单音调制的调频波，其表达式为 $v_i(t)=V_{im}\cos(\omega_i t+m_f\sin\Omega t)$，要求加到中频放大器输入端调频波的调频指数为 $0.1m_f$，试求所需 $A_o A_k$ 的乘积值。

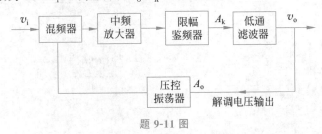

题 **9-11** 图

9-12　在题 9-12 图所示的锁相环路中，已知 $f_r=50$kHz，$A_1=2$，$A_o=2\pi\times25$krad/(s·V)，$A_k=0.7$V/rad，试求环路的同步带。若 $R=3.6$kΩ，$C=0.3\mu$F，试求环路的快捕带。

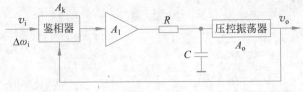

题 **9-12** 图

9-13　在题 9-12 图所示锁相环路中，当输入频率发生突变 $\Delta\omega_i=100$rad/s 时，要求环路的稳定相位误差为 0.1rad，试确定放大器的增益 A_1。已知 $A_k=25$mV/rad，$A_o=10^3$rad/(s·V)，$RC=10^{-3}$S。

9-14　题 9-14 图是采用附加电压的方法测试锁相环路频率特性的组成框图。图中，$v_\Omega(t)=V_{\Omega m}\cos\Omega t$ 是附加的低频电压。假设集成运放是理想的。试求：

（1）当 $v_\Omega(t)=0$ 时，环路的 $H(j\Omega)$ 和 $H_e(j\Omega)$；

（2）当 $\varphi_i(t)=0$ 时，环路的 $\dfrac{V_A(j\Omega)}{V_\Omega(j\Omega)}$ 和 $\dfrac{V_c(j\Omega)}{V_\Omega(j\Omega)}$；

（3）$\dfrac{V_c(j\Omega)}{V_\Omega(j\Omega)}$ 与 $H_e(j\Omega)$ 的关系；

（4）$\dfrac{V_A(j\Omega)}{V_\Omega(j\Omega)}$ 与 $H(j\Omega)$ 的关系。

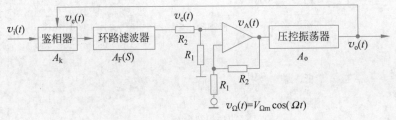

题 **9-14** 图

9-15　题 9-15 图所示是采用简单 RC 滤波器的锁相环路。已知滤波器的时间常数为 $\tau=(1/10\pi)$s，$A_o A_k=5\pi(1/s)$，试求环路带宽 BW。现将该锁相环路改为锁相二倍频电路，即在反馈支路中插入二分频器。假设 A_o、τ 不变，试问要保证环路带宽不变，A_k 应如何变化？

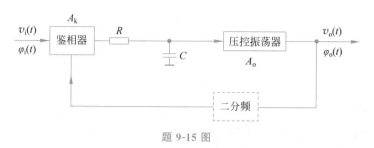

题 9-15 图

9-16 将题 9-16 图所示的锁相环路用来解调调频信号。设环路的输入信号 $v_i(t) = V_{im}\cos(\omega_r t + 10\sin2\pi\times10^3 t)$ 时，已知 $A_k = 250\text{mV/rad}, A_o = 2\pi\times25\times10^3\text{rad/s}\cdot\text{V}, A_1 = 40$，有源比例积分滤波器的参数为 $R_1 = 17.7\text{k}\Omega, R_2 = 0.94\text{k}\Omega, C = 0.03\mu\text{F}$，试求放大器输出 1kHz 的音频电压振幅 $V_{\Omega M}$。

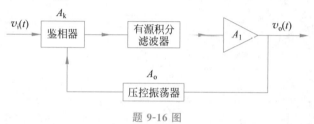

题 9-16 图

9-17 在图 9-5-22 所示的三环频率合成器中，为了得到 $3.8912\times10^7\text{Hz}$ 的输出频率，N_A 和 N_B 应为多大？

9-18 在题 9-18 图所示的频率合成器中，求 f_o 的表达式，已知 f_r、f_L、M、N。各个相乘器的输出滤波器均取差频。

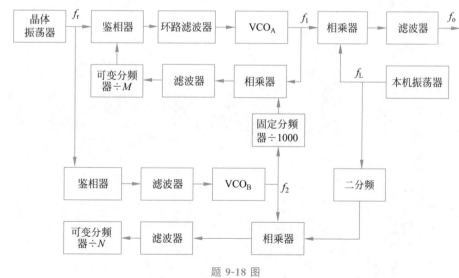

题 9-18 图

9-19 在题 9-19 图所示的频率合成器中，若可变分频器的分频比 $M = 760\sim860$，试求输出频率的范围及相邻频率的间隔。

9-20 在图 9-5-21 所示的吞脉冲型频率合成器中，已知 $P = 40$，频率间隔为 1kHz，试求合成器的输出频率范围。

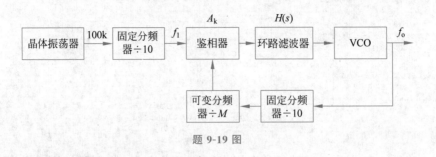

题 9-19 图

参 考 文 献

[1] 张肃文.高频电子线路[M].5 版.北京:高等教育出版社,2013.

[2] 冯军,谢嘉奎.电子线路(非线性部分)[M].5 版.北京:高等教育出版社,2010.

[3] 曾兴雯,刘乃安,陈键,等.高频电路原理与分析[M].6 版.西安:西安电子科技大学出版社,2017.

[4] 高吉祥,高广珠.高频电子线路[M].4 版.北京:电子工业出版社,2016.

[5] 刘联会,王建新.通信电路与系统[M].北京:北京邮电大学出版社,2014.

[6] 周选昌.高频电子线路[M].北京:科学出版社,2013.

[7] 阳昌汉.高频电子线路[M].2 版.北京:高等教育出版社,2013.

[8] 胡见堂,谭博文,余德泉.固态高频电路[M].长沙:国防大学出版社,1999.

[9] SMITH J R.现代通信电路[M].庞坚清,庞立昀,译.2 版.北京:人民邮电出版社,2006.

[10] 杨光义,金伟正.高频电子线路实验指导书[M].北京:清华大学出版社,2017.

[11] 董尚斌,苏莉,代永红.电子线路(Ⅰ)[M].北京:清华大学出版社,2006.

[12] 董尚斌,代永红,金伟正,等.电子线路(Ⅱ)[M].北京:清华大学出版社,2008.

[13] TOMASI W.电子通信系统[M].王曼珠,许萍,曾萍,等译.4 版.北京:电子工业出版社,2002.

[14] REED J H,et al.软件无线电:无线电工程的现代方法[M].陈强,等译.北京:人民邮电出版社,2004.

[15] 杨小牛,楼才义,徐建良.软件无线电原理与应用[M].北京:电子工业出版社,2001.

[16] TUTTLEBEE W.软件无线电技术与实现[M].杨小牛,邹少丞,楼才义,等译.北京:电子工业出版社,2004.

[17] 倪治中.网络与滤波[M].成都:成都科技大学出版社,1994.